数据库技术丛书

ClickHouse
入门、实战与进阶

陈光剑　著

CLICKHOUSE IN ACTION
From Novice to Expert

机械工业出版社

CHINA MACHINE PRESS

图书在版编目（CIP）数据

ClickHouse 入门、实战与进阶 / 陈光剑著 . —北京：机械工业出版社，2023.4
（数据库技术丛书）
ISBN 978-7-111-72717-0

I. ① C⋯　 II. ①陈⋯　 III. ①数据库系统　 IV. ① TP311.13

中国国家版本馆 CIP 数据核字（2023）第 037299 号

机械工业出版社（北京市西城区百万庄大街 22 号　邮政编码：100037）
策划编辑：杨福川　　　　　　　责任编辑：杨福川
责任校对：张爱妮　　王明欣　　责任印制：张　博
保定市中画美凯印刷有限公司印刷
2023 年 6 月第 1 版第 1 次印刷
186mm × 240mm · 32.75 印张 · 713 千字
标准书号：ISBN 978-7-111-72717-0
定价：139.00 元

电话服务　　　　　　　　　网络服务
客服电话：010-88361066　机 工 官 网：www.cmpbook.com
　　　　　010-88379833　机 工 官 博：weibo.com/cmp1952
　　　　　010-68326294　金 书 网：www.golden-book.com
封底无防伪标均为盗版　机工教育服务网：www.cmpedu.com

这本书倾注了作者极大的心血，从技术内幕核心原理讲解到实际业务项目实战开发，字斟句酌，全方位介绍了 ClickHouse 的原理和实战能力，努力让正在读这本书的你由浅入深地理解并掌握其中的精髓，着实是 OLAP 领域不可或缺的力作。

——罗光　字节跳动技术专家

本书内容翔实、图文并茂，不论对于新手还是对于有一定经验的开发者，都能带来启迪和帮助，同时融合了作者在阿里和字节的实践经验，读后令人受益匪浅，大有裨益。

——梁莹莹　字节跳动技术专家

对于海量数据的实时分析工作，ClickHouse 无疑是我们必须了解的一门技术。本书内容详尽且专业，尤其是书中以知识点详解与实际案例相结合，无论是对于数据入门还是进阶实战，都有着很高的指导意义。

——刘杰　节跳动技术专家

四年磨一剑，终于迎来了光剑的又一本经典著作。本书围绕 ClickHouse 的整体架构、基础特性进行了简洁、清晰、细致的阐述，以实践为导向，展示了多场景的最佳实践与技术思考，不仅让学习变得简单有趣，更能让你对 ClickHouse 的认知提升一个新的高度。无论是渴望在分布式、大数据等领域发展的初学者，还是期待找到完备全面的 ClickHouse 高质量参考书的从业人员，本书都是不二之选。

——肖玉哲　字节跳动技术专家

作者在 OLAP 业务场景有着丰富的实践经验。本书也是他在 DMP 业务实践中，使用 ClickHouse 解决电商千亿级别在线查询问题得出的总结和思考，相信能给那些想尝试使用

ClickHouse 来解决大数据 OLAP 查询场景问题的朋友带来很大帮助。

——张小侠　字节跳动技术专家

这是一本企业级 ClickHouse 从入门、实战到进阶的技术书，从基本使用、部署、运维以及企业级实际业务场景中的最佳实践等视角，全方位介绍了大数据 OLAP 实时圈选以及大数据预览、洞察分析的使用经典案例，是一本非常优秀的 ClickHouse 实战参考手册，强烈推荐大家去读一读。

——彭家学　字节跳动资深研发工程师

为何写作本书

ClickHouse 在 2016 年发布了开源版本。自开源以来，社区一直保持着很高的活跃度，开发者与用户遍布全球各地。目前，ClickHouse 是大数据实时分析领域的主流选择之一。ClickHouse 的目标是向人们提供世界上最快的分析型数据库。在各种 OLAP 查询引擎评测中，ClickHouse 的查询性能横扫各大 OLAP 数据库引擎，尤其是 Ad Hoc 即席查询性能，一直遥遥领先。因此，ClickHouse 被广泛应用于即席查询业务场景中。

在学习和使用 ClickHouse 的过程中，我发现我越来越喜欢 ClickHouse，它的设计思想非常优秀，代码和架构都值得深入研究。ClickHouse 团队精益求精的精神更值得我们每个人学习。虽然要快速迭代 ClickHouse，但是 ClickHouse 团队依然不会放低要求，比如为了使用 1 个算法，会至少尝试 10 个算法，而且在选择了某个算法后，后续还会继续尝试其他更多算法，以便下次迭代时使用。正是由于这种精益求精、追求极致的态度，才有了 ClickHouse 的极致性能。感谢 ClickHouse 团队！

本书可以说是我对 ClickHouse 项目实践和学习思考过程的粗浅总结。我希望把这些学习经验和总结，分享给更多需要使用 ClickHouse 来解决实际业务问题的朋友们。同时，通过写作，我加深了对 ClickHouse 功能特性和架构实现原理的理解，也深刻体会到了学无止境的含义。写书的过程也是我系统学习与思考 ClickHouse 的过程，如果这本书能够对你有所帮助或者启发，我将不胜欣慰。

本书主要特点

本书图文并茂、由浅入深地介绍了 ClickHouse 的前世今生、业界使用生态、基础知识和实现原理的诸多细节，以及 ClickHouse 在企业级大数据分析业务中的项目实战。本书非常注重实用性，给出了大量的操作实例和项目实战案例。

通过阅读这本书，你将理解 ClickHouse 是如何运行的，同时，你将掌握如何在实际业务项目中使用 ClickHouse 解决大数据实时分析问题。阅读本书，你将体验一场充实、惊奇的企业级大数据分析引擎设计与开发实战之旅。赶快开启旅程吧！

本书读者对象

本书是一本从入门到实战再到进阶，全方位介绍 ClickHouse 开发的专业技术书，适合的读者对象主要为：

❑ 计算机、大数据、人工智能等相关专业的师生；

❑ 对企业数字化、大数据 OLAP 分析引擎、数据库等领域感兴趣的初学者；

❑ 大数据从业者、BI 工程师、数据分析师、程序员等。

如何阅读本书

本书共 10 章。我希望通过简练清晰的表述和丰富实用的实例说明，细致全面地讲清楚 ClickHouse 的基础知识和丰富的功能特性，以及如何使用 ClickHouse 进行实际业务项目的开发实战。通过本书，你将学会如何在几分钟内安装好 ClickHouse 环境并开始使用。然后，你将学习如何使用 ClickHouse 的更多功能，如基本数据类型、函数、SQL 语法、稀疏索引、不同的表引擎、数据副本与分片、分布式库表管理查询和集群运维监控等。

本书整体上是按照由基础知识到实现原理再到项目实战的写作思路，循序渐进地铺展开的。如果你对 ClickHouse 已经有一定了解，需要进行实际的项目实践，可以直接阅读第 7 ～ 10 章。如果你对 ClickHouse 还不是很了解，那么建议你按照本书的章节顺序阅读。

各章的主要内容如下。

第 1 章带领读者快速进入 ClickHouse 的世界，让读者全面了解 ClickHouse 的前世今生和核心特性。主要内容包括 ClickHouse 是什么，具有哪些特性，适合哪些应用场景等。通过该章，你将掌握 ClickHouse 的核心特性，了解列存储、数据压缩、稀疏索引等存储层设计原理，以及 MPP 架构、向量化查询执行引擎、动态代码生成等计算层的主要设计思想与原理。

第 2 章将走进 ClickHouse 世界，进行具体操作实践，包括安装、部署、系统配置、客户端连接、ClickHouse 基础命令行操作等。

第 3 章介绍 ClickHouse 基础数据类型，包括数值类型、字符串类型和时间类型等基本内容，以及这些基础数据类型的常用函数操作。

第 4 章介绍 ClickHouse 高级数据类型，主要包括数组、元组和嵌套等复合数据类型。另外，还介绍了如何使用聚合函数类型动态自定义类型，比如说 Bitmap 类型等。

第 5 章介绍 ClickHouse 函数，主要包括算术函数、数组函数、字符串函数、条件函数、时间函数、数学函数、聚合函数、窗口函数、空值函数和常用算子等。

第 6 章介绍 ClickHouse SQL 基础和查询配置等相关内容，主要包括使用 SQL 来创建数据库、表、视图，新增数据库用户账户、角色等，并进行库表权限管理；同时，介绍了如何向 ClickHouse 表中插入数据，并对表中的数据进行查询，以及各种 SQL 查询子句的用法；最后，介绍了如何通过 EXPLAIN 语句查看 SQL 执行计划以及执行流程。

第 7 章介绍如何使用 Spring Boot 来连接 ClickHouse 服务器，一步步实现前后端的开发和集成测试的全过程。

第 8 章介绍如何使用 ClickHouse 的 Bitmap 高级数据类型来实现超大规模数据场景（千亿、万亿级）用户画像标签圈人和人群画像洞察。主要内容包括 DMP 的基本概念、事实、维度、指标与标签的基本知识，如何使用 ClickHouse Bitmap 实现支持任意维度标签组合的人群圈选，以及具体实现原理和圈选洞察 SQL 实例。

第 9 章以清晰、详细的步骤展示如何创建具有多个节点的 ClickHouse 集群；同时，介绍如何在 ClickHouse 集群上创建分布式数据库、分布式表和本地表，以及数据的读写操作方法和原理；最后，重点讲解 ClickHouse 集群分片与副本的工作原理及分布式查询等内容。

第 10 章介绍如何从 0 到 1 使用 Docker 安装和配置 Grafana、clickhouse-exporter 与 Prometheus，并搭建一个 ClickHouse 集群监控平台；同时，还介绍了如何自定义指标面板以及集群常用监控指标等实用内容。

勘误

虽然在本书写作过程中我尽力追求简洁正确、清晰流畅地表达内容，但限于自身水平，可能仍有错误与疏漏之处，还望各位读者不吝指正。你可以在 https://github.com/ClickHouse-InAction/book_issues/issues 提 Issue，我将在线上为你提供解答。

关于本书的任何问题、意见或者建议，你都可以通过邮件 universsky@163.com 与我交流。

致谢

在本书的写作和出版过程中，我得到了很多人的帮助和陪伴。

首先感谢我的妻子和两个可爱的孩子。正是有了你们的陪伴，我的工作和生活才更加有意义。我还要感谢我的父母。虽然你们可能不知道我写的是什么，但是正是有了你们的辛勤养育，我才能长成今天的我。

我衷心地感谢本书的编辑杨福川老师和李艺老师。在本书的写作过程中，你们耐心细致地对稿件进行了详尽、细致的审阅和批注，提出了很多宝贵的修改建议，也给予了我极大的鼓励，才让我最终完成了这本书。同时，我还要感谢本书出版过程中所有付出辛勤劳动的机械工业出版社的工作人员。

在此，我还要特别感谢朱金清、刘兵兵、肖玉哲、张小侠、刘杰、罗光、郭宇、梁莹莹、彭家学等亲爱的同事们和朋友们（还有很多，在此就不一一列出了），非常感谢你们能够抽出宝贵时间审阅本书，同时给出了本书内容的勘误，倾情为本书写了推荐语。能与你们成为同事和朋友，是我莫大的荣幸。

感谢在工作学习旅程中认识的所有师长、前辈、朋友和同事，能够认识你们并与你们一起学习、共事，是我的荣幸。

快乐生活，快乐学习，快乐分享，快乐实践，知行合一。

最后，祝大家阅读愉快！

陈光剑
2023 年 4 月于杭州

Contents 目　　录

第 1 章 *Chapter 1*

全面了解 ClickHouse

近年来，ClickHouse 发展势头迅猛，面对万亿级的数据查询分析也能做到亚秒级响应，社区、大厂纷纷跟进使用。那么，ClickHouse 到底是何方神圣？为什么如此受青睐？本章我们先来了解什么是 ClickHouse，以及它具有哪些特性，适用哪些应用场景等。

1.1 ClickHouse 概述

ClickHouse 是一个用于 OLAP（On-Line Analytical Processing，在线分析处理）的列式数据库管理系统（Columnar DBMS），由俄罗斯 Yandex 公司的程序员在 2008 年开始开发（使用 C++ 编程语言），并于 2016 年 6 月 15 日开源。

面对海量数据（TB 级）、复杂业务分析场景问题，ClickHouse 能够实现基于 SQL 语法的实时查询秒级响应。ClickHouse 使用 SIMD 高效指令集、向量化执行引擎，在查询性能方面较传统方式提升了 100 ～ 1000 倍，同时具备 50MB/s ～ 200MB/s 的实时导入能力，支持列存储数据高压缩率。

目前业界比较流行的分析型数据库包括 Kylin、AnalyticDB、Druid、ClickHouse、Doris、Vertica、MonetDB、InfiniDB、LucidDB 等。在 DB-Engine 排行榜（https://db-engines.com/en/ranking_trend）上（如图 1-1 所示），截至 2022 年 10 月，ClickHouse 排第 44 名。在 Relational DBMS 排行榜上，ClickHouse 排第 28 名（https://db-engines.com/en/system/ClickHouse）。从增长曲线图（https://db-engines.com/en/ranking_trend）可以看出，ClickHouse 从开源到现在，增长迅速。

ClickHouse 与竞品 DB 的性能基线（https://clickhouse.com/benchmark/dbms）对比如图 1-2 所示（1000 万数据量的查询时延，时延越小越好）。

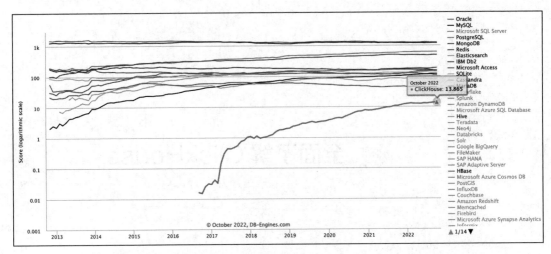

图 1-1　业界比较流行的分析型数据库变化趋势（DB-Engine 排行榜）

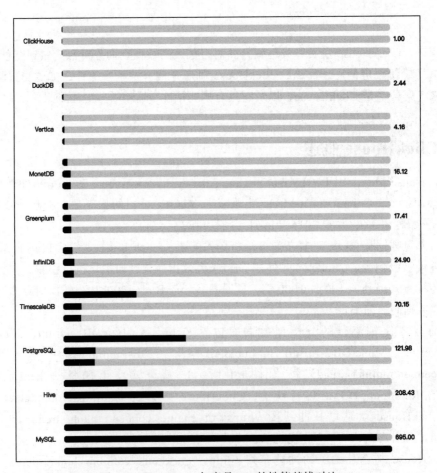

图 1-2　ClickHouse 与竞品 DB 的性能基线对比

近年来,大数据技术的发展,不论技术迭代,还是生态圈的繁荣,都远超我们的想象。大数据技术的鼻祖 Google 开启了"三驾马车"时代——Google FS、MapReduce 和 BigTable,大数据逐渐成为浪潮之巅。从 Spark 成为 Hadoop 生态的一部分,到 Flink 横空出世取代 Spark 成为大数据处理领域的新星,再到如今 Google 想要用 Apache Beam(原名 Google Cloud DataFlow)一统天下,大数据技术的发展可谓跌宕起伏,波澜壮阔。我们可以看到一个有趣的现象,那就是与大数据相关的技术滥觞之地都与搜索引擎公司有关(例如,Google 的"三驾马车",Yandex 的 ClickHouse,Baidu 的 Doris 等)——因为搜索引擎公司直面海量数据,要解决海量数据的快速查询、分析的问题。另外,Hadoop 起源于 Apache Nutch 项目,始于 2002 年,是 Apache Lucene(开源全文检索引擎)的子项目之一。

ClickHouse 的官网文档资料如下。

❑ GitHub 地址:https://github.com/ClickHouse/ClickHouse。

❑ 官网地址:https://clickhouse.com/。

❑ 在线源码阅读地址:https://clickhouse.com/codebrowser/html_report/ClickHouse/index. html。

小贴士:OLAP 与 OLTP 简介

OLAP 是数仓的灵魂,主要用于对复杂多维、大规模数据集进行在线实时分析,为用户提供决策支持。OLAP 的核心是 A(Analytical),也就是在线实时分析。

OLAP 有很多不同的类型,例如关系型 OLAP(Relational OLAP,ROLAP)、多维 OLAP(Multidimensional OLAP,MOLAP)、混合 OLAP(Hybrid OLAP,HOLAP)、空间 OLAP(Spatial OLAP,SOLAP)等。ClickHouse、Presto 等是 ROLAP,Kylin 是 MOLAP。

OLAP 的基本分析操作有上卷(Roll Up)、下钻(Drill Down)、切片(Slicing)、切块(Dicing)和数据旋转透视(Pivot)等,如图 1-3 所示。

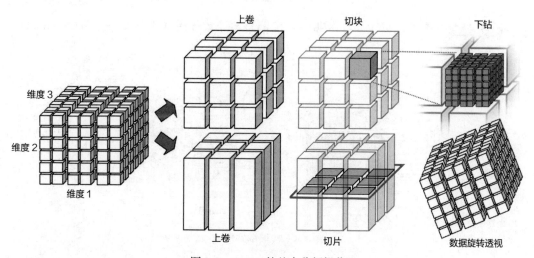

图 1-3 OLAP 的基本分析操作

1）上卷，用于通过将相关数据聚合到一个变量中来减少维度。例如，可以将来自世界各地不同城市的销售额分组到一个国家或地区。

2）下钻，是上卷的逆向操作，用于分离信息以获得对收集到的数据的细粒度洞察。例如，你可以根据每个季度来评估金融机构的销售业绩。上卷与下钻如图 1-4 所示。

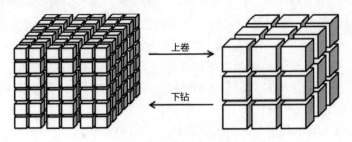

图 1-4　上卷与下钻

3）切片与切块，是指定了某些维度值后，观察剩余维度的测度变化。维度值为单值时是切片，维度值为多值时则为切块。切片（块）的计算本质就是对指定维度的数据进行过滤，其意义在于更细致地剖析数据，便于分析人员多侧面地观察、对比数据，如图 1-5 所示。

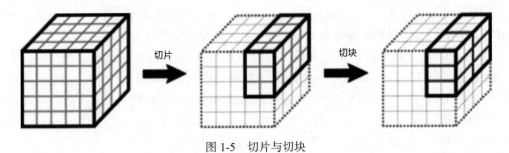

图 1-5　切片与切块

4）数据旋转透视，用于旋转数据轴以汇总信息并获得两个变量之间关系的整体视图，如图 1-6 所示。

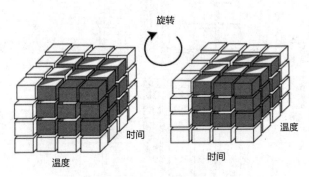

图 1-6　数据旋转透视

OLAP 系统被整合到数据仓库中，以允许毫不费力地对数据进行分组、聚合和连接。

对于传统的关系数据库，由于复杂的数据建模是资源密集型的，因此数据分析缓慢。但是，借助 OLAP 系统，可以将数据塑造成多种形状，从而加快大数据分析的速度。

OLTP 的重点是 T（Transaction），也就是在线实时事务处理。OLTP 是传统关系型数据库服务（Relational Database Service，RDS）的主要应用场景，主要用来存储与业务高度相关的数据。OLTP 强调准确、低时延、高并发。前台接收的用户数据可以立即传送到计算中心进行处理，并在很短的时间内给出处理结果，快速响应用户操作。OLTP 广泛用于在线订票、银行、电子商务网站、金融科技和任何其他日常交易量在数十万或数百万之间的业务。目前，OLTP 系统几乎用于所有数字产品，每天支撑着数以亿万计的在线交易的运行。

OLAP 与 OLTP 的对比清单如表 1-1 所示。

表 1-1　OLAP 与 OLTP 的对比清单

对比项	OLAP（数仓分析型数据库）	OLTP（操作型数据库）
核心用途	用于在线分析和数据检索，其特点是处理大量多维度的数据，专为按类别和属性分析业务度量而设计	用于数据库修改的在线事务系统，其特点是大量的小型在线事务，为实时业务操作而设计
方法和功能	使用数据仓库进行数据实时分析，是一个在线数据库查询管理系统	使用传统 DBMS，是一个在线数据库修改系统
查询类型	查询操作，例如聚合、分组等	从数据库中插入、更新和删除信息
表结构类型	未归一化	归一化
数据存储	使用列存储，适用于聚合分析场景，进行数据压缩和向量化执行计算等。数据仓库整合不同数据源，构建统一数据库	低数据冗余。行存储，适用于快速和频繁添加单行数据块
数据源	不同的 OLTP 数据库是 OLAP 的数据源	OLTP 及其事务是数据源
数据完整性问题	数据完整性不是问题，因为 OLAP 数据库不会经常修改	OLTP 数据库必须维护完整性约束
读/写操作	允许读操作，很少允许写操作	允许读和写操作
响应时间	秒级到分钟级	毫秒级
用例	规划分析、问题解决和决策支持	帮助控制和运行基本的业务任务
查询复杂度	复杂聚合查询：在多维度上进行逻辑复杂的查询聚合分析，真正用到的字段很少	简单标准化：简单、短时间、多字段的快速查询
数据质量	数据可能并不总是有组织的	数据库总是详细而有组织的
备份	OLAP 对备份的要求不高，只需要时不时地备份一下	在任何时候都必须完整备份，还必须提供某种增量备份
数据库设计	面向主题，即随着销售、营销、采购等主题的变化而变化	面向应用，即随着零售、航空、银行等行业的变化而变化
存储空间要求	需要大量的存储空间，通常在 TB、PB 级	对存储空间的需求小，通常在 GB 级
时延敏感性	对时延有一定容忍度（小于 10 秒或者更多）	对时延特别敏感（一般业务场景要求小于 3 秒）
并发用户数 QPS	几十，最多几百 QPS	几千、几万、几十万，甚至上百万 QPS
性能指标	查询吞吐量	事务处理吞吐量

Yandex（https://yandex.com/）由 Arkady Volozh 和 Ilya Segalovich 创建于 1993 年，是 Yet Another Indexer（另一个索引）的缩写。Yandex 是俄罗斯第一搜索引擎，类似中国的百度、美国的 Google。Yandex 提供包括搜索、最新新闻、地图和百科、电子信箱、电子商务、互联网广告等服务。

ClickHouse 就是由 Yandex 公司专门开发，用来解决用户点击日志分析问题的，可以理解为俄罗斯版的百度统计，旨在提升网页点击日志分析的性能。在 2008 年，该公司开发 ClickHouse 的目的是替换原有的 MySQL MyISAM 引擎，后来发现 ClickHouse 的实际应用效果很好，于是在 2016 年进行了开源。ClickHouse 的性能远超同期的开源竞品。

Yandex 有很多项目在使用 ClickHouse，包括 Yandex 数据分析、电子邮件、广告数据分析、用户行为分析等。2012 年，欧洲核子研究中心使用了 ClickHouse 保存粒子对撞机产生的大量实验数据，每年的数据存储量都是 PB 级别，并支持统计分析查询。

讲了这么多，为什么叫 ClickHouse 呢？其实原因很简单。这款产品的设计初衷是解决用户点击流的大数据数仓分析问题。ClickHouse 即 Click Stream 和 Data WareHouse 的统称。

1.2 ClickHouse 特性

ClickHouse 的特性可以总结为"三板斧"：存储 + 计算 = 快。

ClickHouse 基于 OLAP 场景需求，定制开发了一套全新、高效的列式存储引擎，实现了数据有序存储、主键排序、块级索引（主键索引、稀疏索引）、数据分区、数据分片、本机存储、多重缓存、TTL、主从复制等丰富的功能特性，这些功能特性共同为 ClickHouse 极致的分析性能奠定了基础。

另外，ClickHouse 在计算层也做了非常细致的工作，尽最大努力挤出硬件容量，提高查询速度。ClickHouse 实现了单机多核并行、多线程、分布式计算、向量化执行和 SIMD 指令、LLVM 运行时代码生成（Runtime Code Generate）等多项重要技术，进一步为 ClickHouse 的"快"提供了技术支持。ClickHouse 的性能大幅超越了很多商业 MPP 数据库软件，比如 Vertica、InfiniDB 等。

ClickHouse 的关键特性有深度列存储、向量化查询执行引擎（Vectorized Query Execution）、数据压缩（Data Compression）、使用磁盘、支持 SQL、实时数据更新、稀疏索引、运行时代码生成、支持近似计算、数据 TTL、高吞吐写入能力、多核心并行计算、多服务器分布式计算、分布式 MPP 计算架构、分片和副本、完整的 DBMS 能力、自适应连接算法（Adaptive Join Algorithm）、数据复制和数据完整性、提供复杂数据类型和丰富的函数库等。

下面详细介绍这些特性。

1.2.1 深度列存储

在数据分析场景中，如果我们的圈选查询底表数据量有数万亿行、PB 级别，那么如何高效存储和实时地查询分析这些数据将是一个颇具挑战的问题。圈选底表的列数通常是几百列，甚至可能达到上千列，但我们知道，典型的查询分析场景一次往往只访问其中的 3 ～ 7 列。如何设计一个存储结构，以实现高效地执行这个查询？我们来详细分析一下。

在大多数 OLTP 数据库中，存储都是面向行的：一张表中的一行数据都是彼此相邻存储的。文档数据库亦类似，整个文档被存储为一个连续的字节序列。如果用面向行的存储，需要将所有行从磁盘加载到内存中，解析、过滤出目标行，但这可能需要很长时间，也可能导致内存溢出（Out Of Memory，OOM）等问题。这个时候，面向列存储（以下简称列存储）的解决方案就自然被人想到了。

列存储的想法很简单：不是将每一行中的所有值存储在一起，而是将每一列中的值存储在一起，此时查询分析就只需要读取和解析需要的列，从而节省大量工作。

为了更清晰地展示列存储的概念，先引入一张逻辑表结构，如表 1-2 所示。

表 1-2 一张逻辑表结构

id	name	date
1	A	2021-12-31
2	B	2021-12-31
3	C	2021-12-31

前文提到，在大多数 OLTP 系统中，数据的物理存储是以面向行的方式组织的，即行存储，如表 1-3 所示。

表 1-3 行存储数据结构

1	A	2021-12-31	2	B	2021-12-31	3	C	2021-12-31

使用这种方式可以把一行数据存放在一起。用具体的数据结构来描述行存储的代码示例如下：

```
class RowData {
    Long id;
    String name;
    Date date;
}
val rowOrientedData: Array<RowData> =
[
    RowData(1,"A","2021-12-31"),
    RowData(2,"B","2021-12-31"),
    RowData(3,"C","2021-12-31"),
]
```

而在 OLAP 系统中，一般是查询大量行数据中的特定某几列，然后执行 max、min、count、sum、avg 等聚合函数进行统计分析。相比行存储把一行数据相邻存放，面向列存储是把一列的数据存放在一起——这就是列存储的思想，如表 1-4 所示。

表 1-4 列存储数据结构

1	2	3	A	B	C	2021-12-31	2021-12-31	2021-12-31

用数据结构模型来描述行存储的示例如下：

```
class ColumnData {
    Array<Long> id;
    Array<String> name;
    Array<Date> date;
}

val columnOrientedData : ColumnData =
{
    id : [1,2,3],
    name : ["A","B","C"],
    date : ["2021-12-31","2021-12-31","2021-12-31"]
}
```

这样做的好处是显而易见的。统计分析通常是在某个字段上进行 sum、count、max、min、avg、group by，列存储可以大大减少数据扫描 I/O。另外，相同列的数据类型通常相同，可以获得更优的压缩率，大大减少数据存储。针对分析类查询，通常只需要读取表的一小部分列。在列式数据库中你可以只读取需要的数据列。例如，如果只需要读取 100 列中的 5 列，使用列存储可以帮助你将 I/O 消耗降低为原消耗的 1/20。数据按列存储更容易压缩，这进一步降低了 I/O 的体积，从而可以使更多的数据被系统缓存。如果你想让查询变得更快，可以使用以下两种方法：

❑ 缩小数据扫描范围；

❑ 减少数据传输大小。

而列存储和数据压缩正是为此而来。列存储和数据压缩通常是伴生的，列存储是数据压缩的前提。列存储的好处简单总结如下：

❑ 将 I/O 限制为实际需要的数据，仅加载需要访问的列。

❑ 节省空间，列存储更容易压缩。

❑ 便于压缩编码。

❑ 适用于向量化执行引擎。

最后，给出一张行存储与列存储优缺点对比的表格清单，如表 1-5 所示。

表 1-5 行存储与列存储优缺点对比

行存储	列存储
面向行存储	面向列存储
插入和删除数据简单快速	插入和删除数据可能会对性能产生负面影响，尤其是在表有很多列的情况下
事务型处理（OLTP）应用程序最佳选择	分析型处理（OLAP）应用程序最佳选择
聚合数据缓慢且效率低下	聚合数据的最佳方案
压缩不足	由于数据相似，非常适合数据压缩，且压缩率高

毫无疑问，行存储和列存储各有优缺点，在实际应用时需要结合具体的问题场景进行选择。

小贴士：Parquet 列存储格式

Apache Parquet（https://parquet.apache.org/）是一种列存储格式。Parquet 实现了非常有效的压缩和编码方案，提供了高效的列式数据存储表达能力，被广泛应用于 Hadoop 生态系统中。Parquet 文件存储模型如图 1-7 所示。

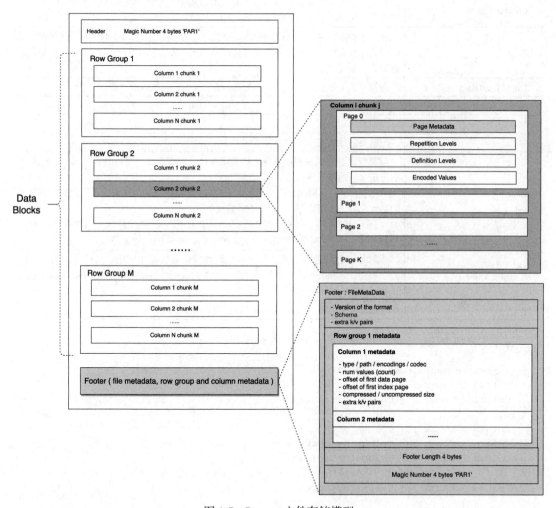

图 1-7　Parquet 文件存储模型

图 1-7 展示了 Parquet 文件的物理数据组织结构（行组、列块、页和编码值）。从层次上讲，一个文件由一个或多个行组组成。一个行组中每列只包含一个列块，一个列块包含一页或多页。

Parquet 的各组件说明如表 1-6 所示。

表 1-6　Parquet 组件说明

模块名	功能说明
Row Group	行组，将数据进行逻辑水平分区。默认值为 128 MB。行组是数据写入时，在内存中缓冲数据的最大值 行组由数据集中每一列的列块组成。一个 Parquet 文件中可以包含多个行组。行组大小可以根据实际需要进行调整
Column Chunk	列块，特定列的数据块。它位于特定的行组中，并保证在文件中是连续的。实际数据存储在列块的数据页中
Page	列块中的数据页，列块中的访问单位。一页的默认大小为 1 MB。列块被分成一页或多页。页面在概念上是一个不可分割的单元（就压缩和编码而言）。可以有多个页面类型交错在一个列块中
Page Metadata	数据页的元数据。元数据中包含最小值、最大值、数据的个数等信息
Min	当前页的最小值
Max	当前页的最大值
Count	当前页的计数值
Repetition Level、Definition Level	重复级别、定义级别。重复级别指定路径中的哪个重复字段具有重复值。定义级别指定在列的路径中定义了多少个可选字段 可以从模式（即有多少嵌套）计算最大重复和定义级别。它们定义了存储级别所需的最大位数（级别是为列中的所有值定义的） 这两个是可选值。如果该列未嵌套，Parquet 不会对重复级别进行编码。为了对嵌套列进行编码，Parquet 使用具有定义和重复级别的 Dremel 编码
Encoded Value	压缩编码之后的数据值。压缩和编码在页面元数据中指定。编码即映射。一切皆是映射。Parquet 支持的编码格式可参考：https://github.com/apache/parquet-format/blob/master/Encodings.md
Footer	存放文件元数据、行组和列的元数据信息

图 1-7 中的 Parquet 文件格式可以用如下文本描述：

```
    4-byte magic number "PAR1"
<Column 1 Chunk 1 + Column Metadata>
<Column 2 Chunk 1 + Column Metadata>
...
<Column N Chunk 1 + Column Metadata>
<Column 1 Chunk 2 + Column Metadata>
<Column 2 Chunk 2 + Column Metadata>
...
<Column N Chunk 2 + Column Metadata>
...
<Column 1 Chunk M + Column Metadata>
<Column 2 Chunk M + Column Metadata>
...
<Column N Chunk M + Column Metadata>
File Metadata
4-byte length in bytes of file metadata
4-byte magic number "PAR1"
```

这个表有 N 列，分成 M 行组。文件元数据包含所有列的元数据的开始位置。

Parquet 文件存储格式与数据处理框架、数据模型、编程语言无关。Parquet 文件存储格式不显式支持 16 位整型，而使用具有高效编码的 32 位整型。这使得 Parquet 文件的读写更简单。Parquet 存储支持的 6 种类型如下。

❑ BOOLEAN：1 位布尔值。

❑ INT32：32 位有符号整数。

❑ INT64：64 位有符号整数。

❑ INT96：96 位有符号整数。

❑ FLOAT：IEEE 32 位浮点值。

❑ DOUBLE：IEEE 64 位浮点值。

❑ BYTE_ARRAY：任意长的字节数组。

小贴士：ClickHouse 支持 Parquet 格式的导出和导入

将 ClickHouse 数据导出的 Parquet 格式的方法如下：

```
clickhouse-client --query="SELECT * FROM tsv_demo FORMAT Parquet" > parquet_
    demo.parquet
```

将 Parquet 文件数据导入 ClickHouse 的方法如下：

```
// ClickHouse 测试表
create table parquet_demo (srcip String, destip String, time String)
    ENGINE=TinyLog;
// shell命令
cat parquet_demo.parquet | clickhouse-client --query="INSERT INTO parquet_demo
    FORMAT Parquet"
```

注意：ClickHouse 表的列名必须与 Parquet 表的列名一致。

ClickHouse 表的列数据类型可以不同于导入的 Parquet 数据类型。在导入数据时，ClickHouse 会根据下面表格中的类型映射，把 Parquet 中的数据类型转换成 ClickHouse 表中的列对应的数据类型。

Parquet 和 ClickHouse 的数据类型的映射关系如表 1-7 所示。

表 1-7 Parquet 和 ClickHouse 的数据类型的映射关系

Parquet 数据类型（导入前）	ClickHouse 数据类型	Parquet 数据类型（导入后）
UINT8, BOOL	UInt8	UINT8
INT8	Int8	INT8
UINT16	UInt16	UINT16
INT16	Int16	INT16
UINT32	UInt32	UINT32
INT32	Int32	INT32
UINT64	UInt64	UINT64

（续）

Parquet 数据类型（导入前）	ClickHouse 数据类型	Parquet 数据类型（导入后）
INT64	Int64	INT64
FLOAT，HALF_FLOAT	Float32	FLOAT
DOUBLE	Float64	DOUBLE
DATE32	Date	UINT16
DATE64，TIMESTAMP	DateTime	UINT32
STRING，BINARY	String	STRING
—	FixedString	STRING
DECIMAL	Decimal	DECIMAL

注意，ClickHouse 不支持的 Parquet 数据类型包括 DATE32、TIME32、FIXED_SIZE_
BINARY、JSON、UUID、ENUM。

1.2.2　向量化查询执行引擎

现代计算机存储系统，为了解决存储器的速度、容量和价格之间的矛盾，最终被设计成一个多级分层架构体系，如图 1-8 所示。

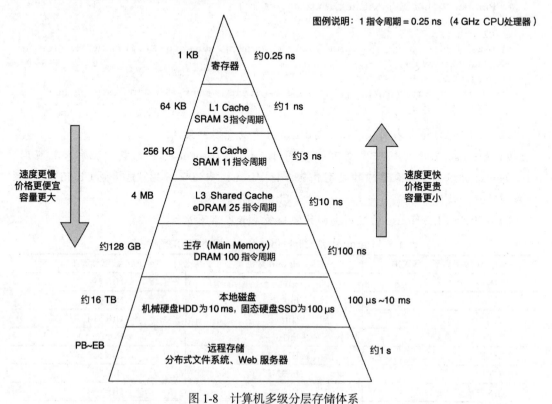

图 1-8　计算机多级分层存储体系

从图 1-8 中可以看到，在存储体系中自上而下来看，存储系统的速度越来越低，容量越来越大，单位价格越来越低。分层存储体系的顶端是寄存器，它的速度最快、价格最高、容量最小。最底端是磁盘，它的速度最慢、价格最低、容量最大。从寄存器中访问数据的速度，是从内存访问数据的速度的 400 倍，也是从磁盘中访问数据速度的 4000 万倍（10 ms = 10000 µs = 10000000 ns）。由此可见，距离 CPU 越近，速度越快。

在现代分布式并行计算框架中，通常将 1 个大任务分割成多个可以同时执行的小任务。在大数据分析问题中，通常数量行数特别大，数据的解压缩和计算将耗费非常多的 CPU 资源，为了提高 CPU 的效率，行业中通常将数据转换成向量（Vector）的计算，例如比较流行的 VectorWise 方法。VectorWise 的基本思想是，将压缩的列数据整理成现代 CPU 容易处理的数据向量模式，利用现代 CPU 的 SIMD（Single Instruction Multiple Data，单指令多数据流）技术，每次处理一批向量数据，极大地提高了处理效率。

ClickHouse 为了最大限度地提高硬件（尤其是 CPU）的性能，同样实现了向量化查询执行（Vectorized Query Execution）机制（也叫向量化计算（Vectorization）、向量化操作（Vectorized Operation）、向量编程（Vector Programming）等），其核心思想就是将多次 for 循环计算转化为一次并行计算。这也是 ClickHouse 相对于传统 OLAP 引擎的技术领先点之一。

不过，向量化执行需要 CPU 硬件本身的指令集（Instruction Set Architecture，ISA）的支持，而支持向量执行的 CPU 指令就是 SIMD。单指令流（Single Instruction）是指同时只能执行一种操作，多数据流（Multiple Data）则是指在一组同构的数据（通常称为数据向量）上进行操作。

SIMD 是 Flynn 分类法对计算机的四大分类之一，它本质上采用一个控制器来控制多个处理器，同时对一组数据中的每一个数据分别执行相同的操作，从而实现并行计算。SIMD 并行计算过程如图 1-9 所示。其中，PU（Processing Unit）是指令单元。

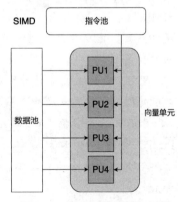

图 1-9　SIMD 并行计算过程

向量化执行和编译执行是目前主流的两种数据库执行引擎优化手段。为了高效地使用 CPU，数据不仅按列存储，还按向量（列的一部分）进行分组处理（例如，Parquet 文件中的行组）。

向量化执行模型有以下几个好处：

❑ 大大减少火山模型中的虚函数调用数量。

❑ 以块为单位处理数据，提供了缓存命中率。

❑ 多行并发处理，契合了 CPU 乱序执行与并发执行的特性。

❑ 同时处理多行数据，使 SIMD 有了用武之地。尽管目前 SIMD 对大多数数据库查询起到的作用比较有限，因为本质上数据库查询都属于数据访问密集型应用，而不是 SIMD 最擅长的计算密集型应用。

小贴士：SIMD 简介

1. SIMD 介绍

前面提到，SIMD 采用一个控制器来控制多个处理器，同时对一组数据（又称"数据向量"）中的每一个数据分别执行相同的操作，从而实现空间上的并行性。SIMD 架构在多条数据上同时执行同一条命令，包括查询、计算和存储信息等命令。SIMD 通常用于处理器执行大量计算的问题，这些计算需要处理器并行执行相同命令。

在微处理器中，SIMD 技术则是一个控制器控制多个平行的处理单元，例如 Intel 的 MMX 或 SSE，以及 AMD 的 3D Now! 指令集。

SIMD 是基于 CPU 寄存器层面的操作。从寄存器中访问数据的速度是从内存访问数据的 400 倍，是从磁盘访问数据的 4000 万倍。ClickHouse 针对频繁调用的基础函数使用 SIMD 执行代替循环操作，大大提升了性能。

SIMD 在现代计算机领域的应用非常广泛，最典型的是在 GPU 的像素处理流水线中，SIMD 和 MIMD（Multiple Instruction Multiple Data，多条指令处理多条数据流）是 GPU 微架构的基础。

CPU 是如何实现 SIMD 的呢？答案是扩展指令集。Intel 的第一版 SIMD 扩展指令集称为 MMX，于 1997 年发布。其改进版本有 SSE、AVX，以及 AMD 的 3DNow! 等。

ClickHouse 的向量化执行机制主要依赖于 SSE 指令集，ClickHouse 当前是基于 SSE 4.2 的指令集实现的。SSE（Streaming SIMD Extension，流式 SIMD 扩展）是由 Intel 公司在 1999 年推出 Pentium Ⅲ 处理器时同时推出的新指令集。如同其名称所表示的，SSE 是一种 SIMD 指令集，有 8 个 128 位寄存器，XMM0 ～ XMM7，可以用来存放 4 个 32 位的单精确度浮点数。可以看出，SSE 是一套专门为 SIMD 架构设计的指令集。通过 SSE，用户可以同时在多个数据片段上执行运算，实现数据并行（如矢量处理、向量化执行）。

SSE 2 是 SSE 指令的升级版，其寄存器、指令格式都与 SSE 一致，不同之处在于 SSE 2 能够处理双精度浮点数等更多数据类型。SSE 3 增加了 13 条新的指令。

SSE 有 3 个数据类型，__m128、__m128d 和 __m128i，分别代表 Float、Double (d) 和 Int (i)，如图 1-10 所示。

AVX 也有 3 个数据类型，__m256、__m256d 和 __m256i，分别代表 Float、Double (d) 和 Int (i)。

这里以 Float 类型来说明 SSE 指令集的具体使用方法。

一个 xmm# 指令操作数可以用来存放 4 个 32 位（1 位符号、8 位指数、23 位尾数）的 Float, data0、data1、data2、data3，如图 1-11 所示。

以计算两个向量加法为例，假设每个向量有 4 个整数元素，那么传统的 CPU 需要读取 8 次寄存器，进行 4 次加法操作才可以完成。而对于 SSE 来说，每个 128 位的寄存器可以存放 4 个 32 位的单精度浮点数，那么意味着只需要读取两次寄存器，执行一条 SIMD 指令即可（对一组数据执行相同的操作），如图 1-12 所示。

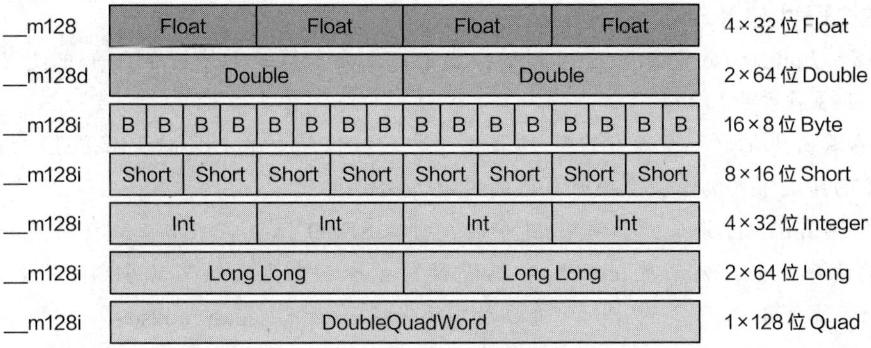

__m128
Float
Float
Float
Float
4×32位Float
__m128d
Double
Double
2×64位Double
__m128i
B B B B B B B B B B B B B B B B
16×8位Byte
__m128i
Short Short Short Short Short Short Short Short
8×16位Short
__m128i
Int
Int
Int
Int
4×32位Integer
__m128i
Long Long
Long Long
2×64位Long
__m128i
DoubleQuadWord
1×128位Quad

图 1-10　SSE 指令

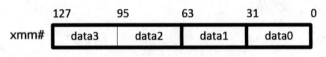

127
95
63
31
0
xmm#
data3
data2
data1
data0

图 1-11　xmm# 指令操作数

addps xmm0, xmm1
xmm0
4.0 3.0 2.0 1.0
+ + + +
xmm1
1.0 2.0 3.0 4.0
= = = =
xmm1
5.0 5.0 5.0 5.0
xmm1 = xmm0 + xmm1

图 1-12　xmm 指令加法计算

算术指令需要 2 个操作数（寄存器或内存）来执行算术计算并将结果写入第一个寄存器。源操作数可以是 xmm 寄存器或内存，但目的操作数必须是 xmm 寄存器。汇编指令如图 1-13 所示。

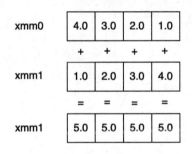

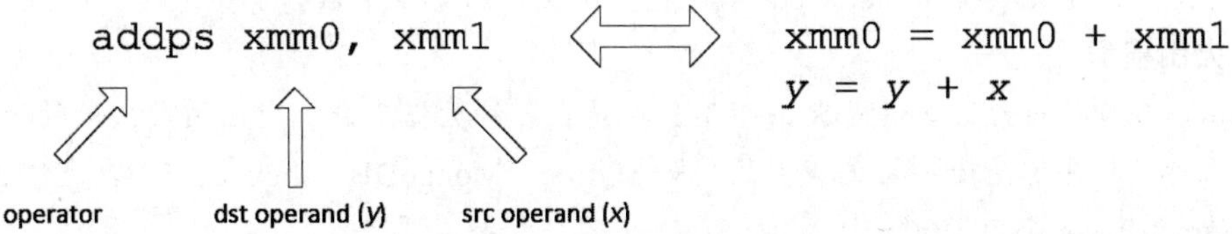

addps xmm0, xmm1
xmm0 = xmm0 + xmm1
y = y + x
operator
dst operand (y)
src operand (x)

图 1-13　xmm 操作汇编指令

其中，addps 指令中的 ps 表示并行标量（parallel scalar）。

2. 在 C++ 中使用 SIMD 的 3 种方法

考虑到 ClickHouse 是基于 C++ 写的，我们有必要了解一下如何在 C++ 中使用 SIMD，主要有如下 3 种方法。

1）编译器优化。即使用 C/C++ 编写程序之后，程序中带有 SIMD 优化选项编译，在 CPU 支持的情况下，编译器可按照自己的规则去优化。

2）使用 intrinsic 指令。参考 Intel 手册，针对 SIMD 指令，可以在编程时直接使用其内置的某些库函数，编译时在 CPU 和编译器的支持下会生成对应的 SIMD 指令。比如，double _mm_cvtsd_f64 (__m128d a) 在函数编译时就会翻译成指令 movsd。

3）嵌入式汇编。内联汇编直接在程序中嵌入对应的 SIMD 指令。

为了更加直观地进行说明，我们举一个实现一个向量加法运算的实际代码的例子。

a）使用 Intrinsic 函数的代码：

```
__m128 a1, b2;
__m128 c1;
for (int i = 0; i < count; i++)
{
        a1 = _mm_load_ps(a);
        b2 = _mm_load_ps(b);
        c1 = _mm_add_ps(a1,  b2);
}
```

b）对应汇编指令代码：

```
for(int i = 0; i < count; i ++)
_asm
{
        movaps   xmm0, [a];
        movaps   xmm1, [b];
        addps    xmm0, xmm1;
}
```

小贴士：数据库查询执行模型简介

数据库查询执行模型主要有 3 种：火山模型（Volcano Model）、物化模型（Materialization Model）、向量化模型（Vectoried Model）。这里分别简单介绍一下。

1. 火山模型

数据库查询执行最著名的是火山模型，也是在各种数据库系统中应用最广泛的模型。大多数关系型数据库都是使用火山模型的，如 SQLite、MongoDB、Impala、DB2、SQLServer、Greenplum、PostgreSQL、Oracle、MySQL 等。

火山模型将关系代数中每一种操作抽象为一个算子（Operator），将整个 SQL 构建成一个算子树，查询树自顶向下调用 next() 接口，数据则自底向上被拉取处理。SQL 查询在数据库中经过解析，会生成一棵查询树，查询树的每个节点会提供一个 next() 接口，next() 接口实现分为三步：

1）调用子节点的 next() 接口获取一行数据（tuple）。

2）对 tuple 进行特定的处理（如 filter 或 project 等）。

3）返回处理后的 tuple。

火山模型也叫迭代模型（Iterator Model）。

火山模型的优点：处理逻辑清晰，每个节点只要关心自己的处理逻辑即可，耦合性低。

火山模型的缺点也非常明显：数据以行为单位进行处理，不利于 CPU 缓存发挥作用。查询树调用 next() 接口的次数太多，并且一次只取一条数据，CPU 执行效率低；遇到 JOIN、Subquery、ORDER BY 等操作时经常会阻塞。

2. 物化模型

物化模型的处理方式是：每个节点一次处理所有的输入，处理完之后将所有结果一次性输出。物化模型更适合 OLTP 负载，这些查询每次只访问小规模的数据，只需要少量的函数调用。

3. 向量化模型

向量化模型与火山模型类似，每个节点需要实现一个 next() 函数，但是每次调用 next() 函数会返回一批元组，而不是一个元组，所以向量化模型也称为批处理模型（Batch Model）。向量化模型是火山模型和物化模型的折衷。向量化模型比较适合 OLAP 查询，因为其大大减少了每个节点的调用次数，减少了虚函数的调用。

ClickHouse、Presto、Snowflake、SQLServer、Amazon Redshift 等数据库，以及 Spark 2.x 的 SQL 引擎均支持向量化模型。

在 Hive 中也使用向量化模型的方式：以 ORC/ Parquet 列式存储数据；配置 set hive.vectorized.execution.enabled = true。

Hive 向量化模型支持的数据类型有：TinyInt、SmallInt、Int、BigInt、Boolean、Float、Double、Decimal、Date、TimeStamp、String。

如果使用了其他数据类型，查询将不会使用向量化执行，而是每次只查询一行数据。可以通过 explain 命令来查看查询是否使用了向量化，如果输出信息中 Execution mode 的值为 vectorized，则使用了向量化查询：

```
explain select count(*) from vectorized_table;
// explain 输出信息
STAGE PLANS:
  Stage: Stage-1
    Map Reduce
      Alias -> Map Operator Tree:
        ...
      Execution mode: vectorized
      Reduce Operator Tree
        ...
```

在向量化模型中，每次处理包含多行记录的一批数据，每一批数据中的每一列都会被存储为一个向量（一个原始数据类型的数组），从而极大地减少了执行过程中的方法调用、反序列化和不必要的 if-else 操作，大大减少了 CPU 的使用时间，如图 1-14 所示。

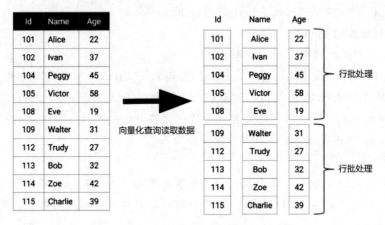

图 1-14　向量化模型加载数据的方式

从图 1-14 中可以看出，数据加载出来之后，每批数据中的每一列都会转成一个向量，在后续的执行过程中，数据是一批批从一个操作符流经另一个操作符的，而不是一行行。

另外，向量化模型有一个限制，就是我们必须把要查询的数据存储为列格式。例如：

❑ 磁盘列存储格式 ORC、Parquet。

❑ 内存列存储格式 Arrow。

1.2.3　数据压缩

我们知道数据体积的减小可以非常有效地减少磁盘空间占用，提高 I/O 性能，这对整体查询性能的提升非常有效。通常情况下，查询消耗在 I/O 方面的时间远大于消耗在数据解压缩方面的时间。除了使用通用的压缩编解码器，ClickHouse 还针对特定类型的数据设计了专用的编解码器，实现了更加优异的性能。官方数据显示，通过使用列存储，在某些分析场景下，加速效果可以提升 100 倍甚至更高。这背后的重要原理有如下几点。

❑ 由于采用列存储，同一列数据属于同一类型，压缩效果显著。列存储往往有高达 10 倍甚至更高的压缩比，可以节省大量存储空间，降低存储成本。

❑ 更高的压缩率意味着更小的数据量，从磁盘读取相应数据所需的时间更少。

❑ 数据压缩算法按需定制，可自行选择最优算法。不同列的数据具有不同的数据类型，因此适用的压缩算法也不尽相同。可以针对不同的数据类型选择最合适的压缩算法。

❑ 高压缩比意味着同样大小的内存可以存储更多的数据，系统缓存效果更好。

一些列式 DBMS（例如 InfiniDB 和 MonetDB）中并没有使用数据压缩，而 ClickHouse

从一开始就支持多种方式的数据压缩，例如 LZ4 和 ZSTD。LZ4 在速度上更快，但是压缩率较低，ZSTD 正好与之相反。在热数据请求下，LZ4 会更快，此时 I/O 代价小，数据解压缩成为性能瓶颈。

ClickHouse 默认使用 LZ4 压缩方式，以提供更快的执行效率，但是需要占用较多的磁盘容量。（因为通常情况下，我们对响应时间快的诉求优先于节省磁盘存储量。）

小贴士：MonetDB 与 InfiniDB 简介

MonetDB 是一个开源的面向列的数据库管理系统。MonetDB 的设计初衷是为较大规模数据（如几百万行和数百列的数据库表）提供高性能查询支持，目前已经被成功应用于对数据读取有高性能要求的应用中，如数据挖掘、在线分析处理、文本检索、多媒体检索等。

MonetDB 最初由荷兰阿姆斯特丹大学的 Peter Boncz 和 Martin Kersten 等人创建，并于 2004 年 9 月 30 日有了第一个开源的发行版（https://github.com/MonetDB/MonetDB）。MonetDB 为数据库管理系统的各个系统结构层面带来了创新：

1）MonetDB 的存储模型是对数据从垂直方向进行切分。

2）MonetDB 是第一个利用 CPU 缓存对数据查询进行优化的数据库系统。

3）MonetDB 会自动管理和协调索引机制，优化查询效率。

InfiniDB 提供一个可伸缩的分析型数据库引擎，主要为数据仓库、商业智能以及对实时性要求不严格的应用而开发。它基于 MySQL 搭建，提供对查询、事务处理以及大数据量加载的支持。代码仓库地址是 https://github.com/infinidb/infinidb。

1.2.4　使用磁盘

许多列式数据库（如 SAP HANA、Google PowerDrill）只能在内存中工作，需要更多机器预算。考虑到机器成本与适用范围，ClickHouse 使用磁盘工作的方式，以提供更低的单位存储成本。当然，如果可以使用 SSD 和内存，ClickHouse 也会合理地利用这些资源，性能表现更优秀。

1.2.5　支持 SQL

ClickHouse 支持基于 SQL 的声明式查询语言，支持 GROUP BY、ORDER BY、FROM、JOIN、IN 以及其他非相关子查询，但暂不支持相关子查询和窗口函数。

ClickHouse 的 SQL 语法与 ANSI SQL 标准基本相同。

小贴士：相关子查询与非相关子查询

1. 相关子查询

子查询的执行依赖于外层父查询的一些属性值。当父查询的参数改变时，子查询需要根据新参数值重新执行。例如：

```
SELECT * FROM t1
WHERE c1 = ANY
/* 子查询语句中存在父查询的 t1 表的 c2 列 */
(SELECT c1 FROM t2 WHERE t2.c2 = t1.c2);
```

2. 非相关子查询

子查询的执行不依赖于外层父查询的任何属性值。子查询具有独立性，可独自求解，形成一个子查询计划先于外层的查询求解。例如：

```
SELECT * FROM t1
WHERE c1 = ANY
/* 子查询语句中 (t2) 不存在父查询 (t1) 的属性 */
(SELECT c1 FROM t2 WHERE t2.c2 = 1);
```

1.2.6　实时数据更新

ClickHouse 支持在表中定义排序键。为了更快速地在排序键中进行范围查找，ClickHouse 中的物理表数据以增量连续 I/O（无锁）、有序的方式存储在 MergeTree 表引擎中。按照主键对数据进行排序，可以实现高性能的数据查询（在几十毫秒内完成数据特定值或范围的查找）。

因为数据排序后，相同排序键的数据不断地存储在磁盘上，有序放置。在等价和范围查询的过程中，where 条件的命中数据紧密地存储在一个或几个连续的块中，而不是分散在任意多个块中，大大减少了需要读取的数据块（Data Block）的数量。此外，连续数据读取 I/O 还可以充分利用操作系统页面缓存的预取能力来减少页面错误。

1.2.7　稀疏索引

ClickHouse 支持主键索引。它根据索引粒度（默认为 8192 行）对每一列数据进行划分。每个索引粒度开头的第一行称为标记行。主键索引存储了标记行对应的主键的值。对于 WHERE 条件下有主键的查询，主键索引的二分查找可以直接定位到对应的索引粒度，避免了全表扫描，加快了查询速度。

ClickHouse 支持在任何列上创建任意数量的稀疏索引。索引值可以是任何合法的 SQL 表达式，而不限于索引列值本身。之所以称为稀疏索引，是因为它本质上是一个完整索引粒度的统计信息，并不记录每一行在文件中的位置。MySQL 会为每行都建立 B 树索引，而 ClickHouse 不会为所有的列都建立索引，而是间隔 index_granularity（默认为 8192）行才建立一个索引。标记（Mark）与标记行（Mark Number）均被保存在内存中，便于查询时快速检索。稀疏索引存储在 primary.idx 文件中。

目前，ClickHouse 支持的稀疏索引类型如下。

❑ minmax：以索引粒度为单位存储指定表达式计算后的最小值和最大值；它可以帮助

快速跳过不满足要求的块，并减少等价和范围查询中的 I/O。

❑ set（max_Rows）：以索引粒度为单位存储指定表达式的 distinct 值集，用于快速判断等价查询是否命中块，减少数据读写性能损耗。

❑ ngrambf_v1 索引：根据 ngram 切分的布隆过滤器。ngrambf_v1 按照指定的长度切割 n 元短语，所以切出来的短语可能是无意义的。可用于优化 equals、like 和 in 表达式的性能。ngrambf_v1 索引语法如下：

ngrambf_v1(n,size_of_bloom_filter_in_bytes,number_of_hash_functions,random_seed)
参数说明如下。

- n：token 长度，依据 n 的长度将数据切割为 token 短语。
- size_of_bloom_filter_in_bytes：布隆过滤器的大小。
- number_of_hash_functions：布隆过滤器中使用 Hash 函数的个数。
- random_seed：Hash 函数的随机种子。

❑ tokenbf_v1 索引：与 ngrambf_v1 类似，但是存储的是 token 而不是 ngram。这里的 token 是指由非字母和非数字的分隔符分隔得到的序列。tokenbf_v1 索引语法如下：
tokenbf_v1(size_of_bloom_filter_in_bytes,number_of_hash_functions,random_seed)

❑ 布隆过滤器索引：布隆过滤器索引的工作原理和布隆过滤器相同，与上面的短语索引的区别是，它支持的数据类型更多，有 Int*、UInt*、Float*、Enum、Date、DateTime、String、FixedString、Array、LowCardinality、Nullable、UUID、Map 等。对于 Map 数据类型，客户端可以指定是否应使用 mapKeys 或 mapValues 函数为键或值创建索引。

不过值得注意的是，ClickHouse 的主键索引与 MySQL 等数据库的主键索引不同。它不用于重复数据删除，即使具有相同主键的行也可以同时存在于数据库中。为了达到去重的效果，需要结合使用具体的表引擎 ReplaceMergeTree、CollapsingMergeTree、Versioned CollapsingMergeTree。

1.2.8 运行时代码生成

ClickHouse 实现高性能查询的技术里，除了分布式 MPP、数据压缩、SIMD 向量化查询执行等，还有运行时代码生成技术。在查询执行过程中，动态生成运行时代码，消除了间接分派（Indirection Dispatch）和动态分派（Dynamic Dispatch）带来的性能损耗，可以更好地将多个操作融合在一起，从而充分利用 CPU 执行单元和流水线。

经典的数据库实现通常使用火山模型进行表达式计算，即将查询转化为一个算子，如 hashjoin、scan、indexscan、aggregation 等。为了连接不同的算子，算子采用统一的 API，如 open()、next()、close() 函数等。在分析场景中一条 SQL 语句通常需要处理数亿行数据，此时虚函数的调用成本很高。另外，每个算子都要考虑多种变量，如列类型、列大小、列数等，if-else 分支判断的数量较多，进而导致 CPU 分支预测失败。

ClickHouse 实现了在运行时根据当前 SQL 动态生成代码，然后编译执行。这样不仅消除了大量的虚函数调用，而且消除了由于参数类型造成的不必要的 if-else 分支判断性能损耗。

1.2.9　支持近似计算

ClickHouse 支持数据采样，支持在允许牺牲数据精度的情况下对查询进行加速。在海量数据处理中，近似计算带来的性能体验的提升特别明显。

1.2.10　数据 TTL

在分析场景中，数据的价值随着时间的推移而降低。大多数企业只是出于成本考虑保留最近几个月的数据。ClickHouse 通过 TTL 提供数据生命周期管理的能力。

ClickHouse 支持几种不同粒度的 TTL。

1）列级 TTL：当列中的部分数据过期时，将这些数据替换为默认值；当该列中的所有数据都已过期时，该列将被删除。

2）行级 TTL：当一行的所有数据过期时，直接删除该行。

3）分区级别 TTL：当一个分区过期时，该分区将被直接删除。

1.2.11　高吞吐写入能力

ClickHouse 采用 LSM 树状结构。数据写入后，在后台定期进行数据比对。通过 LSM 树状结构，ClickHouse 在数据导入时将所有数据按顺序写入，写入后数据段不可更改。在后台，多个段被合并和排序，然后写回磁盘。顺序写入特性充分利用了磁盘的吞吐量，即使在 HDD 上也具有出色的写入性能。

官方公开的基准测试表明，它可以实现 50MB/s ～ 200MB/s 的写入吞吐量，按照每行 100B 进行估算，大约相当于 50 万行 /s ～ 200 万行 /s 的写入速度。

1.2.12　多核心并行计算

ClickHouse 会使用服务器上一切可用的资源并行处理大型查询任务。当然，这也导致 ClickHouse 有一个致命缺点，就是 QPS 瓶颈。如果集群中遇到一个超大数据量的查询计算，会把集群 CPU、内存资源耗尽，而此时其他查询只能等待。

1.2.13　多服务器分布式计算

ClickHouse 支持分布式查询。在 ClickHouse 中，数据可以保存在不同的分片（Shard）上，每一个分片都由一组用于容错的副本（Replica）组成，查询可以并行地在所有分片上进行处理。这些对用户来说是透明的。

1.2.14 分布式 MPP 计算架构

MPP（Massively Parallel Processing，大规模并行分析处理）架构模式，是典型的分布式计算模式。MPP 的各节点不共享资源，每个执行节点可以独自完成数据的读取和计算。

MPP 架构核心原理如下。

1）将数据集分布在许多机器或节点上，以处理大量数据。

2）每个节点都有独立的磁盘存储系统和内存系统。

3）业务数据根据数据库模型和应用特点划分到各个节点上。

4）每个数据节点通过专用网络或者商业通用网络互相连接，彼此协同计算，作为整体提供数据库服务。

在 MPP 架构中，各节点都包含自己的存储和计算功能，可以独立执行查询的一部分。最后，在内存里进行数据合并，并将结果返回客户端。MPP 具有可伸缩、高可用、高性能、资源共享等优势。

小贴士：SMP 与 MPP

当今数据计算领域主要的应用程序和模型可大致分为在线事务处理（On-line Transaction Processing，OLTP）、决策支持系统（Decision-making Support System，DSS）和企业信息通信（Business Communication）三大类。计算平台的体系结构通常有小型独立服务器、SMP（Symmetrical Multi-Processing，对称多处理）、MPP（大规模并行处理）和 NUMA（Non Uniform Memory Access，非均匀存储器存取）结构。这里，我们重点讲一下 SMP 与 MPP。

1. SMP

SMP 是指在一个计算机上汇集了一组处理器（多核 CPU），各 CPU 之间共享内存子系统以及总线结构。代表数据库有 Oracle、MySQL。SMP 架构原理图如图 1-15 所示。

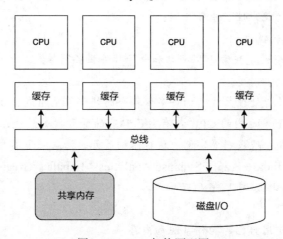

图 1-15 SMP 架构原理图

SMP 的典型特征如下：

❑ 每个处理器共享操作系统的一个副本。

❑ 支持共享架构。

❑ 多任务并行架构，是一个紧耦合的多处理器系统。

❑ 多个处理器之间共享整个工作。

❑ 没有单独的缓存池或锁表，全部共享。

❑ 通过购买更大的系统来实现扩展。

❑ 容易出现资源争用等问题。

❑ 创建分布式架构需要复杂的设计，并且只能部分实现。

❑ 软件提供的内存可用量完全取决于 RAM 和负载的数量。

在 SMP 中，每个 CPU 都有自己的缓存，无论双核还是四核，其余资源都是共享的。

SMP 的优点如下。

1）共享单一操作系统副本。

2）应用程序编程模式简便。

3）管理成本低，易于维护管理。

SMP 的缺点如下。

1）伸缩扩展能力非常有限。对 SMP 服务器进行扩展的方式包括增加内存、使用更快的 CPU、增加 CPU、扩充 I/O（槽口数与总线数）以及添加更多的外部设备（通常是磁盘存储设备）。这样的架构模式直接导致内存上线受限制。

2）CPU 利用率低。由于每个 CPU 必须通过相同的内存总线访问相同的内存资源，因此随着 CPU 数量的增加，内存访问冲突将迅速增加，最终造成 CPU 资源的浪费，大大降低 CPU 性能的有效性。

3）总线有瓶颈。当大型程序的处理要求大于共享总线时，总线就没有能力进行处理了，这时共享的总线就成为性能瓶颈。

4）容错性和效率较低。

SMP 的典型应用场景是托管小型网站和电子邮件服务器等。

2. MPP

MPP，即大规模并行处理系统，由许多松耦合的处理单元组成。注意，这里是指处理单元而不是处理器。每个单元内的 CPU 都有自己私有的资源，如总线、内存、硬盘等。每个单元内都有操作系统和管理数据库实例。这种结构最大的特点在于不共享资源。代表数据库有 ClickHouse、Snowflake、Azure Synapse Analytics、Impala、Greenplum、Elasticsearch、Presto。MPP 架构原理图如图 1-16 所示。

MPP 典型特征如下：

❑ 每个处理器都使用自己的操作系统和内存。

❑ 支持无共享架构。

❑ 多个处理器对单个任务进行协调处理。每个处理器处理任务的不同部分。

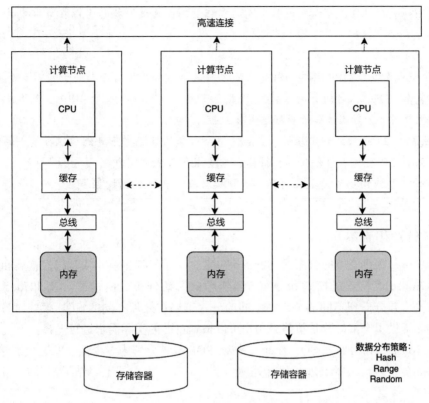

图 1-16　MPP 架构原理图

❑ 每个节点只负责处理自己磁盘上的任务。

❑ 每个节点维护自己的一组锁表和缓存池，增加了内存功能的可用性。

❑ 只需添加机架即可轻松实现可扩展性，支持 TB 到 PB 数据量级的水平扩展。

❑ 完全不共享资源，所以不存在资源争用。

❑ 被设计为分布式架构。

❑ 数据被水平分区，压缩率高，以最佳方式使用内存。

❑ 处理器使用消息进行通信。

MPP 的优点如下。

1）每个处理器都使用自己的操作系统和内存。

2）性能好。大规模数据并行处理能力优秀，适合于复杂的大型数据分析与处理场景。

3）可伸缩。在 MPP 增加节点时，MPP 的性能可以线性扩展。MPP 在数据仓库决策支持和数据挖掘方面占据优势。

4）低成本。基于 MPP 的数据仓库解决方案旨在廉价的商用硬件上运行，不需要可能包含成本的企业级双冗余组件。

5）高可用。使用自动数据复制来提高系统弹性并确保高可用性。

6）高吞吐量。MPP 可以实现非常高的吞吐量，因为读写操作可以在集群中的独立节点上并行执行。

MPP 的缺点如下。

1）管理成本高。MPP 需要一种复杂的机制来调度和平衡各个节点的负载和并行处理过程，通信复杂。当通信时间长时，MPP 性能会变差。目前一些基于 MPP 技术的服务器一般通过系统级软件（如数据库）来屏蔽这种复杂性。

2）短板效应：如果遇到"短板"节点，整个引擎的性能将下降到该短板节点的能力（木桶的短板）。MPP 架构不适合异构的机器，它要求各节点配置相同。

MPP 的典型应用场景是数据仓库、大规模数据处理和数据挖掘等。

1.2.15 分片和副本

ClickHouse 提供完整的分布式集群解决方案，基于分片 + 副本实现线性扩展和高可用。

ClickHouse 支持单机模式和分布式集群模式。在分布式模式下，ClickHouse 会将数据分成多块，并分发到不同的节点。不同的分片策略在处理不同的 SQL 模式时各有优势。ClickHouse 提供了丰富的分片策略，用户可以根据自己的实际需求进行选择。

ClickHouse 支持分布式 SQL 查询。首先，SQL 会被分解为多个任务发送给集群。然后，ClickHouse 会在多台机器上进行并行处理。最后，在一台机器上将结果汇总在一起，返回客户端用户。

在多个副本的情况下，ClickHouse 提供了多种查询分发策略，列举如下。

❑ 随机分布：从多个副本中随机选择一个。

❑ 最新主机名原则：选择与当前分布的机器最相似的主机名节点并发出查询。在特定的网络拓扑中，这种策略可以减少网络延迟，而且可以保证查询分布到固定的副本机器上，充分利用系统缓存。

❑ 按顺序：尽量按照特定的顺序一一分发。当前副本不可用时，将推迟到下一个副本。

❑ 第一个或者随机：在顺序模式下，当第一个副本不可用时，所有的工作负载都会积压到第二个副本，导致负载不平衡。"第一个或随机策略"解决了这个问题：当第一个副本不可用时，随机选择另一个副本，确保剩余副本之间的负载平衡。另外，在跨地域复制场景下，将第一个副本设置为地域内的副本，可以显著降低网络延迟。

1.2.16 完整的 DBMS 能力

另外，ClickHouse 也是一个数据库管理系统（DataBase Management System，DBMS）。ClickHouse 支持在运行时创建表和数据库，加载数据和运行查询，而无须重新配置或重启服务。

小贴士：DBMS 简介

　　DBMS 是一个能够提供数据录入（增）、删除（删）、修改（改）、查询（查）等数据操作的软件，具有数据定义、数据操作、数据查询、数据管控、通信等功能，且允许多用户使用。DBMS 是介于用户和操作系统之间的软件，如图 1-17 所示。

　　DBMS 的核心功能模块如图 1-18 所示。

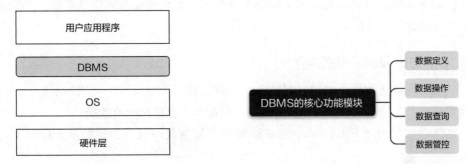

图 1-17　DBMS 在计算机体系中的位置　　　　　图 1-18　DBMS 的核心功能模块

　　DBMS 通常分为三层体系架构，如图 1-19 所示。

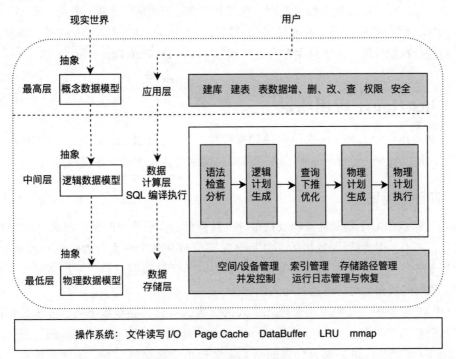

图 1-19　DBMS 的三层体系架构

　　操作系统是 DBMS 的基础。最终对数据文件的物理块的处理、执行物理文件的读写操作，是由操作系统完成的。用户对数据模型逻辑上的读写（CRUD）最终会由 DBMS 映射到操作系统的物理文件上。操作系统提供的读写原语和基本读写 API 是 DBMS 数据存储层依赖的接口。

1.2.17　自适应连接算法

ClickHouse 支持自定义连接（JOIN）多个表，默认使用散列连接算法。如果有多个大表，则使用合并 – 连接算法。

1.2.18　数据复制和数据完整性

ClickHouse 使用异步多主复制技术。当数据被写入任何一个可用副本后，系统会在后台将数据分发给其他副本，以保证系统在不同副本上保持相同的数据。

在大多数情况下 ClickHouse 能在故障后自动恢复，但在少数的复杂情况下需要手动恢复。

1.2.19　提供复合数据类型和丰富的函数库

Clickhouse 除了提供基本数据类型，也提供数组、JSON、元组、集合、字典、Bitmap 等丰富的复合数据类型，支持业务模式的灵活变化。同时，ClickHouse 内置了丰富的函数以便我们进行数据分析，还支持用户自定义函数（User Defined Function，UDF）。

1.3　ClickHouse 应用场景

如前文所述，ClickHouse 支持多种优秀特性，被广泛应用于 DMP、广告营销、电信、电子商务、信息安全、监测和遥感、商业智能、网络游戏、物联网等领域。

1.3.1　典型应用场景

数据分析（OLAP）场景通常涉及批量导入数据后的任意维度的灵活探索、BI 工具洞察、报表制作等。在一次性写入数据后，分析师需要尝试从各个角度对数据进行挖掘和分析，直到找到业务价值、业务变化趋势等信息。这是一个需要反复试错、不断调整、不断优化的过程，读取的数据数量远远超过写入的数量。

在 OLAP 场景中，通常有一个或几个大的宽表，有数百甚至数千列。分析数据时，通常选择几列作为维度列，选择另外几列作为聚合分析列，执行 select、count、sum、group by、order by 等操作，最终聚合计算的结果集会远小于数十亿、千亿的原始数据。这正是 ClickHouse 擅长的领域。ClickHouse 的典型应用场景包括企业级大数据分析、电商人货场运营圈选洞察、用户画像绘制、用户行为分析、各行各业的海量数据多维分析、机器学习模型评估、微服务监控和统计等领域。

在超大数据量级的分析场景中使用原生的 ClickHouse 会遇到一些常见问题。

1）稳定性：ClickHouse 的原始稳定性并不好，比如在高频写入的场景下经常会出现问题，整个集群被一个慢查询拖死，出现节点 OOM、DDL 请求卡死等情况。另外，由于 ClickHouse 原始设计有缺陷，随着数据增长，写数据 QPS 增大，依赖的 ZooKeeper 存在瓶颈。

2）使用门槛较高：用 ClickHouse 搭建的系统的业务性能可能比不用 ClickHouse 的要高 3 倍甚至 10 倍，有些场景还需要针对性对内核进行优化，这就对数据分析师提出了更高的要求。

1.3.2　通用解决方案

要想比较好地解决 ClickHouse 易用性和稳定性的问题，需要一个整体系统化的生态解决方案，这个方案有以下几个重要的部分。

1）QueryServer：数据网关（Data Gateway），负责智能缓存、大查询拦截、限流。

2）Sinker：离线 / 在线高性能接入层（Offline/Online High-Performance Access Layer），负责削峰（Peak Cutting）、Hash 路由（Hash Routing）、流量优先级调控（Traffic Priority Controller）、写入控频等。

3）OPSManager：负责集群管理（Cluster Management）、数据均衡（Data Balancing）、容灾切换（Disaster Recovery Switching）、数据迁移（Data Migration）等。

4）Monitor：负责监控报警、亚健康检测、查询健康度分析，可与 Manager 联动。

1.4　ClickHouse 技术生态

目前，ClickHouse 社区活跃度高，版本迭代非常快，几乎几天到十几天更新一个小版本。

1.4.1　ClickHouse 用户都有哪些

目前国内 ClickHouse 社区火爆，很多大厂都在使用 ClickHouse。

1. 字节跳动

头条行为事件分析平台：有数千个 ClickHouse 节点，单个集群最多有 1200 个节点，总数据量达几十 PB，原始数据每天增加约 300 TB。

电商 EDMP 圈选洞察引擎：使用 ClickHouse Bitmap 引擎做用户圈选、画像洞察分析，单日数据量达 200 TB，提供 2000 亿数据量查询秒级响应。把外部数据源接入引擎贴源层，通过一套统一模型构建流程将数据同步到 ClickHouse、Elasticsearch 等，然后基于这些计算引擎进行实时圈选预览洞察。

2. 腾讯

用于游戏业务统计分析、微信用户分析、内部监控系统、留存分析系统等。例如，腾讯游戏数据化驱动服务平台 iData、基于 ClickHouse 生态的微信实时 BI 分析看板等。

3. 京东

业务离线流量数据分析平台 EasyOLAP。EasyOLAP 数据源主要为实时 JDQ（Kafka Topic）、离线 Hive 数据。依赖 ClickHouse 官方 JDBC，实时数据支持通过 Flink 导入，离线数据主要使用 Spark job 导入。

因为 ClickHouse 的主要瓶颈体现在并发性能上，即多副本集群多个节点故障会导致业务不可用，所以 EasyOLAP 选择了多副本和多活集群，启动了多活集群的方案，一份数据推多个集群，架构如图 1-20 所示。

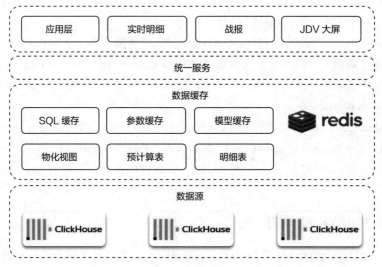

图 1-20　多活集群架构

在统一数据查询服务中，系统根据集群配置分配不同比例将查询下发到各个集群，大小查询分开，点查和批量查询分开，查一天和查一个月的分开，以提升服务整体 QPS。

4. 携程

日志分析系统。采用多分片、双副本的方式，通过 ZooKeeper 进行服务器间互相备份，可保障一个分片中的一台服务器宕机时数据不丢失。同时，借助 ClickHouse 分布式表的特性，实现跨集群搜索。携程有多个 IDC，日志分布在不同的 IDC。为了避免跨 IDC 搬迁日志，在每个 IDC 中都部署一套 ClickHouse，然后配置 ClickHouse 的跨 IDC 的集群，创建分布式表，实现跨多个 IDC 数据搜索。

日志分析系统使用 gohangout 消费数据到 ClickHouse。日志数据流如图 1-21 所示。

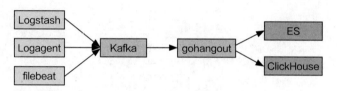

图 1-21 日志数据流

日志数据写入流程如下。

1）采用轮询的方式写 ClickHouse 集群的所有服务器，保证数据基本均匀分布。

2）大批次、低频率地写入，减少数据分块（part）数量，减少服务器合并操作次数，避免 "Too many parts" 异常。通过两个阈值控制数据的写入量和频次，超过 10 万条记录时写一次或者每 30 秒写一次。

3）写本地表，不要写分布式表，因为分布式表接收到数据后会将数据拆分成多个 part，并转发到其他服务器，引起服务器间网络流量增加、服务器合并的工作量增加，导致写入速度变慢，并且增加了异常的可能性。

4）建表时考虑分区（partition）的设置，之前遇到过有人将分区设置为 timestamp，导致插入数据时一直报 Too many parts 的异常。我们一般以天为单位进行划分。

5）主键和索引的设置、数据的乱序等也会导致写入变慢。

下面是一些最佳实践。

慢查询：通过 kill query 命令终止慢查询的执行。

kill query 命令语法如下：

```
KILL QUERY [ON CLUSTER cluster]
    WHERE <where expression to SELECT FROM system.processes query>
    [SYNC|ASYNC|TEST]
    [FORMAT format]
```

Too many parts 异常：该异常是由写入的 part 过多，但 part 的合并速度跟不上产生的速度导致的。导致 part 过多的主要原因如下：

❑ 设置不合理；

❑ 小批量、高频次写 ClickHouse；

❑ 写的是 ClickHouse 的分布式表；

❑ ClickHouse 设置的合并线程数太少了。

小贴士：查看合并树表的数据 part 信息

使用下面的 SQL 语句可以查看 MergeTree 表的数据 part 信息：

```
SELECT * FROM system.parts LIMIT 1 FORMAT Vertical
```

输出如下：

```
Row 1:
──────────

partition:                              tuple()
name:                                   all_1_4_1_6
part_type:                              Wide
active:                                 1
marks:                                  2
rows:                                   6
bytes_on_disk:                          310
data_compressed_bytes:                  157
data_uncompressed_bytes:                91
secondary_indices_compressed_bytes:     58
secondary_indices_uncompressed_bytes:   6
secondary_indices_marks_bytes:          48
marks_bytes:                            144
modification_time:                      2020-06-18 13:01:49
remove_time:                            1970-01-01 00:00:00
refcount:                               1
min_date:                               1970-01-01
max_date:                               1970-01-01
min_time:                               1970-01-01 00:00:00
max_time:                               1970-01-01 00:00:00
partition_id:                           all
min_block_number:                       1
max_block_number:                       4
level:                                  1
data_version:                           6
primary_key_bytes_in_memory:            8
primary_key_bytes_in_memory_allocated:  64
is_frozen:                              0
database:                               default
table:                                  months
engine:                                 MergeTree
disk_name:                              default
path:                                   /var/lib/clickhouse/data/default/months/
                                        all_1_4_1_6/
hash_of_all_files:                      2d0657a16d9430824d35e327fcbd87bf
hash_of_uncompressed_files:             84950cc30ba867c77a408ae21332ba29
uncompressed_hash_of_compressed_files:  1ad78f1c6843bbfb99a2c931abe7df7d
delete_ttl_info_min:                    1970-01-01 00:00:00
delete_ttl_info_max:                    1970-01-01 00:00:00
move_ttl_info.expression:               []
move_ttl_info.min:                      []
move_ttl_info.max:                      []
```

无法启动：解决方案主要包括两个方面。

❏ 文件系统损坏，可以通过修复文件系统解决。

❏ 某一个表的数据异常导致 ClickHouse 加载失败，可以删除异常数据后启动，也可以把异常的文件搬到 detached 目录，等到 ClickHouse 重启后再挂载文件恢复数据。

　　在日志系统实际生产环境中，一个集群的日志数据量在 100 TB 左右（压缩前 600 TB 左右），ClickHouse 相对 Elasticsearch（以下简称 ES）占用更少的内存。相比 ES，ClickHouse 至少可以节省 60% 的磁盘空间。在查询速度方面，ClickHouse 比 ES 提升了 4.4 倍到 38 倍不等，基本解决了原来 ES 上查询不出来的问题。当然，ClickHouse 毕竟不是 ES，在很多业务场景中 ES 仍然不可替代。

　　携程酒店数据智能平台的整体架构如图 1-22 所示。

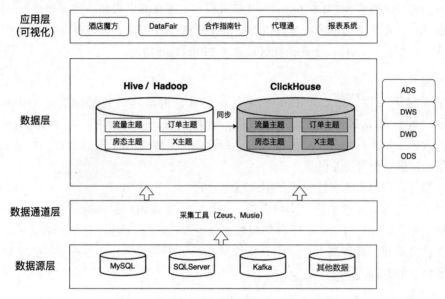

图 1-22　携程酒店数据智能平台的整体架构

数据同步流程如图 1-23 所示。

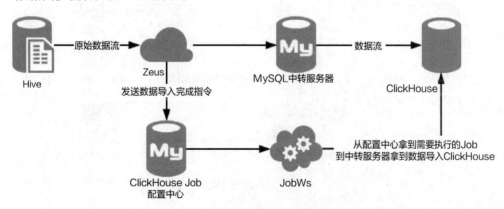

图 1-23　数据同步流程图

　　通过 DataX 直接导入 ClickHouse。为保证线上的高可用，这里还做了重命名、增量数据更新等操作。

5. 快手

ClickHouse on HDFS。ClickHouse 作为一款高性能 OLAP 引擎，广泛应用在快手内部的报表系统、BI 系统、用户行为分析、AB 测试系统、监控系统等业务领域。随着 ClickHouse 集群的规模越来越大，原生 ClickHouse 扩展遇到了瓶颈，并且运维压力也很大。快手实现了 ClickHouse on HDFS 的架构，实现了计算和存储分离，海量数据的管理依靠成熟的 HDFS 系统，同时保留了 ClickHouse 优异的查询计算性能。ClickHouse on HDFS 上线之后，可以轻松扩展 ClickHouse 的集群规模，实现在海量数据下的大规模推广应用。

ClickHouse 在快手提供的服务包括支撑留存计算、AB 测试、音视频分析、风控预警等。另外，快手对 ClickHouse 开源社区贡献了 Projection 功能。

6. 阿里

阿里云提供云数据库 ClickHouse 分布式实时分析型列式数据库服务（https://www.aliyun.com/product/clickhouse），具有高性能、开箱即用、企业特性支持，可应用于流量分析、广告营销分析、行为分析、人群划分、用户画像、敏捷 BI、数据集市、网络监控、分布式服务和链路监控等业务场景。

（1）基于用户日志的多维分析和用户画像分析

基于用户行为日志数据进行多维分析，助力客户实现用户群体行为分析，支撑实时大屏等实时业务监控和实时运营。千亿规模数据分析 30 秒左右完成，亿级别数据中，95% 的查询能 5 秒内返回。具备高吞吐能力，支持高峰期每小时百亿日志数据的写入。该用户画像分析平台如图 1-24 所示。

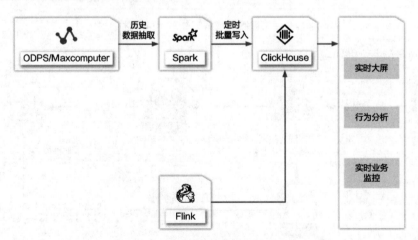

图 1-24　用户画像分析平台

（2）用户圈选和实时精准营销

基于用户的历史标签和实时标签数据进行用户圈选营销，提高客户召回率和 DAU。相比传统分析方案，它的聚合分析性能可提升 5 ～ 10 倍，亿级规模大部分查询毫秒级完成。

数据写入高效稳定，对比传统 ES 写入，可以避免 OOM 问题，写入速度达到 50MB/s ～ 200MB/s。用户圈选和实时精准营销平台如图 1-25 所示。

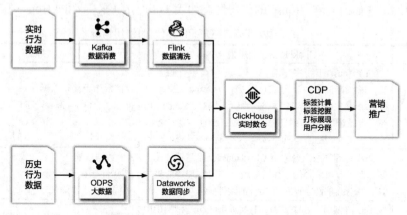

图 1-25　用户圈选和实时精准营销平台

（3）广告投放人群预估和人群画像

基于大规模的多维度用户数据分析，分析广告投放条件命中的人群规模，评估广告投放成本。同时对投放对象进行人群画像，评估投放精准度和目标收益。在线分析广告人群，支持数量预估、画像洞察，亿级用户宽表数据分析秒级完成。广告投放人群预估和人群画像平台如图 1-26 所示。

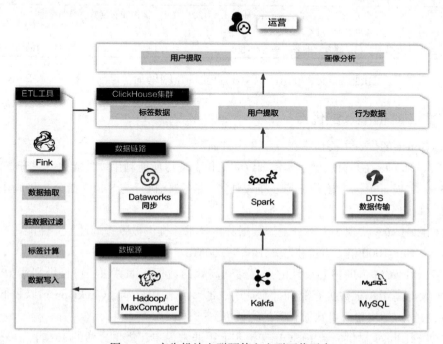

图 1-26　广告投放人群预估和人群画像平台

7. 国外大厂

在国外，Yandex 中有数百个节点用于用户单击行为分析，Cloudflare、Spotify 等头部公司也在使用。它们对 ClickHouse 的使用情况如表 1-8 所示（来自 ClickHouse 官网）。

表 1-8　国外公司对 ClickHouse 的使用情况

用户	ClickHouse 使用情况	性能
Yandex	ClickHouse 于十多年前在 Yandex 中诞生并投入生产，现在存储了数十万亿行数据，为 Yandex Metrica 提供每秒 2 TB 的查询吞吐量。它也已成为 Yandex 内部广告系统、监控和可观察性数据、商业智能、推荐平台、OLAP 甚至汽车遥测的事实标准	存储数十万亿行数据 每秒 2 TB 的查询吞吐量 ClickHouse 成为 Yandex 内部的事实标准
Uber	Uber 将其日志平台移至 ClickHouse，提高了开发人员的生产力和平台的整体可靠性，同时实现了 3 倍数据压缩、10 倍性能提升和 50% 的硬件成本降低	3 倍数据压缩 10 倍性能提升 50% 硬件成本降低
eBay	eBay 在实时 OLAP 事件（日志 + 指标）基础架构中采用了 ClickHouse，使得 DevOps 和故障排查的工作量减少 90%。同时，集成了 Grafana 和 ClickHouse 以实现可视化和警报	减少 DevOps 工作和故障排查工作量 硬件减少为原来的十分之一 与 Grafana 的集成更强
Spotify	Spotify 的 AB 实验平台使用 ClickHouse，实现了 PB 级数据集上每秒处理数千亚秒级查询。他们通过为数据平台引入统一的 SQL 接口和用于实验的自动决策制定工具，使工作量减少了一个数量级，并提供自主分析洞察能力	减少工作量 使功能团队能够自主洞察分析 自动决策工具
Deutsche Bank	在客户分析平台中使用了 ClickHouse，为用户提供报告、深度数据分析以及高级数据科学，让前台业务可以清楚地了解客户的活动和盈利能力	报告和深度数据分析平台 高级数据科学 提供客户活动和盈利能力的清晰视图

在社区方面，ClickHouse 的 GitHub Star 的数量急剧增加（目前已超过 21 万）。

1.4.2　ClickHouse 的优点

ClickHouse 的优点主要体现在以下几个方面。

1）ClickHouse 在计算层做了非常细致的工作，竭尽所能利用硬件能力，提升查询速度。ClickHouse 实现了单机多核并行、分布式计算、向量化执行与 SIMD 指令、代码生成等多种重要技术。

2）ClickHouse 实现了大部分主流数据分析技术，提供极致查询性能。性能基准显示比传统方式快 100~1000 倍，并提供 50MB/s ～ 200MB/s 的高吞吐实时导入能力。

3）ClickHouse 借助精心设计的列存储和高效的数据压缩算法，可提供高达 10 倍的压缩比，大大提高了单机数据存储和计算能力，减少了使用成本。ClickHouse 以较低的成本存储海量数据，是构建海量数据仓库的绝佳方案。

4）ClickHouse 提供完善的 SQL 支持，上手非常简单；提供灵活的 JSON、map、array

等数据类型，可适应业务的快速变化；同时支持近似计算、概率数据结构等功能以处理海量数据。

5）与开源社区中的其他几种分析技术，如 Druid、Presto、Impala、Kylin、ES 等相比，ClickHouse 是一套完整的解决方案，它包含存储和计算能力（无须依赖其他存储组件），独立实现高可用，支持完整的 SQL 语法，技术优势明显。与 Hadoop 系统相比，其数据库方式的大数据处理更加简单易用，学习成本低，灵活性高。

InfiniDB、MonetDB、LucidDB 等开源 OLAP 数据库的应用规模较小，且没有应用在大型互联网服务中。相比之下，ClickHouse 的成熟度和稳定性更胜一筹。

1.4.3　ClickHouse 的缺点

ClickHouse 的缺点主要体现在以下几个方面。

1）没有完整的事务支持。

2）缺少高频率、低延迟的修改或删除已存在数据的能力，仅能用于批量删除或修改数据，但这符合通用数据保护条例（GDPR）。

3）稀疏索引的设计使得 ClickHouse 并不适合根据主键 ID 来检索数据行多列值的点查询。

4）高并发场景性能弱。

1.4.4　ClickHouse 未来展望

ClickHouse 社区目前还在快速发展中，相信未来会提供越来越多好用的功能，性能也会得到持续优化。如果未来 ClickHouse 对高并发 QPS 业务场景支持得更好，既有 OLAP 的高性能，又有 OLTP 的在线业务实时写入能力，那就更完美了。其实，已经有框架在做这个事情了。Kudu 是 Cloudera 研发的处理实时数据的 OLAP 数据库，它试图在 OLAP 与 OLTP 之间寻求一个平衡点——在保持同一份数据的情况下，既能提供在线业务实时写入能力，又能支持高效的 OLAP 查询。感兴趣的读者可以研究一下。

1.5　本章小结

本章简单介绍了 ClickHouse 的基本背景、发展历史，重点阐述了 ClickHouse 的核心特性，包括列存储、数据压缩、稀疏索引等存储层设计，MPP 架构、向量化执行、动态代码生成等计算层的主要设计思想与原理。接下来，我们将正式走进 ClickHouse 的世界。

ClickHouse 快速入门

纸上得来终觉浅，绝知此事要躬行。

——陆游

从书本上得来的知识，毕竟是不够完善的，想要深入理解其中的道理，必须亲自实践才行。马克思主义的基本原则也强调理论和实践相结合：理论指导实践，实践促进理论。在第 1 章中，我们简单介绍了 ClickHouse 的起源与发展、技术特性、应用场景与技术生态。搞技术，光说不练假把式，要亲自实践才能深刻领会其中的奥妙。从本章开始，我们将正式走进 ClickHouse 世界，进行具体的操作实践，包括安装、部署、系统配置、客户端连接、ClickHouse 基础命令行操作等。

2.1 安装与运行 ClickHouse

ClickHouse 支持单机运行与分布式集群运行，这里先介绍单机 ClickHouse 的安装、部署、运维配置的知识。关于在 macOS、Linux 系统中安装 ClickHouse，可以参考官网（https://clickhouse.com/#quick-start），获得快速安装 ClickHouse 的命令行，这里仅做简单介绍。虽然 ClickHouse 官网文档（https://clickhouse.com/docs/zh/getting-started/install）没有提供 Windows 操作系统下安装 ClickHouse 的方法，但是 2.1.3 节详细介绍了使用 Docker ClickHouse 镜像安装部署运行的方法，可以作为参考。你也可以直接使用 ClickHouse 源码安装，详细安装方法可以参考官网文档，此处不再赘述。

2.1.1　在 macOS 系统中安装 ClickHouse

本节介绍如何在 macOS 系统中安装单机 ClickHouse。

1. 直接下载二进制包安装

如果采用 Intel 芯片的 macOS，则执行如下安装命令：

```
wget 'https://builds.clickhouse.com/master/macos/clickhouse'
chmod a+x ./clickhouse
./clickhouse
```

如果采用 Apple Silicon 芯片的 macOS，则执行如下安装命令：

```
wget 'https://builds.clickhouse.com/master/macos-aarch64/clickhouse'
chmod a+x ./clickhouse
./clickhouse
```

2. 使用命令行启动 ClickHouse Server

在终端执行如下命令即可启动 ClickHouse Server：

```
$./clickhouse server
```

通过运行日志，我们可以看到 ClickHouse Server 的启动过程：

```
Processing configuration file 'config.xml'.
There is no file 'config.xml', will use embedded config.
Logging trace to console
2022.02.24 00:52:58.124486 [ 14059913 ] {} <Information> : Starting ClickHouse
    21.12.1.8808 with revision 54457, no build id, PID 34768
2022.02.24 00:52:58.136442 [ 14059913 ] {} <Information> Application: starting
    up
2022.02.24 00:52:58.136500 [ 14059913 ] {} <Information> Application: OS name:
    Darwin, version: 20.3.0, architecture: x86_64
2022.02.24 00:52:58.165320 [ 14059913 ] {} <Information> StatusFile: Status file ./
    status already exists - unclean restart. Contents:
PID: 42633
Started at: 2022-02-22 04:18:39
Revision: 54457

2022.02.24 00:52:58.167529 [ 14059913 ] {} <Debug> Application: Set max number
    of file descriptors to 4294967295 (was 2560).
2022.02.24 00:52:58.167558 [ 14059913 ] {} <Debug> Application: Initializing
    DateLUT.
2022.02.24 00:52:58.167566 [ 14059913 ] {} <Trace> Application: Initialized
    DateLUT with time zone 'Asia/Shanghai'.
2022.02.24 00:52:58.167579 [ 14059913 ] {} <Debug> Application: Setting up ./
    tmp/ to store temporary data in it
2022.02.24 00:52:58.167693 [ 14059913 ] {} <Debug> Application: Initiailizing
    interserver credentials.
```

```
2022.02.24 00:52:58.170304 [ 14059913 ] {} <Debug> ConfigReloader: Loading
    config 'config.xml'
Processing configuration file 'config.xml'...
```

有了这个脉络，我们就可以把源码拿过来，提纲挈领地去深入了解背后的细节了。

3. 使用 clickhouse client 命令行连接 ClickHouse Server

在终端执行如下命令，连接端口号为 9000 的 ClickHouse Server：

```
$./clickhouse client --port 9000
```

连接成功，输出如下所示：

```
ClickHouse client version 21.12.1.8808 (official build).
Connecting to localhost:9000 as user default.
Connected to ClickHouse server version 21.12.1 revision 54450.
C02FJ0KMMD6V :)
C02FJ0KMMD6V :) SELECT name FROM system.databases
```

在客户端交互界面中，执行如下 SQL 语句，查询当前 Server 的全部数据列表：

```
SELECT name
FROM system.databases
```

查询成功，输出如下所示：

```
Query id: 38e7285a-2288-4796-a2d0-cef75fb97e46
┌─name───────────────┐
│ INFORMATION_SCHEMA │
│ circle_db          │
│ default            │
│ information_schema │
│ mydb               │
│ system             │
└────────────────────┘

6 rows in set. Elapsed: 0.001 sec.
```

2.1.2 在 Linux 系统中安装 ClickHouse

本节介绍如何在 Linux 系统中安装 ClickHouse。Linux 有很多版本，不同的版本对应不同的 ClickHouse 安装方式。

1. 在 Ubuntu 与 Debian 系统中安装

直接下载二进制包进行安装：

```
sudo apt-get install apt-transport-https ca-certificates dirmngr
sudo apt-key adv --keyserver hkp://keyserver.ubuntu.com:80 --recv E0C56BD4

echo "deb https://repo.clickhouse.com/deb/stable/ main/" | sudo tee \
    /etc/apt/sources.list.d/clickhouse.list
```

```
sudo apt-get update

sudo apt-get install -y clickhouse-server clickhouse-client
```

启动服务端：

```
sudo service clickhouse-server start
```

连接客户端：

```
clickhouse-client
clickhouse-client --password --port
```

2. 在 CentOS 与 RedHat 系统中安装

直接下载二进制包进行安装：

```
sudo yum install yum-utils
sudo rpm --import https://repo.clickhouse.com/CLICKHOUSE-KEY.GPG
sudo yum-config-manager --add-repo https://repo.clickhouse.com/rpm/clickhouse.
    repo
sudo yum install clickhouse-server clickhouse-client
```

启动服务端：

```
sudo /etc/init.d/clickhouse-server start
```

连接客户端：

```
clickhouse-client
clickhouse-client --password --port
```

3. 在其他 Linux（x86）系统中安装

对于其他 Linux 系统，ClickHouse 的安装过程比较复杂，直接参考如下命令行一步一步执行即可：

```
export LATEST_VERSION=$(curl -s https://repo.clickhouse.com/tgz/stable/ | \
    grep -Eo '[0-9]+\.[0-9]+\.[0-9]+\.[0-9]+' | sort -V -r | head -n 1)
curl -O https://repo.clickhouse.com/tgz/stable/clickhouse-common-static-$LATEST_
    VERSION.tgz
curl -O https://repo.clickhouse.com/tgz/stable/clickhouse-common-static-dbg-
    $LATEST_VERSION.tgz
curl -O https://repo.clickhouse.com/tgz/stable/clickhouse-server-$LATEST_
    VERSION.tgz
curl -O https://repo.clickhouse.com/tgz/stable/clickhouse-client-$LATEST_
    VERSION.tgz

tar -xzvf clickhouse-common-static-$LATEST_VERSION.tgz
sudo clickhouse-common-static-$LATEST_VERSION/install/doinst.sh
```

```
tar -xzvf clickhouse-common-static-dbg-$LATEST_VERSION.tgz
sudo clickhouse-common-static-dbg-$LATEST_VERSION/install/doinst.sh

tar -xzvf clickhouse-server-$LATEST_VERSION.tgz
sudo clickhouse-server-$LATEST_VERSION/install/doinst.sh
sudo /etc/init.d/clickhouse-server start

tar -xzvf clickhouse-client-$LATEST_VERSION.tgz
sudo clickhouse-client-$LATEST_VERSION/install/doinst.sh
```

4. 在 ARM 版 Linux 系统中安装
执行如下命令进行安装：

```
wget 'https://builds.clickhouse.com/master/aarch64/clickhouse'
chmod a+x ./clickhouse
sudo ./clickhouse install
```

5. 在 FreeBSD（x86_64）系统中安装
执行如下命令进行安装：

```
fetch 'https://builds.clickhouse.com/master/freebsd/clickhouse'
chmod a+x ./clickhouse
su -m root -c './clickhouse install'
```

2.1.3　在 Windows 系统中使用 Docker 安装 ClickHouse

本节介绍如何在 Windows 操作系统中使用 Docker 安装 ClickHouse（在 macOS、Linux 系统中同样可以按此操作完成安装）。

1. 安装 Docker
首先，访问 https://www.docker.com/get-started，下载 Docker 安装包。

安装好 Docker 桌面版之后。除了可以在界面查看 Docker 上与 ClickHouse 相关的镜像清单，还可以通过命令行查看：

```
docker search clickhouse
```

2. 安装 Docker ClickHouse 镜像
访问 Docker ClickHouse 镜像页面：https://hub.docker.com/r/clickhouse/clickhouse-server/，了解 ClickHouse 镜像的详细介绍。

下面我们就从拉取 Docker 的 ClickHouse 镜像开始安装，然后在客户端中访问连接 ClickHouse 服务。

首先，拉取 clickhouse-server 镜像，在命令行中执行如下命令：

```
$docker pull clickhouse/clickhouse-server
```

输出如下：

```
Using default tag: latest
latest: Pulling from clickhouse/clickhouse-server
08c01a0ec47e: Pull complete
71d601bd16a1: Pull complete
941422e8ab8d: Pull complete
3d44bce03a19: Pull complete
e797c6e0a2d4: Pull complete
4d7568ce5d35: Pull complete
f307ed6fbbe3: Pull complete
4892c029527f: Pull complete
Digest: sha256:8b714ecb63f3dfae9fc54b0b05f9e9aafd0dc5aff2ce6b6d1fe4e62bcefb0839
Status: Downloaded newer image for clickhouse/clickhouse-server:latest
docker.io/clickhouse/clickhouse-server:latest
```

可以在 Docker 桌面看到新拉取的 clickhouse-server 镜像，如图 2-1 所示。

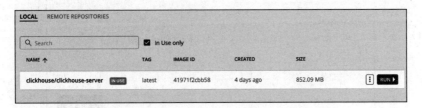

图 2-1　在 Docker 桌面看到新拉取的 clickhouse-server 镜像

3. 启动 ClickHouse Server 实例

可以在 Docker 界面上直接单击 RUN 按钮，启动 ClickHouse Server，如图 2-2 所示。

图 2-2　在 Docker 界面上直接启动 ClickHouse Server

单击 RUN 按钮，弹出运行新建容器界面，如图 2-3 所示。

为了简便，我们在 Container Name 处输入 clickhouse-server，在 Ports 下面的 Local Host 处输入 9000（容器虚拟机本机的端口号），其他值保持默认即可，如图 2-4 所示。

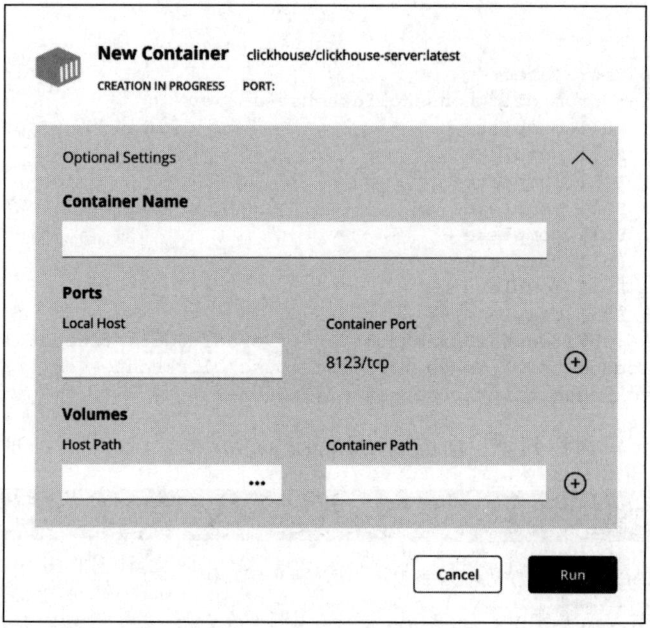

图 2-3　新建容器界面

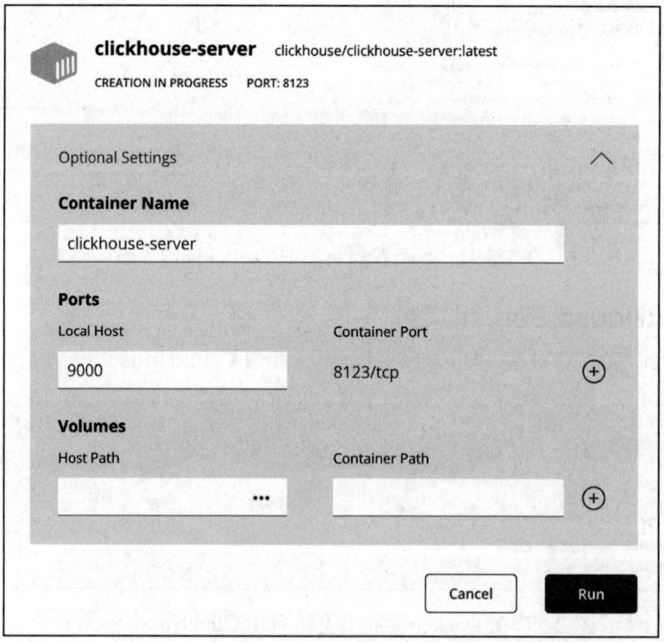

图 2-4　新建 ClickHouse Server 容器配置

单击 Run 按钮，在 Docker 界面菜单 Containers / Apps 目录下可以看到运行中的 Docker 容器——clickhouse-server，如图 2-5 所示。

图 2-5 运行中的 Docker 容器——clickhouse-server

注意，正在运行的 Container 实例的端口号为 9000。9000 是 Docker 容器对外暴露的端口号，我们后面使用客户端工具连接 ClickHouse Server 时用到的端口号即是 9000。单击运行中的容器实例，进入实例控制后台，可以看到有 3 个 Tab 页面——LOGS、INSPECT、STATS，如图 2-6 所示。

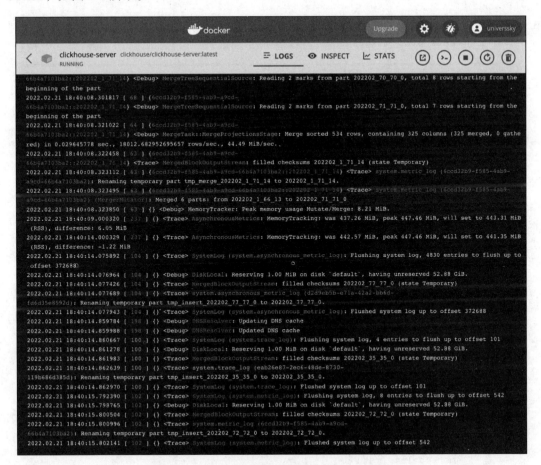

图 2-6 ClickHouse Server 容器实例 LOGS 页面

在 Docker 控制台 LOGS 页面下可以看到 ClickHouse Server 启动日志：

```
Processing configuration file '/etc/clickhouse-server/config.xml'.
Merging configuration file '/etc/clickhouse-server/config.d/docker_related_
    config.xml'.
Logging trace to /var/log/clickhouse-server/clickhouse-server.log
Logging errors to /var/log/clickhouse-server/clickhouse-server.err.log
...
2022.02.21 18:24:36.808521 [ 1 ] {} <Debug> ConfigReloader: Loading config '/
    etc/clickhouse-server/config.xml'
Processing configuration file '/etc/clickhouse-server/config.xml'.
Merging configuration file '/etc/clickhouse-server/config.d/docker_related_
    config.xml'.
Saved preprocessed configuration to '/var/lib/clickhouse/preprocessed_configs/
    config.xml'.
2022.02.21 18:24:36.811856 [ 1 ] {} <Debug> ConfigReloader: Loaded config '/etc/
    clickhouse-server/config.xml', performing update on configuration
....
```

另外，在 INSPECT 页面中可以看到 ClickHouse 的配置文件 CLICKHOUSE_CONFIG 的目录是 /etc/clickhouse-server/config.xml，如图 2-7 所示。

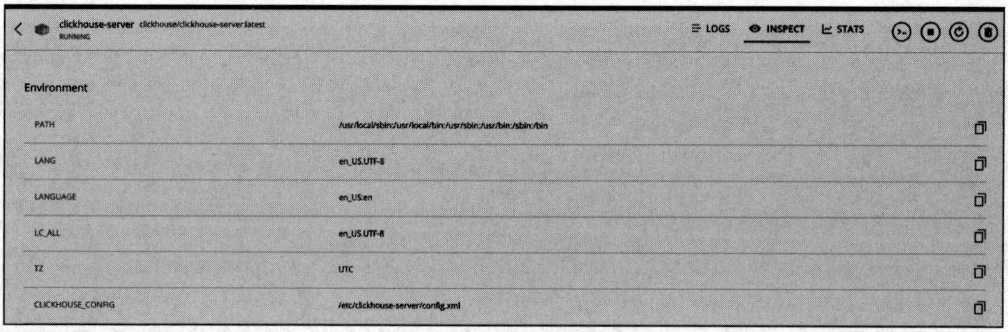

图 2-7　容器实例配置

打开 config.xml 文件，内容如下：

```
<clickhouse>
    <builtin_dictionaries_reload_interval>3600</builtin_dictionaries_reload_
        interval>
    <!-- 指定 incl -->
    <compression incl="clickhouse_compression">
    <case>
        <!-- 数据部分的最小值 -->
        <min_part_size>10000000000</min_part_size>
        <!-- 数据部分大小与表大小的比率 -->
        <min_part_size_ratio>0.01</min_part_size_ratio>
        <!-- 压缩算法，zstd 和 lz4 -->
        <method>lz4</method>
    </case>
```

```
    </compression>
    <default_database>default</default_database>
</clickhouse>
```

关于 ClickHouse 的配置，我们将在后文中详细介绍，这里不再展开。

最后，在 STATS 页面中可以看到 ClickHouse 的基本性能监控数据，如图 2-8 所示。

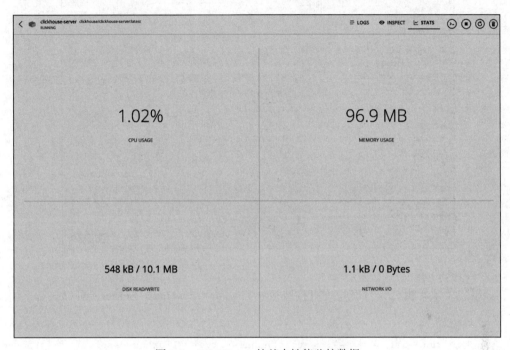

图 2-8　ClickHouse 的基本性能监控数据

4. 连接 Docker 容器的 ClickHouse Server

我们使用 JetBrains 出品的数据库客户端工具 DataGrip 来连接 ClickHouse Server。

首先，新建数据源。打开数据源配置界面，如图 2-9 所示。

按照图 2-9 所示设置 General 页面中的各参数。单击 Test Connection 按钮，输出如下信息，表示连接成功。

```
DBMS: ClickHouse (ver. 22.2.2.1)
Case sensitivity: plain=exact, delimited=exact
Driver: ru.yandex.clickhouse-jdbc (ver. 0.1.50, JDBC0.1)
Ping: 35 ms
```

从上面的信息中可以看到：

1）版本号为 ClickHouse 22.2.2.1。

2）驱动信息为 ru.yandex.clickhouse-jdbc。JetBrains 出品的 DataGrip 工具里自带 Click-House 的 JDBC，可以直接使用。

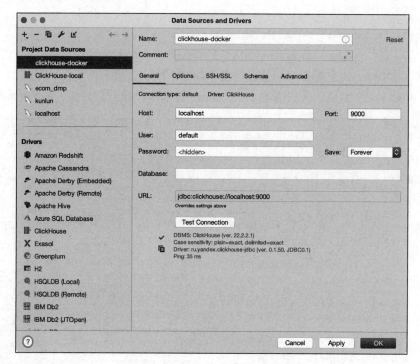

图 2-9 新建 ClickHouse Server 连接

如果想要从本机命令行客户端直接连接到 Docker ClickHouse Server，可以执行下面的命令：

```
$docker run -it --rm --link clickhouse-server:clickhouse-server clickhouse/
    clickhouse-client --host clickhouse-server
```

其中，冒号前面的 clickhouse-server 是 Docker 容器 ClickHouse 实例的名字。如果本机 Docker 没有 clickhouse/clickhouse-client 镜像，会触发自动下载，耐心等待即可。上面命令的输出如下：

```
ClickHouse client version 22.1.3.7 (official build).
Connecting to clickhouse-server:9000 as user default.
Connected to ClickHouse server version 22.2.2 revision 54455.
ClickHouse client version is older than ClickHouse server. It may lack support
    for new features.
48780fafa43d :)
```

至此，终端已经成功连接到 Docker ClickHouse 实例。执行下面的 SQL 语句，可以查看当前 ClickHouse 的版本号：

```
48780fafa43d :) select version()
SELECT version()
Query id: 6bfd55b4-ce94-4532-b2be-805b1d1207a5
```

```
┌─version()─┐
│ 22.2.2.1  │
└───────────┘
```

```
1 rows in set. Elapsed: 0.003 sec.
```

可以看到，当前 ClickHouse 的版本号是 22.2.2.1。

要查看 schema 下面的所有数据库信息，执行如下 SQL 语句即可：

```
48780fafa43d :) SELECT * FROM system.databases
```

另外，我们可以在需要执行的 SQL 语句前面加上 EXPLAIN 查看执行计划，详细内容请参考 6.7 节。

2.2　ClickHouse 常用命令行

本节简单介绍 ClickHouse 常用命令行。

2.2.1　ClickHouse 命令行清单

可以通过 clickhouse -h 命令查看 ClickHouse 命令行清单，查询结果如下所示：

```
$clickhouse -h
Use one of the following commands:
clickhouse local [args]
clickhouse client [args]
clickhouse benchmark [args]
clickhouse server [args]
clickhouse extract-from-config [args]
clickhouse compressor [args]
clickhouse format [args]
clickhouse copier [args]
clickhouse obfuscator [args]
clickhouse git-import [args]
clickhouse keeper [args]
clickhouse keeper-converter [args]
clickhouse install [args]
clickhouse start [args]
clickhouse stop [args]
clickhouse status [args]
clickhouse restart [args]
clickhouse static-files-disk-uploader [args]
clickhouse hash-binary [args]
```

2.2.2　实用命令行工具

我们选择其中比较实用的命令行工具 clickhouse local、clickhouse client、clickhouse benchmark 等来说明。

1. clickhouse local [args]

（1）功能说明

该命令行对数据文件执行 SQL 查询。首先需要定义数据源及其格式，然后即可使用通常的方式执行 SQL 查询。使用该命令可快速处理存储表的本地文件，而无须部署和配置 clickhouse-server。可以将该命令行理解为一个 ClickHouse Server 的单机版微内核。

（2）参数说明

- ❑ -S, --structure：输入数据的表结构。
- ❑ -if, --input-format：输入格式化类型，默认是 TSV。
- ❑ -f, --file：数据路径，默认是 stdin。
- ❑ -q, --query：要查询的 SQL 语句使用";"做分隔符，必须指定 query 或 queries-file 选项。
- ❑ -qf, --queries-file：包含执行查询的文件路径，必须指定 query 或 queries-file 选项。
- ❑ -N, --table：数据输出的表名，默认是 table。
- ❑ -of, --format, --output-format：输出格式化类型，默认是 TSV。
- ❑ -d, --database：默认数据库名，默认是 _local。
- ❑ --stacktrace：是否在出现异常时输出栈信息。
- ❑ --echo：执行前打印查询。
- ❑ --verbose：调试显示查询的详细信息。
- ❑ --logger.console：日志显示到控制台。
- ❑ --logger.log：日志文件名。
- ❑ --logger.level：日志级别。
- ❑ --ignore-error：当查询失败时，不停止处理。
- ❑ -c, --config-file：与 ClickHouse Server 格式相同配置文件的路径，默认情况下配置为空。
- ❑ --no-system-tables：不附加系统表。
- ❑ --help：clickhouse-local 使用帮助信息。
- ❑ -V, --version：打印版本信息并退出。

可使用 $clickhouse local --help：命令查看完整命令行参数手册。

（3）使用实例

下面看一个实例。

准备测试文件：

```
$cat a.txt
"Alice","18"
"Bob","20"
```

执行命令：

```
$clickhouse local  -N test_table  --file='a.txt' --input-format=CSV -S "user
    String, age Int32" -q "SELECT * from test_table FORMAT Pretty"
```

输出：

```
┌─user──┬─age─┐
│ Alice │  18 │
│ Bob   │  20 │
└───────┴─────┘
```

2. clickhouse client [args]

（1）功能说明

这是命令行客户端。

（2）参数说明

❑ --host, -h：服务端的 host 名称，默认是 localhost。可以选择使用 host 名称或者 IPv4 或 IPv6 地址。

❑ --port：连接的端口，默认是 9000。注意，HTTP 接口以及 TCP 原生接口使用的是不同端口。

❑ --user, -u：用户名，默认是 default。

❑ --password：密码，默认是空字符串。

❑ --query, -q：使用非交互模式查询。

❑ --database, -d：默认当前操作的数据库，默认是服务端默认的配置（default）。

❑ --multiline, -m：如果指定，允许多行语句查询（Enter 仅代表换行，不代表查询语句完结）。

❑ --multiquery, -n：如果指定，允许处理用"；"号分隔的多个查询，只在非交互模式下生效。

❑ --format, -f：使用指定的默认格式输出结果。

❑ --vertical, -E：如果指定，默认情况下使用垂直格式输出结果。这与 --format=Vertical 相同。在这种格式中，每个值都在单独的行上打印，这种方式对显示宽表很有帮助。

❑ --time, -t：如果指定，非交互模式下会打印查询执行的时间到 stderr 中。

❑ --stacktrace：如果指定，出现异常时，会打印栈跟踪信息。

❑ --config-file：配置文件的名称。

❑ --secure：如果指定，将通过安全连接连接到 ClickHouse Server。

❑ --history_file：存放命令历史的文件的路径。

❑ --param_<name>：查询参数配置。

（3）使用实例

直接连接监听 9000 端口的 ClickHouse Server：

```
$clickhouse client --port 9000
```

输出连接成功信息：

```
ClickHouse client version 21.12.1.8808 (official build).
Connecting to localhost:9000 as user default.
Connected to ClickHouse server version 21.12.1 revision 54450.
```

3. clickhouse benchmark [args]

（1）功能说明

ClickHouse 性能基线工具。

（2）参数说明

❑ -c N, --concurrency=N：并发发送查询个数，默认是 1。

❑ -d N, --delay=N：发送性能报告时间间隔，默认值 1，设置为 0 时不发送报告。

❑ -h WORD, --host=WORD：服务端 host，默认是 localhost，如果在比较模式下，可以使用多个 -h 参数。

❑ -p N, --port=N：服务端端口号，默认是 9000。

❑ -i N, --iterations=N：查询的总次数，默认是 0。

❑ -r, --randomize：当有多个查询时，以随机顺序执行。

❑ -s, --secure：使用 TLS 安全连接。

❑ -t N, --timelimit=N：执行时间限制，单位是 s（秒），当达到指定的时间限制时，停止查询。默认是 0（禁用时间限制）。

❑ --confidence=N：T- 检验的置信度，N 取值为 0（80%）、1（90%）、2（95%）、3（98%）、4（99%）或 5（99.5%），默认是 5。

❑ --cumulative：打印累积数据，而不是每个间隔的数据。

❑ --database=DATABASE_NAME：数据库名称，默认是 default。

❑ --json=FILEPATH：将报告输出到指定的 JSON 文件。

❑ --user=USERNAME ClickHouse：用户名，默认是 default。

❑ --password=PSWD：ClickHouse 密码，默认是空字符串。

❑ --stacktrace：输出异常的栈跟踪。

❑ --stage=WORD：查询请求的服务端处理状态，在特定阶段 ClickHouse 会停止查询，并返回结果给 clickhouse-benchmark。可取值枚举为 complete、fetch_columns、with_mergeable_state，默认是 complete。

❑ --help：显示命令行使用帮助手册。

（3）使用实例

测试如下 SQL 语句的性能基线：

```
select count(1) from circle_db.bitmap_circle;

Query id: 60885adc-0a2d-4d8b-9ebd-b2fc1f5db194

┌─count()─┐
│    1080 │
└─────────┘

1 rows in set. Elapsed: 0.005 sec.
```

准备 SQL 文件：

```
$cat benchmark.sql
select count(1) from circle_db.bitmap_circle
```

执行如下 benchmark 命令：

```
$clickhouse benchmark -i 1000 < benchmark.sql
Loaded 1 queries.
Queries executed: 1000.
localhost:9000, queries 1000, QPS: 1367.013, RPS: 1367.013, MiB/s: 5.350, result
    RPS: 1367.013, result MiB/s: 0.010.
0.000%          0.001 sec.
10.000%         0.001 sec.
20.000%         0.001 sec.
30.000%         0.001 sec.
40.000%         0.001 sec.
50.000%         0.001 sec.
60.000%         0.001 sec.
70.000%         0.001 sec.
80.000%         0.001 sec.
90.000%         0.001 sec.
95.000%         0.001 sec.
99.000%         0.005 sec.
99.900%         0.007 sec.
99.990%         0.024 sec.
```

可以看到 queries（总查询数量）、QPS（每秒处理的查询数量）、RPS（每秒生成多少行的结果集数据）、MiB/s（每秒读取多少字节的数据）等性能数据，同时给出了 PCT 99 等各百分比区间的 RT（响应时间）。

使用 clickhouse benchmark 可以比较两个正在运行的 ClickHouse Server 的性能。命令行如下：

```
$echo "SELECT * FROM system.numbers LIMIT 10000000 OFFSET 10000000" | clickhouse
    benchmark -i 10 -h localhost -h localhost
```

因为是在本机，所以 -h 都是 localhost。上面的命令执行结果如下：

```
Loaded 1 queries.
Queries executed: 6.
```

```
localhost:9000, queries 3, QPS: 6.551, RPS: 131318699.077, MiB/s: 1001.882,
    result RPS: 65513483.767, result MiB/s: 499.828.
localhost:9000, queries 3, QPS: 6.773, RPS: 135764416.629, MiB/s: 1035.800,
    result RPS: 67731404.343, result MiB/s: 516.750.

0.000%              0.130 sec. 0.119 sec.
10.000%             0.130 sec. 0.119 sec.
......
99.900%             0.176 sec. 0.163 sec.
99.990%             0.176 sec. 0.163 sec.

No difference proven at 99.5% confidence

Queries executed: 10.
localhost:9000, queries 6, QPS: 7.282, RPS: 145972144.847, MiB/s: 1113.679,
    result RPS: 72823929.943, result MiB/s: 555.602.
localhost:9000, queries 4, QPS: 6.654, RPS: 133384772.019, MiB/s: 1017.645,
    result RPS: 66544225.292, result MiB/s: 507.692.

0.000%              0.121 sec. 0.119 sec.
10.000%             0.122 sec. 0.119 sec.
......
99.900%             0.176 sec. 0.163 sec.
99.990%             0.176 sec. 0.163 sec.

No difference proven at 99.5% confidence
```

在对比测试中，benchmark 程序会随机采样来比较两组查询指标 diff。可以看出本机两组查询性能对比，置信度 99.5% 相同。

其中，clickhouse-client 使用以下第一个配置文件，通过 --config-file 参数指定。

```
./clickhouse-client.xml
~/.clickhouse-client/config.xml
/etc/clickhouse-client/config.xml
```

配置文件实例如下：

```
<config>
    <user>username</user>
    <password>password</password>
    <secure>False</secure>
</config>
```

小贴士：T 检验（T-Test）

T 检验，亦称 Student T 检验，是用 T 分布理论来推论差异发生的概率，从而比较两个平均数的差异是否显著。它与 F 检验、卡方检验并列。T 检验是戈斯特为了观测酿酒质量而发明的，并于 1908 年在 Biometrika 上公布。

2.3　本章小结

学一门手艺，最快的方式就是立即动手实践。比如，就算你看了一万遍菜谱，但没有亲自操刀，那永远成不了大厨。做技术也是一样的道理。在大数据 OLAP 领域，查询的性能往往取决于数据存储结构的设计，例如，列式存储、分区键选择、索引的创建、分片、副本等。而想要使用 ClickHouse 做这些事情，首先需要掌握的就是 ClickHouse 的 SQL 基础，而 SQL 基础中的基础就是"基础数据类型"。在下一章中，我们将学习 ClickHouse 基础数据类型的相关内容。

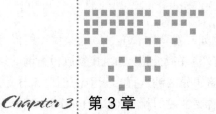

Chapter 3 第 3 章

ClickHouse 基础数据类型

道生一，一生二，二生三，三生万物。

——《道德经》

在第 2 章中，通过一顿猛如虎似的操作，我们已经搭建好了 ClickHouse 环境。现在，万事俱备，只欠东风。要想做一道好菜，光有柴米油盐酱醋肉不行，还得有"菜谱"。菜谱是厨师利用烹饪原料，通过各种烹调技法创作出一道好菜的方法。要想成为大厨，不懂选料、切配、烹饪等技艺是不行的。要想做好大数据，就必须很懂 Select（选料）、Update/Delete（切配）、Insert（烹饪）等技术才行。

本章先从"选料"开始，主要介绍 ClickHouse 中的"原料"——数据类型。

数据类型（Data Type）是计算机科学的基础。在关系数据库理论中，也需要一个类型系统来支持。因为，关系本身也是定义在某种数据类型之上的。在介绍 SQL 基础之前，我们先来了解 ClickHouse 的基本数据类型。

作为一款分析型数据库，ClickHouse 提供了许多数据类型，它们可以划分为基础数据类型、复合数据类型和特殊数据类型，如图 3-1 所示。

其中基础数据类型使 ClickHouse 具备了描述数据的基本能力，而另外两种数据类型则使 ClickHouse 的数据表达能力更加丰富立体，属于高级数据类型。本章先介绍基础数据类型，复合数据类型和特殊数据类型放到第 4 章介绍。

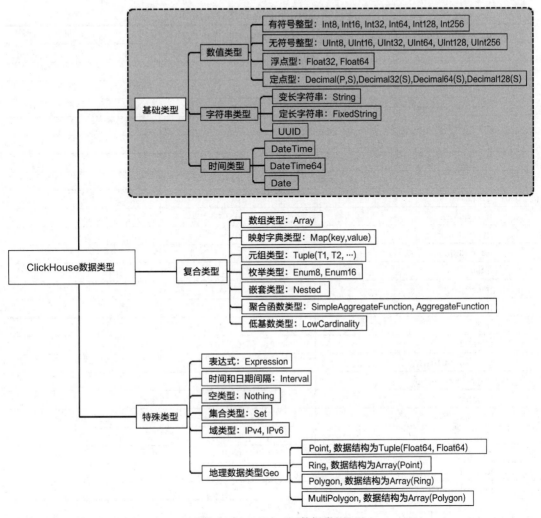

图 3-1 ClickHouse 数据类型

3.1 基础数据类型概述

ClickHouse 基础数据类型有数值、字符串和时间三大类型。可以执行如下 SQL 语句获得完整的数据类型清单：

```
SELECT * FROM system.data_type_families
```

ClickHouse 数据类型清单如表 3-1 所示。

表 3-1　ClickHouse 数据类型清单

name	case_sensitive	alias_to
Polygon	0	
Ring	0	
Point	0	
SimpleAggregateFunction	0	
MultiPolygon	0	
IPv6	0	
IntervalSecond	0	
IPv4	0	
UInt32	0	
IntervalYear	0	
IntervalQuarter	0	
IntervalMonth	0	
Int64	0	
IntervalDay	0	
IntervalHour	0	
Int16	0	
UInt256	0	
LowCardinality	0	
AggregateFunction	0	
Nothing	0	
Decimal256	1	
Tuple	0	
Array	0	
Enum16	0	
IntervalMinute	0	
FixedString	0	
String	0	
DateTime	1	
Map	0	
UUID	0	
Decimal64	1	
Nullable	0	
Enum	1	
Int32	0	
UInt8	0	
Date	1	
Decimal32	1	
UInt128	0	

（续）

name	case_sensitive	alias_to
Float64	1	
Nested	0	
Int128	0	
Decimal128	1	
Int8	0	
Decimal	1	
Int256	0	
DateTime64	1	
Enum8	0	
DateTime32	1	
Date32	1	
IntervalWeek	0	
UInt64	0	
UInt16	0	
Float32	0	
INET6	1	IPv6
INET4	1	IPv4
ENUM	1	Enum
BINARY	1	FixedString
……	……	……

从表 3-1 可以看出，ClickHouse 的 String、Int、Float、Decimal 等类型都是大小写敏感的（case_sensitive=0）。关于 ClickHouse 大小写敏感，有下面几点需要注意。

1）ClickHouse 对于 SQL 语句的解析是大小写敏感的，这意味着 SELECT a 和 SELECT A 表示的语义是不同的。

2）ClickHouse 对关键字大小写不敏感，也就是说 SELECT 和 select 都行，不过建议遵循规范使用大写。

3）ClickHouse 的一些数据类型也是大小写敏感的（如表 3-1 中 case_sensitive=0 的数据类型都是大小写敏感的类型），比如 UInt8 不可以写成 uint8，String 不可以写成 string。

4）ClickHouse 的大部分函数也是大小写敏感的。可以通过在 ClickHouse Server 中执行 SELECT*FROM system.functions 语句查看 case_sensitive=0 的函数。这些函数都是 ClickHouse 独有的，或者说这些函数在其他关系型数据库中是看不到的，比如 toDate() 函数写成 todate() 会报错。但是像 min、max、length、sum、count 等这些在其他关系型数据库中也能看到的函数，在 ClickHouse 中则是大小写不敏感的。例如，计算字符串长度的函数 length()、Length() 都可以返回字符串长度。

5）ClickHouse 中没有布尔类型（Bool），所以，一般用整型（UInt8）表示布尔类型，1

为真，0 为假。

为了快速理解 ClickHouse 中的基础数据类型，我们用 MySQL 中的数据类型与它们进行比较，如表 3-2 所示。

表 3-2 ClickHouse 与 MySQL 数据类型比较

ClickHouse	MySQL	关于 ClickHouse 的类型说明
UInt8、UInt16、UInt32、UInt64、UInt128、UInt256	TINYINT UNSIGNED、SMALLINT UNSIGNED、INT UNSIGNED、BIGINT UNSIGNED	无符号整型。数据范围如下 • UInt8：[0，255]，即 [0，2^8-1] • UInt16：[0，65535]，即 [0，$2^{16}-1$] • UInt32：[0，4294967295]，即 [0，$2^{32}-1$] • UInt64：[0，18446744073709551615]，即 [0，$2^{64}-1$] • UInt128：[0，34028236692093846346337460743176821 1455]，即 [0，$2^{128}-1$] • UInt256：[0，11579208923731619542357098500868790 78532699846656405640394575840079131296 39935]，即 [0，$2^{256}-1$]
Int8、Int16、Int32、Int64、Int128、Int256	TINYINT SIGNED、SMALLINT SIGNED、INT SIGNED、BIGINT SIGNED	有符号整型。数据范围如下 • Int8：[−128，127]，即 [-2^7，2^7-1] • Int16：[−32768，32767]，即 [-2^{15}，$2^{15}-1$] • Int32：[−2147483648，2147483647]，即 [-2^{31}，$2^{31}-1$] • Int64：[−9223372036854775808，9223372036854775807]，即 [-2^{63}，$2^{63}-1$] • Int128：[−1701411834604692317316873037158841057 28，170141183460469231731687303715884105727]，即 [-2^{127}，$2^{127}-1$] • Int256：[−578960446186580977117854925043439539266 34992332820282019728792003956564819968，57896044 618658097711785492504343953926634992332820282019 728792003956564819967]，即 [-2^{255}，$2^{255}-1$]
Float32、Float64	FLOAT、DOUBLE	浮点数类型。ClickHouse 支持 inf、-inf、nan，但是一般情况下不用
Decimal32、Decimal64、Decimal128	DECIMAL	用法是 Decimal(P,S)，参数说明如下 • P 表示精度。有效范围为 [1，38]，决定可以有多少个十进制数字（包括分数） • S 表示规模。有效范围为 [0，P]，决定数字的小数部分中包含的小数位数 定点数类型。有符号的定点数可在加、减和乘法运算过程中保持精度。对于除法，最低有效数字会被丢弃（不舍入）
String	BLOB、TEXT、ARCHAR、VARBINARY	字符串可以是任意长度的。它可以包含任意字节集，包含空字节。因此，字符串类型可以代替其他 DBMS 中的 VARCHAR、BLOB、CLOB 等类型。字符串在 ClickHouse 中没有进行编码，可以是任意字节集，按它们原本的方式进行存储和输出。推荐使用 UTF-8。事实上，它的行为就像一个 BLOB

（续）

ClickHouse	MySQL	关于 ClickHouse 的类型说明
FixedString(n)	CHAR、BINARY	\0 填充。可用的函数比 String 少，实际上它的行为类似于 BINARY
Date	DATE	日期类型，用 2 字节存储，表示从 1970-01-01（无符号）到当前的日期值。允许存储从 UNIX 纪元开始到编译阶段定义的上限阈值常量（目前上限是 2106 年，但最终完全支持的年份为 2105）。最小值为 1970-01-01。取值范围为 [1970-01-01, 2149-06-06]。日期中没有存储时区信息
DateTime	DATETIME、TIMEST-AMP	时间戳类型。用 4 字节（无符号）存储 UNIX 时间戳）。允许存储与日期类型相同的范围内的值。最小值为 1970-01-01 00:00:00。时间戳类型值精确到秒（没有闰秒）。取值范围为 [1970-01-01 00:00:00, 2106-02-07 06:28:15]
Enum	ENUM	类似于 MySQL 的 ENUM 类型，行为类似于 Int8/16
Array(T)	n.a.	类型数组。T 可以是任意类型，包含数组类型。但不推荐使用多维数组，因为 ClickHouse 对多维数组的支持有限。例如，不能在 MergeTree 表中存储多维数组
Map(key, value)	n.a.	映射字典数据类型。存储键值对。参数说明如下 • key：Map 字典 key 值，可以是 String、Int、LowCardin-ality，或者 FixedString 类型 • value：Map 字典 value 值，可以是 String、Int、Array、LowCardinality，或者 FixedString 类型 假设 a 列的类型是 Map<String,String>，使用 a['K'] 获取 key='K' 对应的 value 值。该操作的复杂度是线性的
Tuple(T1,T2, …)	n.a.	元组类型。元组中每个元素都有单独的类型
Nested(Name1 Type1, Name2 Type2, …)	n.a.	嵌套类型。参数说明如下 • Name1：嵌套变量名（key） • Type1：嵌套类型（value） • MySQL 中最接近的等价物是 JSON
AggregateFunction (name, types_of_ arguments …)	n.a.	聚合函数类型。参数说明如下 • name：聚合函数名，通常带 State 后缀 • types_of_arguments：聚合函数参数的类型 生成聚合函数状态的常见方法是调用带有 -State 后缀的聚合函数。获取该类型的最终状态数据时，以相同的聚合函数名加 -Merge 后缀的形式来实现
Set	n.a.	集合类型。用在 IN 表达式的右半部分。例如： SELECT UserID IN (123, 456) FROM t SELECT (CounterID, UserID) IN ((34, 123), (101500, 456)) FROM t
Expression	n.a.	表达式（其实就是 Function）类型。用于表示高阶函数中的 Lambda 表达式
LowCardinality	n.a	低基数类型，把其他数据类型转变为字典编码类型，以提升查询性能

（续）

ClickHouse	MySQL	关于 ClickHouse 的类型说明
LowCardinality	n.a	语法：LowCardinality(data_type) 参数说明：data_type 可以是 String、FixedString、Date、Date-Time，以及数字类型，但是 Decimal 除外。对一些数据类型来说，LowCardinality 并不高效，参考 allow_suspicious_low_cardinality_types 参数设置。LowCardinality 是一种改变数据存储和数据处理方法的概念。ClickHouse 会对 LowCardinality 所在的列进行字典编码。对很多应用来说，处理字典编码后的数据可以显著地增加查询速度
Nothing	n.a	空数据类型。表示未知 NULL 值的数据类型。例如，文本 NULL 的类型为 Nullable(Nothing)。不能创建一个 Nothing 类型的值
Nullable(T)	n.a	可空值类型。例如，c1 列的类型是 Nullable(Int8)，表示 c1 列可以存储 Int8 类型值，没有值的行将存储 NULL。另外，注意以下 3 点： ● 类型 T 不支持复合数据类型 Array 和 Tuple ● Nullable 类型字段不能包含在表索引中 ● Nullable 类型的默认值为 NULL。如果有特殊需求，可以在 ClickHouse Server 配置中自定义

ClickHouse 与 MySQL 数据类型的对应关系可以到 ClickHouse 源代码 convertMySQL-DataType.cpp 中找到。ClickHouse 数据类型的相关源码存放在 src/DataTypes 目录下。

3.2 数值类型

ClickHouse 数值类型分为整型（Int）、浮点型（Float）和定点型（Decimal）三大类，每个类型又细分为 8、16、32、64、128、256 等不同位数。ClickHouse 数值类型如表 3-3 所示。

ClickHouse 源码 DataTypesNumber.cpp 中定义了如上数值类型。ClickHouse SQL 数据类型做了针对 MySQL、MS Access 等数据类型的兼容处理。接下来，我们通过 SQL 实例介绍这些数据类型的使用方法。

1. 整型

ClickHouse 整型有 UInt8、UInt16、UInt32、UInt64、UInt128、UInt256、Int8、Int16、Int32、Int64、Int128、Int256。其中，以 U 开头的类型是无符号整型，也就是

表 3-3　ClickHouse 数值类型

数据类型	ClickHouse 类型
无符号整型 （取值 ≥ 0）	UInt8
	UInt16
	UInt32
	UInt64
	UInt128
	UInt256
有符号整型 （可取负值）	Int8
	Int16
	Int32
	Int64
	Int128
	Int256
定点数值型	Decimal32
	Decimal64
	Decimal128
	Decimal256
浮点型	Float32
	Float64

大于或等于 0 的。后面的 8、16、32、64、128、256 分别是各类型所占的 bit（位）数。

（1）整型取值范围

ClickHouse 整型取值范围如下：

❑ Int8：[−128，127]

❑ Int16：[−32768，32767]

❑ Int32：[−2147483648，2147483647]

❑ Int64：[−9223372036854775808，9223372036854775807]

❑ Int128：[−170141183460469231731687303715884105728，170141183460469231731
687303715884105727]

❑ Int256：[−57896044618658097711785492504343953926634992332820282019728792
003956564819968，578960446186580977117854925043439539266349923328202820 1
9728792003956564819967]

上述数据类型的别名总结如下：

❑ Int8：TINYINT、BOOL、BOOLEAN、INT1。

❑ Int16：SMALLINT、INT2。

❑ Int32：INT、INT4、INTEGER。

❑ Int64：BIGINT。

（2）无符号整型取值范围

ClickHouse 无符号整型取值范围如下：

❑ UInt8：[0，255]

❑ UInt16：[0，65535]

❑ UInt32：[0，4294967295]

❑ UInt64：[0，18446744073709551615]

❑ UInt128：[0，340282366920938463463374607431768211455]

❑ UInt256：[0，115792089237316195423570985008687907853269984665640569403945
7584007913129639935]

我们可以通过内置的数学函数 $exp2(n)$ 计算 2 的 n 次幂。比如 UInt8 的取值范围是
[0:255]，我们可以计算出来的最大值就是：

```
SELECT exp2(8) - 1
```

执行结果如下：

```
┌─minus(exp2(8), 1)─┐
│               255 │
└───────────────────┘
```

UInt256 的最大值是：

```
SELECT exp2(256) - 1
```

执行结果如下：

```
┌───minus(exp2(256), 1)───┐
│   1.157920892373162e77   │
└─────────────────────────┘
```

可以看到，在终端输出的是 1.157920892373162e77，这是科学计数法的结果。但是如果我们想要看具体的数字，可以用类型转换函数 toUInt256(x) 来实现。但是，事与愿违，ClickHouse 终端执行的结果并不是我们所期望的。因为 exp2(x) 的返回值类型是 Float64，精度有丢失。

```
SELECT toUInt256(exp2(256)) - 1
minus(toUInt256(exp2(256)), 1)
57896044618658097702369839901263932781391731748390190090761097376371310591999
```

执行如下 SQL 语句：

```
select  toUInt256(11579208923731619542357098500868790785326998466564056403945758
    4007913129639935)
```

输出：

```
SELECT toUInt256(1.157920892373162e77)
toUInt256(1.157920892373162e77)
57896044618658097702369839901263932781391731748390190090761097376371310592000
```

从结果发现，这也不是我们期望的。

执行如下 SQL 语句，观察 UInt256 上限值在 ClickHouse 中的类型是什么：

```
select  toTypeName(11579208923731619542357098500868790785326998466564056403945758
    4007913129639935);
```

输出：

```
Float64
```

可以看出，类型并不是 UInt256。Float64 在进行计算的时候会有精度丢失：小数点后除去左边的零后的第 17 位起会产生数据溢出。

需要注意的是，UInt128、UInt256 能表示的整数范围十分巨大，占用的字节数也随之增大，所以用得比较少。

2. 浮点型

ClickHouse 浮点型有单精度浮点型 Float32（等同于 C 语言中的 Float 类型）和双精度浮点型 Float64（等同于 C 语言中的 Double 类型），遵循 IEEE 754 浮点数标准，如表 3-4 所示。

表 3-4　ClickHouse 浮点型

类型	字节数	位数	有效精度 (排除最左边的零的小数位数)	取值范围
Float32 (别名: FLOAT)	4	32	7, 小数点后除去左边的零后的第 8 位起会产生数据溢出。也就是说 Float32 的精度为 6 ～ 7 位	[−3.40e+38，+3.40e+38], 负值取值范围为 [−3.4028235e+38, −1.4012984e−45], 正值取值范围为 [−1.4012984e−45, 3.4028235e+38]
Float64 (别名: DOUBLE)	8	64	16, 小数点后除去左边的零后的第 17 位起会产生数据溢出。即 Float64 的精度为 15 ～ 16 位	[−1.79e+308: +1.79e+308], 负值取值范围为 [−1.79769313486231570e+308, −4.94065645841246544e−324], 正值取值范围为 [4.94065645841246544e−324, 1.79769313486231570e+308]

(1) 浮点数计算的精度

对浮点数进行计算可能引起四舍五入的误差。

执行如下 SQL 语句:

```
SELECT
    1 - 0.9,
    toTypeName(1 - 0.9)
```

输出:

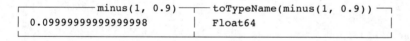

可以看出，小数点后除去左边的零后第 17 位起产生数据溢出，计算结果是 Float64 类型。因为浮点数有精度丢失，所以在实际工作中，我们通常使用整型存储数据，将固定精度的数字转换为整数值。例如货币单位用分为单位表示，页面加载时间用毫秒为单位表示等。

(2) 无穷与非数字值类型

另外，ClickHouse 的浮点数支持正无穷 (inf)、负无穷 (−inf) 以及非数字 (nan) 特殊数值符号。执行如下 SQL 语句:

```
SELECT
    1 / 0,
    -1 / 0,
    0 / 0,
    sqrt(-1)
```

输出:

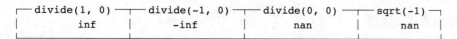

另外，inf/-inf 得到的结果是 nan。

执行如下 SQL 语句：

```
SELECT (1 / 0) / (-1 / 0)
```

输出：

```
Query id: 52de21e8-d82d-4fdd-9050-a9e8ff4b3bae
┌─divide(divide(1, 0), divide(-1, 0))─┐
│                nan                  │
└─────────────────────────────────────┘
```

3. 定点型

ClickHouse 中高精度数值类型为 Decimal，也称为定点数。用法如下：

```
Decimal(P,S)
```

相关参数介绍如下。

❑ P：总位数 = 整数位数 + 小数位数，取值范围是 [1,76]，也叫精度（Precision）。

❑ S：小数位数，取值范围是 [0,P]，也叫规模（Scale）。

（1）定点数加减运算

使用 toDecimal32(value, S) 函数来进行定点数的运算，执行如下 SQL 语句：

```
SELECT
    1 - 0.9,
    toDecimal64(1 - 0.9, 4),
    toDecimal64(1.23, 3) + toDecimal64(1.234, 5),
    toDecimal64(1.23, 3) - toDecimal64(1.234, 5)
```

输出：

```
minus(1, 0.9): 0.09999999999999998
toDecimal64(minus(1, 0.9), 4): 0.0999
plus(toDecimal64(1.23, 3), toDecimal64(1.234, 5)): 2.464
minus(toDecimal64(1.23, 3), toDecimal64(1.234, 5)): -0.004
```

（2）定点数乘法运算

乘法运算时，小数位数 S 为两者之和。

执行如下 SQL 语句：

```
SELECT toDecimal32(22.9876312, 3) * toDecimal32(33.123450011, 2)
```

输出：

```
multiply(toDecimal32(22.9876312, 3), toDecimal32(33.123450011, 2)): 761.32944
```

（3）定点数除法运算

除法运算时，小数位数 S 为被除数位数。此时要求 S（被除数）> S（除数），否则报错。

执行如下 SQL 语句：

```
SELECT toDecimal64(22.9876312, 3) / toDecimal64(33.123450011, 7)
```

输出：

```
Received exception from server (version 21.12.1):
Code: 69. DB::Exception: Received from localhost:9000. DB::Exception:
    Decimal result's scale is less than argument's one: While processing
    toDecimal64(22.9876312, 3) / toDecimal64(33.123450011, 7). (ARGUMENT_OUT_OF_
    BOUND)
```

另外，因为当前计算机系统只支持 32 位或者 64 位，所以高于这个位数的数字类型，如 Int128、Int256、UInt128、UInt256、Decimal128、Decimal256 等，其实是在软件层面实现的，性能上会比在硬件层面实现差很多。

3.3　字符串类型

ClickHouse 的字符串类型主要包括：

❑ 不定长字符串 String，也就是动态长度变化字符串。

❑ 固定长度字符串 FixedString(N)。这里的 N 是最大字节数，不是长度，例如 UTF-8 字符占用 3 个字节，GBK 字符占用 2 个字节。

❑ 特殊字符串 UUID。背后存储的是数值。

ClickHouse 没有针对字符串中的字符做编码操作。字符串可以包含一组任意字节，这些字节按原样存储和输出。编码和解码操作留给客户端。如果存储文本类型内容，推荐使用 UTF-8 编码，且读取和写入数据都约定统一使用 UTF-8 编码。

1. String

String 类型不限制字符串的长度，可以直接替代其他数据库的 VARCHAR、BLOB、CLOB 等字符串类型。相比 VARCHAR 这类要预测数据最大长度的类型，显然 String 要方便很多。

执行如下 SQL 语句：

```
SELECT
    '123',
    'abc',
    toTypeName('123'),
    toTypeName('abc')
```

输出：

```
┌─'123'─┬─'abc'─┬─toTypeName('123')─┬─toTypeName('abc')─┐
│ 123   │ abc   │ String            │ String            │
└───────┴───────┴───────────────────┴───────────────────┘
```

下面的 SQL 展示了在 ClickHouse 中计算字符串长度和截取字串的方法。

```
select length('abc'), substring('abc', 2), substring('abc', 1);
```

输出：

```
┌─length('abc')─┬─substring('abc', 2)─┬─substring('abc', 1)─┐
│             3 │ bc                  │ abc                 │
└───────────────┴─────────────────────┴─────────────────────┘
```

需要注意的是，ClickHouse 中的 String 字符串是用单引号的，用双引号会报错。
这里来看一个例子，在终端执行如下 SQL 语句：

```
select "123"
```

输出：

```
SELECT `123`
Received exception from server (version 21.12.1):
Code: 47. DB::Exception: Received from localhost:9000. DB::Exception: Missing
    columns: '123' while processing query: 'SELECT `123`', required columns:
    '123'. (UNKNOWN_IDENTIFIER)
```

通过报错日志《Missing columns: '123'》可以看出，针对双引号里面的内容，ClickHouse
是当成列名来处理的。可以通过源码 DataTypeString.cpp 了解 ClickHouse 中的 String 类型
与其他数据库的等价类型。

2. FixedString

FixedString 类型存储定长字符串。用法如下：

```
FixedString(N)
```

其中，N 代表 N 个字节。

当写入 FixedString 类型数据的时候，如果数据字节数大于 N，则会返回一个"Too
large value for FixedString(N)"的异常。如果数据字节数小于 N，则会使用 NULL 来填充末
尾字符。

在查询条件 WHERE 中，如果需要匹配 FixedString 类型的列，传入的查询参数要自行补
尾部的 \0，否则有可能导致查询条件失效，因为要求写入数据和查询条件都是固定字节数。

下面看一个实例。执行如下 SQL 语句：

```
SELECT * FROM FixedStringTable WHERE a = 'b'
```

不会返回任何结果。此时需要使用空字节来填充筛选条件，修改成如下这样即可：

```
SELECT * FROM FixedStringTable WHERE a = 'b\0'
```

使用 FixedString 类型的典型场景列举如下：

❑ 存储 IP 地址，如使用 FixedString(16) 存储 IPV6 地址二进制值。

❑ 存储哈希值，如使用 FixedString(16) 存储 MD5 的二进制值，使用 FixedString(32) 存储 SHA256 的二进制值。

使用 toFixedString() 函数来生成 FixedString，执行如下 SQL 语句：

```
SELECT
    toFixedString('abc', 5) AS s,
    toTypeName(s),
    length(s)
```

输出：

```
┌─s───┬─toTypeName(toFixedString('abc', 5))─┬─length(toFixedString('abc',
    5))─┐
│ abc │ FixedString(5)                      │                            5 │
└─────┴─────────────────────────────────────┴──────────────────────────────┘
```

3. UUID

UUID（Universally Unique IDentifier，通用唯一标识符）是一个 16 字节的数字，用于标识记录，也称为 GUID（全球唯一标识符）。

UUID 的核心特性总结如下：

❑ 全局时空唯一性。

❑ 固定长度为 128 位，也就是 16 字节。

❑ 分配速率极高，单机每秒可以生成超过 1000 万个 UUID（实际上更高）。

UUID 最初用于 Apollo 网络计算系统和开放软件 Foundation（OSF）的分布式计算环境（DCE）。UUID 规范可参考 https://www.ietf.org/rfc/rfc4122.txt。

（1）生成 UUID

ClickHouse 提供了内置函数 generateUUIDv4() 来生成 UUID。

SQL 实例：

```
SELECT generateUUIDv4()
```

输出：

```
┌─generateUUIDv4()─────────────────────┐
│ fa7a3205-90c2-47ba-b6db-3b1a6fd385c1 │
└──────────────────────────────────────┘
```

从上面的结果可以看到，UUID 共有 32 位（中间的分隔符不算），它的格式为 8-4-4-4-12。UUID 的默认值为：00000000-0000-0000-0000-000000000000。

我们可以用 toTypeName() 函数看一下 UUID 的数据类型。

SQL 实例：

```
SELECT
    generateUUIDv4() AS uuid,
    toTypeName(uuid)
```

输出：

```
┌─uuid─────────────────────────────────┬─toTypeName(generateUUIDv4())─┐
│ 1a55960c-161a-493e-ba96-725ec453ae91 │ UUID                         │
└──────────────────────────────────────┴──────────────────────────────┘
```

（2）字符串转 UUID

可以通过 toUUID() 函数把符合格式的 String 字符串（如果格式不对，会报"Cannot parse UUID from String"错误）转成 UUID。

SQL 实例：

```
SELECT
    toUUID('1a55960c-161a-493e-ba96-725ec453ae91') AS uuid,
    toTypeName(uuid)
```

输出：

```
uuid: 1a55960c-161a-493e-ba96-725ec453ae91
toTypeName(): UUID
```

3.4　时间类型

时间类型有 DateTime、DateTime64、Date 和 Date32。其中，Date 是 2 字节（16 位），DateTime、Date32 是 4 字节（32 位），DateTime64 是 8 字节。

首先，我们看一下计算当前时间的 SQL 语句：

```
SELECT now()
```

输出：

```
┌─────────────────now()─┐
│ 2022-03-01 20:23:09 │
└───────────────────────┘
```

获取当前时区：

```
SELECT timeZone()
┌─timeZone()─────┐
│ Asia/Shanghai │
└────────────────┘
```

1. Date

日期类型，表示从 1970-01-01 到当前的日期值，占 2 个字节。最小值为 0000-00-00。

日期取值范围：[1970-01-01, 2149-06-06]。

Date 只精确到天，并且与 DateTime、DateTime64 一样，支持字符串写入。Date 类型中没有时分秒信息，存储的日期值不带时区。

（1）日期字符串转 Date

SQL 实例：

```
SELECT
    toDate('2022-03-02') AS dt,
    toTypeName(dt)
FORMAT Vertical
```

输出：

```
dt: 2022-03-02
toTypeName(toDate('2022-03-02')): Date
```

（2）计算当前日期距离 1970-01-01 总共多少天

SQL 实例（以 2022 年 3 月 2 日为例）：

```
SELECT
    toDate('2022-03-02') AS dt,
    toTypeName(dt),
    toInt32(dt)
FORMAT Vertical
```

输出：

```
dt: 2022-03-02
toTypeName(toDate('2022-03-02')): Date
toInt32(toDate('2022-03-02')):    19053
```

（3）dateDiff() 函数

我们可以使用 dateDiff() 函数来验证上面的 19053 天是否准确：

```
SELECT dateDiff('day', toDate('1970-01-01'), toDate('2022-03-02'))
FORMAT Vertical
```

输出：

```
19053
```

（4）Date 的取值范围

另外，我们也可以看一下 Date 的取值范围。已知 Date 占 2 个字节，也就是 16 位，取值范围是 $[0, 2^{16}-1] = 65535$。可以用下面的 SQL 语句来验证：

```
SELECT
    dateDiff('day', toDate('1970-01-01'), toDate('2149-06-06')) AS days,
    exp2(16) - 1 AS int16val
```

```
FORMAT Vertical
```

输出：

```
days:     65535
int16val: 65535
```

2. Date32

日期类型，支持与 Datetime64 相同的日期范围，占 4 个字节。日期取值范围：[1925-01-01, 2283-11-11]。我们可以试验一下使用 Date32 来赋值 1925-01-01 的效果。

SQL 实例：

```
SELECT
    toDate('1925-01-01') AS dt1,
    toDate32('1925-01-01') AS dt2
FORMAT Vertical
```

输出：

```
dt1: 2104-06-07
dt2: 1925-01-01
```

可以看出，toDate32('1925-01-01') 正确解析出日期 1925-01-01，而 toDate('1925-01-01') 的解析结果是 2104-06-07，其背后的计算逻辑简单分析如下。

首先，我们使用 toInt32() 来看看真正存储的值是多少：

```
SELECT
    toDate('1925-01-01') AS dt1,
    toDate32('1925-01-01') AS dt2,
    toInt32(dt1) AS i1,
    toInt32(dt2) AS i2
FORMAT Vertical
```

输出：

```
dt1: 2104-06-07
dt2: 1925-01-01
i1:  49100
i2:  -16436
```

49100 的计算逻辑如下：

```
SELECT dateDiff('day', toDate('1970-01-01'), toDate('1925-01-01'))
```

输出为 49100。所以，toDate('1925-01-01') 的计算逻辑就是：

```
SELECT addDays(toDate('1970-01-01'), 49100)
```

输出：

```
2104-06-07
```

3. DateTime

时间戳类型，用于存储 UNIX 时间戳，占 4 个字节。时间戳类型值精确到秒。DateTime 类型包含年、月、日、时、分、秒信息，支持字符串写入。时间戳支持的有效值范围：[1970-01-01 00:00:00, 2106-02-07 06:28:15]（UTC 时区）。最小值为 0000-00-00 00:00:00。

（1）计算 DateTime 取值上限

同样，我们可以通过具体的 SQL 语句计算时间戳的取值范围。

SQL 实例：

```
SELECT addSeconds(toDateTime('1970-01-01 00:00:00', 'UTC'), exp2(32) - 1)
```

输出：

```
2106-02-07 06:28:15
```

（2）当前时间函数 now()

当前时间函数 now() 返回的是一个时间戳（DateTime）类型。

SQL 实例：

```
SELECT
    now() AS now,
    toTypeName(now)
FORMAT Vertical
```

输出：

```
now:  2022-03-02 02:03:44
toTypeName(now()): DateTime
```

（3）使用 toInt32() 函数计算具体秒数

使用 toInt32() 函数，可以计算当前时间距离 1970-01-01 00:00:00 的具体秒数。

SQL 实例：

```
SELECT
    now() AS now,
    toInt32(now),
    toUnixTimestamp(now)
FORMAT Vertical
```

输出：

```
now:                    2022-03-02 02:57:05
toInt32(now()):         1646161025
toUnixTimestamp(now()): 1646161025
```

我们可以使用 dateDiff() 函数来验证 1646161025 这个数字。

SQL 实例：

```
SELECT dateDiff('second', toDateTime('1970-01-01 00:00:00'), toDateTime ('2022-
    03-02 02:57:05'))
FORMAT Vertical
```

输出：

```
1646161025
```

（4）字符串转 DateTime

使用 toDateTime() 函数可以把字符串转成 DateTime。

SQL 实例：

```
SELECT
    toDateTime('2022-03-02 02:03:44') AS dt,
    toTypeName(dt)
FORMAT Vertical
```

输出：

```
dt: 2022-03-02 02:03:44
toTypeName(toDateTime('2022-03-02 02:03:44')): DateTime
```

4. DateTime64

时间戳类型，支持定义亚秒精度。DateTime64 类型在内部以 Int64 类型存储数据，值是自 1970-01-01 00:00:00UTC 开始的时间刻度数（tick）。DateTime64 的取值范围为 [1925-01-01 00:00:00，2283-11-11 23:59:59.9999999]，最大值的精度为 8。

（1）使用 DateTime64 类型

DateTime64 的使用语法为 DateTime64(precision, [timezone])，时间刻度的精度由 precision 参数确定。

SQL 实例：

```
SELECT toDateTime64(now(), 3, timeZone())
```

输出：

```
2022-03-02 03:16:00.000
```

（2）过滤 DateTime64 类型的值

与 DateTime 不同，DateTime64 类型的值不会自动从 String 类型的值转换过来，需要单独调用类型转换函数 toDateTime64() 进行转换。

SQL 实例：

```
SELECT * FROM t WHERE timestamp = toDateTime64('2022-03-02 03:21:05', 3, 'Asia/
    Shanghai')
```

3.5　本章小结

数学中有整数、有理数、无理数、复数等数域的概念，在计算机科学中，数据类型仍然是非常重要的概念——无论是程序设计语言、算法或数据库系统。关于类型理论的思想来源于哲学中的归类（classification）方法论，即把具有共同特点的类集合成超类的思维过程和方法。计算机领域也有专门的类型理论研究。从最基础的类型开始，进行各种嵌套、组合就可以实现复杂领域模型的抽象。本章主要介绍的是 ClickHouse 基础数据类型。在第4章中，我们将介绍 ClickHouse 高级数据类型。

Chapter a 第 4 章

ClickHouse 高级数据类型

"数据类型"是编程的酵母，若是少了它，程序难以被计算机"消化"。数据类型是我们学习任何一种语言都需要掌握的内容。通过"数据类型"，我们可以走进丰富的程序世界。ClickHouse 中除了基础数据类型之外，还提供了数组（Array）、元组（Tuple）、枚举（Enum）、嵌套（Nested）这四种复合数据类型。另外，我们还可以使用聚合函数类型动态自定义类型，比如 Bitmap 类型。这些类型通常都是其他原生数据库不具备的特性。拥有了复合类型之后，ClickHouse 的数据模型表达能力就更强了。另外，ClickHouse 还提供了丰富的函数，以实现编程级的 SQL 功能。本章就来详细介绍 ClickHouse 高级数据类型。下一章将介绍常用函数的使用方法。

4.1 数组类型

在计算机领域，最早的数据类型只有整数和浮点数类型，到了 20 世纪 60 年代，数据类型中多了结构体和记录数组。在 20 世纪 70 年代，又引入了几个更丰富的概念：抽象数据类型、多态泛型、模块系统和子类型等。

数组类型是最常用、最普遍的数据类型，几乎所有程序设计语言都支持数组类型。本节就来介绍 ClickHouse 中的数组类型。

4.1.1 数组类型定义

数组 Array(T) 是有序的元素序列，用于存储多个相同数据类型 T 的集合。数组的特点列举如下：

1）数组是相同数据类型的元素的集合。

2）数组中各元素的存储是有先后顺序的，它们在内存中按照这个先后顺序连续存放在一起。

3）数组元素用整个数组的名字和它自己在数组中的顺序位置来表示。

一般在编程语言中，下标都是从 0 开始的。例如，a[0] 表示数组 a 中的第一个元素，a[1] 代表数组 a 的第二个元素，以此类推。但是，需要特别注意的是，在 ClickHouse 中数组下标是从 1 开始的，也就是说，第一个元素是 a[1]。

4.1.2 创建数组

1. 创建数组
我们可以使用 array(T) 或者 [T] 创建一个数组。

SQL 实例：

```
select array(1,2,3) as a1, [4,5,6] as a2 Format Vertical
```

输出：

```
a1: [1,2,3]
a2: [4,5,6]
```

2. 数组中的数据类型
当数组中的元素都不为空时，数组类型就是不可空的。

SQL 实例：

```
SELECT
    [1, 2, 3] AS a,
    toTypeName(a)
FORMAT Vertical
```

输出：

```
a:                      [1,2,3]
toTypeName(array(1, 2, 3)): Array(UInt8)
```

如果数组中元素有一个 NULL（空值），类型会相应地变成可空元素类型。

SQL 实例：

```
SELECT
    [1, 2, NULL] AS x,
    toTypeName(x)
FORMAT Vertical
```

输出：

```
x:                      [1,2,NULL]
toTypeName(array(1, 2, NULL)): Array(Nullable(UInt8))
```

如果创建了不兼容的数据类型数组，ClickHouse 将引发异常：

```
:) select [1,'a']
Received exception from server (version 21.12.1):
Code: 386. DB::Exception: Received from localhost:9000. DB::Exception: There
    is no supertype for types UInt8, String because some of them are String/
    FixedString and some of them are not: While processing [1, 'a']. (NO_COMMON_
    TYPE)
```

4.1.3 数组基础操作

1. 判断数组是否为空

函数：`empty(array)`

功能：判断数组 array 是否为空。

返回值：1，表示为空；0，表示非空（UInt8 类型）。

SQL 实例：

```
SELECT
    empty([]) AS isEmpty,
    empty([1]) AS notEmpty
FORMAT Vertical
```

输出：

```
isEmpty: 1
notEmpty: 0
```

notEmpty() 函数的逻辑与 empty() 函数相反，此处不再赘述。

2. 计算数组长度

函数：`length(array)`

功能：计算数组元素个数。

返回值：数组长度，类型为 UInt64。空数组返回 0，NULL 值返回 NULL。该函数同样适用于计算 String 字符串的长度。

SQL 实例：

```
SELECT
    length([1, 2, 3]) AS a1,
    length([]) AS a2,
    length(NULL) AS a3
FORMAT Vertical
```

输出：

```
a1: 3
a2: 0
a3: NULL
```

3. 获取数组元素

直接使用 a[i] 的下标访问数组元素，需要注意的是，下标 i 是从 1 开始的，也就是说，数组 a 中的第一个元素是 a[1]。

SQL 实例：

```
SELECT
    [1, 2, 3] AS x, --- 等价于 array(1,2,3)
    toTypeName(x),
    length(x) AS size,
    x[0] AS x0, --- 错误用法，ClickHouse 数组元素下标是从 1 开始的
    x[1] AS x1,
    x[2] AS x2,
    x[3] AS x3
FORMAT Vertical
```

输出：

```
x:                      [1,2,3]
toTypeName(array(1, 2, 3)): Array(UInt8)
size:                   3
x0:                     0
x1:                     1
x2:                     2
x3:                     3
```

ClickHouse 以最小存储代价为原则进行类型推断，所以，我们看到上面的 array(1, 2, 3) 的类型是 Array(UInt8)。

4. 判断某个元素是否存在

函数：has(arr, x)

功能说明：判断元素 x 是否在数组 arr 中存在。

返回值：1，表示存在；0，表示不存在。

SQL 实例：

```
SELECT has([1, 2, 3], 1) AS hasIt
```

输出：

```
┌─hasIt─┐
│     1 │
└───────┘
```

5. 数组切片

函数：arraySlice(array, offset[, length])

参数说明：

❑ array：数组。

❑ offset：偏移量。正数表示从左边开始数，负数表示从右边开始数。记住，ClickHouse 中数组的下标是从 1 开始的。

❑ length：切片长度。如果不填，默认从偏移量到最后一个元素。

❑ 返回值：返回一个子数组。

SQL 实例：

```
SELECT
    arraySlice([10, 20, 30, 40, 50], 1, 2) AS res1,
    arraySlice([10, 20, 30, 40, 50], 1) AS res2
FORMAT Vertical
```

输出：

```
res1: [10,20]
res2: [10,20,30,40,50]
```

6. 数组元素展开

函数：`arrayJoin(arr)`

功能说明：使用 arrayJoin(arr) 函数可以把数组 arr 中的每一个元素展开到多行（unfold）。具体来说，arrayJoin(arr) 函数以数组类型数据 arr 作为输入，然后对数组中的数据进行迭代，返回多行结果，一行对应一个数组元素值。即"行转列"，把一个数组"炸开"到一列中的多行中去，与 Hive 中的 explode() 函数功能类似。这么说有点抽象，下面用例子来说明。

SQL 实例：

```
SELECT
    arrayJoin([1, 2, 3] AS src) AS element,
    src,
    'a'
```

输出：

```
┌─element─┬─src─────┬─'a'─┐
│       1 │ [1,2,3] │  a  │
│       2 │ [1,2,3] │  a  │
│       3 │ [1,2,3] │  a  │
└─────────┴─────────┴─────┘
```

7. 数组元素去重

函数：`arrayDistinct(arr)`

功能说明：从数组中删除所有重复的元素。

返回值：删除所有重复元素之后的子数组。

SQL 实例：

```
SELECT arrayDistinct([1, 1, nan, nan, 2, 3, 3, 3, NULL, NULL, 3, 4, 5, 6, 6, 6])
    AS c
FORMAT Vertical
```

输出：

```
c: [1,nan,2,3,4,5,6]
```

8. 删除连续重复元素

函数：`arrayCompact(arr)`

功能说明：从数组中删除连续重复的元素。结果值的顺序由源数组中的顺序决定。

返回值：删除连续重复元素之后的子数组。

SQL 实例：

```
SELECT arrayCompact([1, 1, nan, nan, 2, 3, 3, 3, NULL, NULL, 3, 4, 5, 6, 6, 6])
    AS c
FORMAT Vertical
```

输出：

```
c: [1,nan,2,3,NULL,3,4,5,6]
```

9. 连接多个数组

函数：`arrayConcat(arr1,arr2,…)`

功能说明：将多个数组连接为一个数组。

返回值：连接之后的数组（不会去重）。

SQL 实例：

```
SELECT arrayConcat([1, 2], [3, 4], [5, 6, 2, 3]) AS res
```

输出：

```
┌─res─────────────┐
│ [1,2,3,4,5,6,2,3] │
└─────────────────┘
```

如果想要去重，可以嵌套使用 arrayDistinct() 函数，如下所示。

SQL 实例：

```
SELECT arrayDistinct(arrayConcat([1, 2], [3, 4], [5, 6, 2, 3])) AS res
```

输出：

```
┌─res──────────┐
│ [1,2,3,4,5,6] │
└──────────────┘
```

10. 数组倒序

函数：`arrayReverse(arr)`

功能说明：数组逆序。

返回值：输入数组元素逆序之后的新数组。

SQL 实例：

```
SELECT arrayReverse([1, 2, 3])
FORMAT Vertical
```

输出：

```
arrayReverse([1, 2, 3]): [3,2,1]
```

11. 数组拍平

函数：`arrayFlatten(arr1,arr2,…)`

功能说明：将多维数组元素拍平到一个一维数组中，适用于任何深度的嵌套数组。一维数组拍平还是一维数组。

返回值：拍平之后的一维数组，包含所有源数组的所有元素。

SQL 实例：

```
SELECT
    arrayFlatten([[[1]], [[2], [3, 4, 5]]] AS src) AS flatArr,
    src
FORMAT Vertical
```

输出：

```
flatArr: [1,2,3,4,5]
src:     [[[1]],[[2],[3,4,5]]]
```

12. 数组元素映射

函数：`arrayMap(func, arr1, …)`

功能说明：对数组 arr1 中的每个元素应用函数 func 计算出新值，然后返回一个由这些新值组成的新数组。

返回值：新值数组。

SQL 实例：

```
SELECT arrayMap(x -> (x * x), [1, 2, 3]) AS res
FORMAT Vertical
```

输出：

```
res: [1,4,9]
```

需要注意的是，arrayMap() 是一个高阶函数，lambda 函数是一个必传参数。

13. 数组元素过滤

函数：`arrayFilter(func, arr1,…)`

功能说明：根据谓词判断函数 func，过滤出满足条件的数组 arr1 中的元素。

返回值：满足条件的子数组。如果没有元素满足条件，返回空数组 []。

SQL 实例（有元素满足条件）：

```
SELECT arrayFilter(x -> ((x % 2) = 0), [1, 2, 3, 4, 5, 6]) AS res
FORMAT Vertical
```

输出：

```
res: [2,4,6]
```

SQL 实例（没有元素满足条件）：

```
SELECT arrayFilter(x -> (x > 10), [1, 2, 3, 4, 5, 6]) AS res
FORMAT Vertical
```

输出：

```
res: []
```

14. 数组聚合分析

函数：`arrayReduce(agg_func, arr1, arr2, …, arrN)`

功能说明：将聚合函数 agg_func 应用于数组元素并返回其结果。聚合函数的名称以单引号如 'max'、'sum' 的形式作为字符串传递。当使用带参数的聚合函数时，参数放到括号里，例如 'uniqCombined(17)'。

返回值：聚合结果值，类型为 UInt64。

SQL 实例：

```
SELECT arrayReduce('uniq', [1, 1, 2, 2, 3, 4, 5, 6, 6, 7])
```

输出：

```
7
```

SQL 实例：

```
SELECT
    arrayReduce('uniqCombined(17)', [1, 1, 2, 2, 3, 4, 5, 6, 6, 7]) AS res,
    toTypeName(res) AS t
FORMAT Vertical
```

输出：

```
res: 7
t:  UInt64
```

15. 计算数组交集

函数：`arrayIntersect(arr1,arr2,…)`

功能说明：计算 arr1、arr2 等数组元素的交集。

返回值：交集元素子数组，结果去重。

SQL 实例：

```
SELECT arrayIntersect([1, 2, 3, 3], [4, 5, 6])           AS noIntersect,
       arrayIntersect([1, 2, 3, 3], [2, 2, 3, 4, 5, 6]) AS hasIntersect
FORMAT Vertical
```

输出：

```
noIntersect:  []
hasIntersect: [3,2]
```

16. 计算数组并集

组合使用函数来实现 arrayDistinct(arrayConcat(a, b))。

SQL 实例：

```
SELECT
    [1, 2] AS a,
    [2, 3] AS b,
    arrayDistinct(arrayConcat(a, b)) AS res
FORMAT Vertical
```

输出：

```
a:   [1,2]
b:   [2,3]
res: [1,2,3]
```

17. 计算数组差集

计算数组差集时，需要使用数组交集函数 arrayIntersect() 结合高阶函数 arrayMap() 和 arrayFilter() 来组合实现。

SQL 实例：

```
SELECT
    arrayIntersect([1, 2, 3], [4, 5, 6]) AS noIntersect,
    arrayIntersect([1, 2, 3], [2, 3, 4, 5, 6]) AS hasIntersect
FORMAT Vertical
SELECT
    [1, 2] AS a,
    [2, 3] AS b,
    arrayFilter(x -> (x IS NOT NULL), arrayMap(x -> multiIf(x NOT IN
        arrayIntersect(a, b), x, NULL), a)) AS res
FORMAT Vertical
```

输出：

```
a:   [1,2]
b:   [2,3]
res: [1]
```

另外，ClickHouse 中有集合交（INTERSECT）、并（UNION）、差（EXCEPT）的 SQL 子句关键字，可以实现数组的交并差运算。SQL 实例如下：

1）交集 SQL：

```
SELECT a.i
FROM
(
    SELECT arrayJoin([1, 2]) AS i
) AS a
INTERSECT
SELECT b.i
FROM
(
    SELECT arrayJoin([2, 3]) AS i
) AS b
```

输出：

```
2
```

2）并集 SQL：

```
SET union_default_mode = 'ALL';
SELECT DISTINCT t.i
FROM
(
    SELECT a.i
    FROM
    (
        SELECT arrayJoin([1, 2]) AS i
    ) AS a
    UNION
    SELECT b.i
    FROM
    (
        SELECT arrayJoin([2, 3]) AS i
    ) AS b
) AS t
```

输出：

```
1
2
3
```

3）差集 SQL：

```
SELECT a.i
FROM
(
    SELECT arrayJoin([1, 2]) AS i
) AS a
EXCEPT
SELECT b.i
FROM
(
    SELECT arrayJoin([2, 3]) AS i
) AS b
```

输出：

```
1
```

小贴士：ClickHouse 系统内置聚合函数

我们可以使用下面的 SQL 语句列出 ClickHouse 中的聚合函数清单：

```
SELECT
    name,
    is_aggregate,
    case_insensitive,
    alias_to
FROM system.functions
WHERE is_aggregate = 1
```

4.2　元组类型

在数学中，元组（Tuple）是元素的有限有序列表（序列）。n 元组是 n 个元素的序列。例如，$(4, 2, 8, 5, 7)$ 表示一个 5 元组。在计算机领域（特别是在程序设计语言和数据库关系模型领域），多元组通常被定义为从字段名到特定值的有限函数（值组），其形式化表达为：

$$(x_1, x_2, \cdots, x_n): T_1 \times T_2 \times \cdots \times T_n$$

4.2.1　元组定义

元组其实就是一组数据元素的序列，每个元素都可以有自己独立的类型。

元组是关系数据库中的基本概念：关系是一张表，表中的每行（即数据库中的每条记录）就是一个元组，每列就是一个属性。在二维表里，元组也称为行。笛卡儿积中每一个元素 $(d_1, d_2, \cdots, d_n)$ 叫作一个 n 元组或简称元组。当关系是一张表时，二维表中的行表中的每行（即数据库中的每条记录）就是一个元组，每列就是一个属性。在二维表里，元组也称为记录。

4.2.2 创建元组

可以使用函数 tuple(T1, T2, …) 来创建元组。

SQL 实例：

```
SELECT tuple(1,'a',NULL) AS x, toTypeName(x) as tp Format Vertical
```

输出：

```
SELECT
    (1, 'a', NULL) AS x,
    toTypeName(x) AS tp
FORMAT Vertical


x:  (1,'a',NULL)
tp: Tuple(UInt8, String, Nullable(Nothing))
```

从上面的输出结果中可以看出，tuple() 函数创建元组与使用圆括号创建元组等价。

SQL 实例：

```
SELECT
    (1, 2, 'a', 0.1, -0.9, NULL) AS x,
    toTypeName(x) AS tp
FORMAT Vertical
```

输出：

```
x:  (1,2,'a',0.1,-0.9,NULL)
tp: Tuple(UInt8, UInt8, String, Float64, Float64, Nullable(Nothing))
```

在动态创建元组时，ClickHouse 会进行类型推断，自动将每个参数的类型赋值为可以存储该参数值的最小类型。如果参数为 NULL，那么这个元组元素的类型为 Nullable。

元组中的元素可以嵌套元组，例如：

```
SELECT
    (1, 2, tuple(3)) AS x,
    toTypeName(x) AS tp
FORMAT Vertical
```

输出：

```
x:  (1,2,(3))
tp: Tuple(UInt8, UInt8, Tuple(UInt8))
```

4.2.3 使用元组

元组可以用在分区键、排序键中。例如：ORDER BY (CounterID, EventDate)。元组通常用作 IN 运算符参数，或创建 lambda 函数形参列表。

1. 获取元组中的元素

函数：tupleElement(tuple, n)

功能：获取元组中元素的下标为 n 的元素。下标从 1 开始。

SQL 实例：

```
select (1,'a',3,4) as tpl, tupleElement(tpl,2) as t2 Format Vertical
```

输出：

```
SELECT
    (1, 'a', 3, 4) AS tpl,
    tpl.2 AS t2
FORMAT Vertical

tpl: (1,'a',3,4)
t2:  a
```

从上面的输出我们可以看到 tpl.2 运算符。tupleElement(x,N) 等价于 x.N，该函数实现了算子 x.N。

还有一个 untuple(tuple) 函数，可以解开元组中所有元素：

```
SELECT
    (1, 'a', 3, 4) AS tpl,
    untuple(tpl)
FORMAT Vertical
```

输出：

```
tpl: (1,'a',3,4)
tupleElement((1, 'a', 3, 4), 1): 1
tupleElement((1, 'a', 3, 4), 2): a
tupleElement((1, 'a', 3, 4), 3): 3
tupleElement((1, 'a', 3, 4), 4): 4
```

2. 元组支持写入表

在早期的 ClickHouse 版本中，由于复杂数据类型的序列化 / 反序列化功能未实现，元组不支持写入到表（内存表除外）中。但是，当前最新版本已经支持了。实例如下。

1）创建一张简单的表：

```
CREATE TABLE t1
(
    `a` Date,
    `b` UInt8,
    `c` Tuple(UInt8, String)
)
ENGINE = MergeTree(a, b, 8192)
```

2）往表里插入 Tuple 类型的数据：

```
insert into t1(a,b,c)
values(now(), 1, (1,'a'));
```

3）查询表数据：

```
SELECT
    a,
    b,
    c,
    toTypeName(a) AS at,
    toTypeName(b) AS bt,
    toTypeName(c) AS ct
FROM t1
FORMAT Vertical
```

输出：

```
a:  2022-03-04
b:  1
c:  (1,'a')
at: Date
bt: UInt8
ct: Tuple(UInt8, String)
```

4.3 嵌套数据类型

大部分程序设计语言都提供各种方法，基于基础数据类型构建复合数据类型。嵌套结构在关系数据库管理系统中并不常见，通常它只是一张平的表。ClickHouse 提供了一种灵活的数据存储方式。虽然是列式数据库，但是它可以实现较底层的结构化，并提供各种函数来提取和聚合数据。同时，ClickHouse 支持嵌套数据类型，即一张表中可以包含任意多个嵌套数据结构的列，但该嵌套列仅支持一级嵌套。ClickHouse 中的嵌套类型是一个典型的列存储多维数组模式（参见"1.2.1 节"中关于列存储的数据结构的介绍）。下面展开详细介绍。

4.3.1 嵌套类型定义

在 ClickHouse 中存储嵌套数据，通常有如下两种方式。

1）存储 JSON 格式的 String 类型，使用 JSONExtract(json[, indices_or_keys…], Return_type) 函数操作数据，但是性能可能会差。

2）使用嵌套数据类型（Nested Data Type）。

ClickHouse 嵌套数据类型的关键字是 Nested，只支持一级嵌套。数据结构类似于在表的单元格里面嵌套"一张表格"，如表 4-1 所示。

表 4-1　嵌套类型结构示意表

ID:UInt64	Name:String	CourseScore: Nested (course:String, score:Float64)	
1	皓轩	语文	95.5
		数学	97
		科学	99
2	语轩	语文	95
		数学	100
		科学	98

4.3.2　创建嵌套类型

在一张表里定义一个嵌套数据类型字段，指定该字段类型是 Nested。如果要将 4.3.1 节中的表格数据存储到 ClickHouse 的一张带嵌套数据类型字段的表 student_grades 里，可以用下面的 SQL 语句来建表：

```
CREATE TABLE mydb.student_grades
(
    ID UInt64,
    Name String,
    CourseScore Nested
    (
        course String,
        score Float64
    )
) ENGINE = MergeTree()
ORDER BY (ID,Name);
```

4.3.3　嵌套类型的使用

往表里插入两条数据：

```
insert into mydb.student_grades (ID, Name, `CourseScore.course`, `CourseScore.
    score`)
VALUES (1, '皓轩', ['语文','数学','科学'], [95.5,97,99]),
       (2, '语轩', ['语文','数学','科学'], [95,100,98]);
```

查询结果如下：

```
SELECT t.*
FROM mydb.student_grades AS t
```

输出：

```
┌─ID─┬─Name─┬─CourseScore.course─┬─CourseScore.score─┐
│  1 │ 皓轩  │ ['语文','数学','科学'] │ [95.5,97,99]      │
│  2 │ 语轩  │ ['语文','数学','科学'] │ [95,100,98]       │
└────┴──────┴────────────────────┴───────────────────┘
```

如果要计算两位同学的学科平均分，可以使用 arrayReduce 函数，具体如下所示：

```
SELECT
    t.Name,
    toTypeName(t.CourseScore.score),
    arrayReduce('avg', t.CourseScore.score)
FROM mydb.student_grades AS t
FORMAT Vertical
```

输出：

```
Row 1:
───────────

Name:                                            皓轩
toTypeName(CourseScore.score):         Array(Float64)
arrayReduce('avg', CourseScore.score): 97.16666666666667

Row 2:
───────────

Name:                                            语轩
toTypeName(CourseScore.score):         Array(Float64)
arrayReduce('avg', CourseScore.score): 97.66666666666667
```

需要注意的是，CourseScore.score 字段的类型是数组。嵌套类型是列存储，本质上是一个多维数组结构。

4.4 Map 类型

一切皆是映射。曾有人说，如果世界上只有一种数据结构，那么我选择 HashMap。数组本质上是 key 值顺序递增的 Map。本节介绍 ClickHouse 中的 Map 类型。

4.4.1 Map 类型定义

Map 是由键值对组成的无序集合，类似于其他语言中的字典或 HashMap。
语法：Map(key, value)
参数说明：
❑ key：键，数据类型可以是 String、Int 系列、LowCardinality 或 FixedString 等。
❑ value：值，数据类型可以是 String、Int 系列、Array、LowCardinality 或 FixedString 等。

4.4.2 创建 Map 类型

下面创建一张带有 Map 类型字段的表。SQL 实例如下：

```
CREATE TABLE t_map
(
```

```
      `c` Map(String, UInt64)
)
ENGINE = Memory
```

我们可以使用 map(k1,v1,k2,v2,…) 函数构建一个具体的 Map 实例值，例如，往表里插入 1 行数据，SQL 实例如下：

```
INSERT INTO t_map VALUES (map('k1', 1, 'k2', 2, 'k3', 3));
```

也可以使用花括号 {'key1':value1, 'key2':value2,…} 的方式构建 Map 实例值，SQL 实例如下：

```
INSERT INTO t_map VALUES ({'k4':4,'k5':5}), ({'k6': 6});
```

4.4.3 Map 常用操作

1. 查询 Map 数据
查询 Map 数据的 SQL 实例如下：

```
SELECT *
FROM t_map
FORMAT Vertical
```

输出：

```
Row 1:
──────────
c: {'k1':1,'k2':2,'k3':3}
Row 2:
──────────
c: {'k4':4,'k5':5}
Row 3:
──────────
c: {'k6':6}
```

通常情况下，我们不直接这样查询，因为扫描的数据量比较大，性能较差。常用策略是适当选择 Map 中的主 key，单独放到一列中做索引，通过最左匹配原则，先过滤出最小集，再通过 Map 中的其他 key 进一步过滤，从而实现高性能查询。

2. 访问 Map 中的 key 值
假设，我们有一个列名为 c 的 Map 类型字段，那么在 ClickHouse 中使用 c['key1'] 语法获取键 key1 对应的 value 值，该操作的复杂度是线性的。

假设当前表 t_map 中的值如表 4-2 所示。

此时，我们访问 c 列中键为 k1 的数据行，SQL 实例如下：

表 4-2　Map 列数据行示例

c: Map(String,UInt64)
{'k1':1,'k2':2,'k3':3}
{'k4':4}
{'k5':5}
{'k4':4,'k5':5}
{'k6':6}

```
SELECT c['k1']
FROM t_map
FORMAT Vertical
```

输出：

```
Row 1:
──────────────
arrayElement(c, 'k1'): 1
Row 2:
──────────────
arrayElement(c, 'k1'): 0
Row 3:
──────────────
arrayElement(c, 'k1'): 0
Row 4:
──────────────
arrayElement(c, 'k1'): 0
Row 5:
──────────────
arrayElement(c, 'k1'): 0
```

可以发现，这里输出了 5 行记录。实际上，我们只需要第 1 行有效记录，其他数据行中根本没有键为 k1 的记录，却作为 value = 0 而返回了。出现这样结果的原因是我们在建表的时候，设置 c 字段的类型是 `c`Map(String, UInt64)，而 value 值是不可空的，故被填充了默认值 0。

3. 获取所有 key

获取所有 key 的 SQL 实例如下：

```
SELECT c.keys
FROM t_map
```

输出：

```
┌─c.keys───────────┐
│ ['k1','k2','k3'] │
└──────────────────┘
```

4. 获取所有 value

获取所有 value 的 SQL 实例如下：

```
SELECT c.values
FROM t_map
```

输出：

```
┌─c.values─┐
│ [1,2,3]  │
└──────────┘
```

5. mapContains

函数：`mapContains(map, key)`

功能说明：判断 Map 中是否有对应的 key 记录。

返回值：UInt8 类型，1 表示包含，0 表示不包含。

SQL 实例如下：

```
SELECT mapContains(c, 'k3')
FROM t_map
FORMAT Vertical
```

输出：

```
Row 1:
──────────
mapContains(c, 'k3'): 1
Row 2:
──────────
mapContains(c, 'k3'): 0
Row 3:
──────────
mapContains(c, 'k3'): 0
Row 4:
──────────
mapContains(c, 'k3'): 0
Row 5:
──────────
mapContains(c, 'k3'): 0
```

6. mapContainsKeyLike

函数：`mapContainsKeyLike(map, pattern)`

参数说明：map 表示 Map 类型字段，pattern 表示字符串匹配模式。

返回值：UInt8 类型，1 表示包含，0 表示不包含。

SQL 实例如下：

```
SELECT mapContainsKeyLike(c, 'k%')
FROM t_map
FORMAT Vertical
```

输出：

```
Row 1:
──────────
mapContainsKeyLike(c, 'k%'): 1
Row 2:
──────────
mapContainsKeyLike(c, 'k%'): 1
Row 3:
```

```
mapContainsKeyLike(c, 'k%'): 1
Row 4:

mapContainsKeyLike(c, 'k%'): 1
Row 5:

mapContainsKeyLike(c, 'k%'): 1
```

7. Tuple 转 Map

可以使用 CAST 函数把一个 Tuple(keyArray, valueArray) 转成一个 Map 类型，SQL 实例如下：

```
SELECT CAST(([1, 2, 3], ['One', 'Two', 'Three']), 'Map(UInt8, String)') AS map
```

输出：

```
┌─map───────────────────┐
│ {1:'One',2:'Two',3:'Three'} │
└───────────────────────┘
```

4.5 Nullable 类型

ClickHouse 支持 Nullable 类型，该类型允许用 NULL 来表示缺失值。Nullable 字段不能作为索引列使用，在 ClickHouse 的表中存储 Nullable 列时，会对性能产生一定影响。

默认情况下，字段是不允许为 NULL 的。例如有个 Int64 类型的字段，若在插入数据时有可能为 NULL，则需要将字段类型声明为 Nullable(Int64)。

例如，我们创建一张表，表里有 1 个 Map 类型的字段 c，key 为 String 且不可空，value 为 UInt64 且可空，SQL 实例如下：

```
CREATE TABLE default.t_map_nullable
(
    `c` Map(String, Nullable(UInt64))
)
ENGINE = Memory
```

插入 3 行数据：

```
INSERT INTO default.t_map_nullable (c)
VALUES (map('k1', 1, 'k2', 2, 'k3', 3)),
       (map('k2', 7, 'k3', 8)),
       (map('k3', 5, 'k5', 10));
```

查询 k2 值记录：

```
SELECT t.c['k2'] AS v2
FROM default.t_map_nullable AS t
```

输出：

```
┌─v2───┐
│    2 │
│    7 │
│ NULL │
└──────┘
```

3 rows in set. Elapsed: 0.002 sec.

过滤掉 NULL 值记录：

```
SELECT t.c['k2'] AS v2
FROM default.t_map_nullable AS t
WHERE v2 IS NOT NULL
```

输出：

```
┌─v2─┐
│  2 │
│  7 │
└────┘
```

4.6 聚合函数类型

聚合函数，顾名思义就是对一组数据执行聚合计算并返回结果的函数。这类函数在数据库中很常见，如 count、max、min、sum 等。ClickHouse 中专门提供了 AggregateFunction 类型，用于在数据库中存储聚合状态，以提供更好的性能和更加灵活的数据处理方式。AggregateFunction 类型的字段使用二进制存储。在写入数据时，需要调用 State 函数（例如，与 uniq、sum 对应的 uniqState 和 sumState 函数）；而在查询数据时，需要调用相应的 Merge 函数（例如，与 uniq、sum 对应的 uniqMerge、sumMerge 函数）。AggregateFunction 的底层原理是预计算（数据立方体的方案，以空间换时间），也就是每写入一批数据，就会触发一次计算结果更新视图。在海量数据的场景下，这种查询效率也是非常高的。

4.6.1 聚合函数类型定义

函数：`AggregateFunction（func_name, types_of_arguments, …）`

功能说明：用于存储聚合函数的中间状态。通过聚合函数名称加 -State 后缀的形式写入数据。与此同时，以相同的聚合函数名加 -Merge 后缀的形式来读取最终状态数据。

为了演示聚合函数的使用，我们需要下载 ClickHouse 官网提供的测试数据包：

❑ https://datasets.clickhouse.com/hits/tsv/hits_v1.tsv.xz。

❑ https://datasets.clickhouse.com/visits/tsv/visits_v1.tsv.xz。

然后，通过命令行将数据导入数据表里：

```
clickhouse client --query "INSERT INTO tutorial.hits_v1 FORMAT TSV" --max_
    insert_block_size=100000 < hits_v1.tsv
clickhouse client --query "INSERT INTO tutorial.visits_v1 FORMAT TSV" --max_
    insert_block_size=100000 < visits_v1.tsv
```

上述详细步骤，可参考 https://clickhouse.com/docs/en/getting-started/tutorial/#import-sample-dataset。

4.6.2 使用 -State 函数聚合物化视图指标

ClickHouse 支持物化视图（Materialized View）。物化视图，说白了，就是物理表，只不过这张表可以通过数据库的内部机制定期更新，将一些大的耗时的表连接用物化视图实现，实现高性能查询。

首先，我们基于 tutorial.hits_v1 物理源表创建一张物化视图指标表。假设我们需要分析每天的请求总数和独立用户数，那么这个物化视图的数据表结构如下：

```
CREATE MATERIALIZED VIEW tutorial.hit_event
ENGINE = AggregatingMergeTree()
PARTITION BY EventDate
ORDER BY (CounterID, EventDate)
POPULATE
AS
SELECT CounterID,
       EventDate,
       sumState(RequestNum) AS RequestNums, -- 使用 sumState 函数写入时聚合函数类型字
           段值
       uniqState(UserID)    AS Users         -- 使用 uniqState 函数写入时聚合函数类型字
           段值
FROM tutorial.hits_v1
GROUP BY CounterID, EventDate;
```

其中，RequestNums 字段类型是 AggregateFunction(sum, UInt32)，Users 字段类型是 AggregateFunction(uniq, UInt64)。

另外，POPULATE 修饰符指定物化视图创建的过程中，直接同步源表数据。如果不使用 POPULATE 修饰符，那么刚建好的物化视图中是无数据的，只有源表后面再写入的数据，才会同步到物化视图表中。源表数据删除，物化视图的数据不会同步删除，仍然保留。

tutorial.hit_event 物化视图创建成功后，可以在 schemas 目录下，数据库实例 tutorial 的 materialized views 目录下面看到对应的视图结构 .hit_event，还可以在 tables 目录下面发现一张 .inner_id.xxxx 表与它对应，二者的模型结构完全相同，如图 4-1 所示。

物化视图对应到磁盘的文件目录结构如图 4-2 所示。

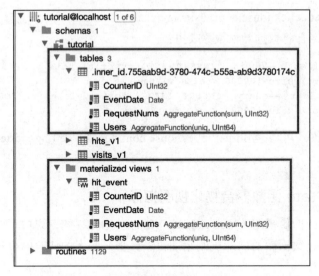

图 4-1 物化视图的 hit_event 与 inner 表

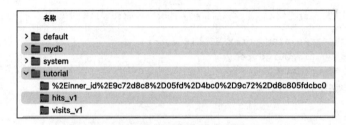

图 4-2 物化视图对应到磁盘的文件目录结构

物化视图本质上是一张特殊的内置数据表。使用 SHOW TABLES 命令查看数据库下面
的所有表，可以看到如下内容：

```
SHOW TABLES
 ┌─name────────────────────────────────────────┐
 │ .inner_id.9c72d8c8-05fd-4bc0-9c72-d8c805fdcbc0 │
 │ hit_event                                    │
 │ hits_v1                                      │
 │ visits_v1                                    │
 └──────────────────────────────────────────────┘
```

在 ClickHouse 的数据文件目录下面可以找到这张物化视图表，如图 4-3 所示。
其中，columns.txt 文件内容如下：

```
columns format version: 1
4 columns:
`CounterID` UInt32
`EventDate` Date
`RequestNums` AggregateFunction(sum, UInt32)
`Users` AggregateFunction(uniq, UInt64)
```

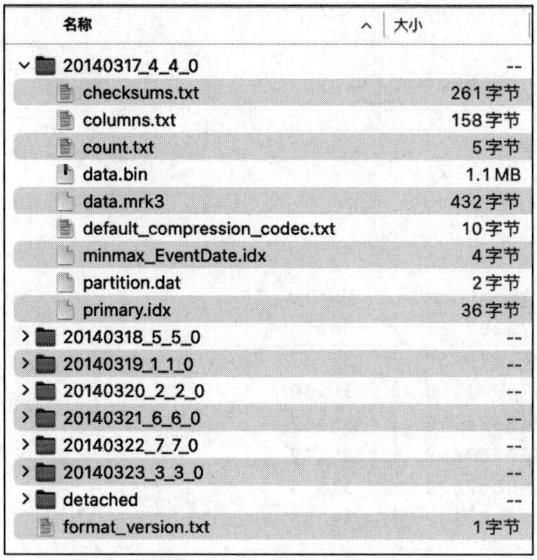

图 4-3　物化视图表

4.6.3　使用 –Merge 函数读取聚合结果值

查询聚合指标结果。SQL 实例如下：

```
SELECT
    EventDate,
    summerge(RequestNums) AS RequestNums,
    uniqMerge(Users) AS Users
FROM tutorial.hit_event
GROUP BY EventDate
ORDER BY EventDate ASC
```

输出：

```
┌──EventDate─┬─RequestNums─┬─Users─┐
│ 2014-03-17 │  4376297862 │ 36613 │
│ 2014-03-18 │  4041848250 │ 36531 │
│ 2014-03-19 │  3570583458 │ 36940 │
│ 2014-03-20 │  3965384078 │ 36462 │
│ 2014-03-21 │  3769787648 │ 35447 │
│ 2014-03-22 │  2388852824 │ 31555 │
│ 2014-03-23 │  2260252282 │ 31200 │
└────────────┴─────────────┴───────┘
```

```
7 rows in set. Elapsed: 0.049 sec. Processed 239.80 thousand rows, 36.76 MB (4.92
    million rows/s., 754.97 MB/s.)
```

上面的 SQL 实例计算结果值与直接在源表上使用 sum(RequestNum),uniq(UserID) 查询的结果相同。但是，我们关注的是性能数据。

SQL 实例：

```
SELECT
    EventDate,
    sum(RequestNum) AS RequestNums,
    uniq(UserID) AS Users
FROM tutorial.hits_v1
GROUP BY EventDate
```

输出：

```
┌─EventDate──┬─RequestNums─┬─Users─┐
│ 2014-03-17 │  4376297862 │ 36613 │
│ 2014-03-18 │  4041848250 │ 36531 │
│ 2014-03-19 │  3570583458 │ 36940 │
│ 2014-03-20 │  3965384078 │ 36462 │
│ 2014-03-21 │  3769787648 │ 35447 │
│ 2014-03-22 │  2388852824 │ 31555 │
│ 2014-03-23 │  2260252282 │ 31200 │
└────────────┴─────────────┴───────┘

7 rows in set. Elapsed: 0.117 sec. Processed 17.75 million rows, 248.47 MB (151.62
    million rows/s., 2.12 GB/s.)
```

普通查询与物化视图的性能数据对比如表 4-3 所示。

表 4-3　普通查询与物化视图的性能数据对比

对比项	源表计算	物化视图 + 聚合函数	倍数
处理数据行数	17750000	239800	74.0
处理数据大小 /MB	248.47	36.76	6.8
时间消耗 /s	0.117	0.049	2.4

在实践中，我们通常使用 AggregatingMergeTree 表引擎的物化视图结合聚合函数类型 AggregateFunction 来实现预聚合指标的计算，从而实现高性能 OLAP 分析。

4.7　Bitmap 类型

在计算机科学中，Bitmap（位图）是从某个域（例如，整数范围）到位的映射，也称为位数组或位图索引。位图思想应用广泛，比如 Linux 内核（如 inode、磁盘块）、Bloom Filter 算法等，其优势是可以在一个非常高的空间利用率下保存大量 0-1 状态，进而实现大数据量的高效内存计算。

本节介绍 ClickHouse 中 Bitmap 类型的使用。

4.7.1　Bitmap 简介

位图数据结构的思想非常巧妙，堪称计算机二进制领域的"经典之作"。例如，针对一个 Int8 数组 a = [1,3,5,7]，如果按照常规的顺序存储结构，4 个 Int8 的数组元素，每个 Int8

元素占用 1 字节，那么该数组总共占用 4×4 字节 = 16 字节，如表 4-4 所示。

表 4-4 数组存储结构示例

数组 a	1	3	5	7
下标	0	1	2	3

如果我们跳出常规思维，把 1 字节（有 8 个位）的位下标 i（i=1,3,5,7）用状态位 1 来表示，其余的用 0 表示，即 Bitmap 最简单朴素的思想表达，如表 4-5 所示。

表 4-5 Bitmap 存储结构示例

数组 a	0	1	0	1	0	1	0	1
位	0	1	2	3	4	5	6	7

如表 4-5 所示，数组 a 就可以映射成 01010101，只占用 1 字节，数据存储空间大大降低，这样，我们就可以把更多的数据放到内存中计算，实现更高的性能。通常，OLAP 引擎中还会使用恰当的数据压缩算法，目的是相同的。从这个角度看，Bitmap 也可以看作一种数据编码压缩算法。

Bitmap 应用非常广泛。例如，通过 Bitmap 可以完成精确去重操作，通过多个 Bitmap 的 AND、OR、XOR、ANDNOT 等位操作可以实现留存分析、漏斗分析、用户画像分析等场景的计算。

小贴士：关于位

bit，亦称二进制位，是指二进制中的一位，是信息的最小单位。bit 是 binary digit（二进制数位）的混成词，由数学家 John Wilder Tukey 在 1946 年提出，但也有资料称 1943 年就提出了）。这个术语第一次被正式使用，是在香农著名的论文《通信的数学理论》（A Mathematical Theory of Communication）的第 1 页中。

假设一个事件以 A 或 B 的方式发生，且 A、B 发生的概率相等，都为 0.5，则可用一个二进位来代表 A 或 B 之一。例如：

1）可以表示正或负；

2）可以表示有两种状态的开关（如电灯开关）；

3）可以表示晶体管的通断；

4）可以表示某根导线上有无电压；

5）可以表示一个抽象逻辑上的是或否。

除二进位外，常用的还有八进制、十进制和十六进制等的八进位、十进位和十六进位等。

4.7.2 创建 Bitmap 类型

ClickHouse 中的 Bitmap 对象，本质上是聚合函数类型 AggregateFunction (groupBitmap, UInt*)，它有两种构造方法。

1）通过数组创建 Bitmap 对象，还可以将位图对象转化为数组对象。

2）使用聚合函数 groupBitmapState 创建 Bitmap 对象。

1. 通过数组创建 Bitmap 对象

函数：`bitmapBuild(array)`

功能说明：使用一个无符号整数数组创建一个位图对象。

返回值：返回一个聚合函数类型对象 AggregateFunction(groupBitmap, UInt*)。

SQL 实例：

```
SELECT
    bitmapBuild([1, 2, 3]) AS res,
    toTypeName(res) AS type
FORMAT Vertical
```

输出：

```
res:
type: AggregateFunction(groupBitmap, UInt8)
```

2. 使用聚合函数 groupBitmapState 创建 Bitmap 对象

函数：`groupBitmapState(expr)`

功能说明：通过一个计算表达式 expr，从无符号整数列进行位图计算，返回一个 Bitmap 对象。

返回值：由该整数列元素组成的 Bitmap 对象。

SQL 实例：

```
SELECT
    groupBitmapState(UserID) AS res,
    toTypeName(res) AS type
FROM hits_v1
WHERE UserID IN (6107087755678702928, 1042176457941735373)
FORMAT Vertical
```

输出：

```
res:  P??Se??W???v
type: AggregateFunction(groupBitmap, UInt64)
```

另外，直接调用函数 groupBitmap(expr)，返回类型为 UInt64 的基数，该结果是精确去重了的。例如，执行下面的 SQL：

```
SELECT groupBitmap(UserID) AS res
FROM hits_v1
```

输出：

```
Query id: a08af447-5fac-4a5f-a714-c36e792109b3
```

```
┌─ res ─┐
│ 119689 │
└────────┘
```

1 rows in set. Elapsed: 0.906 sec. Processed 17.75 million rows, 141.98 MB (19.59
    million rows/s., 156.75 MB/s.)

4.7.3　Bitmap 常用操作函数

Bitmap 函数用于对两个位图对象进行计算，结果依然是位图对象类型，例如 AND、OR、XOR、NOT 位运算等。Bitmap 常用操作函数功能说明和 SQL 实例详细介绍如下。

1. bitmapBuild(array)

1）参数说明：array，表示无符号整数数组。

返回值：Bitmap 对象，类型为 AggregateFunction(groupBitmap, UInt*)。

2）功能说明：从无符号整数数组构建 Bitmap 对象。

3）SQL 实例：

```
SELECT
bitmapBuild([1, 2, 3]) AS res,
toTypeName(res) AS type
```

输出：

```
┌─ res ─┬─ type ─────────────────────────────────┐
│      │ AggregateFunction(groupBitmap, UInt8) │
└──────┴────────────────────────────────────────┘
```

2. bitmapToArray(bitmap)

1）参数说明：bitmap，表示 Bitmap 对象。

返回值：数组。

2）功能说明：将 Bitmap 转换为整数数组。

3）SQL 实例：

```
    SELECT
    bitmapBuild([1, 2, 3]) AS res,
    toTypeName(res) AS type1,
    bitmapToArray(res) AS arr,
    toTypeName(arr) AS type2
FORMAT Vertical
```

输出：

```
res:
type1: AggregateFunction(groupBitmap, UInt8)
arr:   [1,2,3]
type2: Array(UInt8)
```

3. bitmapCardinality(bitmap)

1）参数说明：bitmap，表示 Bitmap 对象。

返回值：Bitmap 对象的基数值，UInt64 类型。

2）功能说明：计算 Bitmap 对象的基数值（去重），UInt64 类型。

3）SQL 实例：

```
SELECT bitmapCardinality(bitmapBuild([1, 2, 3, 4, 5, 5, 5])) AS res
```

输出：

```
┌─res─┐
│  5  │
└─────┘
```

4. bitmapSubsetInRange(bitmap, range_start, range_end)

1）参数说明：

❏ bitmap，Bitmap 对象。

❏ range_start，范围起始点（含），UInt32 类型。

❏ range_end，范围结束点（不含），UInt32 类型。

返回值：子集 Bitmap 对象。

2）功能说明：将 Bitmap 指定范围 [range_start, range_end) 转换为另一个 Bitmap。

3）SQL 实例：

```
SELECT bitmapToArray(bitmapSubsetInRange(bitmapBuild([0,1,2,3,4,5,6,7,8,9,10]),
    toUInt32(1), toUInt32(10))) AS res;
```

输出：

```
┌─res───────────────┐
│ [1,2,3,4,5,6,7,8,9] │
└───────────────────┘
```

5. bitmapSubsetLimit(bitmap, range_start, cardinality_limit)

1）参数说明：

❏ bitmap，Bitmap 对象。

❏ range_start，范围起始点（含），UInt32 类型。

❏ cardinality_limit，子集 Bitmap 对象的基数上限，UInt32 类型。

返回值：子集 Bitmap 对象。

2）功能说明：根据范围起始点（含）和基数上限创建子集 Bitmap 对象。

3）SQL 实例：

```
SELECT bitmapToArray(bitmapSubsetLimit(bitmapBuild([0, 1, 2, 3, 11, 15, 7, 18,
    19, 7, 21]), toUInt32(10), toUInt32(3))) AS res
```

输出：

```
┌─res───────┐
│ [11,15,18] │
└───────────┘
```

6. subBitmap(bitmap, offset, cardinality_limit)

1）参数说明：

❑ bitmap，Bitmap 对象。

❑ offset，开始元素的下标（从 0 开始计算），UInt32 类型。

❑ cardinality_limit，子集 Bitmap 对象的基数上限，UInt32 类型。

返回值：子集 Bitmap 对象。

2）功能说明：返回子集 Bitmap 对象，从偏移位置开始。返回元素的数量受到 cardinality_limit 参数的限制。类似字符串函数 substring。

3）SQL 实例：

```
SELECT bitmapToArray(subBitmap(bitmapBuild([0, 1, 2, 3, 11, 15, 7, 18, 19, 7,
    21]), toUInt32(4), toUInt32(3))) AS res
```

输出：

```
┌─res──────┐
│ [11,15,7] │
└──────────┘
```

7. bitmapContains(bitmap, x)

1）参数说明：

❑ bitmap，目标检索的 Bitmap 对象。

❑ x，搜索的值，UInt32 类型。

返回值：返回 0 表示不包含，返回 1 表示包含，UInt8 类型。

2）功能说明：检查 Bitmap 对象中是否包含元素 x，包含则返回 1，不包含则返回 0。

3）SQL 实例：

```
SELECT
    bitmapContains(bitmapBuild([1, 3, 5, 7, 9]), toUInt32(3)) AS res1,
    bitmapContains(bitmapBuild([1, 3, 5, 7, 9]), toUInt32(4)) AS res2
```

输出：

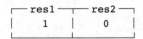

8. bitmapHasAny(bitmap1,bitmap2)

1）参数说明：bitmap1、bitmap2，分别表示 Bitmap 对象 1、Bitmap 对象 2。

返回值：1 表示 Bitmap 对象 1 和 Bitmap 对象 2 有任何公共元素；0 表示 Bitmap 对象 1 和 Bitmap 对象 2 无公共元素。

2）功能说明：

与 hasAny(array1，array2) 类似，如果 Bitmap 对象 1、Bitmap 对象 2 之间有任何公共元素则返回 1，否则返回 0。对于空位图，返回 0。

3）SQL 实例：

```
SELECT
    bitmapHasAny(bitmapBuild([1, 2, 3]), bitmapBuild([3, 4, 5])) AS res1,
    bitmapHasAny(bitmapBuild([1, 2, 3]), bitmapBuild([4, 5])) AS res2
```

输出：

```
┌─res1─┬─res2─┐
│   1  │   0  │
└──────┴──────┘
```

9. bitmapHasAll(bitmap1,bitmap2)

1）参数说明：bitmap1、bitmap2，分别表示 Bitmap 对象 1、Bitmap 对象 2。

返回值：如果 Bitmap 对象 1 包含 Bitmap 对象 2 所有元素，则返回 1。反之，返回 0。

2）功能说明：

与 hasAll(array1，array2) 类似，如果第一个位图包含第二个位图的所有元素，则返回 1，否则返回 0。如果第二个参数是空位图对象，则返回 1。

3）SQL 实例：

```
SELECT
    bitmapHasAll(bitmapBuild([1, 2, 3]), bitmapBuild([2, 3])) AS res1,
    bitmapHasAll(bitmapBuild([1, 2, 3]), bitmapBuild([2, 3, 4])) AS res2,
    bitmapHasAll(bitmapBuild([1, 2, 3]), bitmapBuild(emptyArrayUInt8())) AS res3
```

输出：

```
┌─res1─┬─res2─┬─res3─┐
│   1  │   0  │   1  │
└──────┴──────┴──────┘
```

10. bitmapMin(bitmap)

1）参数说明：bitmap，表示 Bitmap 对象。

返回值：Bitmap 对象中的最小元素值。

2）功能说明：计算 Bitmap 对象中元素最小值。空对象返回 0。

3）SQL 实例：

```
SELECT
bitmapMin(bitmapBuild([1, 2, 3, 4, 5])) AS res1,
```

```
bitmapMin(bitmapBuild(emptyArrayUInt8())) AS res2
```

输出：

```
┌─ res1 ─┬─ res2 ─┐
│    1   │    0   │
└────────┴────────┘
```

11. bitmapMax(bitmap)

1）参数说明：bitmap，表示 Bitmap 对象。

返回值：Bitmap 对象中的最大元素值。

2）功能说明：计算 Bitmap 对象中元素最大值。空对象返回 0。

3）SQL 实例：

```
SELECT
    bitmapMax(bitmapBuild([1, 2, 3, 4, 5])) AS res1,
    bitmapMax(bitmapBuild(emptyArrayUInt8())) AS res2
```

输出：

```
┌─ res1 ─┬─ res2 ─┐
│    5   │    0   │
└────────┴────────┘
```

12. bitmapAnd(bitmap1,bitmap2)

1）参数说明：bitmap1、bitmap2，分别表示 Bitmap 对象 1、Bitmap 对象 2。

返回值：bitmap1、bitmap2 交集元素组成的新的 Bitmap 对象。

2）功能说明：计算 bitmap1 与 bitmap2 的交集元素，返回交集元素组成的新的 Bitmap 对象。

3）SQL 实例：

```
SELECT bitmapToArray(bitmapAnd(bitmapBuild([1, 2, 3]), bitmapBuild([2, 3, 4,
    5]))) AS res
```

输出：

```
┌─ res ────┐
│  [2,3]   │
└──────────┘
```

13. bitmapOr(bitmap1,bitmap2)

1）参数说明：bitmap1、bitmap2，分别表示 Bitmap 对象 1、Bitmap 对象 2。

返回值：bitmap1、bitmap2 并集元素组成的新的 Bitmap 对象。

2）功能说明：计算 bitmap1 与 bitmap2 的并集元素，返回并集元素组成的新的 Bitmap 对象。

3）SQL 实例：

```
SELECT bitmapToArray(bitmapOr(bitmapBuild([1,2,3]),bitmapBuild([3,4,5]))) AS
    res;
```

输出：

```
┌─res─────────┐
│ [1,2,3,4,5] │
└─────────────┘
```

14. bitmapAndnot(bitmap1,bitmap2)

1）参数说明：bitmap1、bitmap2，分别表示 Bitmap 对象 1、Bitmap 对象 2。

返回值：bitmap1、bitmap2 差集元素组成的新的 Bitmap 对象。

2）功能说明：计算 bitmap1 与 bitmap2 的差集元素 [从 bitmap1 中减掉 (bitmap1 ∩ bitmap2)]，返回差集元素组成的新的 Bitmap 对象。

3）SQL 实例：

```
SELECT bitmapToArray(bitmapAndnot(bitmapBuild([1,2,3]), bitmapBuild([2,3,4,5])))
    AS res;
```

输出：

```
┌─res─┐
│ [1] │
└─────┘
```

15. bitmapXor(bitmap1,bitmap2)

1）参数说明：bitmap1、bitmap2，分别表示 Bitmap 对象 1、Bitmap 对象 2。

返回值：bitmap1 与 bitmap2 的并集元素减去交集元素组成的新的 Bitmap 对象。

2）功能说明：计算 (bitmap1 ∪ bitmap2) − (bitmap1 ∩ bitmap2) 元素，返回差集元素组成的新的 Bitmap 对象。

3）SQL 实例：

```
SELECT bitmapToArray(bitmapXor(bitmapBuild([1,2,3]),bitmapBuild([2,3,4,5]))) AS
    res;
```

输出：

```
┌─res─────┐
│ [1,4,5] │
└─────────┘
```

其中，异或运算（a XOR b）的意思是：如果 a、b 两个值不相同，则异或结果为 1。如果 a、b 两个值相同，异或结果为 0。异或运算用于快速比较两值是否相等。

16. bitmapAndCardinality(bitmap1,bitmap2)

1）参数说明：bitmap1、bitmap2，分别表示 Bitmap 对象 1、Bitmap 对象 2。

返回值：bitmap1、bitmap2 交集元素个数。

2）功能说明：计算 bitmap1、bitmap2 交集元素个数。

3）SQL 实例：

```
SELECT bitmapAndCardinality(bitmapBuild([1,2,3]),bitmapBuild([3,4,5])) AS res;
```

输出：

```
┌─res─┐
│  1  │
└─────┘
```

17. bitmapOrCardinality(bitmap1,bitmap2)

1）参数说明：bitmap1、bitmap2，分别表示 Bitmap 对象 1、Bitmap 对象 2。

返回值：bitmap1、bitmap2 并集元素个数。

2）功能说明：计算 bitmap1、bitmap2 并集元素个数。

3）SQL 实例：

```
SELECT bitmapOrCardinality(bitmapBuild([1,2,3]),bitmapBuild([3,4,5])) AS res;
```

输出：

```
┌─res─┐
│  5  │
└─────┘
```

18. bitmapAndnotCardinality(bitmap1,bitmap2)

1）参数说明：bitmap1、bitmap2，表示 Bitmap 对象 1、Bitmap 对象 2。

返回值：bitmap1、bitmap2 差集元素个数。

2）功能说明：计算 bitmap1、bitmap2 差集元素个数。

3）SQL 实例：

```
SELECT bitmapAndnotCardinality(bitmapBuild([1,2,3]),bitmapBuild([3,4,5])) AS
    res;
```

输出：

```
┌─res─┐
│  2  │
└─────┘
```

19. bitmapXorCardinality(bitmap1,bitmap2)

1）参数说明：bitmap1、bitmap2，分别表示 Bitmap 对象 1、Bitmap 对象 2。

返回值：bitmap1、bitmap2 异或集元素个数。

2）功能说明：计算 bitmap1、bitmap2 异或集元素个数。

3）SQL 实例：

```
SELECT bitmapXorCardinality(bitmapBuild([1,2,3]),bitmapBuild([3,4,5])) AS res;
```

输出：

```
┌─res─┐
│  4  │
└─────┘
```

20. bitmapTransform(bitmap, from_array, to_array)

1）参数说明：

❑ bitmap：Bitmap 对象。

❑ from_array：UInt32 数组。

❑ to_array：UInt32 数组，其大小应与 from_array 相同。

返回值：经过替换处理之后的新的 Bitmap 对象。

2）功能说明：对于范围为 [0，from_array.size()）的 idx，如果位图包含 from_array[idx]，那么用 to_array[idx] 替换它。注意，如果 from_array 和 to_array 有共同的元素，结果取决于数组中元素的先后顺序。

3）SQL 实例：

```
SELECT bitmapToArray(
            bitmapTransform(bitmapBuild([1, 2, 3, 4, 5, 6, 7, 8, 9, 10]),
                [5,999,2],
                [2,888,20])
        ) AS res;
```

输出：

```
[1,3,4,6,7,8,9,10,20]
```

其中，先将源数组中的元素 5 替换为 2，此时，源数组变为 [1, 2, 3, 4, 2, 6, 7, 8, 9, 10]；然后处理 999 元素，若发现源数组中无该元素，则继续下一个元素替换，将 2 替换为 20，源数组变为 [1, 20, 3, 4, 20, 6, 7, 8, 9, 10]，最后进行去重，输出结果。

小贴士：RoaringBitmap 算法

为了解决稀疏位图存储的空间浪费问题，计算机科学家们提出了多种算法对稀疏位图进行压缩，以减少内存占用，提高效率。比较有代表性的算法有 WAH、EWAH、Concise，以及 RoaringBitmap。前三种算法都是基于行程长度编码（Run-Length Encoding，RLE）做压缩的，而 RoaringBitmap 算是它们的改进版。

RoaringBitmap 算法于 2016 年由 S. Chambi、D. Lemire、O. Kaser 等人在论文 *Better bitmap performance with Roaring bitmaps*（https://arxiv.org/pdf/1402.6407.pdf） 与 *Consistently faster and smaller compressed bitmaps with Roaring*（https://arxiv.org/pdf/1603.06549.pdf）中提出。

RoaringBitmap 的核心思想是，将 32 位无符号整数按照高 16 位分桶，即最多可能有 2^{16}=65536 个桶，论文内称为容器（container）。存储数据时，按照数据的高 16 位找到容器（找不到就新建一个），再将低 16 位放入容器中。也就是说，一个 RoaringBitmap 是很多容器的集合。为了方便理解，引用论文中的示例图，如图 4-4 所示。

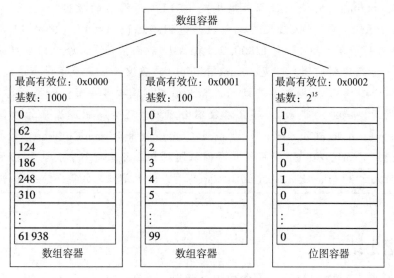

图 4-4 RoaringBitmap 容器

图中展示了 3 个容器：

- bits:0x0000：高 16 位为 0000H 的数组容器，存储 0×2^{16}=0, 基数 =1000 个 62 的倍数的数字分别是 [0:999]× 62，其中，999 × 62 = 61938。
- bits:0x0001：高 16 位为 0001H 的数组容器，存储 $[1 \times 2^{16}+0, 1 \times 2^{16}+99]$ 区间内的 100 个数（基数 =100）。
- bits:0x0002：高 16 位为 0002H 的位图容器，存储 $[2 \times 2^{16}, 3 \times 2^{16})$ 区间内 $[2 \times 2^{16}, 2 \times 2^{16} + 1, 2 \times 2^{16} + 2, 2 \times 2^{16} + 3, \cdots, 3 \times 2^{16} - 2, 3 \times 2^{16} - 1]$ 中的所有偶数，共 2^{15} 个偶数（基数 =2^{15}），算上奇数个数，总共就是 2^{16} 位。在这个 2^{16} 位大小的位图容器中，第 0 位是 1，表示偶数 2×2^{16}；第 1 位是 0，表示奇数 2×2^{16}+1。以此类推，第 2^{16}-1 位是 0，表示奇数 3×2^{16}-1。

RoaringBitmap 的容器一共有 3 种，分别是 ArrayContainer、BitmapContainer、RunContainer。

1）ArrayContainer。当桶内数据的基数小于或等于4096时，会采用它来存储，其本质上是一个 unsigned short 类型的有序数组。数组初始长度为4，随着数据增多会自动扩容（但最大长度就是4096）。另外，它还维护有一个计数器，用来实时记录基数。图4-4中的前两个容器基数都没超过4096，所以均为 ArrayContainer。

2）BitmapContainer。当桶内数据的基数大于4096时，会采用位图来存储。Bitmap-Container 用长度固定为1024的 unsigned long 型数组表示，即位图的大小固定为 2^{16} 位（8 KB）。它同样有一个计数器。图4-4中的第3个容器基数远远大于4096，所以用 Bitmap-Container 存储。

3）RunContainer。它使用行程长度编码（RLE）压缩后的数据，是一个可变长度的 unsigned short 数组。举个例子，连续的整数序列 11, 12, 13, 14, 15, 12800, 12801, 12802 会被 RLE 压缩为两个二元组 11, 4, 12800, 2，表示 11 后面紧跟着4个连续递增的值，12800 后面跟着2个连续递增的值。可见，RunContainer 的压缩效果与数据分布连续性有关。考虑极端情况：如果所有数据都是连续的，那么最终只需要4字节；如果所有数据都不连续（比如全是奇数或全是偶数），那么不仅不会压缩，还会膨胀成原来的两倍大。所以，RoaringBitmap 引入 RunContainer 作为 ArrayContainer 和 BitmapContainer 的折中方案。ClickHouse 使用 RoaringBitmap 数据结构存储位图对象，当基数小于或等于32时，使用 Set 保存，当基数大于32时，使用 RoaringBitmap 保存。这也是低基数集存储更快的原因。

4.8 本章小结

本章主要介绍了 ClickHouse 中的数组、元组、嵌套、Map、聚合函数、Bitmap 类型、低基数、Nullable 类型等高级数据类型，以及它们的基本使用方法。掌握这些高级数据类型，对我们灵活使用 ClickHouse 进行数据计算处理，会有很大帮助。例如，Bitmap 结合数组类型，可以实现 DMP 用户画像平台人群圈选和洞察——我们在第8章中会具体介绍。

第 5 章 *Chapter 5*

ClickHouse 函数

程序 = 数据结构 + 算法。

——Nicklaus Wirth，图灵奖获得者，Pascal 之父

"数据结构"是数据的存储组织形式，是数据元素之间的关系表达。有了数据之后，接下来就需要对这些数据进行计算处理——这就是"算法"。通常来说，特定的数据结构配备特定的算法。计算机领域的问题解决之道，就是设计合适的数据结构，加上合适的算法。

在第 3 章和第 4 章中，我们介绍了 ClickHouse 的基础数据类型和高级数据类型，还介绍了这些数据类型的常用基础操作。本章介绍 ClickHouse 函数。

5.1 概述

众所周知，数据结构，是相互之间存在关系的数据元素的集合，描述的是数据与数据之间的结构关系。数据元素之间发生关联，就会产生不同的结构，例如数组、队列、树、图等。

5.1.1 ClickHouse 函数简介

数据元素之间的"关系 + 操作"构成了数据类型，对已有的数据类型进行抽象，就构成了抽象数据类型（ADT），即封装了值和操作的模型。这里的"操作"，通常与"功能""函数""方法"等词语背后表达的意思是同源的，都是对数据的计算处理。

把数据处理过程中最普遍、最通用的功能模块抽象出来，放到函数库中，提供数据处理计算服务（就是现代计算编程中最常见的 API）将一段需要经常使用的代码封装起来，在使用时直接调用），这就是计算机编程中的函数。

针对函数 $Y = f(X)$，入参集合 X 被称为 f 的定义域，出参集合 Y 被称为 f 的值域。

入参 X 和返回值 Y 的数据类型分别确定了该函数的定义域和对应域（对应域不是值域，函数的值域是函数的对应域的子集）。

定义域和对应域，再加上函数名，就组成了"函数签名"。

5.1.2 ClickHouse 函数分类

ClickHouse 函数分为常规函数（Regular Function）和聚合函数（Aggregate Function）两大类。常规函数的入参是每一行数据，对于每一行，函数的结果不依赖于其他行。聚合函数则是从不同的行，累积一组值（即它们依赖于整组行）进行聚合计算。另外，还有数组"炸裂"函数 arrayJoin()、表函数等特殊功能的函数。

根据实际计算功能，ClickHouse 中的函数又分为算术函数、数组函数、字符串函数、条件函数、时间函数、数学函数、聚合函数、窗口函数、空值函数、位函数、位图函数、比较函数、编码函数、加密函数、扩展字典函数、文件操作函数、空值函数、哈希函数、IN 函数、自省函数（系统内部监控打点跟踪等功能）、IP 地址函数、JSON 函数、逻辑函数、机器学习函数、NLP 函数、随机函数、元组函数、元组映射函数、类型转换函数、url 函数、uuid 函数、YM 字典函数和其他函数等。本章主要以算术函数、数组函数、字符串函数、条件函数、时间函数、数学函数、聚合函数、窗口函数、空值函数为例展开介绍。关于其他函数的更多内容，读者可自行查阅相关资料。

执行如下 SQL 语句可以获取 ClickHouse 中的所有函数（常规函数 + 聚合函数）：

```
SELECT *
FROM system.functions
ORDER BY name ASC
```

ClickHouse 有一个内置的系统库 system，我们可以去看一下系统库里面都有哪些表。

```
USE system
SHOW TABLES
```

输出结果如下（从表名我们可以看出这些表是做什么的）：

```
┌─name──────────────────────────┐
│ aggregate_function_combinators │
│ asynchronous_inserts           │
│ asynchronous_metrics           │
│ build_options                  │
│ clusters                       │
│ collations                     │
│ columns                        │
│ contributors                   │
```

```
| current_roles                        |
| data_skipping_indices                |
| data_type_families                   |
| databases                            |
| detached_parts                       |
| dictionaries                         |
| disks                                |
| distributed_ddl_queue                |
| distribution_queue                   |
| enabled_roles                        |
| errors                               |
| events                               |
| formats                              |
| functions                            |
| grants                               |
| graphite_retentions                  |
| licenses                             |
| macros                               |
| merge_tree_settings                  |
| merges                               |
| metrics                              |
| models                               |
| mutations                            |
| numbers                              |
| numbers_mt                           |
| one                                  |
| part_moves_between_shards            |
| parts                                |
| parts_columns                        |
| privileges                           |
| processes                            |
| projection_parts                     |
| projection_parts_columns             |
| quota_limits                         |
| quota_usage                          |
| quotas                               |
| quotas_usage                         |
| replicas                             |
| replicated_fetches                   |
| replicated_merge_tree_settings       |
| replication_queue                    |
| rocksdb                              |
| role_grants                          |
| roles                                |
| row_policies                         |
| settings                             |
| settings_profile_elements            |
| settings_profiles                    |
| storage_policies                     |
| table_engines                        |
```

```
| table_functions           |
| tables                     |
| time_zones                 |
| user_directories           |
| users                      |
| warnings                   |
| zeros                      |
| zeros_mt                   |
```

66 rows in set. Elapsed: 0.014 sec.

5.1.3 表级别函数

查看 ClickHouse 中有哪些表级别函数：

```
SELECT *
FROM table_functions
```

输出如下：

```
┌─ name ──────────────────┐
| dictionary               |
| numbers_mt               |
| view                     |
| cosn                     |
| generateRandom           |
| remote                   |
| input                    |
| s3Cluster                |
| values                   |
| s3                       |
| url                      |
| remoteSecure             |
| sqlite                   |
| zeros                    |
| jdbc                     |
| zeros_mt                 |
| postgresql               |
| odbc                     |
| executable               |
| clusterAllReplicas       |
| cluster                  |
| merge                    |
| null                     |
| file                     |
| numbers                  |
└──────────────────────────┘
```

25 rows in set. Elapsed: 0.004 sec.

查看 ClickHouse 支持哪些表引擎：

```
SELECT name
FROM table_engines
```

输出如下：

```
┌─name──────────────────────────────────────────────┐
│ PostgreSQL                                          │
│ RabbitMQ                                            │
│ Kafka                                               │
│ S3                                                  │
│ ExecutablePool                                      │
│ MaterializedView                                    │
│ MaterializedPostgreSQL                              │
│ EmbeddedRocksDB                                     │
│ View                                                │
│ JDBC                                                │
│ Join                                                │
│ ExternalDistributed                                 │
│ Executable                                          │
│ Set                                                 │
│ Dictionary                                          │
│ GenerateRandom                                      │
│ LiveView                                            │
│ MergeTree                                           │
│ Memory                                              │
│ Buffer                                              │
│ MongoDB                                             │
│ URL                                                 │
│ ReplicatedVersionedCollapsingMergeTree              │
│ ReplacingMergeTree                                  │
│ ReplicatedSummingMergeTree                          │
│ COSN                                                │
│ ReplicatedAggregatingMergeTree                      │
│ ReplicatedCollapsingMergeTree                       │
│ File                                                │
│ ReplicatedGraphiteMergeTree                         │
│ ReplicatedMergeTree                                 │
│ ReplicatedReplacingMergeTree                        │
│ VersionedCollapsingMergeTree                        │
│ SummingMergeTree                                    │
│ Distributed                                         │
│ TinyLog                                             │
│ GraphiteMergeTree                                   │
│ SQLite                                              │
│ CollapsingMergeTree                                 │
│ Merge                                               │
│ AggregatingMergeTree                                │
│ ODBC                                                │
│ Null                                                │
│ StripeLog                                           │
│ Log                                                 │
└────────────────────────────────────────────────────┘
```

```
45 rows in set. Elapsed: 0.010 sec.
```

5.1.4 聚合函数算子

查看 ClickHouse 中有哪些聚合函数算子：

```
SELECT *
FROM aggregate_function_combinators
```

输出如下：

```
┌─name────────┬─is_internal─┐
│ SimpleState │           0 │
│ OrDefault   │           0 │
│ Distinct    │           0 │
│ Resample    │           0 │
│ ForEach     │           0 │
│ OrNull      │           0 │
│ Merge       │           0 │
│ State       │           0 │
│ Array       │           0 │
│ Null        │           1 │
│ Map         │           0 │
│ If          │           0 │
```

```
12 rows in set. Elapsed: 0.006 sec.
```

5.2 算术函数

对于所有算术函数（Arithmetic Function），根据计算结果的位数、是否有符号、是否浮动、是否是最小值等条件，ClickHouse 会进行类型推断，采用适合的最小数字类型。如果没有足够的位，则采用最高位类型。例如：

```
SELECT
    toTypeName(0),
    toTypeName(0 + 0),
    toTypeName((0 + 0) + 0),
    toTypeName(((0 + 0) + 0) + 0)
FORMAT Vertical
```

输出如下：

```
toTypeName(0):                             UInt8
toTypeName(plus(0, 0)):                    UInt16
toTypeName(plus(plus(0, 0), 0)):           UInt32
toTypeName(plus(plus(plus(0, 0), 0), 0)): UInt64
```

算术函数适用于 UInt8、UInt16、UInt32、UInt64、Int8、Int16、Int32、Int64、Float32或 Float64 中的任何类型对。溢出的产生方式与 C++ 中的相同。

本节主要介绍 ClickHouse 中常用的算术函数。

5.2.1 加法函数

函数：plus(a, b)

功能说明：加法运算，还可以添加带有日期或日期和时间的整数。如果参数是日期，添加一个整数意味着添加相应的天数。如果参数是带时间的日期，添加一个整数则意味着添加相应的秒数。

SQL 实例 1：数字加法。

```
SELECT 1 + 1
```

输出：

```
┌─plus(1, 1)─┐
│          2 │
└────────────┘
```

SQL 实例 2：日期、时间加法。

```
SELECT
    toDate('2022-03-11') + 1 AS d,
toDateTime('2022-03-11 18:42:14') + 10 AS t
```

输出：

```
┌──────────d─┬───────────────────t─┐
│ 2022-03-12 │ 2022-03-11 18:42:24 │
└────────────┴─────────────────────┘
```

5.2.2 减法函数

函数：minus(a, b)

功能说明：减法运算，运算结果总是有符号类型。与加法运算类似，减法运算也可以计算日期或日期与时间。

SQL 实例 1：数字减法。

```
SELECT
    5 - 1 AS a,
    toTypeName(a) AS t
```

输出：

```
┌─a─┬─t─────┐
│ 4 │ Int16 │
└───┴───────┘
```

SQL 实例 2：日期、时间减法。

```
SELECT
```

```
    toDate('2022-03-11') - 1 AS d,
    toDateTime('2022-03-11 18:42:14') - 10 AS t
```

输出：

d	t
2022-03-12	2022-03-11 18:42:24

5.2.3 乘法函数

函数：`multiply(a, b)`

功能说明：乘法运算。

SQL 实例：

```
SELECT 8 * 8
```

输出：

multiply(8, 8)
64

5.2.4 浮点除法函数

函数：`divide(a, b)`

功能说明：除法运算。运算结果始终为浮点类型。它不是整数除法。对于整数除法，请使用 intDiv 函数。除以零时，你会得到 inf、-inf 或 nan。

SQL 实例：

```
SELECT
    1 / 0 AS a,
    0 / 0 AS b,
    8 / 4 AS c,
    toTypeName(a),
    toTypeName(b),
    toTypeName(c)
FORMAT Vertical
```

输出：

```
Row 1:
──────

a:                      inf
b:                      nan
c:                      2
toTypeName(divide(1, 0)): Float64
```

```
toTypeName(divide(0, 0)): Float64
toTypeName(divide(8, 4)): Float64
```

5.2.5　整数除法函数

函数：`intDiv(a, b)`

功能说明：整数除法。结果按绝对值向下舍入。除以 0 会报错。

SQL 实例 1：整数除法

```
SELECT
    intDiv(7, 3) AS a,
    7 / 3 AS b
```

输出：

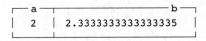

SQL 实例 2：除以 0 会报错

```
SELECT intDiv(1, 0)
```

输出：

```
Received exception from server (version 21.12.1):
Code: 153. DB::Exception: Received from localhost:9000. DB::Exception: Division
    by zero: While processing intDiv(1, 0). (ILLEGAL_DIVISION)
```

5.2.6　带 0 整数除法函数

函数：`intDivOrZero(a, b)`

功能说明：与 intDiv 的不同之处在于它在除以 0 时返回 0。

SQL 实例：

```
SELECT
    intDivOrZero(1, 0) AS a,
    intDivOrZero(1, 2) AS b,
    intDivOrZero(5, 3) AS c
```

输出：

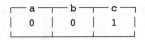

5.2.7　取余函数

函数：`modulo(a, b)`

功能说明：取余运算。如果 b 是 0，则报错。

SQL 实例：

```
SELECT
    7.7 % 3 AS a,
    7 % 3 AS b,
    toTypeName(a),
    toTypeName(b)
FORMAT Vertical
```

输出：

```
Row 1:
──────────
a:                     1.7000000000000002
b:                     1
toTypeName(modulo(7.7, 3)): Float64
toTypeName(modulo(7, 3)):   UInt8
```

5.2.8 带 0 取余函数

函数：`moduloOrZero(a, b)`

功能说明：取余运算。如果 b 是 0，返回 0。

SQL 实例：

```
SELECT
    moduloOrZero(1, 0) AS a,
    moduloOrZero(7, 3) AS b
```

输出：

```
┌─a─┬─b─┐
│ 0 │ 1 │
└───┴───┘
```

5.2.9 负数函数

函数：`negate(a)`

功能说明：取负数。

SQL 实例：

```
SELECT
    1 AS a,
    -a
```

输出：

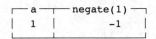

```
┌─ a ─┬─ negate(1) ─┐
│  1  │      -1      │
└─────┴─────────────┘
```

5.2.10　绝对值函数

函数：`abs(a)`

功能说明：取绝对值。

SQL 实例：

```
SELECT
    -1 AS a,
    abs(a) AS b
```

输出：

```
┌─ a ─┬─ b ─┐
│ -1  │  1  │
└─────┴─────┘
```

5.2.11　最大公约数函数

函数：`gcd(a, b)`

功能说明：求最大公约数。

SQL 实例：

```
SELECT gcd(12, 16) AS a
```

输出：

```
┌─ a ─┐
│  4  │
└─────┘
```

5.2.12　最小公倍数函数

函数：`lcm(a, b)`

功能说明：求最小公倍数。

SQL 实例：

```
SELECT lcm(12, 16) AS a
```

输出：

```
┌─ a ─┐
│ 48  │
└─────┘
```

5.2.13　最大数函数

函数：`max2(v1,v2)`

功能说明：求 v1、v2 中大的数。

SQL 实例：

```
SELECT max2(1, 2)
```

输出：

```
┌─max2(1, 2)─┐
│          2 │
└────────────┘
```

5.2.14　最小数函数

函数：`min2(v1,v2)`

功能说明：求 v1、v2 中小的数。

SQL 实例：

```
SELECT min2(1, 2)
```

输出：

```
┌─min2(1, 2)─┐
│          1 │
└────────────┘
```

5.3　数组函数

本节介绍 ClickHouse 中常用的数组函数。

5.3.1　判断空数组函数

函数：`empty(x)`

功能说明：检查输入数组是否为空，也可以判断字符串是否为空。

SQL 实例：

```
SELECT
    empty([]) AS a,
    empty([1]) AS b,
    empty('') AS c
```

输出：

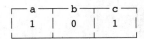

5.3.2　判断非空数组函数

函数：notEmpty(x)

功能说明：与 empty(x) 逻辑相反。

SQL 实例：

```
SELECT
    notEmpty([]) AS a,
    notEmpty([1]) AS b,
    notEmpty('') AS c
```

输出：

```
┌─a─┬─b─┬─c─┐
│ 0 │ 1 │ 0 │
└───┴───┴───┘
```

5.3.3　数组长度函数

函数：length(x)

功能说明：返回数组元素个数（即数组长度）。结果为 UInt64 类型。该函数也适用于计算字符串长度。

SQL 实例：

```
SELECT
    '' AS a,
    [] AS b,
    [1] AS c,
    length(a) AS len_a,
    length(b) AS len_b,
    length(c) AS len_c
FORMAT Vertical
```

输出：

```
Row 1:
──────
a:
b:     []
c:     [1]
len_a: 0
len_b: 0
len_c: 1
```

5.3.4 根据范围构造数组函数

函数：range([start,] end [, step])

功能说明：构造数组。返回从 start 到 end − 1 的 UInt 数字数组，可以定制步长 step（默认为 1）。

SQL 实例：

```
SELECT
    range(10) AS a,
    range(1, 10) AS b,
    range(1, 10, 2) AS c
FORMAT Vertical
```

输出：

```
Row 1:
──────────────
a: [0,1,2,3,4,5,6,7,8,9]
b: [1,2,3,4,5,6,7,8,9]
c: [1,3,5,7,9]
```

5.3.5 根据元素字面量构造数组

函数：array(x1, ...)

功能说明：等价算子为 [x1, …]。从参数 x1 开始创建一个数组。

SQL 实例：

```
SELECT
    1 AS a,
    2 AS b,
    3 AS c,
    [a, b, c],
    [a, b, c]
FORMAT Vertical
```

输出：

```
Row 1:
──────────────
a:                1
b:                2
c:                3
array(1, 2, 3): [1,2,3]
array(1, 2, 3): [1,2,3]
```

5.3.6 拼接数组函数

函数：arrayConcat(arrays)

功能说明：把多个数组拼接成一个数组。

SQL 实例：

```
SELECT arrayConcat([1, 2], [3, 4], [5, 6]) AS res
```

输出：

```
┌─ res ──────────┐
│   [1,2,3,4,5,6]   │
└────────────────┘
```

5.3.7　根据下标获取元素函数

函数：`arrayElement(arr, n)`

功能说明：等价算子为 arr[n]。

SQL 实例：

```
SELECT
    [1, 2, 3, 4, 5] AS arr,
    arr[1] AS a1,
    arr[2] AS a2
FORMAT Vertical
```

输出：

```
Row 1:
──────────
arr: [1,2,3,4,5]
a1:  1
a2:  2
```

5.3.8　判断是否包含元素函数

函数：`has(arr, x)`

功能说明：判断数组 arr 是否包含元素 x。如果包含，返回 1；反之返回 0。

SQL 实例：

```
SELECT
    [1, 2, 3, 4, 5] AS arr,
    3 AS x,
    has(arr, x) AS res
FORMAT Vertical
```

输出：

```
Row 1:
──────────
```

```
arr: [1,2,3,4,5]
x:   3
res: 1
```

5.3.9 判断是不是子数组函数

函数：`hasAll(set, subset)`

功能说明：判断 subset 是否是 set 的子数组。如果是，返回 1；如果不是，返回 0。

SQL 实例：

```
SELECT
    [1, 2, 3, 4, 5] AS set,
    [1, 3] AS subset,
    hasAll(set, subset) AS res
FORMAT Vertical
```

输出：

```
Row 1:
──────────
set:    [1,2,3,4,5]
subset: [1,3]
res:    1
```

5.3.10 判断两个数组是否有交集函数

函数：`hasAny(array1, array2)`

功能说明：检查两个数组是否有任意元素的交集。有交集返回 1，无交集返回 0。

SQL 实例：

```
SELECT
    [1, 2, 3, 4, 5] AS set,
    [1, 3] AS subset,
    [8, 9] AS y,
    hasAny(set, subset) AS res1,
    hasAny(set, y) AS res2
FORMAT Vertical
```

输出：

```
Row 1:
──────────
set:    [1,2,3,4,5]
subset: [1,3]
y:      [8,9]
res1:   1
res2:   0
```

5.3.11 返回元素下标函数

函数：`indexOf(arr, x)`

功能说明：返回第一个 x 元素在数组 arr 中的索引下标（从 1 开始），如果不存在，则返回 0。

SQL 实例：

```
SELECT
    [1, 2, 3, 4, 5] AS arr,
    3 AS x,
    indexOf(arr, x) AS res
FORMAT Vertical
```

输出：

```
Row 1:
──────────
arr: [1,2,3,4,5]
x:   3
res: 3
```

5.3.12 数组切片函数

函数：`arraySlice(array, offset[, length])`

功能说明：返回数组的一个切片。array 表示目标数组。offset 表示开始偏移量，正值表示左侧偏移，负值表示右侧偏移。数组下标从 1 开始。length 表示所需切片的长度。

SQL 实例：

```
SELECT arraySlice([1, 2, 3, 4, 5], 2, 3) AS res
```

输出：

```
┌─res─────┐
│ [2,3,4] │
└─────────┘
```

5.3.13 数组升序排序函数

函数：`arraySort(arr)`

功能说明：数组排序，默认为升序。

SQL 实例：

```
SELECT arraySort([1, 3, 2, 5, 7, 6, 0])
```

输出：

```
┌─arraySort([1, 3, 2, 5, 7, 6, 0])─┐
│ [0,1,2,3,5,6,7]                   │
```

5.3.14 数组降序排序函数

函数：**arrayReverseSort(arr)**

功能说明：数组降序排序。

SQL 实例：

```
SELECT arrayReverseSort([1, 3, 3, 5, 7, 0])
```

输出：

```
┌─arrayReverseSort([1, 3, 3, 5, 7, 0])─┐
│ [7,5,3,3,1,0]                          │
```

5.3.15 数组自定义排序函数

函数：**arraySort(func, arr)**

功能说明：高阶函数。根据 func 函数（lambda）规则对数组 arr 进行排序。

SQL 实例：

```
SELECT arraySort(x -> (-x), [1, 2, 3]) AS res
```

输出：

```
┌─res───┐
│ [3,2,1] │
```

5.3.16 数组自定义逆序排序函数

函数：**arrayReverseSort(func,arr)**

功能说明：根据 func 函数规则对数组 arr 逆序排序。

SQL 实例：

```
SELECT arrayReverseSort(x -> (-x), [1, 2, 3]) AS res
```

输出：

```
┌─res───┐
│ [1,2,3] │
```

5.3.17 计算数组不重复元素个数函数

函数：`arrayUniq(arr)`

功能说明：计算数组 arr 中不重复元素的个数。

SQL 实例：

```
SELECT arrayUniq([1, 2, 2, 3, 4, 5, 5, 6, 6, 6]) AS res
```

输出：

```
┌─res─┐
│  6  │
└─────┘
```

5.3.18 数组元素去重函数

函数：`arrayDistinct(array)`

功能说明：数组元素去重。

SQL 实例：

```
SELECT arrayDistinct([1, 2, 2, 3, 4, 5, 5, 6, 6, 6]) AS res
```

输出：

```
┌─res──────────┐
│ [1,2,3,4,5,6] │
└──────────────┘
```

5.3.19 数组交集函数

函数：`arrayIntersect(arr1,arr2,...)`

功能说明：计算数组交集。入参可为多个数组，返回一个包含源数组中存在的所有元素的数组。

SQL 实例：

```
SELECT
    arrayIntersect([1, 2], [3, 4], [2, 3]) AS no_intersect,
    arrayIntersect([1, 2, 5], [1, 2, 3], [1, 2, 4]) AS intersect
```

输出：

```
┌─no_intersect─┬─intersect─┐
│ []           │ [2,1]     │
└──────────────┴───────────┘
```

5.3.20 数组归并函数

函数：`arrayReduce(agg_func, arr1, arr2, ..., arrN)`

功能说明：将聚合函数应用于数组元素并返回其结果。聚合函数的名称以单引号'max'、'sum' 中的字符串形式传递。使用参数聚合函数时，参数在括号中的函数名称后指示'uniqUpTo(6)'。

SQL 实例：

```
SELECT arrayReduce('uniq', [1, 2, 3, 4, 5, 5, 5, 6, 6])
```

输出：

```
┌─arrayReduce('uniq', [1, 2, 3, 4, 5, 5, 5, 6, 6])─┐
│                                                 6 │
└───────────────────────────────────────────────┘
```

5.3.21 数组逆序函数

函数：`arrayReverse(arr)`

功能说明：数组元素逆序。

SQL 实例：

```
SELECT arrayReverse([1, 2, 3])
```

输出：

```
┌─arrayReverse([1, 2, 3])─┐
│ [3,2,1]                 │
└─────────────────────┘
```

5.3.22 数组拍平函数

函数：`flatten(arr1,arr2,...)`

功能说明：数组元素拍平，把多维数组元素拍平成一维数组。

SQL 实例：

```
SELECT flatten([[[1, 2, 3]], [[2, 3, 4], [3, 4, 5]]]) AS res
```

输出：

```
┌─res─────────────────┐
│ [1,2,3,2,3,4,3,4,5] │
└─────────────────┘
```

5.3.23 数组压缩函数

函数：`arrayZip(arr1, arr2, ..., arrN)`

功能说明：将多个数组合成一个元组数组。

SQL 实例：

```
SELECT arrayZip(['a', 'b', 'c'], [3, 2, 1])
```

输出：

```
┌─arrayZip(['a', 'b', 'c'], [3, 2, 1])─┐
│ [('a',3),('b',2),('c',1)]            │
└──────────────────────────────────────┘
```

5.3.24 数组元素映射函数

函数：`arrayMap(func, arr, ...)`
功能说明：对 arr 数组中的每个元素应用 func 函数映射规则，返回新的数组。
SQL 实例 1：

```
SELECT arrayMap(x -> (x * x), [1, 2, 3]) AS res
```

输出：

```
┌─res───┐
│ [1,4,9] │
└───────┘
```

SQL 实例 2：

```
SELECT arrayMap((x, y) -> (x * x, y * y), [1, 2, 3], [4, 5, 6]) AS res
```

输出：

```
┌─res─────────────────┐
│ [(1,16),(4,25),(9,36)] │
└─────────────────────┘
```

5.3.25 数组过滤函数

函数：`arrayFilter(func, arr1, ...)`
功能说明：根据函数 func 规则过滤数组中的元素。
SQL 实例：

```
SELECT
    [1, 2, 3, 4, 5, 6, 7, 8, 9, 10] AS arr,
    arrayFilter(x -> ((x % 2) = 0), arr) AS res
FORMAT Vertical
```

输出：

```
Row 1:
──────
```

```
arr: [1,2,3,4,5,6,7,8,9,10]
res: [2,4,6,8,10]
```

5.3.26 求数组最小元素函数

函数：`arrayMin([func,] arr)`

功能说明：计算数组中的最小元素。如果指定了 func 函数，则按照 func 函数映射规则映射之后再计算最小值。

SQL 实例 1：

```
SELECT arrayMin([1, 2, 4]) AS res;
```

输出：

SQL 实例 2：

```
SELECT arrayMin(x -> (-x), [1, 2, 4]) AS res;
```

输出：

5.3.27 求数组最大元素函数

函数：`arrayMax([func,] arr)`

功能说明：计算数组中的最大元素。如果指定了 func 函数，则按照 func 函数映射规则映射之后再计算最大值。

SQL 实例 1：

```
SELECT arrayMax([1, 2, 4]) AS res;
```

输出：

SQL 实例 2：

```
SELECT arrayMax(x -> (-x), [1, 2, 4]) AS res;
```

输出：

```
┌─ res ─┐
│  -1   │
└───────┘
```

5.3.28 数组元素求和函数

函数：`arraySum([func,] arr)`

功能说明：返回源数组中元素的总和。如果指定了 func 函数，则返回此函数转换的元素的总和。

SQL 实例 1：

```
SELECT arraySum([2, 3]) AS res;
```

输出：

```
┌─ res ─┐
│   5   │
└───────┘
```

SQL 实例 2：

```
SELECT arraySum(x -> (x * x), [1, 2, 3]) AS res
```

输出：

```
┌─ res ─┐
│  14   │
└───────┘
```

5.3.29 数组元素平均值函数

函数：`arrayAvg([func,] arr)`

功能说明：计算数组元素的平均值。如果指定了 func 函数，则按照 func 函数映射规则映射之后再计算元素的平均值。

SQL 实例 1：

```
SELECT arrayAvg([1, 2, 3, 4, 5, 6, 7, 8, 9, 10]) AS res
```

输出：

```
┌─ res ─┐
│  5.5  │
└───────┘
```

SQL 实例 2：

```
SELECT arrayAvg(x -> (x * x), [2, 4]) AS res
```

输出：

```
┌─ res ─┐
│  10   │
└───────┘
```

5.3.30 数组元素相乘函数

函数：`arrayProduct(arr)`

功能说明：计算数组所有元素相乘的结果。

SQL 实例：

```
SELECT arrayProduct([1, 2, 3, 4, 5, 6]) AS res
```

输出：

```
┌─ res ─┐
│  720  │
└───────┘
```

5.3.31 数组元素展开函数

函数：`arrayJoin(arr)`

功能说明：把数组元素列 "炸开"，把每个元素放到一行中，类似 Hive 中的 explode() 函数。

SQL 实例：

```
SELECT
    arrayJoin([1, 2, 3]) AS e,
    'abc' AS a
```

输出：

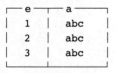

5.4 字符串函数

字符串是 SQL 中最常用的数据类型之一。只要人能看到的数据，都可以用字符串来表示。ClickHouse 提供了丰富的字符串处理函数。

5.4.1 字符串判空函数

函数：`empty(x)`

功能说明：字符串判空。空字符串返回 1，非空字符串返回 0。

SQL 实例：

```
SELECT
    empty('') AS res1,
    empty('a') AS res2
```

输出：

5.4.2 字符串非空判断函数

函数：`notEmpty(x)`

功能说明：与上面的 empty(*x*) 逻辑相反。字符串非空判断。非空字符串返回 1，空字符串返回 0。

SQL 实例：

```
SELECT
    notEmpty('') AS res1,
    notEmpty('a') AS res2
```

输出：

5.4.3 字符串字节长度函数

函数：`length(x)`

功能说明：返回以字节为单位的字符串长度（不是字符个数）。结果为 UInt64 类型。该函数也适用于数组。NULL 的长度是 NULL。

SQL 实例：

```
SELECT
    length('') AS res1,
    length('abc') AS res2,
    length(NULL) AS res3
```

输出：

```
┌─res1─┬─res2─┬─res3─┐
│  0   │  3   │ NULL │
└──────┴──────┴──────┘
```

5.4.4　左补齐字符串函数

函数：`leftPad('x', length[, 'pad_string'])`

功能说明：左补齐字符串。

参数说明：

❑ x，需要填充的字符串，String 类型。

❑ length，结果字符串的长度。如果值小于输入字符串长度，则按原样返回输入字符串。结果为 UInt 类型。

❑ pad_string，填充输入字符串的字符串。可选。如果未指定，则输入字符串将填充空格。

SQL 实例：

```
SELECT leftPad('10', 7, '0')
```

输出：

```
┌─leftPad('10', 7, '0')─┐
│  0000010              │
└───────────────────────┘
```

5.4.5　右补齐字符串函数

函数：`rightPad('x', length[, 'pad_string'])`

功能说明：与左补齐字符串类似，右补齐字符串。

SQL 实例：

```
SELECT rightPad('abc', 11, '*')
```

输出：

```
┌─rightPad('abc', 11, '*')─┐
│  abc********             │
└──────────────────────────┘
```

5.4.6　字符串转小写函数

函数：`lower(x)`

功能说明：将字符串的全部字符转为小写。

SQL 实例：

```
SELECT
    'aBcD' AS x,
    lower(x) AS res
```

输出：

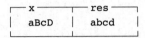

5.4.7 字符串转大写函数

函数：`upper(x)`

功能说明：将字符串的全部字符转为大写。

SQL 实例：

```
SELECT
    'aBcD' AS x,
    lower(x) AS lx,
    upper(x) AS ux
```

输出：

```
┌─ x ────┬─ lx ────┬─ ux ────┐
│ aBcD   │ abcd    │ ABCD    │
└────────┴─────────┴─────────┘
```

5.4.8 重复字符串函数

函数：`repeat(s, n)`

功能说明：重复 n 次字符串 s。

SQL 实例：

```
SELECT repeat('abc', 3)
```

输出：

```
┌─ repeat('abc', 3) ─┐
│ abcabcabc          │
└────────────────────┘
```

5.4.9 拼接字符串函数

函数：`concat(s1, s2, ...)`

功能说明：拼接字符串。

SQL 实例：

```
SELECT concat('Hello', ', ', 'World!') AS res
```

输出：

```
┌─res──────────┐
│ Hello, World! │
└──────────────┘
```

5.4.10 计算子串函数

函数：`substring(s, offset, length)`

功能说明：返回子串。注意，offset 是从 1 开始的。

SQL 实例：

```
SELECT
    'abcdefg' AS s,
    substring(s, 1, 3) AS res
```

输出：

```
┌─s───────┬─res─┐
│ abcdefg │ abc │
└─────────┴─────┘
```

5.4.11 base64 编码函数

函数：`base64Encode(s)`

功能说明：将字符串 s 编码为 base64。

SQL 实例：

```
SELECT base64Encode('1234567890')
```

输出：

```
┌─base64Encode('1234567890')─┐
│ MTIzNDU2Nzg5MA==            │
└────────────────────────────┘
```

5.4.12 base64 解码函数

函数：`base64Decode(x)`

功能说明：从 base64 解码为原始字符串。

SQL 实例：

```
SELECT base64Decode('MTIzNDU2Nzg5MA==') AS res
```

输出：

```
┌─res────────────┐
│ 1234567890     │
└────────────────┘
```

5.4.13 判断开头字符串函数

函数：startsWith(s, prefix)

功能说明：判断字符串 *s* 是否以 prefix 开头，满足条件返回 1，不满足返回 0。

SQL 实例：

```
SELECT startsWith('abc', 'a') AS res
```

输出：

```
┌─res─┐
│   1 │
└─────┘
```

5.4.14 判断结尾字符串函数

函数：endsWith(s, suffix)

功能说明：判断字符串 *s* 是否以 suffix 结尾，满足条件返回 1，不满足返回 0。

SQL 实例：

```
SELECT endsWith('abc', 'c') AS res
```

输出：

```
┌─res─┐
│   1 │
└─────┘
```

5.4.15 删除空白字符函数

函数：trimBoth(input_string)

功能说明：从字符串的两端删除所有连续出现的公共空白字符（对应 ASCII 字符中的 32）。它不会删除其他类型的空白字符（制表符、不间断空格等）。

SQL 实例：

```
SELECT trimBoth('   a bc   ')
```

输出：

```
┌─trimBoth('   a bc   ')─┐
│ a bc                   │
└────────────────────────┘
```

5.4.16 从 HTML 提取纯文本函数

函数：`extractTextFromHTML(x)`

功能说明：从 HTML 中提取纯文本。

SQL 实例 1：

```
SELECT extractTextFromHTML(' <p> A text <i>with</i><b>tags</b>. <!-- comments -->
    </p> ') AS res
```

输出：

```
┌─ res ─────────────────┐
│   A text with tags .  │
└───────────────────────┘
```

SQL 实例 2：

```
SELECT extractTextFromHTML(html) AS res
FROM url('https://www.baidu.com/', RawBLOB, 'html String')
FORMAT Vertical
```

输出：

```
Row 1:
──────────
res: 百度一下，你就知道 新闻 hao123 地图 直播 视频 贴吧 学术 更多 ......
```

5.4.17 字符串部分替换函数

函数：`replaceOne(haystack, pattern, replacement)`

功能说明：字符串替换。只替换找到的第一个满足匹配模式要求的字符。

SQL 实例：

```
SELECT replaceOne('abc**defg**', '*', '$') AS res
```

输出：

```
┌─ res ────────┐
│  abc$*defg** │
└──────────────┘
```

5.4.18 字符串全部替换函数

函数：`replaceAll(haystack, pattern, replacement)`

功能说明：字符串替换。替换全部满足匹配模式要求的字符。

SQL 实例：

```
SELECT replaceAll('abc**defg**', '*', '$') AS res
```

输出：

```
┌─ res ──────────┐
│  abc$$defg$$   │
└────────────────┘
```

5.4.19　字符串正则部分替换函数

函数：`replaceRegexpOne(haystack, pattern, replacement)`

功能说明：字符串替换。只替换找到的第一个满足正则匹配模式要求的字符。

SQL 实例：

```
SELECT replaceRegexpOne('abc123def09', '(\\d)', '$') AS res
```

输出：

```
┌─ res ──────────┐
│  abc$23def09   │
└────────────────┘
```

5.4.20　字符串正则全部替换函数

函数：`replaceRegexpAll(haystack, pattern, replacement)`

功能说明：字符串替换。替换全部满足正则匹配模式要求的字符。

SQL 实例：

```
SELECT replaceRegexpAll('abc123def09', '(\\d)', '$') AS res
```

输出：

```
┌─ res ──────────┐
│  abc$$$def$$   │
└────────────────┘
```

5.4.21　计算子串下标函数

函数：`position(haystack, needle[, start_pos])`

功能说明：如果找到子字符串，则返回以字节为单位的起始位置（从 1 开始计数）。 如果未找到子字符串，则返回 0。它等价于 locate(haystack, needle[, start_pos])。

SQL 实例：

```
SELECT position('1234567890', '7') AS res
```

输出：

```
┌─res─┐
│  7  │
└─────┘
```

5.4.22 正则匹配函数

函数：`match(haystack, pattern)`

功能说明：字符串正则匹配。如果匹配则返回 1，如果不匹配则返回 0。

需要注意的是，正则表达式不能包含空字节。对于在字符串中搜索子字符串的模式，建议使用 like 或 position 函数，因为它们的性能更好。

SQL 实例：

```
SELECT match('abcccddd', '(^abc)') AS res
```

输出：

```
┌─res─┐
│  1  │
└─────┘
```

5.4.23 模糊匹配函数

函数：`like(haystack, pattern)`

功能说明：检查字符串是否匹配简单的正则表达式。正则表达式可以包含元符号 % 和 _。% 表示任意数量的任意字节（包括零个字符）。_ 表示任何字节。使用反斜杠 \ 可以转义元符号。

SQL 实例：

```
SELECT
    'abc' LIKE 'a%' AS re1,
    '12345' LIKE '__3__' AS res2
```

输出：

```
┌─re1─┬─res2─┐
│  1  │   1  │
└─────┴──────┘
```

5.4.24 正则匹配次数函数

函数：`countMatches(haystack, pattern)`

功能说明：返回字符串 haystack 中 pattern 的正则表达式匹配数。

SQL 实例：

```
SELECT
```

```
countMatches('foobar.com', 'o+') AS res1,
countMatches('aaaa', 'aa') AS res2
```

输出：

```
┌─ res1 ─┬─ res2 ─┐
│   2    │   2    │
└────────┴────────┘
```

5.5 条件函数

程序的三大控制结构为顺序结构、循环结构、分支结构（选择结构）。顺序结构的程序虽然能解决计算、输出等问题，但不能先做判断再选择。对于要先做判断再选择的问题就要使用分支结构。各大编程语言中都有类似 if，case-when 的分支语句。ClickHouse 则是用条件函数 if()、multiIf() 来实现分支逻辑的选择的。

本节主要介绍 ClickHouse 中常用的条件函数。

5.5.1 单条件分支函数

函数：`if(cond, then, else)`

功能说明：单条件分支函数。

参数说明：

❑ cond，判断条件，类型为 UInt8、Nullable（UInt8）或 NULL。

❑ then，满足条件时返回的表达式。

❑ else，不满足条件时返回的表达式。

SQL 实例：

```
SELECT
    if(2 > 1, 1, 0) AS res1,
    if(1 > 2, 1, 0) AS res2
```

输出：

```
┌─ res1 ─┬─ res2 ─┐
│   1    │   0    │
└────────┴────────┘
```

5.5.2 多条件分支函数

函数：`multiIf(cond_1, then_1, cond_2, then_2, ..., else)`

功能说明：多条件分支函数。

SQL 实例：

```
SELECT multiIf(2 > 10, 'c1', 1 > 2, 'c2', 2 > 1, 'c3', NULL) AS res
```

输出：

```
┌─res─┐
│ c3  │
└─────┘
```

5.5.3 NULL 值判断

函数：`NULL`

功能说明：条件判断中有 NULL 值的，结果仍然是 NULL。因此，针对类型为 Nullable 的字段，需要仔细检查查询条件。

SQL 实例：

```
SELECT
    NULL < 1,
    2 < NULL,
    NULL < NULL,
    NULL = NULL
```

输出：

```
┌─less(NULL, 1)─┬─less(2, NULL)─┬─less(NULL, NULL)─┬─equals(NULL, NULL)─┐
│ NULL          │ NULL          │ NULL             │ NULL               │
└───────────────┴───────────────┴──────────────────┴────────────────────┘
```

5.6 时间函数

在人类的问题清单中，时间是一个重要的变量因素。计算机是用来解决人类问题的，所以几乎所有的编程语言、软件系统中都有需要处理日期和时间的场景。ClickHouse 专门设计了日期和时间类型，并提供了处理日期和时间的函数。

所有用于处理日期和时间的函数，都可以接收第二个可选的时区参数。例如：Asia/Shanghai，在这种情况下，它们使用指定的时区而不是本地时区（默认时区）。

本节主要介绍 ClickHouse 中常用的时间函数。

5.6.1 计算当前时间函数

函数：`now()`

功能说明：计算当前时间。

SQL 实例：

```
SELECT now()
```

输出：

```
┌────────now()───────┐
│ 2022-03-15 18:18:58 │
└─────────────────────┘
```

5.6.2　计算今天日期函数

函数：`today()`

功能说明：计算今天日期，与 toDate(now()) 的逻辑等价。

SQL 实例：

```
SELECT today()
```

输出：

```
┌───today()──┐
│ 2022-03-15 │
└────────────┘
```

5.6.3　计算昨天日期函数

函数：`yesterday()`

功能说明：计算昨天日期，与 today() − 1 的逻辑等价。

SQL 实例：

```
SELECT yesterday()
```

输出：

```
┌─yesterday()─┐
│ 2022-03-14  │
└─────────────┘
```

5.6.4　计算当前时区函数

函数：`timeZone()`

功能说明：计算当前时区。

SQL 实例：

```
SELECT timeZone()
```

输出：

```
┌─timeZone()────┐
│ Asia/Shanghai │
└───────────────┘
```

5.6.5　计算时区函数

函数：`timezoneOf(value)`

功能说明：计算 DateTime/DateTime64 时间对象 value 的时区名称。

SQL 实例：

```
SELECT timezoneOf(now())
```

输出：

```
┌─timezoneOf(now())─┐
│   Asia/Shanghai   │
└───────────────────┘
```

5.6.6 时区转换函数

函数：`toTimeZone(value, timezone)`

功能说明：将时间或带日期的时间转换为指定的时区的时间。

SQL 实例：

```
SELECT
    toDateTime('2022-03-15 00:00:00', 'UTC') AS time_utc,
    toTypeName(time_utc) AS type_utc,
    toTimeZone(time_utc, 'Asia/Shanghai') AS time_shanghai
FORMAT Vertical
```

输出：

```
Row 1:
──────
time_utc:      2022-03-15 00:00:00
type_utc:      DateTime('UTC')
time_shanghai: 2022-03-15 08:00:00
```

5.6.7 计算年份函数

函数：`toYear(x)`

功能说明：将日期或带时间的日期转换为包含公元后年号（AD）的 UInt16 数字。

SQL 实例：

```
SELECT
    now() AS x,
    toYear(x) AS y
```

输出：

```
┌───────────────────x─┬────y─┐
│ 2022-03-15 18:21:03 │ 2022 │
└─────────────────────┴──────┘
```

5.6.8 计算季度函数

函数：`toQuarter(x)`

功能说明：将日期或带时间的日期转换为包含季度的 UInt8 数字。

SQL 实例：

```
SELECT
    now() AS x,
    toQuarter(x) AS y
```

输出：

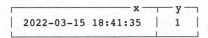

```
┌───────────────────x─┬─y─┐
│ 2022-03-15 18:41:35 │ 1 │
└─────────────────────┴───┘
```

5.6.9 计算月份函数

函数：`toMonth(x)`

功能说明：将日期或带时间的日期转换为包含月份编号（1 ~ 12）的 UInt8 数字。

SQL 实例：

```
SELECT
    now() AS x,
    toMonth(x) AS y
```

输出：

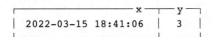

```
┌───────────────────x─┬─y─┐
│ 2022-03-15 18:41:06 │ 3 │
└─────────────────────┴───┘
```

5.6.10 计算该年中第几天函数

函数：`toDayOfYear(x)`

功能说明：计算日期属于该年中的第几天。

SQL 实例：

```
SELECT
    now() AS x,
    toDayOfYear(x) AS y
```

输出：

```
┌───────────────────x─┬──y─┐
│ 2022-03-15 18:39:22 │ 74 │
└─────────────────────┴────┘
```

5.6.11 计算该月中第几天函数

函数：`toDayOfMonth(x)`

功能说明：计算日期在该月中是第几天。

SQL 实例：

```
SELECT
    now() AS x,
    toDayOfMonth(x) AS y
```

输出：

```
┌───────────────────x─┬──y─┐
│ 2022-03-15 18:38:43 │ 15 │
└─────────────────────┴────┘
```

5.6.12 计算该周中第几天函数

函数：`toDayOfWeek(x)`

功能说明：将日期或带时间的日期转换为包含星期几的 UInt8 数字（星期一为 1，星期日为 7）。

SQL 实例：

```
SELECT
    now() AS x,
    toDayOfWeek(x) AS y
```

输出：

```
┌───────────────────x─┬─y─┐
│ 2022-03-15 18:38:07 │ 2 │
└─────────────────────┴───┘
```

5.6.13 计算小时函数

函数：`toHour(x)`

功能说明：将带时间的日期转换为包含 24 小时制小时数（0 ～ 23）的 UInt8 数字。

SQL 实例：

```
SELECT
    now() AS x,
    toHour(x) AS y
```

输出：

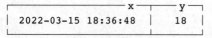

```
┌───────────────────x─┬──y─┐
│ 2022-03-15 18:36:48 │ 18 │
└─────────────────────┴────┘
```

5.6.14 计算分钟函数

函数：`toMinute(x)`

功能说明：将带时间的日期转换为小时的分钟数（0 ～ 59），UInt8 类型。

SQL 实例：

```
SELECT
    now() AS x,
    toMinute(x) AS y
```

输出：

```
┌───────────────────x─┬──y─┐
│ 2022-03-15 18:34:15 │ 34 │
└─────────────────────┴────┘
```

5.6.15 计算秒函数

函数：`toSecond(x)`

功能说明：将带时间的日期转换为 UInt8 数字，其中包含分钟中的秒数（0 ～ 59）。不考虑闰秒。

SQL 实例：

```
SELECT
    now() AS x,
    toSecond(x) AS y
```

输出：

```
┌───────────────────x─┬──y─┐
│ 2022-03-15 18:33:37 │ 37 │
└─────────────────────┴────┘
```

5.6.16 计算 UNIX 时间戳函数

函数：`toUnixTimestamp(x)`

功能说明：返回 UNIX 时间戳，值为当前日期 x 自 1970 年 1 月 1 日 00:00:00UTC 以来的秒数。

SQL 实例：

```
SELECT
    now() AS x,
    toUnixTimestamp(x) AS y
```

输出：

```
┌───────────x─────────┬──────────y─────────┐
│ 2022-03-15 18:29:59 │ 1647340199         │
└─────────────────────┴────────────────────┘
```

5.6.17 时间加法函数

函数：dateAdd(unit, value, date)

功能说明：时间加法计算，将时间间隔或日期间隔加上 value。

参数说明：

❑ unit：时间单位，可取值为 second、minute、hour、day、week、month、quarter、year。

❑ value，要加多少时间间隔，以 unit 为单位。

❑ date，需要计算的日期。

SQL 实例：

```
SELECT dateAdd(YEAR, 5, toDate('2022-03-15'))res
```

输出：

```
SELECT toDate('2022-03-15') + toIntervalYear(5) AS res

Query id: 03896d08-72ef-4508-833b-295690ee7359
```

```
┌─────res────┐
│ 2027-03-15 │
└────────────┘
```

5.6.18 时间减法函数

函数：dateSub(unit, value, date)

功能说明：时间减法计算，将时间间隔或日期间隔减去 value。

参数说明：

❑ unit，时间单位，可取值为 second、minute、hour、day、week、month、quarter、year。

❑ value，要减多少时间间隔，以 unit 为单位。

❑ date，需要计算的日期。

SQL 实例：

```
SELECT dateSub(YEAR, 3, toDate('2022-03-15')) res;
```

输出：

```
SELECT toDate('2022-03-15') - toIntervalYear(3) AS res
Query id: ecf61ae6-c905-4578-ac36-25562f8c5b34
```

```
┌─── res ───┐
│ 2019-03-15 │
└───────────┘
```

5.6.19 计算相差天数函数

函数：`dateDiff('unit', startdate, enddate, [timezone])`
功能说明：计算两个日期相差的天数。
SQL 实例：

```
SELECT dateDiff('day', toDateTime('2022-01-01 00:00:00'), now()) AS res
```

输出：

```
┌─ res ─┐
│  73   │
└───────┘
```

5.7 数学函数

ClickHouse 提供了丰富的数学计算函数，本节介绍 ClickHouse 中常用的数学函数。

5.7.1 生成随机数函数

函数：`rand()/rand32()/rand64()`
功能说明：生成随机数。
SQL 实例：

```
SELECT
    rand(),
    rand32(),
    rand64()
```

输出：

```
┌─── rand() ───┬─── rand32() ───┬─────── rand64() ───────┐
│  745516429   │  1452701784    │  18127032186856568588  │
└──────────────┴────────────────┴────────────────────────┘
```

5.7.2 生成随机字符串函数

函数：`randomString(n)`
功能说明：生成长度为 *n* 的随机字符串。
SQL 实例：

```
SELECT
    randomString(20) AS res,
    toTypeName(res) AS type,
    length(res) AS len
FORMAT Vertical
```

输出:

```
Row 1:
──────

res:  w?)D?G_u?6K^?H1???
type: String
len:  20
```

5.7.3　向下取整函数

函数: `floor(x)`

功能说明: 向下取整, 返回小于或等于 x 的最大整数。

SQL 实例:

```
SELECT floor(123.45)
```

输出:

```
┌─floor(123.45)─┐
│           123 │
└───────────────┘
```

5.7.4　向上取整函数

函数: `ceil(x)`

功能说明: 向上取整, 返回大于或等于 x 的最小整数。

SQL 实例:

```
SELECT ceil(123.45)
```

输出:

```
┌─ceil(123.45)─┐
│          124 │
└──────────────┘
```

5.7.5　最大绝对值函数

函数: `trunc(x)`

功能说明: 返回绝对值小于或等于 x 的最大绝对值的整数。

SQL 实例：

```
SELECT
    ceil(123.45),
    ceil(-123.45),
    floor(123.45),
    floor(-123.45),
    trunc(123.45),
    trunc(-123.45)
FORMAT Vertical
```

输出：

```
Row 1:
──────────

ceil(123.45):   124
ceil(-123.45):  -123
floor(123.45):  123
floor(-123.45): -124
trunc(123.45):  123
trunc(-123.45): -123
```

5.7.6　自然常数函数

函数：e()

功能说明：返回接近数字 e 的 Float64 类型数字。

SQL 实例：

```
SELECT e()
```

输出：

```
┌────────────────e()─┐
│ 2.718281828459045  │
└────────────────────┘
```

5.7.7　圆周率函数

函数：pi()

功能说明：返回接近数字 π 的 Float64 类型数字。

SQL 实例：

```
SELECT pi()
```

输出：

```
┌───────────pi()─┐
│ 3.141592653589793 │
└────────────────┘
```

5.7.8　自然指数函数

函数：`exp(x)`

功能说明：计算指数 e^x 值，返回 Float64 类型数字。

SQL 实例：

```
SELECT
    exp(1),
    exp(2)
```

输出：

exp(1)	exp(2)
2.718281828459045	7.38905609893065

5.7.9　自然对数函数

函数：`log(x)`，`ln(x)`

功能说明：计算以 e 为底的 $\ln(x)$ 对数值。

SQL 实例：

```
SELECT
    e() AS x,
    ln(x) AS y
```

输出：

x	y
2.718281828459045	1

5.7.10　求根函数

函数：`sqrt(x)`

功能说明：计算根号 x。返回 Float64 类型数字。

SQL 实例：

```
SELECT
    sqrt(9) AS x,
    toTypeName(x) AS type
```

输出：

x	type
3	Float64

5.7.11 三次方根函数

函数：`cbrt(x)`

功能说明：计算 x 的三次方根。

SQL 实例：

```
SELECT cbrt(27)
```

输出：

```
┌─cbrt(27)─┐
│        3 │
└──────────┘
```

5.7.12 正弦函数

函数：`sin(x)`

功能说明：正弦函数。

SQL 实例：

```
SELECT sin(pi() / 2)
```

输出：

```
┌─sin(divide(pi(), 2))─┐
│                    1 │
└──────────────────────┘
```

5.7.13 余弦函数

函数：`cos(x)`

功能说明：余弦函数。

SQL 实例：

```
SELECT cos(pi() / 2)
```

输出：

```
┌─cos(divide(pi(), 2))─┐
│ 6.123233995736766e-17 │
└───────────────────────┘
```

5.7.14 正切函数

函数：`tan(x)`

功能说明：正切函数。

SQL 实例：

```
SELECT tan(pi() / 4)
```

输出：

```
┌─tan(divide(pi(), 4))─┐
│    0.9999999999999999 │
└───────────────────────┘
```

5.7.15　反正弦函数

函数：`asin(x)`

功能说明：反正弦函数。

SQL 实例：

```
SELECT
    asin(1),
    pi() / 2
```

输出：

```
┌────────────asin(1)─┬───divide(pi(), 2)─┐
│ 1.5707963267948966 │ 1.5707963267948966 │
└────────────────────┴────────────────────┘
```

5.7.16　反余弦函数

函数：`acos(x)`

功能说明：反余弦函数。

SQL 实例：

```
SELECT acos(1)
```

输出：

```
┌─acos(1)─┐
│       0 │
└─────────┘
```

5.7.17　反正切函数

函数：`atan(x)`

功能说明：反正切函数。

SQL 实例：

```
SELECT
    atan(1),
    pi() / 4
```

输出:

```
┌───────────atan(1)─┬─────divide(pi(), 4)─┐
│ 0.7853981633974483 │ 0.7853981633974483 │
└────────────────────┴─────────────────────┘
```

5.7.18　指数函数

函数: `pow(x, y)`

功能说明: 指数函数, 计算 x^y。

SQL 实例:

```
SELECT pow(2, 10)
```

输出:

```
┌─pow(2, 10)─┐
│       1024 │
└────────────┘
```

5.7.19　符号函数

函数: `sign(x)`

功能说明: 符号函数。x 的取值范围是 $-\infty$ 到 $+\infty$, 支持 ClickHouse 中的所有数字类型。

返回值说明:

❑ 当 x < 0, 返回 −1;

❑ 当 x = 0, 返回 0;

❑ 当 x > 0, 返回 1。

SQL 实例:

```
SELECT
    sign(-10),
    sign(0),
    sign(7)
```

输出:

```
┌─sign(-10)─┬─sign(0)─┬─sign(7)─┐
│        -1 │       0 │       1 │
└───────────┴─────────┴─────────┘
```

5.7.20 伽马函数

函数：`tgamma(x)`

功能说明：伽马函数（Gamma Function）作为阶乘的推广，从它诞生开始就被许多数学家进行研究，包括高斯、勒让德、魏尔斯特拉斯、刘维尔等。其数学表达式为 $\Gamma(x+1) = x\Gamma(x)$。这个函数在现代数学分析中被深入研究，在概率论中也是无处不在，很多统计分布都与这个函数相关。

SQL 实例 1：

```
SELECT
    tgamma(1 / 2) AS a,
    sqrt(pi()) AS b
```

输出：

```
┌──────────────────a─┬──────────────────b─┐
│ 1.772453850905516  │ 1.7724538509055159 │
└────────────────────┴────────────────────┘
```

SQL 实例 2：

```
SELECT
    10 AS x,
    tgamma(x + 1),
    x * tgamma(x)
```

输出：

```
┌──x─┬─tgamma(plus(10, 1))─┬─multiply(10, tgamma(10))─┐
│ 10 │             3628800 │                  3628800 │
└────┴─────────────────────┴──────────────────────────┘
```

5.8 聚合函数

在数据库领域中，聚合函数（Aggregate Function）是指对一组值执行计算，并返回单个值的函数（就像 Excel 中的数据透视表那样），例如常见的 count()、max()、min()、sum()、avg() 等都属于聚合函数。除了 count() 函数，其余的聚合函数计算，都会忽略 NULL 值。聚合函数通常与 SELECT 语句的 GROUP BY 子句一起使用。可以说，聚合函数是 OLAP 的灵魂。

ClickHouse 提供了丰富的聚合函数（尤其是提供了大量适用于超大规模数据量的近似预估函数），在聚合数据分析性能方面表现非常出色。

本节主要介绍 ClickHouse 中常用的聚合函数。

5.8.1　计数函数

函数：`count()`

功能说明：计数。同类函数语法有 count(expr)，count(distinct expr)，count(*)。无参函数 count() 直接计算行数。另外，SELECT count() FROM table 查询语句表示默认使用 MergeTree 表中的元数据信息。需要注意的是，count() 会算上 NULL 值记录，而 count(x) 不计算 NULL 值记录。

SQL 实例 1：

```
SELECT count(t.UserID) AS res
FROM
(
    SELECT arrayJoin([1, 1, 2, 3, 4, 4, 5, 6]) AS UserID
) AS t
```

输出：

```
┌─res─┐
│  8  │
└─────┘
```

SQL 实例 2：

```
SELECT
    count(t.UserID) AS res1,
    count() AS res2
FROM
(
    SELECT arrayJoin([1, 2, 3, 4, 5, NULL]) AS UserID
) AS t
```

输出：

```
┌─res1─┬─res2─┐
│  5   │  6   │
└──────┴──────┘
```

5.8.2　近似去重计数函数

函数：`uniq(x)`

功能说明：近似计算 x 不同值的数量。参数可以是 Tuple、Array、Date、DateTime、String 或 Int 类型。该函数先计算聚合中所有参数的哈希值，然后使用自适应采样算法计数。建议在预估计算场景中使用此功能（性能好）。如果需要精确值，则建议使用 uniqExact(x) 函数。

SQL 实例：

```
SELECT
    uniq(UserID),
    EventDate
FROM tutorial.hits_v1
GROUP BY EventDate
```

输出：

```
┌─uniq(UserID)─┬──EventDate─┐
│        36613 │ 2014-03-17 │
│        36531 │ 2014-03-18 │
│        36940 │ 2014-03-19 │
│        36462 │ 2014-03-20 │
│        35447 │ 2014-03-21 │
│        31555 │ 2014-03-22 │
│        31200 │ 2014-03-23 │
└──────────────┴────────────┘
```

5.8.3 精确去重计数函数

函数：uniqExact(x)

功能说明：精确计算 *x* 不同值的数量。参数可以是 Tuple、Array、Date、DateTime、String 或 Int 类型。uniqExact() 函数比 uniq() 函数使用更多的内存（随着数据量的增加而增加）。

SQL 实例：

```
SELECT
    uniqExact(UserID),
    EventDate
FROM tutorial.hits_v1
GROUP BY EventDate
```

输出：

```
┌─uniqExact(UserID)─┬──EventDate─┐
│             36613 │ 2014-03-17 │
│             36531 │ 2014-03-18 │
│             36940 │ 2014-03-19 │
│             36462 │ 2014-03-20 │
│             35447 │ 2014-03-21 │
│             31555 │ 2014-03-22 │
│             31200 │ 2014-03-23 │
└───────────────────┴────────────┘
```

```
7 rows in set. Elapsed: 0.093 sec. Processed 17.75 million rows, 177.48 MB (191.62
million rows/s., 1.92 GB/s.)
```

5.8.4 近似计算不同值数量

函数：uniqCombined(x)

功能说明：近似计算 *x* 不同值的数量。该函数计算过程：首先，为聚合中的所有参数计算一个哈希值（String 数据类型为 64 位哈希值，其余为 32 位），然后，组合使用三种算法，即数组、哈希表和带有纠错表的 HyperLogLog 进行计数。对于少量不同的元素，使用数组。当集合较大时，使用哈希表。对于较大数量的元素，使用 HyperLogLog，它会占用固定的内存量。最后，确定性地返回计算结果（它不依赖于查询处理顺序）。

与 uniq() 函数相比，uniqCombined() 函数的特点总结如下。

1）消耗的内存是 uniq() 的数倍。

2）计算精度是 uniq() 的数倍。

3）通常性能略低。在某些情况下，uniqCombined() 可以比 uniq() 执行得更好，例如，通过网络传输大量聚合状态的分布式查询。

SQL 实例：

```
SELECT
    uniqCombined(UserID),
    EventDate
FROM tutorial.hits_v1
GROUP BY EventDate
```

输出：

```
┌─uniqCombined(UserID)─┬───EventDate─┐
│                36534 │  2014-03-17 │
│                36479 │  2014-03-18 │
│                36923 │  2014-03-19 │
│                36587 │  2014-03-20 │
│                35346 │  2014-03-21 │
│                31537 │  2014-03-22 │
│                31199 │  2014-03-23 │
└──────────────────────┴─────────────┘
```

```
7 rows in set. Elapsed: 0.078 sec. Processed 17.75 million rows, 177.48 MB (228.59
million rows/s., 2.29 GB/s.)
```

5.8.5　使用哈希算法近似计算不同值数量

函数：`uniqCombined64(x)`

功能说明：除了对所有数据类型使用 64 位哈希算法之外，其他与 uniqCombined(x) 函数一样。

SQL 实例：

```
SELECT
    uniqCombined64(UserID),
    EventDate
FROM tutorial.hits_v1
GROUP BY EventDate
```

输出：

```
┌─uniqCombined64(UserID)─┬───EventDate─┐
│                  36534 │  2014-03-17 │
│                  36479 │  2014-03-18 │
│                  36923 │  2014-03-19 │
│                  36587 │  2014-03-20 │
│                  35346 │  2014-03-21 │
│                  31537 │  2014-03-22 │
│                  31199 │  2014-03-23 │
└────────────────────────┴─────────────┘
```

7 rows in set. Elapsed: 0.086 sec. Processed 17.75 million rows, 177.48 MB (206.19 million rows/s., 2.06 GB/s.)

5.8.6 计算出现频率最高的值

函数：`topK(N)(column)`

功能说明：近似计算指定列中出现频率最高的值的数组。结果数组按值的近似频率的降序排序（而不是按值本身）。如下所示，topK() 函数（SQL 实例 1：0.048s）要比使用普通 SQL 计数排序的性能优秀很多（数据量越大，差距越明显）。SQL 实例 2 使用了 uniqExact() 函数。

SQL 实例 1：

```
SELECT
    topK(3)(OS) AS res,
    toTypeName(res)
FROM tutorial.hits_v1
```

输出：

```
┌─res──────┬─toTypeName(topK(3)(OS))─┐
│ [56,3,79]│ Array(UInt8)            │
└──────────┴─────────────────────────┘
```

1 rows in set. Elapsed: 0.048 sec. Processed 17.75 million rows, 17.75 MB (366.14 million rows/s., 366.14 MB/s.)

SQL 实例 2：

```
SELECT
    uniqExact(WatchID) AS cnt,
    OS
FROM tutorial.hits_v1
GROUP BY OS
ORDER BY cnt DESC
LIMIT 3
```

输出：

```
┌────cnt─┬─OS─┐
│ 4790674 │ 56 │
│ 1782610 │  3 │
│  490691 │ 79 │
└─────────┴────┘
```

3 rows in set. Elapsed: 0.815 sec. Processed 17.75 million rows, 159.73 MB (21.77
    million rows/s., 195.97 MB/s.)

5.8.7　计算总和函数

函数：`sum(x)`

功能说明：计算总和，仅适用于数字类型的列。

SQL 实例：

```
SELECT
    sum(RequestNum),
    EventDate
FROM tutorial.hits_v1
GROUP BY EventDate
```

输出：

```
┌─sum(RequestNum)─┬───EventDate─┐
│      4376297862 │  2014-03-17 │
│      4041848250 │  2014-03-18 │
│      3570583458 │  2014-03-19 │
│      3965384078 │  2014-03-20 │
│      3769787648 │  2014-03-21 │
│      2388852824 │  2014-03-22 │
│      2260252282 │  2014-03-23 │
└─────────────────┴─────────────┘
```

7 rows in set. Elapsed: 0.035 sec. Processed 17.75 million rows, 106.49 MB (513.21
    million rows/s., 3.08 GB/s.)

5.8.8　计算最大值函数

函数：`max(x)`

功能说明：计算一组值的最大值的聚合函数。需要注意的是，ClickHouse 中的聚合函数不支持嵌套调用，即不支持 max(uniq(x)) 这种调用。如下所示，SQL 实例 1 执行报错，需要使用嵌套子查询来实现类似功能，见 SQL 实例 2。

SQL 实例 1：

```
SELECT
```

```
    max(uniq(UserID)),
    RegionID,
    OS
FROM tutorial.hits_v1
GROUP BY
    RegionID,
    OS
ORDER BY cnt DESC
```

输出:

```
Received exception from server (version 21.12.1):
Code: 184. DB::Exception: Received from localhost:9000. DB::Exception: Aggregate
    function uniq(UserID) is found inside another aggregate function in query:
    While processing uniq(UserID). (ILLEGAL_AGGREGATION)
```

SQL 实例 2:

```
SELECT
    max(t.cnt) AS m,
    t.OS
FROM
(
    SELECT
        uniq(UserID) AS cnt,
        RegionID,
        OS
    FROM tutorial.hits_v1
    GROUP BY
        RegionID,
        OS
    ORDER BY cnt DESC
) AS t
GROUP BY t.OS
ORDER BY m DESC
LIMIT 10
```

输出:

m	OS
3355	56
1323	223
1257	3
724	42
439	79
327	15
262	41
217	0
207	72
195	172

```
10 rows in set. Elapsed: 0.108 sec. Processed 17.75 million rows, 230.72 MB
    (164.56 million rows/s., 2.14 GB/s.)
```

5.8.9　计算最小值函数

函数：`min(x)`

功能说明：计算一组值的最小值的聚合函数。

SQL 实例：

```sql
SELECT
    min(t.cnt) AS m,
    t.OS
FROM
(
    SELECT
        uniq(UserID) AS cnt,
        RegionID,
        OS
    FROM tutorial.hits_v1
    GROUP BY
        RegionID,
        OS
    ORDER BY cnt DESC
) AS t
GROUP BY t.OS
ORDER BY m DESC
LIMIT 10
```

输出：

```
┌─m─┬──OS─┐
│ 1 │ 101 │
│ 1 │  97 │
│ 1 │  91 │
│ 1 │  89 │
│ 1 │  86 │
│ 1 │  85 │
│ 1 │  82 │
│ 1 │  62 │
│ 1 │  79 │
│ 1 │  81 │
└───┴─────┘
```

```
10 rows in set. Elapsed: 0.111 sec. Processed 17.75 million rows, 230.72 MB
(159.86 million rows/s., 2.08 GB/s.)
```

5.8.10　计算平均值函数

函数：`avg(x)`

功能说明：计算 *x* 列的平均值。

SQL 实例：

```
SELECT avg(t.score) AS res
FROM
(
    SELECT arrayJoin([100, 100, 92, 93, 94, 94, 95, 96]) AS score
) AS t
```

输出：

```
┌─── res ───┐
│   95.5    │
└───────────┘
```

5.8.11 绘制柱状图函数

函数：`sparkbar(width[, min_x, max_x])(x, y)`

功能说明：绘制柱状图。

参数说明：

❑ width，柱状图段数，UInt 类型。

❑ min_x，间隔开始，可选参数。

❑ max_x，间隔结束，可选参数。

SQL 实例：

```
SELECT sparkbar(10, toDate('2014-03-17'), toDate('2014-03-23'))(t.EventDate,
    t.cnt) AS res
FROM
(
    SELECT
        uniq(UserID) AS cnt,
        EventDate
    FROM tutorial.hits_v1
    GROUP BY EventDate
    ORDER BY EventDate ASC
) AS t
```

输出：

```
┌─ res ─────┐
│ ▆▆▇▅      │
└───────────┘
```

```
1 rows in set. Elapsed: 0.083 sec. Processed 17.75 million rows, 177.48 MB (214.39
    million rows/s., 2.14 GB/s.)
```

5.8.12 计算序列的偏度

函数：`skewPop(expr)`

功能说明：计算序列的偏度，返回值为 Float64 类型。在概率论和统计学中衡量实数随机变量概率分布的不对称性。偏度的值可以为正，可以为负，甚至无法定义。 在数量上，偏度为负（负偏态；左偏）意味着在概率密度函数左侧的尾部比右侧的尾部长，绝大多数的值（不一定包括中位数在内）位于平均值的右侧。

SQL 实例：

```
SELECT
    skewPop(UserID) AS UserID_skewSamp,
    skewPop(WatchID) AS WatchID_skewSamp,
    EventDate
FROM tutorial.hits_v1
GROUP BY EventDate
ORDER BY EventDate ASC
```

输出：

UserID_skewSamp	WatchID_skewSamp	EventDate
1.3611748515096496	-0.000905853722120811	2014-03-17
1.4122054882109012	0.002222115295169581	2014-03-18
1.398611981339896	0.0004473300509771587	2014-03-19
1.3368631690360162	0.00048197691880690524	2014-03-20
1.3519224360455706	-0.0017783648316635776	2014-03-21
1.396812639012063	0.00001375209641680613	2014-03-22
1.389218395349087	-0.0009577385342836329	2014-03-23

```
7 rows in set. Elapsed: 0.070 sec. Processed 17.75 million rows, 319.46 MB (254.77
    million rows/s., 4.59 GB/s.)
```

5.8.13 计算序列的样本偏度

函数：skewSamp(expr)

功能说明：计算序列的样本偏度。如果 expr 传递的值来自其样本，则表示对随机变量偏度的无偏估计。

SQL 实例：

```
SELECT
    skewSamp(UserID) AS UserID_skewSamp,
    skewSamp(WatchID) AS WatchID_skewSamp,
    EventDate
FROM tutorial.hits_v1
GROUP BY EventDate
ORDER BY EventDate ASC
```

输出：

```
┌── UserID_skewSamp ──┐┌──── WatchID_skewSamp ────┐┌── EventDate ──┐
│ 1.3611741259141874  ││ -0.0009058532400660668   ││ 2014-03-17   │
│ 1.4122047227358265  ││  0.0022221140884491103   ││ 2014-03-18   │
│ 1.3986112351722895  ││  0.0004473298134516789   ││ 2014-03-19   │
│ 1.3368624283222428  ││  0.00048197665547147317  ││ 2014-03-20   │
│ 1.3519216221442905  ││ -0.0017783637587042735   ││ 2014-03-21   │
│ 1.3968116234853851  ││  0.00001375209015098627  ││ 2014-03-22   │
│ 1.3892173997240926  ││ -0.0009577378482423694   ││ 2014-03-23   │
└─────────────────────┘└──────────────────────────┘└──────────────┘
```

```
7 rows in set. Elapsed: 0.069 sec. Processed 17.75 million rows, 319.46 MB (255.96
   million rows/s., 4.61 GB/s.)
```

5.8.14 线性回归函数

函数：simpleLinearRegression(x, y)

功能说明：计算简单线性回归，返回常量元组 (a, b)，表示 $y = ax + b$。

SQL 实例：

```
SELECT arrayReduce('simpleLinearRegression', [0, 1, 2, 3], [1, 3, 5, 7])
```

输出：

```
┌── arrayReduce('simpleLinearRegression', [0, 1, 2, 3], [1, 3, 5, 7]) ──┐
│ (2,1)                                                                 │
└───────────────────────────────────────────────────────────────────────┘
```

```
1 rows in set. Elapsed: 0.001 sec.
```

结果表示该线性回归函数为：$y = 2x + 1$。

5.8.15 计算分位数

函数：quantilesExactExclusive(level1, level2, ...)(expr)

功能说明：精确计算序列的分位数。首先，将所有传递的值组合成一个数组，然后对其部分值进行排序。该函数消耗 O(n) 内存，其中 n 是传递的值的数量，适用于值少量的情况。在概率论中，分位数（Quantile），也称分位点，是指将一个随机变量的概率分布范围分为几个等份的数值点，常用的有中位数（即二分位数）、四分位数、百分位数等。

SQL 实例：

```
CREATE TABLE num AS numbers(1000);
SELECT quantilesExactExclusive(0.25, 0.5, 0.75, 0.9, 0.95, 0.99, 0.999)(x) FROM
   (SELECT number AS x FROM num);
```

输出：

```
SELECT quantilesExactExclusive(0.25, 0.5, 0.75, 0.9, 0.95, 0.99, 0.999)(x)
```

```
FROM
(
    SELECT number AS x
    FROM num
)

Query id: d0720464-7893-4e11-96ec-1e10d308af17

┌─quantilesExactExclusive(0.25, 0.5, 0.75, 0.9, 0.95, 0.99, 0.999)(x)─┐
│ [249.25,499.5,749.75,899.9,949.9499999999999,989.99,998.999]       │
└──────────────────────────────────────────────────────────────────┘
```

5.8.16　用列值创建数组

函数：`groupArray(x)`

功能说明：使用 x 列的值直接创建一个数组，不去重。内存消耗与 uniqExact() 函数相同。

SQL 实例：

```
SELECT groupArray(t.UserID) AS res
FROM
(
    SELECT arrayJoin([1, 1, 2, 3, 4, 4, 5, 6]) AS UserID
) AS t
```

输出：

```
┌─res───────────┐
│ [1,1,2,3,4,4,5,6] │
└───────────────┘
```

5.8.17　用列值创建数组并去重

函数：`groupUniqArray(x)`

功能说明：使用 x 列的值创建一个数组并去重。内存消耗与 uniqExact() 函数相同。功能与 Hive 里的 collect_set() 函数一致。

SQL 实例：

```
SELECT groupUniqArray(t.UserID) AS res
FROM
(
    SELECT arrayJoin([1, 1, 2, 3, 4, 4, 5, 6]) AS UserID
) AS t
```

输出：

```
┌─res───────────┐
│ [6,4,5,2,1,3]     │
└───────────────┘
```

5.9 窗口函数

在日常工作中，我们经常会遇到计算每组内排名的需求，比如下面的业务需求：

1）排名问题：每个部门按业绩来排名。

2）topN 问题：找出每个部门排名前 N 名的员工进行奖励。

面对这类问题，使用 SELECT FROM WHERE GROUP BY 这样的基础 SQL 查询语句解决起来会比较复杂。此时需要使用 SQL 的高级功能——窗口函数（Window Function）。窗口函数又叫 OLAP 分析函数（Analytics Function）。

窗口函数是 SQL 2003 新加入的标准。常见的窗口函数如下：

❑ 排名函数，row_number()、rank()、dense_rank()。

❑ 求和函数，sum() over()。

❑ 计数函数，count() over()。

❑ 均值函数，avg() over()。

窗口函数类似于聚合函数，例如 sum()、count()、max()，但是窗口函数又与普通的聚合函数不同，它不会对结果进行分组。一个窗口函数大概是这样：

```
SELECT AggregateFunction()
OVER(
PARTITION BY a
ORDER BY b
)
FROM Table
```

上面的 AggregateFunction() 可以是 sum()、count()、avg() 等普通聚合函数，也可以是 rank()、dense_rank()、row_number() 等专用窗口函数（ClickHouse 还不支持 lead()、lag() 函数）。

本节介绍 ClickHouse 中常用的窗口函数。

5.9.1 自增行号函数

函数：`row_number()`

功能说明：按照值排序时产生一个自增行号，不会重复。针对相同数据，先查出的排名在前，没有重复值。

SQL 实例：

```
SELECT
    row_number() OVER (PARTITION BY EventDate ORDER BY cnt ASC) AS rno,
    OS,
    EventDate,
    cnt
FROM
```

```
(
    SELECT
        OS,
        cnt,
        EventDate
    FROM
    (
    SELECT
        EventDate,
        OS,
        uniqExact(UserID) AS cnt
    FROM tutorial.hits_v1
    GROUP BY
        EventDate,
        OS
    ORDER BY cnt DESC
    ) AS t
) AS t
LIMIT 20
```

输出:

rno	OS	EventDate	cnt
1	59	2014-03-17	1
2	48	2014-03-17	1
3	12	2014-03-17	1
4	199	2014-03-17	1
5	5	2014-03-17	1
6	76	2014-03-17	1
7	68	2014-03-17	1
8	77	2014-03-17	1
9	29	2014-03-17	1
10	26	2014-03-17	2
11	186	2014-03-17	2
12	127	2014-03-17	3
13	14	2014-03-17	3
14	109	2014-03-17	3
15	7	2014-03-17	4
16	53	2014-03-17	5
17	85	2014-03-17	5
18	125	2014-03-17	9
19	81	2014-03-17	11
20	43	2014-03-17	12

```
20 rows in set. Elapsed: 0.109 sec. Processed 17.75 million rows, 195.23 MB
(162.41 million rows/s., 1.79 GB/s.)
```

5.9.2 跳跃排名函数

函数: rank()

功能说明：跳跃排名，值相等时会重复，会产生空位。相同数据排名相同，比如并列第1，则两行数据（这里为 rank 列）都标为1，下一位将是第3名，中间的2被直接跳过了。排名存在重复值。

SQL 实例：

```
SELECT
    rank() OVER (PARTITION BY EventDate ORDER BY cnt ASC) AS rno,
    OS,
    EventDate,
    cnt
FROM
(
    SELECT
        OS,
        cnt,
        EventDate
    FROM
    (
        SELECT
            EventDate,
            OS,
            uniqExact(UserID) AS cnt
        FROM tutorial.hits_v1
        GROUP BY
            EventDate,
            OS
        ORDER BY cnt DESC
    ) AS t
) AS t
LIMIT 20
```

输出：

rno	OS	EventDate	cnt
1	59	2014-03-17	1
1	48	2014-03-17	1
1	12	2014-03-17	1
1	199	2014-03-17	1
1	5	2014-03-17	1
1	76	2014-03-17	1
1	68	2014-03-17	1
1	77	2014-03-17	1
1	29	2014-03-17	1
10	26	2014-03-17	2
10	186	2014-03-17	2
12	127	2014-03-17	3
12	14	2014-03-17	3
12	109	2014-03-17	3
15	7	2014-03-17	4

```
| 16   | 53   | 2014-03-17 |   5  |
| 16   | 85   | 2014-03-17 |   5  |
| 18   | 125  | 2014-03-17 |   9  |
| 19   | 81   | 2014-03-17 |  11  |
| 20   | 43   | 2014-03-17 |  12  |
```

20 rows in set. Elapsed: 0.112 sec. Processed 17.75 million rows, 195.23 MB (158.59 million rows/s., 1.74 GB/s.)

5.9.3　连续排名函数

函数：dense_rank()

功能说明：连续排名，值相等时会重复，不会产生空位。比如两条并列第1，则两行数据（这里为rank列）都标为1，下一个排名将是第2名。

SQL实例：

```
SELECT
    dense_rank() OVER (PARTITION BY EventDate ORDER BY cnt ASC) AS rno,
    OS,
    EventDate,
    cnt
FROM
(
    SELECT
        OS,
        cnt,
        EventDate
    FROM
    (
        SELECT
            EventDate,
            OS,
            uniqExact(UserID) AS cnt
        FROM tutorial.hits_v1
        GROUP BY
            EventDate,
            OS
        ORDER BY cnt DESC
    ) AS t
) AS t
LIMIT 20
```

输出：

```
┌─ rno ─┬─ OS ─┬─ EventDate ─┬─ cnt ─┐
|   1   |  59  | 2014-03-17 |   1  |
|   1   |  48  | 2014-03-17 |   1  |
|   1   |  12  | 2014-03-17 |   1  |
```

```
|   1 | 199 | 2014-03-17 |  1 |
|   1 |   5 | 2014-03-17 |  1 |
|   1 |  76 | 2014-03-17 |  1 |
|   1 |  68 | 2014-03-17 |  1 |
|   1 |  77 | 2014-03-17 |  1 |
|   1 |  29 | 2014-03-17 |  1 |
|   2 |  26 | 2014-03-17 |  2 |
|   2 | 186 | 2014-03-17 |  2 |
|   3 | 127 | 2014-03-17 |  3 |
|   3 |  14 | 2014-03-17 |  3 |
|   3 | 109 | 2014-03-17 |  3 |
|   4 |   7 | 2014-03-17 |  4 |
|   5 |  53 | 2014-03-17 |  5 |
|   5 |  85 | 2014-03-17 |  5 |
|   6 | 125 | 2014-03-17 |  9 |
|   7 |  81 | 2014-03-17 | 11 |
|   8 |  43 | 2014-03-17 | 12 |
```

20 rows in set. Elapsed: 0.110 sec. Processed 17.75 million rows, 195.23 MB (161.39 million rows/s., 1.78 GB/s.)

5.9.4 窗口计数函数

函数：`count()`

功能说明：窗口计数。

SQL 实例：

```sql
SELECT
    number AS x,
     count() OVER (PARTITION BY intDiv(x, 3) ORDER BY x ASC Rows BETWEEN
    UNBOUNDED PRECEDING AND CURRENT ROW) AS cnt
FROM numbers(10)
SETTINGS max_block_size = 3
```

输出：

```
┌─x─┬─cnt─┐
│ 0 │  1  │
│ 1 │  2  │
│ 2 │  3  │
└───┴─────┘

┌─x─┬─cnt─┐
│ 3 │  1  │
│ 4 │  2  │
│ 5 │  3  │
└───┴─────┘
```

```
┌─x─┬─cnt─┐
│ 6 │  1  │
│ 7 │  2  │
│ 8 │  3  │
└───┴─────┘

┌─x─┬─cnt─┐
│ 9 │  1  │
└───┴─────┘
```

```
10 rows in set. Elapsed: 0.002 sec.
```

5.9.5　窗口最大值函数

函数：`max(x)`

功能说明：计算窗口最大值。

SQL 实例：

```
SELECT
    number AS x,
    max(x) OVER (PARTITION BY intDiv(x, 3) ORDER BY x DESC Rows BETWEEN UNBOUNDED
        PRECEDING AND CURRENT ROW) AS max
FROM numbers(10)
SETTINGS max_block_size = 3
```

输出：

```
┌─x─┬─max─┐
│ 2 │  2  │
│ 1 │  2  │
│ 0 │  2  │
└───┴─────┘

┌─x─┬─max─┐
│ 5 │  5  │
│ 4 │  5  │
│ 3 │  5  │
└───┴─────┘

┌─x─┬─max─┐
│ 8 │  8  │
│ 7 │  8  │
│ 6 │  8  │
└───┴─────┘

┌─x─┬─max─┐
│ 9 │  9  │
└───┴─────┘
```

```
10 rows in set. Elapsed: 0.002 sec.
```

5.9.6 窗口最小值函数

函数：`min(x)`

功能说明：计算窗口最小值。

SQL 实例：

```sql
SELECT
    number AS x,
    min(x) OVER (PARTITION BY toString(intDiv(x, 3)) Rows BETWEEN UNBOUNDED
        PRECEDING AND CURRENT ROW) AS min
FROM numbers(10)
SETTINGS max_block_size = 3
```

输出：

```
┌─x─┬─min─┐
│ 0 │  0  │
│ 1 │  0  │
│ 2 │  0  │
└───┴─────┘

┌─x─┬─min─┐
│ 3 │  3  │
│ 4 │  3  │
│ 5 │  3  │
└───┴─────┘

┌─x─┬─min─┐
│ 6 │  6  │
│ 7 │  6  │
│ 8 │  6  │
└───┴─────┘

┌─x─┬─min─┐
│ 9 │  9  │
└───┴─────┘

10 rows in set. Elapsed: 0.002 sec.
```

5.9.7 窗口平均值函数

函数：`avg(x)`

功能说明：计算窗口平均值。

SQL 实例：

```sql
SELECT
    number AS x,
    avg(x) OVER (ORDER BY x ASC Rows BETWEEN UNBOUNDED PRECEDING AND CURRENT
        ROW) AS avg
```

```
FROM numbers(10)
SETTINGS max_block_size = 3
```

输出：

```
┌─x─┬─avg─┐
│ 0 │  0  │
│ 1 │ 0.5 │
│ 2 │  1  │
└───┴─────┘

┌─x─┬─avg─┐
│ 3 │ 1.5 │
│ 4 │  2  │
│ 5 │ 2.5 │
└───┴─────┘

┌─x─┬─avg─┐
│ 6 │  3  │
│ 7 │ 3.5 │
│ 8 │  4  │
└───┴─────┘

┌─x─┬─avg─┐
│ 9 │ 4.5 │
└───┴─────┘

10 rows in set. Elapsed: 0.001 sec.
```

5.10 空值函数

ClickHouse 中提供了处理空值的函数，如 isNull()、isNotNull()、coalesce()、ifNull() 函数等，它们的功能说明如表 5-1 所示。

表 5-1 ClickHouse 空值函数功能说明

函数	功能说明	使用实例

isNull(x)	检查参数 x 是否为 NULL。如果 x 是 NULL 返回 1，否则返回 0	`select NULL x, 0 y, isNull(x) res1, isNull(y)res2`
		
		`SELECT`
		`    NULL AS x,`
		`    0 AS y,`
		`    x IS NULL AS res1,`
		`    y IS NULL AS res2`
		
		`Query id: 37e1ac26-8c0c-47e5-929b-53ca2745a360`
		
		`┌─x────┬─y─┬─res1─┬─res2─┐`
		`│ NULL │ 0 │  1   │  0   │`
		`└──────┴───┴──────┴──────┘`

（续）

函数	功能说明	使用实例
isNotNull(x)	与 isNull(x) 逻辑相反	select NULL x, 0 y, isNotNull(x) res1, isNotNull(y)res2 SELECT NULL AS x, 0 AS y, x IS NOT NULL AS res1, y IS NOT NULL AS res2 Query id: 646fa0c2-6d69-4438-9b72-6983f09cfb38 ┌─x────┬─y─┬─res1─┬─res2─┐ │ NULL │ 0 │ 0 │ 1 │ └──────┴───┴──────┴──────┘
coalesce(x,...)	从左到右检查入参，并返回第一个非 NULL 参数。所有参数的数据类型需要兼容	SELECT coalesce(NULL, NULL, 3, 4, 5) AS res1, coalesce(NULL, NULL, NULL) AS res2 Query id: 23958396-71a7-4c78-baa8-7723196017a9 ┌─res1─┬─res2─┐ │ 3 │ NULL │ └──────┴──────┘
ifNull(x,alt)	如果参数 x 是 NULL，则返回一个替代值 alt	SELECT NULL AS x, ifNull(x, '-999') AS res Query id: 891ac925-42fb-4787-8418-2374b77762b7 ┌─x────┬─res──┐ │ NULL │ -999 │ └──────┴──────┘

5.11 常用算子

算子，在数学中是指一个函数空间到函数空间的映射 $F：X \rightarrow Y$。在认知心理学中，在心智技能形成的第一阶段——认知阶段，要了解问题的结构，即起始状态、要到达的目标状态，以及从起始状态到目标状态所需要的步骤，每一个步骤就是一个算子（Operator）。人在解决问题时要利用各种算子来改变问题的起始状态，经过各种中间状态，逐步达到目标状态，从而解决问题。

在计算机领域，算法（algorithm）是为了达到某个目标实施的一系列指令的过程，而指令包含算子和操作数（operand）。算子，简单说来就是进行某种"操作""动作"。与之对应的，就是被操作的对象，称为操作数。

ClickHouse 中提供了丰富的算子，其中常用算子如表 5-2 所示。

表 5-2　ClickHouse 常用算子

算子	功能说明	SQL 实例
==, =	等于	SELECT 　1 = 0 AS res1, 　1 = 1 AS res2 输出: ┌─res1─┬─res2─┐ │　0　│　1　│ └──────┴──────┘
!=, <>	不等于	:) select 1!=0 res1, 1<>1 res2 SELECT 　1 != 0 AS res1, 　1 != 1 AS res2 输出: ┌─res1─┬─res2─┐ │　1　│　0　│ └──────┴──────┘
>	大于	SELECT 2 > 1 输出: ┌─greater(2, 1)─┐ │　　　1　　│ └──────────────┘
<	小于	SELECT 2 < 1 输出: ┌─less(2, 1)─┐ │　　0　　│ └────────────┘
>=	大于或等于	SELECT 2 >= 1 输出: ┌─greaterOrEquals(2, 1)─┐ │　　　　1　　　│ └───────────────────────┘
<=	小于或等于	SELECT 2 <= 1 输出: ┌─lessOrEquals(2, 1)─┐ │　　　0　　│ └────────────────────┘

（续）

算子	功能说明	SQL 实例
EXISTS	WHERE EXISTS(subquery)，EXISTS 操作符检查子查询结果中有多少条记录。如果为空，则运算符返回 0。否则返回 1	```SELECT\n t1.cnt AS cnt1,\n t2.cnt AS cnt2\nFROM\n(\n SELECT\n count(number) AS cnt,\n 1 AS join_key\n FROM numbers(10)\n WHERE exists((\n SELECT number\n FROM numbers(10)\n WHERE number > 9\n))\n) AS t1\nLEFT JOIN\n(\n SELECT\n count(number) AS cnt,\n 1 AS join_key\n FROM numbers(10)\n WHERE exists((\n SELECT number\n FROM numbers(10)\n WHERE number > 8\n))\n) AS t2 ON t1.join_key = t2.join_key``` 输出： ┌─cnt1─┬─cnt2─┐ │ 0 │ 10 │ └──────┴──────┘

IN	子查询 IN。a IN…等价于函数 in(a, …)。
	对于非分布式查询，使用常规的 IN 、JOIN 即可。在分布式查询时要用 GLOBAL IN。
	另外，子查询可以指定多列来过滤元组。用法：
	SELECT (CounterID, UserID) IN (SELECT CounterID, UserID FROM …) FROM…
		```SELECT 1 IN (1, 2, 3) AS res```
		输出：
		
		┌─res─┐
		│ 1 │
		└─────┘
		
		```SELECT 1 IN (\n SELECT 1\n) AS res```
		输出：
		
		┌─res─┐
		│ 1 │
		└─────┘

（续）

算子	功能说明	SQL 实例

NOT IN	子查询 NOT IN。a NOT IN … 等价于函数 notIn(a, …)	`SELECT 1 NOT IN (1, 2, 3) AS res`
		
		输出：
		
		`┌─ res ─┐`
		`│   0   │`

GLOBAL IN	分布式子查询 IN。a GLOBAL IN…等价于 globalIn(a, …) 函数	`SELECT 1 GLOBAL IN (1, 2, 3) AS res`
		
		输出：
		
		`┌─ res ─┐`
		`│   1   │`

GLOBAL NOT IN	分布式子查询 NOT IN。a GLOBAL NOT IN…等价于 globalNotIn(a, …)	`SELECT 1 GLOBAL NOT IN (1, 2, 3) AS res`
		
		输出：
		
		`┌─ res ─┐`
		`│   0   │`

ANY	a = ANY (subquery) 等价于 in(a, subquery)；
	a != ANY (subquery) 等价于 a NOT IN (SELECT singleValue-OrNull(*) FROM subquery)
		`:) SELECT number AS a FROM numbers(10) WHERE a > ANY (SELECT number FROM numbers(3, 3))`
		
		`SELECT number AS a`
		`FROM numbers(10)`
		`WHERE a > (`
		`    SELECT min(*)`
		`    FROM`
		`    (`
		`        SELECT number`
		`        FROM numbers(3, 3)`
		`    )`
		`)`
		
		输出：
		
		`┌─ a ─┐`
		`│  4  │`
		`│  5  │`
		`│  6  │`
		`│  7  │`
		`│  8  │`
		`│  9  │`

ALL	a = ALL (subquery) 等价于 a IN (SELECT singleValueOrNull(*) FROM subquery)；
	a != ALL (subquery) 等价于 notIn(a, subquery)
		`:) SELECT number AS a FROM numbers(10) WHERE a > ALL (SELECT number FROM numbers(3, 3))`
		
		`SELECT number AS a`
		`FROM numbers(10)`
		`WHERE a > (`

（续）

算子	功能说明	SQL 实例

ALL	a = ALL (subquery) 等价于 a IN (SELECT singleValueOrNull(*) FROM subquery)；
	a != ALL (subquery) 等价于 notIn(a, subquery)
		```SELECT max(*)```
		```FROM```
		```(```
		``` SELECT number```
		``` FROM numbers(3, 3)```
		```)```
		```)```
		输出：
		<pre>┌ a ┐
		│ 6 │
		│ 7 │
		│ 8 │
		│ 9 │
		└───┘</pre>

a[N]	访问数组元素运算符。访问数组中第 N 个元素，与函数 arrayElement(a, N) 等价	```SELECT```
		``` [1, 2, 3] AS a,```
		``` a[1] AS res```
		输出：
		<pre>┌ a ───── ┬ res ┐
		│ [1,2,3] │ 1 │
		└─────────┴─────┘</pre>

a.N	访问元组元素运算符。访问元组中第 N 个元素，与函数 tupleElement(a, N) 等价	```SELECT```
		``` ([1, 2], [2, 3], [3, 4]) AS t,```
		``` t.1 AS res```
		输出：
		<pre>┌ t ─────────────────── ┬ res ─── ┐
		│ ([1,2],[2,3],[3,4]) │ [1,2] │
		└───────────────────────┴─────────┘</pre>

a LIKE b	等价于 like(a, b) 函数	```:) select like('abc','a%')res1, 'abc' like 'a%' res2```
		
		```SELECT```
		``` 'abc' LIKE 'a%' AS res1,```
		``` 'abc' LIKE 'a%' AS res2```
		输出：
		<pre>┌ res1 ┬ res2 ┐
		│ 1 │ 1 │
		└──────┴──────┘</pre>

a NOT LIKE b	等价于 notLike(a, b) 函数	```SELECT 'abc' NOT LIKE 'a%' AS res```
		输出：
		<pre>┌ res ┐
		│ 0 │
		└─────┘</pre>

（续）

算子	功能说明	SQL 实例

a BETWEEN b AND c	等价于 a ≥ b AND a ≤ c	`:) select 1 between 1 and 2 res`
		`SELECT (1 >= 1) AND (1 <= 2) AS res`
		输出：
		`┌─res─┐`
		`│  1  │`
		`└─────┘`

a NOT BETWEEN b AND c	等价于 a < b OR a > c	`:) select 1 not between 1 and 2 res`
		`SELECT (1 < 1) OR (1 > 2) AS res`
		输出：
		`┌─res─┐`
		`│  0  │`
		`└─────┘`

a ? b : c	条件运算符，等价于 if(a, b, c)	`:) select 2>1?'Y':'N' res`
		`SELECT if(2 > 1, 'Y', 'N') AS res`
		输出：
		`┌─res─┐`
		`│  Y  │`
		`└─────┘`

CASE WHEN	用法：
	CASE [x]
	　WHEN a THEN b
	　[WHEN … THEN …]
	　[ELSE c]
	END
	等价于 multiIf()
		`:) select case when 2>1 then 'Y' when 2<1`
		`then 'N' else 'NA' end res`
		`SELECT multiIf(2 > 1, 'Y', 2 < 1, 'N',`
		`'NA') AS res`
		输出：
		`┌─res─┐`
		`│  Y  │`
		`└─────┘`

s1 ‖ s2	拼接函数，等价于 concat(s1, s2)。支持字符串、数组类型	`:) select 'abc'||'cd' res`
		`SELECT concat('abc', 'cd') AS res`
		输出：
		`┌─res───┐`
		`│ abccd │`
		`└───────┘`
		
		`:) select [1,2,3]||[4,5] res`
		`SELECT concat([1, 2, 3], [4, 5]) AS res`
		输出：
		`┌─res─────────┐`
		`│ [1,2,3,4,5] │`
		`└─────────────┘`

（续）

算子	功能说明	SQL 实例
x -> expr	创建 lambda 表达式。等价于 lambda(x, expr) 函数	```SELECT` ` [1, 2, 3, 4, 5] AS a,` ` arrayFilter(x -> ((x % 2) = 1), a) AS` ` res``` 输出： ┌─a─────────┬─res─────┐ │ [1,2,3,4,5] │ [1,3,5] │
IS NULL	判空。等价于 isNull() 函数	```SELECT NULL IS NULL``` 输出： ┌─isNull(NULL)─┐ │ 1 │
IS NOT NULL	非空判断。等价于 isNotNull() 函数	```SELECT NULL IS NOT NULL``` 输出： ┌─isNotNull(NULL)─┐ │ 0 │

5.12 本章小结

"道生一，一生二，二生三，三生万物。"如果把函数比作这里的"生"，那么"道""一""二""三"等就是基本数据类型、高级数据类型、聚合函数类型、Lambda 高阶函数等，"万物"就是"大数据"。本章主要介绍 ClickHouse 函数相关内容，包括算术运算、数组操作、字符串操作、条件分支判断、时间计算、数学计算、聚合函数、窗口函数等，还介绍了处理空值的函数和常用算子。通过阅读本章，相信大家会对 ClickHouse 的函数有了较好的理解。下一章将介绍 ClickHouse SQL 基础。

第 6 章 *Chapter 6*

ClickHouse SQL 基础

SQL（Structured Query Language，结构化查询语言）是一种标准化的声明式编程语言，用于管理关系数据库并对其中的数据执行各种操作。SQL 最初创建于 20 世纪 70 年代，逐渐成为关系数据库的标准编程语言。本章主要介绍 ClickHouse SQL 的基础内容。

6.1 SQL 概述

SQL 本质上是一种声明式编程语言（4GL），包括数据定义语言（Data Definition Language，DDL）（包括模式创建和修改）、数据查询语言（Data Query Language，DQL）、数据操作语言（Data Manipulation Language，DML）（插入、更新和删除）和数据控制语言（Data Control Language，DCL）等，具体将在下文介绍。本节简要介绍 SQL 历史以及 ClickHouse SQL 特性。

6.1.1 SQL 简史

SQL 最初基于关系代数（Relational Algebra）和元组关系演算（Tuple Relational Calculus），由多种类型的语句（Statement）组成。SQL 是计算机科学领域历史上的关键里程碑，是计算历史上最成功的想法之一。

追溯到 20 世纪 70 年代初，SQL 发展简史概括如下。

❑ 1970 年，EF Codd 的"大型共享数据库的数据关系模型"发表在 Communications of the ACM 上，为 RDBMS 奠定了基础。

❑ 1974 年，IBM 研究人员发表了一篇介绍结构化查询语言的文章，最初称为 SEQUEL，后来因为商标问题，改为 SQL。

- 1977 年，Relational Software 公司（后来改名为 Oracle，甲骨文公司）开始构建商业 RDBMS。
- 1979 年，甲骨文为美国数字设备公司的小型计算机系统提供了第一个商用 RDBMS。
- 1982 年，IBM 发布了 SQL/Data System，这是一种用于 IBM 大型机的 SQL RDBMS。
- 1985 年，IBM 发布了 Database 2，这是一种用于 IBM 的多虚拟存储大型机操作系统的 SQL RDBMS。
- 1986 年，ANSI 委员会和 ISO 采用 SQL 作为标准。
- 1989 年，ISO SQL 标准的第一个修订版 SQL89 发布。
- 1992 年，ISQ SQL 标准的第一个主要修订版 SQL92 发布。
- 1999 年，第一个按照 ISO 命名标准命名的版本 ISO/IEC SQL：1999，增加了编程功能和对 Java 的支持。
- 2003 年，ISO/IEC SQL：2003 增加了对可扩展标记语言（XML）对象的预定义数据类型的支持。
- 2006 年，ISO/IEC SQL：2006 扩展了与 XML 相关的功能。
- 2008 年，ISO/IEC SQL：2008 增加了对分区 JOIN 的支持，这是一种连接两个或多个表的方法，将连接的表视为单个表。
- 2011 年，ISO/IEC SQL：2011 改进了对包含时间相关数据的关系数据库的支持。
- 2016 年，ISO/IEC SQL：2016 添加了可选的新功能，包括 JSON 特性修订、对多态表函数和行模式匹配的支持等。
- 2019年，ISO/IEC SQL：2019 多维数组（SQL/MDA），增加了对多维数组类型（MD Array）相关操作的支持。

6.1.2　SQL 命令类型

众所周知，SQL 是一种数据库语言，我们可以使用 SQL 对现有的数据库执行某些操作，也可以使用 SQL 来创建数据库、创建表。

SQL 使用命令来执行任务。这些 SQL 命令主要分为四类，具体介绍如下。

- DDL：也称为数据定义命令，用于定义数据表。
- DML：数据操作语言，用于通过添加、更改或删除数据来操作现有表中的数据。与定义数据存储方式的 DDL 命令不同，DML 命令在 DDL 命令定义的表中运行。
- DQL：数据查询语言，仅包含一个命令 SELECT，用于从表中获取特定数据。此命令有时与 DML 命令组合在一起。
- DCL：数据控制语言，用于授予或撤销用户访问权限。

有时候，也会提到 TCL（Transaction Control Language，事务控制语言），用于更改某些数据的状态。例如，COMMIT 或 ROLLBACK 命。

SQL 命令集如图 6-1 所示。

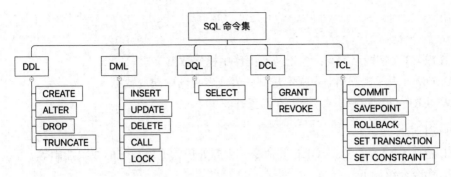

图 6-1　SQL 命令集

1. DDL

DDL 实际上由可用于定义数据库模式的 SQL 命令组成。它只处理数据库模式的描述，并创建和修改数据库中数据库对象的结构。也就是说，DDL 是一组用于创建、修改和删除数据库结构而不是数据的 SQL 命令。这些命令通常不被一般用户使用，用户应该通过应用程序访问数据库。

DDL 命令介绍如下。

❑ CREATE：用于创建数据库或其对象（如表、索引、函数、视图、存储过程和触发器）。

❑ DROP：用于从数据库中删除对象。

❑ ALTER：用于更改数据库的结构。

❑ TRUNCATE：用于从表中删除所有记录，包括删除为记录分配的所有空间。

❑ COMMENT：用于向数据字典添加注释。

❑ RENAME：用于重命名数据库中存在的对象。

2. DML

DML 处理数据库中存在的数据。它是控制对数据和数据库的访问的 SQL 语句的组件。一般，DCL 语句与 DML 语句组合在一起使用。DML 命令介绍如下。

❑ INSERT：用于向表中插入数据。

❑ UPDATE：用于更新表中的现有数据。

❑ DELETE：用于从数据库表中删除记录。

❑ LOCK：表控制并发。

❑ CALL：调用 PL/SQL 或 Java 子程序。

❑ EXPLAIN PLAN：描述数据的访问路径。

3. DQL

DQL 用于对模式对象中的数据执行查询操作。DQL 命令的目的是从数据库中获取数据并对其进行排序。DQL 的基本结构是由 SELECT 子句、FROM 子句、WHERE 子句组成的查询块。当对一个或多个表触发 SELECT 查询时，结果将编译到另一个临时表中，供上层应用使用。

DQL 命令介绍如下。

❑ SELECT < 字段名表 >：用于从数据库中检索数据字段。

❑ FROM < 表或视图名 >：指定从哪张表或者视图中获取数据。

❑ WHERE < 查询条件 >：指定查询条件。

4. DCL

DCL 包括 GRANT、REVOKE 等命令，主要处理数据库系统的权限控制等。

DCL 命令介绍如下。

❑ GRANT：用于授予用户对数据库的访问权限。

❑ REVOKE：用于撤销用户使用 GRANT 命令赋予的访问权限。

5. TCL

还有另一类 SQL 子句：TCL（事务控制语言）。TCL 命令主要处理数据库内的事务。

TCL 命令介绍如下。

❑ COMMIT：提交事务。

❑ ROLLBACK：在发生任何错误的情况下回滚事务。

❑ SAVEPOINT：在事务中设置保存点。

❑ SET TRANSACTION：指定事务。

6.1.3　ClickHouse SQL

ClickHouse 支持类 SQL 语言，并提供了丰富的扩展功能。ClickHouse 不支持事务。

ClickHouse 提供了多种表引擎，例如 MergeTree 系列引擎、MaterializedView 引擎、Dictionary 引擎、Distributed 引擎等。ClickHouse 还提供了丰富的数据类型和函数，例如数组、Map 和嵌套数据结构、近似计算、bitmap 、高阶函数和 URI 函数等。

可以使用如下 SQL 语句查看 ClickHouse 支持的表引擎：

```
select * from system.table_engines
```

可以使用如下 SQL 语句查看 ClickHouse 的内置函数：

```
select * from system.functions
```

ClickHouse 使用递归下降解析器（Recursive Descent Parser）来解析 SQL 查询语句，生成抽象语法树（Abstract Syntax Tree，AST）。

6.1.4　ClickHouse 查询分类

ClickHouse 将查询分为两大类。

第一类是有结果输出的查询，可以在源代码文件 ParserQueryWithOutput.cpp 中看到：

ShowTablesQuery、SelectWithUnionQuery、TablePropertiesQuery、DescribeTableQuery、ShowProcesslistQuery、CreateQuery、AlterQuery、RenameQuery、DropQuery、CheckQuery、OptimizeQuery、KillQueryQuery、WatchQuery、ShowAccessQuery、ShowAccessEntitiesQuery、ShowCreateAccessEntityQuery、ShowGrantsQuery、ShowPrivilegesQuery、ExplainQuery 等，对应 SHOW、SELECT、CREATE 等语句。

第二类是无结果输出的查询，可以在源代码 ParserQuery.cpp 中看到：InsertQuery、UseQuery、SetQuery、SystemQuery、CreateUserQuery、CreateRoleQuery、CreateQuotaQuery、CreateRowPolicyQuery、CreateSettingsProfileQuery、CreateFunctionQuery、DropFunctionQuery、DropAccessEntityQuery、GrantQuery、SetRoleQuery、ExternalDDLQuery、BackupQuery 等，对应 INSERT、USE、SET 以及 EXIT 等系统相关语句。

例如，SELECT 查询解析器（ParserSelectQuery.cpp）中就定义了 ClickHouse SQL 关键字，相关代码片段如下：

```cpp
bool ParserSelectQuery::parseImpl(Pos & pos, ASTPtr & node, Expected & expected)
{
    auto select_query = std::make_shared<ASTSelectQuery>();
    node = select_query;

    ParserKeyword s_select("SELECT");
    ParserKeyword s_all("ALL");
    ParserKeyword s_distinct("DISTINCT");
    ParserKeyword s_distinct_on("DISTINCT ON");
    ParserKeyword s_from("FROM");
    ParserKeyword s_prewhere("PREWHERE");
    ParserKeyword s_where("WHERE");
    ParserKeyword s_group_by("GROUP BY");
    ParserKeyword s_with("WITH");
    ParserKeyword s_totals("TOTALS");
    ParserKeyword s_having("HAVING");
    ParserKeyword s_window("WINDOW");
    ParserKeyword s_order_by("ORDER BY");
    ParserKeyword s_limit("LIMIT");
    ParserKeyword s_settings("SETTINGS");
    ParserKeyword s_by("BY");
    ParserKeyword s_rollup("ROLLUP");
    ParserKeyword s_cube("CUBE");
    ParserKeyword s_top("TOP");
    ParserKeyword s_with_ties("WITH TIES");
    ParserKeyword s_offset("OFFSET");
    ParserKeyword s_fetch("FETCH");
    ParserKeyword s_only("ONLY");
    ParserKeyword s_row("ROW");
    ParserKeyword s_rows("ROWS");
    ParserKeyword s_first("FIRST");
    ParserKeyword s_next("NEXT");
```

```
    ...
    select_query->setExpression(ASTSelectQuery::Expression::WITH, std::move(with_
        expression_list));
    select_query->setExpression(ASTSelectQuery::Expression::SELECT,
        std::move(select_expression_list));
    select_query->setExpression(ASTSelectQuery::Expression::TABLES,
        std::move(tables));
    select_query->setExpression(ASTSelectQuery::Expression::PREWHERE,
        std::move(prewhere_expression));
    select_query->setExpression(ASTSelectQuery::Expression::WHERE,
        std::move(where_expression));
    select_query->setExpression(ASTSelectQuery::Expression::GROUP_BY,
        std::move(group_expression_list));
    select_query->setExpression(ASTSelectQuery::Expression::HAVING,
        std::move(having_expression));
    select_query->setExpression(ASTSelectQuery::Expression::WINDOW,
        std::move(window_list));
    select_query->setExpression(ASTSelectQuery::Expression::ORDER_BY,
        std::move(order_expression_list));
    select_query->setExpression(ASTSelectQuery::Expression::LIMIT_BY_OFFSET,
        std::move(limit_by_offset));
    select_query->setExpression(ASTSelectQuery::Expression::LIMIT_BY_LENGTH,
        std::move(limit_by_length));
    select_query->setExpression(ASTSelectQuery::Expression::LIMIT_BY,
        std::move(limit_by_expression_list));
    select_query->setExpression(ASTSelectQuery::Expression::LIMIT_OFFSET,
        std::move(limit_offset));
    select_query->setExpression(ASTSelectQuery::Expression::LIMIT_LENGTH,
        std::move(limit_length));
    select_query->setExpression(ASTSelectQuery::Expression::SETTINGS,
        std::move(settings));
    return true;
}
```

接下来，我们就进入 ClickHouse SQL 具体实操环节。

6.2 数据定义

本节介绍 ClickHouse 中数据库、表结构的定义和管理。

6.2.1 概述

在 SQL 中，数据定义语言（DDL）用来创建和修改数据库 Schema，例如表、索引和用户等。其中 Schema 描述了用户数据模型、字段和数据类型。DDL 语句类似于定义数据结构的计算机编程语言。常见的 DDL 语句包括 CREATE、ALTER、DROP 等。

ClickHouse SQL 中的 DDL 除了可以定义数据库、表、索引和视图之外，还可以定义函数和字典等。

6.2.2 创建数据库

1. 语法

```
CREATE DATABASE [IF NOT EXISTS] db_name
[ON CLUSTER cluster]
[ENGINE = db_engine(...)]
[COMMENT 'Comment']
```

2. 功能说明

1）创建名称为 db_name 的数据库。

2）如果指定了 ON CLUSTER cluster 子句，那么在指定集群的所有服务器上创建 db_name 数据库。

3）ENGINE = db_engine(...)，数据库引擎。ClickHouse 默认使用 Atomic 数据库引擎，即默认 ENGINE = Atomic。Atomic 引擎提供了可配置的表引擎（Table Engine）和 SQL 方言（SQL Dialect），它支持非阻塞的 DROP TABLE、RENAME TABLE 查询和原子的表交换查询命令 EXCHANGE TABLES t1 AND t2。Atomic 中的所有表都有持久的 UUID，数据存储在 /clickhouse_path/store/xxx/xxxyyyyy-yyyy-yyyy-yyyy-yyyyyyyyyyyy/ 路径下。其中，xxxyyyyy-yyyy-yyyy-yyyy-yyyyyyyyyyyy 是表的 UUID，支持在不更改 UUID 和移动表数据的情况下进行重命名。可以使用 DatabaseCatalog，通过 UUID 访问 Atomic 数据库引擎中的表。注意，执行 DROP TABLE 命令不会删除任何数据，Atomic 只是通过将元数据移动到 /clickhouse_path/metadata_dropped/，将表标记为已删除，并通知 DatabaseCatalog。

在 20.5 版本中（可以使用 SELECT version() 查看 ClickHouse 版本），ClickHouse 首次引入了 Atomic 数据库引擎。从 20.10 版开始，Atomic 成为默认数据库引擎（之前默认使用 Ordinary）。SQL 实例如下：

```
SELECT version()

Query id: 45ca90b4-5e17-4106-a92f-f8fed8822286

┌─version()─┐
│ 21.12.1.8808 │
└──────────────┘

SHOW CREATE DATABASE system
FORMAT TSVRaw

Query id: 19d3e06d-dfaf-45b4-a67d-156199098bc4

CREATE DATABASE system
ENGINE = Atomic
```

这两个数据库引擎在文件系统上存储数据的方式有所不同，Ordinary 引擎的文件系统布局更简单，Atomic 引擎解决了 Ordinary 引擎中存在的一些问题。

Atomic 引擎支持非阻塞删除表 / 重命名表、异步表删除和分离（delete 与 detach）（等待查询完成，但对新查询不可见）、原子删除表（删除所有文件 / 文件夹）、原子表交换（通过 EXCHANGE TABLES t1 AND t2 命令进行表交换）、重命名字典 / 重命名数据库等操作。

ClickHouse 支持的数据库引擎可以在源码目录 src/Databases 下面找到。例如在 DatabaseFactory.cpp（112 行）中，可以看到 ClickHouse 数据库引擎集合：

```
database_engines {"Ordinary", "Atomic", "Memory","Dictionary", "Lazy",
    "Replicated", "MySQL", "MaterializeMySQL", "MaterializedMySQL", "PostgreSQL",
    "MaterializedPostgreSQL","SQLite"}
```

4) COMMENT 'Comment'，添加数据库注释。所有数据库引擎都支持该注释。

小贴士：数据库引擎 Atomic 与 Ordinary 对比

ClickHouse 有 Atomic 和 Ordinary 两种数据库引擎，它们的对比如表 6-1 所示。

表 6-1 ClickHouse 数据库引擎 Atomic 和 Ordinary 对比

	Atomic	Ordinary
文件系统布局	复杂	简单
外部工具支持，如 clickhouse-backup 等	有限 / 测试版	好 / 成熟
一些 DDL 查询（DROP / RENAME）可能要挂起等待很长时间	没有	是的
支持交换 2 张表操作	EXCHANGE TABLES t1 AND t2；原子操作，没有中间状态	rename a to a_old, b to a, a_old to b; 操作不是原子的，并且可以在中间突破（虽然机会很小）
使用 ZooKeeper 路径中的 UUID	可以在 ZooKeeper 路径中使用 UUID。但是，当扩展集群时，需要格外小心，因为 ZooKeeper 路径更难以投影到真实表。允许对表进行任何类型的操作（重命名、使用相同名称重新创建等）	无法使用。典型的模式是在创建同一张表的新版本时，需要在 ZooKeeper 路径加上版本后缀
物化视图，建议始终使用 TO 语法	.inner_id.{uuid}，名字不可读	.inner.mv_name，名字可读

---

3. 创建一个使用 Atomic 引擎的数据库

SQL 实例如下：

```
CREATE DATABASE if not exists clickhouse_tutorial ENGINE = Atomic;
```

4. 查看数据库列表

使用 show databases 命令可以看到数据库列表如下。

```
SHOW DATABASES

Query id: 08c13dfb-0f5c-4aea-815a-68ec95eaa037
```

```
┌─name─────────────────┐
│ INFORMATION_SCHEMA  │
│ clickhouse_tutorial │
│ default             │
│ information_schema  │
│ mydb                │
│ system              │
│ tutorial            │
└─────────────────────┘
```

如果想要查看当前 ClickHouse 服务进程实例下更加详细的数据库信息，可以使用 select * from system.databases 命令。为了可读性，这里用表格的形式展示 ClickHouse 数据库信息查询结果，如表 6-2 所示。

表 6-2　ClickHouse 数据库信息查询结果

name	engine	data_path	metadata_path	uuid	comment	database
INFORMATION_SCHEMA	Memory	./		00000000-0000-0000-0000-000000000000		
clickhouse_tutorial	Atomic	./store/	/Users/chenguangjian/store/3c0/3c0b76c0-1dac-4f88-bc0b-76c01dac3f88/	3c0b76c0-1dac-4f88-bc0b-76c01dac3f88		
default	Atomic	./store/	/Users/chenguangjian/store/d62/d62015e0-b943-4090-9620-15e0b9432090/	d62015e0-b943-4090-9620-15e0b9432090		
information_schema	Memory	./		00000000-0000-0000-0000-000000000000		
mydb	Ordinary	./data/mydb/	/Users/chenguangjian/metadata/mydb/	00000000-0000-0000-0000-000000000000	mydb	
system	Atomic	./store/	/Users/chenguangjian/store/268/2682f921-c33f-4278-a682-f921c33f9278/	2682f921-c33f-4278-a682-f921c33f9278		
tutorial	Atomic	./store/	/Users/chenguangjian/store/d34/d34824fa-e714-43e8-9348-24fae71403e8/	d34824fa-e714-43e8-9348-24fae71403e8		

可以看出，使用 Atomic 引擎的元数据路径上都带有 UUID，而使用 Ordinary 引擎的路径使用的是数据库名字，Memory 引擎则没有元数据存储到磁盘文件上。

可以使用 show create database system 命令查看 system 数据库建库命令：

```
CREATE DATABASE system
ENGINE = Atomic
```

可见，system 使用的是 Atomic 引擎。

6.2.3 删除数据库

使用 DROP 命令删除数据库，SQL 实例如下：

```
drop DATABASE if exists clickhouse_tutorial;
```

使用 select * from system.databases 命令查看数据库列表，发现 clickhouse_tutorial 已经被删掉了。

6.2.4 创建 MergeTree 表

1. 语法

ClickHouse 中最强大的表引擎是 *MergeTree 家族系列，这也是使用最多的表引擎。创建 MergeTree 表的 SQL 语法如下：

```
CREATE TABLE [IF NOT EXISTS] [db.]table_name [ON CLUSTER cluster_name]
(
    name1 [type1] [DEFAULT|MATERIALIZED|ALIAS expr1] [TTL expr1],
    name2 [type2] [DEFAULT|MATERIALIZED|ALIAS expr2] [TTL expr2],
    ...
    INDEX index_name1 expr1 TYPE type1(...) GRANULARITY value1,
    INDEX index_name2 expr2 TYPE type2(...) GRANULARITY value2,
    ...
    PROJECTION projection_name_1 (SELECT <COLUMN LIST EXPR> [GROUP BY] [ORDER BY]),
    PROJECTION projection_name_2 (SELECT <COLUMN LIST EXPR> [GROUP BY] [ORDER BY])
) ENGINE = MergeTree()
ORDER BY expr
[PARTITION BY expr]
[PRIMARY KEY expr]
[SAMPLE BY expr]
[TTL expr
    [DELETE|TO DISK 'xxx'|TO VOLUME 'xxx' [, ...] ]
    [WHERE conditions]
    [GROUP BY key_expr [SET v1 = aggr_func(v1) [, v2 = aggr_func(v2) ...]] ] ] ]
[SETTINGS name=value, ...]
```

2. 功能说明

上述语法功能说明如下。

1）ON CLUSTER cluster_name，在 ClickHouse 集群 cluster_name 上建表。默认情况下，表仅在当前服务器上创建。如果在 cluster_name 的所有服务节点上建表，需要使用分布式 DDL 查询子句 ON CLUSTER 实现。

2）ENGINE = table_engine，指定表引擎。可以通过 SQL 查询 system.table_engines 表内容，获得 ClickHouse 支持的表引擎。执行如下 SQL：

```
SELECT
    name,
    supports_ttl
```

```
FROM system.table_engines
```

输出结果:

```
┌─ name ──────────────────────────────────┬─ supports_ttl ─┐
│ PostgreSQL                               │              0 │
│ RabbitMQ                                 │              0 │
│ Kafka                                    │              0 │
│ S3                                       │              0 │
│ ExecutablePool                           │              0 │
│ MaterializedView                         │              0 │
│ MaterializedPostgreSQL                   │              0 │
│ EmbeddedRocksDB                          │              0 │
│ View                                     │              0 │
│ JDBC                                     │              0 │
│ Join                                     │              0 │
│ ExternalDistributed                      │              0 │
│ Executable                               │              0 │
│ Set                                      │              0 │
│ Dictionary                               │              0 │
│ GenerateRandom                           │              0 │
│ LiveView                                 │              0 │
│ MergeTree                                │              1 │
│ Memory                                   │              0 │
│ Buffer                                   │              0 │
│ MongoDB                                  │              0 │
│ URL                                      │              0 │
│ ReplicatedVersionedCollapsingMergeTree   │              1 │
│ ReplacingMergeTree                       │              1 │
│ ReplicatedSummingMergeTree               │              1 │
│ COSN                                     │              0 │
│ ReplicatedAggregatingMergeTree           │              1 │
│ ReplicatedCollapsingMergeTree            │              1 │
│ File                                     │              0 │
│ ReplicatedGraphiteMergeTree              │              1 │
│ ReplicatedMergeTree                      │              1 │
│ ReplicatedReplacingMergeTree             │              1 │
│ VersionedCollapsingMergeTree             │              1 │
│ SummingMergeTree                         │              1 │
│ Distributed                              │              0 │
│ TinyLog                                  │              0 │
│ GraphiteMergeTree                        │              1 │
│ SQLite                                   │              0 │
│ CollapsingMergeTree                      │              1 │
│ Merge                                    │              0 │
│ AggregatingMergeTree                     │              1 │
│ ODBC                                     │              0 │
│ Null                                     │              0 │
│ StripeLog                                │              0 │
│ Log                                      │              0 │
└──────────────────────────────────────────┴────────────────┘
```

45 rows in set. Elapsed: 0.001 sec.

3）(name1 [type1]，…)，指定表字段名和字段数据类型。

4）NULL|NOT NULL，表示字段是否可空。

5）DEFAULT，指定字段默认值。可以通过表达式 DEFAULT expr 指定默认值。如果 INSERT 查询没有指定对应的列，则通过计算对应的表达式来填充。例如：`URLDomain String DEFAULT domain(URL)`。如果未定义默认值的表达式，则默认设置数字为零，字符串为空字符串，数组为空数组，日期为 1970-01-01，DateTime UNIX 时间戳为零，NULL 为空。

6）MATERIALIZED，物化字段列。该字段列值不能在 INSERT 语句中指定插入值，因为它是通过使用其他字段计算出来的。

7）EPHEMERAL，临时字段列。该字段列不存储在表中，不能被 SELECT 查询，但可以在 CREATE 语句的默认值中引用。

8）ALIAS，字段别名。该别名值不会存储在表中，且在 SELECT 查询中使用星号时不会被替换。如果在查询解析期间扩展了别名，则可以在 SELECT 查询中使用它。

9）INDEX index_name1 expr1 TYPE type1(...) GRANULARITY value1，指定索引字段和索引粒度。

10）PROJECTION projection_name_1，指定物化投影字段创建一个 PROJECTION，为当前字段 Where 查询加速。Projection 思想源自 *C-Store: A Column-oriented DBMS* 这篇论文，论文作者是 2015 年图灵奖获得者、Vertica 之父——Mike Stonebraker。Projection 意指一组列的组合，可以按照与原表不同的排序存储，并且支持聚合函数的查询，相当于传统意义上的物化视图，用空间换时间。它借鉴 MOLAP 预聚合的思想，在数据写入的时候，根据 PROJECTION 定义的表达式计算写入数据的聚合数据，并同原始数据一起写入。在数据查询过程中，如果查询数据是通过聚合计算得出，那么直接查询聚合数据，这将大大减少计算开销，提升性能。PROJECTION 主要分为两种：normal 与 aggregate。相关源码可参阅 MergeTreeDataWriter.cpp（574 行）MergeTreeDataWriter::TemporaryPart MergeTreeDataWriter::writeProjectionPart()。

11）ORDER BY expr，指定排序字段元组，即索引列（ClickHouse 中的索引列即排序列）。按从左到右的顺序，建立稀疏索引组合键。合理设计排序键，会很大程度提升查询性能。一般选择查询条件中筛选条件频繁的列，可以是单一维度，也可以是组合维度的索引。另外，基数特别大的字段元组不适合做索引列，如用户标签表的 user_id 字段。

12）PARTITION BY expr，指定分区字段元组。分区字段数据存储到独立的文件夹目录下。

13）SAMPLE BY expr，指定采样字段。

14）compression_codec，指定压缩算法。通用的编解码器有 NONE（无压缩）、LZ4、LZ4HC、ZSTD。ClickHouse 默认使用 LZ4 压缩算法 CODEC（LZ4）。专用的编解码器有 Delta(delta_bytes)、DoubleDelta（适用于时间序列数据）、Gorilla、T64 等。另外，使用

CODEC('AES-128-GCM-SIV')、CODEC('AES-256-GCM-SIV') 等可以加密磁盘上的数据。

15）TTL expr，表数据存活时间表达式。到期后，ClickHouse 会自动清理数据，对于需要移动或重新压缩的数据，数据的所有行都必须满足 TTL 表达式条件。只能被 MergeTree 系列表指定。TTL 子句不能用于主键列。例如，根据 date 字段判断哪些数据到期，TTL 表达式为 TTL date + INTERVAL 7 DAY，其中 date 为日期字段，那么，date=20220301 的数据将会在 7 天后，也就是 20220308 零点被清理。

16）PRIMARY KEY，索引主键。

17）SETTINGS name=value,...，指定配置项 name=value，多个配置项之间用逗号分隔。例如，指定表的索引粒度：SETTINGS index_granularity = 8192。

3. 实例讲解

下面通过实例来详细讲解上述内容。

（1）创建 MergeTree 表

SQL 实例如下：

```
create table if not exists clickhouse_tutorial.user_tag
(
    user_id       UInt64 DEFAULT 0,
    gender        String DEFAULT 'NA',
    age           String DEFAULT 'NA',
    active_level  String DEFAULT 'NA',
    date          Date
) engine = MergeTree()
        order by (user_id, active_level)
        primary key (user_id)
        partition by (date);
```

使用 show create table clickhouse_tutorial.user_tag 命令查询建表 SQL，执行结果如下：

```
SHOW CREATE TABLE clickhouse_tutorial.user_tag
FORMAT TSVRaw

Query id: 30ec8e45-8ead-419e-b8fc-dbce54b5939c

CREATE TABLE clickhouse_tutorial.user_tag
(
    `user_id` UInt64 DEFAULT 0,
    `gender` String DEFAULT 'NA',
    `age` String DEFAULT 'NA',
    `active_level` String DEFAULT 'NA',
    `date` Date
)
ENGINE = MergeTree
PARTITION BY date
PRIMARY KEY user_id
ORDER BY (user_id, active_level)
```

```
SETTINGS index_granularity = 8192

1 rows in set. Elapsed: 0.001 sec.
```

其中，index_granularity = 8192 是默认的稀疏索引间隔行数。

（2）使用 PROJECTION 创建 MergeTree 表

使用 PROJECTION 语句建表：

```
create table if not exists clickhouse_tutorial.user_tag
(
    UserID      UInt64,
    WatchID     UInt64,
    EventTime   DateTime,
    Sex         UInt8,
    Age         UInt8,
    OS          UInt8,
    RegionID    UInt32,
    RequestNum  UInt32,
    EventDate   Date,
    PROJECTION pOS(
        SELECT
        groupBitmap(UserID),
        count(1)
        GROUP BY OS
        ),
    PROJECTION pRegionID(
        SELECT count(1),
        groupBitmap(UserID)
        GROUP BY RegionID
        )
) engine = MergeTree()
        order by (WatchID, UserID, EventTime)
        partition by (EventDate);
```

（3）使用 ALTER TABLE 添加 PROJECTION

也可以通过 ALTER TABLE 语句添加 PROJECTION 定义：

```
ALTER TABLE clickhouse_tutorial.user_tag
ADD PROJECTION pRegionID(SELECT count(1),groupBitmap(UserID) GROUP BY RegionID);
```

插入数据：

```
INSERT INTO clickhouse_tutorial.user_tag
(UserID,
WatchID,
EventTime,
Sex,
Age,
OS,
RegionID,
```

```
RequestNum,
EventDate)
select UserID,
    WatchID,
    EventTime,
    Sex,
    Age,
    OS,
    RegionID,
    RequestNum,
    EventDate
from tutorial.hits_v1;
```

可以看到 ClickHouse 数据库表文件目录下面多了两个文件夹，pOS.proj 和 pRegionID.
proj：

```
.
├──── checksums.txt
├──── columns.txt
├──── count.txt
├──── data.bin
├──── data.mrk3
├──── default_compression_codec.txt
├──── minmax_EventDate.idx
├──── pOS.proj
│     ├──── checksums.txt
│     ├──── columns.txt
│     ├──── count.txt
│     ├──── data.bin
│     ├──── data.mrk3
│     ├──── default_compression_codec.txt
│     └──── primary.idx
├──── pRegionID.proj
│     ├──── checksums.txt
│     ├──── columns.txt
│     ├──── count.txt
│     ├──── data.bin
│     ├──── data.mrk3
│     ├──── default_compression_codec.txt
│     └──── primary.idx
├──── partition.dat
└──── primary.idx

2 directories, 23 files
```

每个 proj 文件夹下面的数据文件有 checksums.txt、columns.txt、count.txt、data.bin、
data.mrk3、default_compression_codec.txt、primary.idx 等（投影数据 part 复用表分区信息），
与一张表的数据文件基本一致（可以看出，投影本身就是表）。其中，pOS.proj/columns.txt
文件内容如下：

```
columns format version: 1
2 columns:
`OS` UInt8
`groupBitmap(UserID)` AggregateFunction(groupBitmap, UInt64)
```

pRegionID.proj/columns.txt 文件内容如下：

```
columns format version: 1
2 columns:
`RegionID` UInt32
`groupBitmap(UserID)` AggregateFunction(groupBitmap, UInt64)
```

（4）手动触发物化 PROJECTION

注意，只有在创建 PROJECTION 之后，再被写入的数据才会自动物化。对于历史数据，需要手动触发物化，执行如下 SQL 语句：

```
alter table clickhouse_tutorial.user_tag MATERIALIZE PROJECTION pOS;
alter table clickhouse_tutorial.user_tag MATERIALIZE PROJECTION pRegionID;
```

MATERIALIZE PROJECTION 是一个异步的突变（Mutation）操作，可以通过下面的语句查询状态：

```
SELECT
    table,
    mutation_id,
    command,
    is_done
FROM system.mutations

Query id: b50679e1-963f-4800-9366-abc08539ca23
```

table	mutation_id	command	is_done
user_tag	mutation_127.txt	MATERIALIZE PROJECTION pOS	1
user_tag	mutation_128.txt	MATERIALIZE PROJECTION pRegionID	1

```
2 rows in set. Elapsed: 0.004 sec.
```

生成 MATERIALIZE PROJECTION 之后，分区目录如下：

```
.
├── Age.bin
├── Age.mrk2
├── EventDate.bin
├── EventDate.mrk2
├── EventTime.bin
├── EventTime.mrk2
├── OS.bin
├── OS.mrk2
├── RegionID.bin
```

```
├──── RegionID.mrk2
├──── RequestNum.bin
├──── RequestNum.mrk2
├──── Sex.bin
├──── Sex.mrk2
├──── UserID.bin
├──── UserID.mrk2
├──── WatchID.bin
├──── WatchID.mrk2
├──── checksums.txt
├──── columns.txt
├──── count.txt
├──── default_compression_codec.txt
├──── minmax_EventDate.idx
├──── pOS.proj
│    ├──── checksums.txt
│    ├──── columns.txt
│    ├──── count.txt
│    ├──── data.bin
│    ├──── data.mrk3
│    ├──── default_compression_codec.txt
│    └──── primary.idx
├──── pRegionID.proj
│    ├──── checksums.txt
│    ├──── columns.txt
│    ├──── count.txt
│    ├──── data.bin
│    ├──── data.mrk3
│    ├──── default_compression_codec.txt
│    └──── primary.idx
├──── partition.dat
└──── primary.idx

2 directories, 39 files
```

可以看到，原有 MergeTree 的分区下多了 pOS.proj 和 pRegionID.proj 子目录，文件存储和 MergeTree 存储的格式是一样的，其中，投影数据 part 复用表分区信息（minmax_EventDate.idx、partition.dat）。PROJECTION 写入过程与原始数据写入过程一致。每一份数据 part 写入都会基于原始数据 Block，结合 PROJECTION 定义，计算好聚合数据，然后写入对应分区 part 文件。

当查询命中某个 PROJECTION 的时候，ClickHouse 会直接用 proj 子目录中的数据来加速查询。

（5）设置投影优化生效参数

有了 PROJECTION 之后，想要查询时投影优化生效，需要设置 allow_experimental_projection_optimization 参数开启这项功能：

```
SET allow_experimental_projection_optimization=1;
```

查看 SQL 执行计划：

```
EXPLAIN actions = 1
SELECT
    RegionID,
    count(1)
FROM clickhouse_tutorial.user_tag
GROUP BY RegionID

Query id: d8a96bb5-c7d5-48bd-98a6-dd148618ef5d
```

```
┌─explain──────────────────────────────────────────────────────────────────────┐
│ Expression ((Projection + Before ORDER BY))                                    │
│ Actions: INPUT :: 0 -> RegionID UInt32 : 0                                     │
│         INPUT :: 1 -> count() UInt64 : 1                                        │
│ Positions: 0 1                                                                 │
│   SettingQuotaAndLimits (Set limits and quota after reading from storage)      │
│     ReadFromStorage (MergeTree(with Aggregate projection pRegionID))           │
└────────────────────────────────────────────────────────────────────────────────┘
```

```
6 rows in set. Elapsed: 0.003 sec.
```

其中，ReadFromStorage (MergeTree(with Aggregate projection pRegionID)) 表示查询命中 PROJECTION。

如果关闭投影优化，设置如下：

```
SET allow_experimental_projection_optimization=0;
```

再次查看 SQL 执行计划，可以看到：

```
EXPLAIN actions = 1
SELECT
    RegionID,
    count(1)
FROM clickhouse_tutorial.user_tag
GROUP BY RegionID

Query id: e903857a-4c30-41e6-9a15-082f98dd7cb6
```

```
┌─explain──────────────────────────────────────────────────────────────────────┐
│ Expression ((Projection + Before ORDER BY))                                    │
│ Actions: INPUT :: 0 -> RegionID UInt32 : 0                                     │
│         INPUT :: 1 -> count() UInt64 : 1                                        │
│ Positions: 0 1                 Aggregating                                      │
│   Keys: RegionID                                                               │
│   Aggregates:                                                                  │
│     count()                                                                    │
│       Function: count() → UInt64                                               │
│       Arguments: none                                                          │
│       Argument positions: none                                                 │
```

```
|      Expression (Before GROUP BY)
|      Actions: INPUT :: 0 -> RegionID UInt32 : 0
|      Positions: 0
|        SettingQuotaAndLimits (Set limits and quota after reading from storage) |
|          ReadFromMergeTree
|          ReadType: Default
|          Parts: 32
|          Granules: 13007
```

19 rows in set. Elapsed: 0.002 sec.

可以看出，这里没有命中 PROJECTION。

关于 PROJECTION 物化投影具体的使用方法和性能数据，参见 6.6 节。

6.2.5 复制表

1. 语法

```
CREATE TABLE [IF NOT EXISTS] [db.]table_name AS [db2.]name2 [ENGINE = engine]
```

2. 功能说明

使用源表 db2.name2 结构，创建 db.table_name 表，即它们具有相同结构，但可以为表指定不同的引擎。如果未指定引擎，则使用与 db2.name2 表相同的引擎。

3. 实例讲解

现有表 clickhouse_tutorial.user_tag 结构如下：

```
CREATE TABLE clickhouse_tutorial.user_tag
(
    `UserID` UInt64,
    `WatchID` UInt64,
    `EventTime` DateTime,
    `Sex` UInt8,
    `Age` UInt8,
    `OS` UInt8,
    `RegionID` UInt32,
    `RequestNum` UInt32,
    `EventDate` Date,
    PROJECTION pOS
    (
        SELECT
            groupBitmap(UserID),
            count(1)
        GROUP BY OS
    ),
    PROJECTION pRegionID
    (
```

```
        SELECT
            count(1),
            groupBitmap(UserID)
        GROUP BY RegionID
    )
)
ENGINE = MergeTree
PARTITION BY EventDate
ORDER BY (WatchID, UserID, EventTime)
SETTINGS index_granularity = 8192
```

我们基于这张表创建一张新表 clickhouse_tutorial.user_tag_new，SQL 实例如下：

```
CREATE TABLE clickhouse_tutorial.user_tag_new AS clickhouse_tutorial.user_tag;
```

执行 show create table clickhouse_tutorial.user_tag_new 命令：

```
CREATE TABLE clickhouse_tutorial.user_tag_new
(
    `UserID` UInt64,
    `WatchID` UInt64,
    `EventTime` DateTime,
    `Sex` UInt8,
    `Age` UInt8,
    `OS` UInt8,
    `RegionID` UInt32,
    `RequestNum` UInt32,
    `EventDate` Date,
    PROJECTION pOS
    (
        SELECT
            groupBitmap(UserID),
            count(1)
        GROUP BY OS
    ),
    PROJECTION pRegionID
    (
        SELECT
            count(1),
            groupBitmap(UserID)
        GROUP BY RegionID
    )
)
ENGINE = MergeTree
PARTITION BY EventDate
ORDER BY (WatchID, UserID, EventTime)
SETTINGS index_granularity = 8192
```

可以看出，这两张表结构一模一样。

6.2.6　从查询语句创建表

1. 语法

```
CREATE TABLE [IF NOT EXISTS] [db.]table_name
[(name1 [type1], name2 [type2], ...)]
ENGINE = engine
AS SELECT ...
```

2. 功能说明

根据 SELECT 查询数据结构，创建一个表结构相同的表，并把 SELECT 的数据插入表中。

3. 实例讲解

为了完整展示整个过程，我们先创建一个数据库 tutorial，SQL 实例如下：

```
CREATE DATABASE IF NOT EXISTS tutorial;
```

然后创建表 tutorial.hits_v1，SQL 实例如下：

```
CREATE TABLE tutorial.hits_v1
(
    `WatchID` UInt64,
    `JavaEnable` UInt8,
    `Title` String,
    `GoodEvent` Int16,
    `EventTime` DateTime,
    `EventDate` Date,
    `CounterID` UInt32,
    `ClientIP` UInt32,
    `ClientIP6` FixedString(16),
    `RegionID` UInt32,
    `UserID` UInt64,
    `CounterClass` Int8,
    `OS` UInt8,
    ...
    `Age` UInt8,
    `Sex` UInt8,
    ...
    `ShareURL` String,
    `ShareTitle` String,
    `ParsedParams` Nested(
        Key1 String,
        Key2 String,
        Key3 String,
        Key4 String,
        Key5 String,
        ValueDouble Float64),
    `IslandID` FixedString(16),
    `RequestNum` UInt32,
    `RequestTry` UInt8
```

```
)
    ENGINE = MergeTree()
        PARTITION BY toYYYYMM(EventDate)
        ORDER BY (CounterID, EventDate, intHash32(UserID))
        SAMPLE BY intHash32(UserID);
```

完整 SQL 参见 https://clickhouse.com/docs/en/getting-started/tutorial/。

向 tutorial.hits_v1 表中插入数据。下载 ClickHouse 官网提供的测试数据包（地址为 https://datasets.clickhouse.com/hits/tsv/hits_v1.tsv.xz），并解压成 .tsv 数据文件，然后通过 clickhouse client --query 命令行导入数据：

```
clickhouse client
-h 127.0.0.1 --port 9009
-u default
--password 7Dv7Ib0g
--query "INSERT INTO tutorial.hits_v1 FORMAT TSV"
--max_insert_block_size=1000000 < hits_v1.tsv
```

导入完成之后，可以查看表中的数据条数：

```
SELECT count()
FROM tutorial.hits_v1

Query id: d2207e4b-0dbb-4cac-b498-e009534dc98c

Connecting to 127.0.0.1:9009 as user default.
Connected to ClickHouse server version 22.4.1 revision 54455.

    ┌─count()─┐
    │ 8873898 │
    └─────────┘

1 rows in set. Elapsed: 0.067 sec.
```

现在，我们通过使用 SELECT 语句基于 tutorial.hits_v1 表创建一张新表，并把 tutorial.hits_v1 表中相应字段的数据插入新表中。执行下面的建表命令并插入数据：

```
CREATE TABLE clickhouse_tutorial.hits_v2
(
    WatchID    UInt64,
    UserID     UInt64,
    EventTime  DateTime,
    OS         UInt8,
    RegionID   UInt32,
    RequestNum UInt32,
    EventDate  Date
) ENGINE = MergeTree
        partition by EventDate
        order by (WatchID, UserID, EventTime)
AS
```

```
SELECT WatchID,
       UserID,
       EventTime,
       OS,
       RegionID,
       RequestNum,
       EventDate
from tutorial.hits_v1;
```

执行下面的 SQL 语句，查看创建结果。

```
show create table clickhouse_tutorial.hits_v2;
```

可以看到创建 hits_v2 表的 SQL 实例如下：

```
CREATE TABLE clickhouse_tutorial.hits_v2
(
    `WatchID` UInt64,
    `UserID` UInt64,
    `EventTime` DateTime,
    `OS` UInt8,
    `RegionID` UInt32,
    `RequestNum` UInt32,
    `EventDate` Date
)
ENGINE = MergeTree
PARTITION BY EventDate
ORDER BY (WatchID, UserID, EventTime)
SETTINGS index_granularity = 8192
```

然后，hits_v2 中也插入了数据：

```
SELECT count()
FROM clickhouse_tutorial.hits_v2

Query id: 4a835757-fca2-4866-bba7-27130a1444ec

┌─ count() ─┐
│ 8873898   │
└───────────┘

1 rows in set. Elapsed: 0.003 sec.
```

6.2.7　从表函数创建表

1. 语法

```
CREATE TABLE [IF NOT EXISTS] [db.]table_name AS table_function()
```

2. 功能说明

创建一个与表函数返回结果相同的表。

3. 实例讲解

ClickHouse 提供了表函数（table function）来构造表。

使用 SQL 查看表函数：

```
SELECT *
FROM system.table_functions
```

这些表函数如下：

```
Query id: 3b768f92-72ca-46bf-b4a3-27e993fae21e

┌─name─────────────┐
│ dictionary       │
│ numbers_mt       │
│ view             │
│ cosn             │
│ generateRandom   │
│ remote           │
│ input            │
│ s3Cluster        │
│ values           │
│ s3               │
│ url              │
│ remoteSecure     │
│ sqlite           │
│ zeros            │
│ jdbc             │
│ zeros_mt         │
│ postgresql       │
│ odbc             │
│ executable       │
│ clusterAllReplicas │
│ cluster          │
│ merge            │
│ null             │
│ file             │
│ numbers          │
└──────────────────┘

25 rows in set. Elapsed: 0.001 sec.
```

下面用实例来说明常用表函数的用法。

（1）file 表函数

使用场景：当我们需要把数据从 ClickHouse 导出到文件，将数据从一种格式转换为另一种格式，或者通过编辑磁盘上的文件来更新 ClickHouse 中的数据时，就可以使用 ClickHouse 文件表引擎（File Table Engine）。

创建文件表引擎：在 clickhouse_tutorial 数据库中创建一张使用文件表引擎的表，表名

为 file_table_demo:

```
CREATE TABLE clickhouse_tutorial.file_table_demo
(
    `name` String,
    `value` UInt32
)
ENGINE = File(CSV)

Query id: 235acc8a-11c5-46ca-a90b-e65797d5ba79

Ok.

0 rows in set. Elapsed: 0.003 sec.
```

执行上面的建表 SQL 语句，创建如下文件目录：

```
/Users/chenguangjian/data/clickhouse_tutorial/file_table_demo
```

这是一个软连接，指向目录 .../store/94a/94a2972d-80c6-4556-94a2-972d80c65556/。

```
drwxr-x---   4 chenguangjian  staff  128  3 21 22:14 .
drwxr-x---   8 chenguangjian  staff  256  3 21 03:08 ..
lrwxr-x---   1 chenguangjian  staff   64  3 21 22:14 file_table_demo -> /Users/
    chenguangjian/store/1b1/1b136096-58ae-40e1-9b13-609658ae90e1/
lrwxr-x---   1 chenguangjian  staff   64  3 21 13:06 user_tag -> /Users/
    chenguangjian/store/94a/94a2972d-80c6-4556-94a2-972d80c65556/
```

插入数据：手动准备数据文件 data.csv，内容如下。

```
$cat data.csv
1,a
2,b
3,c
```

把 data.csv 复制到 /Users/chenguangjian/data/clickhouse_tutorial/file_table_demo/ 目录下，这样就完成了表数据的插入。

查询数据，SQL 实例如下：

```
SELECT *
FROM clickhouse_tutorial.file_table_demo

Query id: 0ae85ab2-8188-4b32-8f24-00c5b8b4018a

┌─name─┬─value─┐
│ a    │     1 │
│ b    │     2 │
│ c    │     3 │
└──────┴───────┘

3 rows in set. Elapsed: 0.002 sec.
```

file 表函数支持的文件格式包括 TabSeparated、JSON、CSV、Native 等文件格式。完整文件格式清单如下：

```
SELECT *
FROM system.formats

Query id: 0fde0b5f-b625-4f60-b8cf-6156b66f2ca3
```

name	is_input	is_output
CapnProto	1	1
PostgreSQLWire	0	1
MySQLWire	0	1
JSONStringsEachRowWithProgress	0	1
JSONEachRowWithProgress	0	1
JSONCompact	0	1
Null	0	1
JSONStrings	0	1
JSON	0	1
...		
Regexp	1	0
TSV	1	1
Vertical	0	1
CSV	1	1
TSVRaw	1	1
Values	1	1
JSONStringsEachRow	1	1
TabSeparatedWithNamesAndTypes	1	1
TSVRawWithNames	1	1
JSONCompactEachRowWithNamesAndTypes	1	1
TabSeparatedRaw	1	1
TSVWithNames	1	1
JSONEachRow	1	1

```
68 rows in set. Elapsed: 0.002 sec.
```

（2）numbers(N) 表函数

返回具有单个"数字"列（UInt64）的表，其中包含从 0 到 N−1 的整数。numbers(N) 表类似于 system.numbers 表，可以用于测试和生成连续值。下面 3 个查询是等价的：

```
SELECT * FROM numbers(10);
SELECT * FROM numbers(0, 10);
SELECT * FROM system.numbers LIMIT 10;
```

输出：

number
0
1

```
|       2      |
|       3      |
|       4      |
|       5      |
|       6      |
|       7      |
|       8      |
|       9      |

10 rows in set. Elapsed: 0.001 sec.
```

（3）remote 表函数

连接远程表：

```
SELECT *
FROM remote('127.0.0.1:9000', clickhouse_tutorial.user_tag)
LIMIT 3
```

（4）url 表函数

语法：`url(URL, format, structure)`

功能说明：

❑ URL，String 类型，HTTP 或 HTTPS 服务器地址，可以接收 GET 或 POST 请求。

❑ format，String 类型，指定数据的格式。

❑ structure，String 类型，确定列名和类型。以格式 'UserID UInt64, Name String' 指定表结构。

例如，从返回 CSV 格式的 HTTP API 获取包含 String 和 UInt32 类型列的表的前 3 行。

```
SELECT * FROM url('http://127.0.0.1:8888/', CSV, 'column1 String, column2
    UInt32')
LIMIT 3;
```

（5）hdfs 表函数

语法：`hdfs(URI, format, structure)`

功能说明：从 HDFS 文件创建表。此表功能类似于 url() 表函数。

例如，从 hdfs://hdfs1:9000/test 查询前两行数据：

```
SELECT *
FROM hdfs('hdfs://hdfs1:9000/test', 'TSV', 'column1 UInt32, column2 UInt32,
    column3 UInt32')
LIMIT 2
```

输出：

column1	column2	column3
1	2	3
3	2	1

6.2.8 创建视图

ClickHouse 视图可分为普通视图（Normal View）、物化视图（Materialized View）、实时视图（Live View）和窗口视图（Window View）等。可以使用 CREATE VIEW 命令创建视图。

1. 普通视图

普通视图不存储任何数据，在每次访问时从源头表中读取。换句话说，普通视图只保存查询。

（1）语法

```
CREATE [OR REPLACE] VIEW [IF NOT EXISTS]
[db.]table_name
[ON CLUSTER]
AS SELECT ...
```

（2）功能说明

创建普通视图。从普通视图读取时，该查询会被解析替换成 FROM 子句的子查询。例如，假设你已经创建了一个视图：

```
CREATE VIEW my_view AS
SELECT ...
```

然后，执行视图查询：

```
SELECT a, b, c FROM my_view
```

此查询完全等同于使用子查询：

```
SELECT a, b, c FROM (SELECT ...)
```

（3）实例讲解

我们先创建一张表 clickhouse_tutorial.user_tag，插入数据，然后根据这张表创建视图 clickhouse_tutorial.user_tag_view。

1）创建源头表。

```
CREATE TABLE clickhouse_tutorial.user_tag
(
    `UserID` UInt64,
    `WatchID` UInt64,
    `EventTime` DateTime,
    `Sex` UInt8,
    `Age` UInt8,
    `OS` UInt8,
    `RegionID` UInt32,
    `RequestNum` UInt32,
    `EventDate` Date,
    PROJECTION pOS
    (
```

```
    SELECT
        groupBitmap(UserID),
        count(1)
    GROUP BY OS
),
PROJECTION pRegionID
(
    SELECT
        count(1),
        groupBitmap(UserID)
    GROUP BY RegionID
)
)
ENGINE = MergeTree
PARTITION BY EventDate
ORDER BY (WatchID, UserID, EventTime)
SETTINGS index_granularity = 8192
```

2）插入数据。

```
INSERT INTO clickhouse_tutorial.user_tag
(UserID,
WatchID,
EventTime,
Sex,
Age,
OS,
RegionID,
RequestNum,
EventDate)
select UserID,
    WatchID,
    EventTime,
    Sex,
    Age,
    OS,
    RegionID,
    RequestNum,
    EventDate
from tutorial.hits_v1;
```

3）创建普通视图。

计算源头表 clickhouse_tutorial.user_tag 中的 uniqExact(UserID)、Age，执行如下 SQL
创建普通视图 user_tag_view：

```
CREATE VIEW clickhouse_tutorial.user_tag_view AS
SELECT
    uniqExact(UserID) AS userCnt,
    Age AS age
FROM clickhouse_tutorial.user_tag
```

```
GROUP BY Age
```

视图看起来与普通表相同。例如，视图也在 SHOW TABLES 查询的结果中。执行如下 SQL 语句查看视图：

```
USE clickhouse_tutorial
SHOW TABLES

Query id: 94bc8ce6-37e7-489b-9a98-07f0d6cc0d71
```

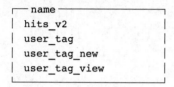

```
4 rows in set. Elapsed: 0.002 sec.
```

可以看到，视图也是作为 Table 在列表里返回。但是，我们查看 ClickHouse 存储表数据的文件目录 /Users/data/clickhouse/data/clickhouse_tutorial 时，并没有 user_tag_view 文件夹：

```
$ls -la | awk '{print $9 $10 $11}'
.
..
hits_v2->/Users/data/clickhouse/store/621/62181267-82f4-438d-9d1b-18437c1a86c0/
user_tag->/Users/data/clickhouse/store/daf/daf4def5-8bdc-4185-9674-3d406a37889a/
user_tag_new->/Users/data/clickhouse/store/d2c/d2c144a3-ed75-4db4-ac50-
    daab9b659427/
```

先记下 user_tag 表对应的文件目录 UUID，在后面查询视图数据的时候，可以通过查看 ClickHouse Server 端的日志，确认查询视图数据，最终还是查询视图源表的数据。

4）查询视图数据。

执行下面的 SQL 语句，查询视图 clickhouse_tutorial.user_tag_view 里面的数据：

```
SELECT
    userCnt,
    age
FROM clickhouse_tutorial.user_tag_view

Query id: 96bcbd61-0a4d-4d18-9e04-e3896b7e9ad6
```

userCnt	age
82404	0
21066	16
6556	22
2129	26
6282	39
8311	55

```
6 rows in set. Elapsed: 0.127 sec. Processed 8.87 million rows, 79.87 MB (69.64
    million rows/s., 626.72 MB/s.)
```

我们去 ClickHouse Server 端看一下请求日志，搜索 Query id 关键字 96bcbd61-0a4d-4d18-9e04-e3896b7e9ad6 即可搜到如下内容：

```
2022.03.23 03:38:36.268801 [ 2266438 ] {} <Debug> TCP-Session: 39f75155-4c37-
    46dc-93ce-95fbabe57f61 Creating query context from session context, user_id:
    94309d50-4f52-5250-31bd-74fecac179db, parent context user: default
2022.03.23 03:38:36.268938 [ 2266438 ] {96bcbd61-0a4d-4d18-9e04-e3896b7e9ad6}
    <Debug> executeQuery: (from 127.0.0.1:59025) select userCnt,age from
    clickhouse_tutorial.user_tag_view;
2022.03.23 03:38:36.269120 [ 2266438 ] {96bcbd61-0a4d-4d18-9e04-e3896b7e9ad6}
    <Trace> ContextAccess (default): Access granted: SELECT(userCnt, age) ON
    clickhouse_tutorial.user_tag_view
2022.03.23 03:38:36.269439 [ 2266438 ] {96bcbd61-0a4d-4d18-9e04-e3896b7e9ad6}
    <Trace> ContextAccess (default): Access granted: SELECT(UserID, Age) ON
    clickhouse_tutorial.user_tag
2022.03.23 03:38:36.270055 [ 2266438 ] {96bcbd61-0a4d-4d18-9e04-e3896b7e9ad6}
    <Trace> ContextAccess (default): Access granted: SELECT(UserID, Age) ON
    clickhouse_tutorial.user_tag
2022.03.23 03:38:36.270101 [ 2266438 ] {96bcbd61-0a4d-4d18-9e04-e3896b7e9ad6}
    <Trace> InterpreterSelectQuery: FetchColumns -> Complete
2022.03.23 03:38:36.270178 [ 2266438 ] {96bcbd61-0a4d-4d18-9e04-e3896b7e9ad6}
    <Trace>
...
2022.03.23 03:38:36.270884 [ 2266438 ] {96bcbd61-0a4d-4d18-9e04-e3896b7e9ad6}
    <Debug> clickhouse_tutorial.user_tag (daf4def5-8bdc-4185-9674-3d406a37889a)
    (SelectExecutor): Selected 27/27 parts by partition key, 27 parts by primary
    key, 1084/1084 marks by primary key, 1084 marks to read from 27 ranges
2022.03.23 03:38:36.271363 [ 2266438 ] {96bcbd61-0a4d-4d18-9e04-e3896b7e9ad6}
    <Debug> clickhouse_tutorial.user_tag (daf4def5-8bdc-4185-9674-3d406a37889a)
    (SelectExecutor): Reading approx. 8873898 rows with 6 streams
...
2022.03.23 03:38:36.395867 [ 2266438 ] {} <Debug> TCPHandler: Processed in 0.12711
    sec.
```

从 ClickHouse Server 端的查询处理日志可以看出，查询视图 SQL 最终执行的逻辑还是到源头表 clickhouse_tutorial.user_tag (daf4def5-8bdc-4185-9674-3d406a37889a) 文件目录下面去读取相应的数据。

2. 物化视图

物化视图与普通视图的区别是，物化视图有自己的物理数据文件存储，而普通视图只是一层逻辑查询代理。

（1）语法

```
CREATE MATERIALIZED VIEW [IF NOT EXISTS]
[db.]mt_table_name
[ON CLUSTER] [TO[db.]name]
```

```
[ENGINE = engine]
[POPULATE]
AS SELECT ...
```

（2）功能说明

1）创建名称为 mt_table_name 的物化视图。

2）物化视图支持表引擎，数据的保存形式由表的引擎决定。

❑ 如果想把物化视图数据写入特定物理表数据文件中，可以使用 TO [db].[table]。因为物化视图数据文件目录的生成规则是 .inner_id.UUID，可读性比较差。

❑ 如果指定 TO db.table，则不能同时使用 POPULATE，也不需要指定表引擎 ENGINE = engine（因为 db.table 表结构已经创建好了，表引擎也指定好了）。

❑ 如果没有指定 TO db.table，则必须指定用于存储物化视图 mt_table_name 物理数据的表引擎 ENGINE = engine。

3）物化视图在插入目标表期间，使用列名而不是列顺序。如果 SELECT 查询结果中不存在某些列名，则使用默认值。SELECT 查询可以包含 DISTINCT、GROUP BY、ORDER BY、LIMIT。

4）创建完物化视图，源表被写入新数据，则物化视图也会同步更新。

❑ 如果指定 POPULATE，则在创建视图时会将现有表数据插入视图中。

❑ 如果不指定 POPULATE，SELECT 查询结果只包含创建视图后插入表中的数据。

❑ 不建议使用 POPULATE，因为在创建物化视图的过程中，同时写入的数据不能被插入物化视图。

5）建议在使用物化视图时，为每一列添加别名。

6）物化视图不支持 UNION。

（3）实例讲解

1）创建物化视图。

从源表 user_tag 创建一个物化视图 user_tag_mt_view_1，SQL 实例如下：

```
create materialized view clickhouse_tutorial.user_tag_mt_view_1
        engine = MergeTree
            partition by (date)
            order by (age, date)
        populate
as
select uniqExact(UserID) userCnt,
    Age             age,
    EventDate       date
from clickhouse_tutorial.user_tag
group by Age, EventDate;
```

为了方便测试，我们使用了 populate 同步源表 user_tag 中已有的数据到物化视图 user_tag_mt_view_1 中。

2）查询物化视图的详细信息。

创建完成之后，可以到 system.tables 系统表里查看物化视图表的详细信息。SQL 实例如下：

```
SELECT *
FROM system.tables
WHERE (database = 'clickhouse_tutorial') AND (name = 'user_tag_mt_view_1')
FORMAT Vertical

Query id: 84e4bdd5-5cf2-487b-8f79-512bd766e1dd

Row 1:
──────

database:                     clickhouse_tutorial
name:                         user_tag_mt_view_1
uuid:                         1c93ef11-704f-4515-9596-fbdb4efdf6b8
engine:                       MaterializedView
is_temporary:                 0
data_paths:                   ['/Users/data/clickhouse/store/2b4/2b4de01f-12f8-
    443e-97aa-53ecd1aa49a5/']
metadata_path:                /Users/data/clickhouse/store/1e0/1e031223-783a-
    48a9-9f32-1a719033081b/user_tag_mt_view_1.sql
metadata_modification_time:   2022-03-23 15:36:51
dependencies_database:        []
dependencies_table:           []
create_table_query:           CREATE MATERIALIZED VIEW clickhouse_tutorial.
    user_tag_mt_view_1 (`userCnt` UInt64, `age` UInt8, `date` Date) ENGINE =
    MergeTree PARTITION BY date ORDER BY (age, date) SETTINGS index_granularity =
    8192 AS SELECT uniqExact(UserID) AS userCnt, Age AS age, EventDate AS date
    FROM clickhouse_tutorial.user_tag GROUP BY Age, EventDate
engine_full:                  MergeTree PARTITION BY date ORDER BY (age, date)
    SETTINGS index_granularity = 8192
as_select:                    SELECT uniqExact(UserID) AS userCnt, Age AS age,
    EventDate AS date FROM clickhouse_tutorial.user_tag GROUP BY Age, EventDate
partition_key:
sorting_key:
primary_key:
sampling_key:
storage_policy:
total_rows:                   NULL
total_bytes:                  NULL
lifetime_rows:                NULL
lifetime_bytes:               NULL
comment:
has_own_data:                 0
loading_dependencies_database: []
loading_dependencies_table:    []
loading_dependent_database:    []
loading_dependent_table:       []
```

```
1 rows in set. Elapsed: 0.004 sec.
```

在 ClickHouse 数据库的数据文件目录 /Users/data/clickhouse/data/clickhouse_tutorial 下面可以看到多了一个目录：

```
%2Einner_id%2E1c93ef11%2D704f%2D4515%2D9596%2Dfbdb4efdf6b8 -> /Users/data/
    clickhouse/store/2b4/2b4de01f-12f8-443e-97aa-53ecd1aa49a5/
```

上面的 %2E、%2D 是转义之后的字符，我们使用 JS 脚本函数将其解码成可续的字符：

```
decodeURI('%2Einner_id%2E1c93ef11%2D704f%2D4515%2D9596%2Dfbdb4efdf6b8')
```

结果如下：

```
.inner_id.1c93ef11-704f-4515-9596-fbdb4efdf6b8
```

.inner_id. 后面的内容正是上面 system.tables 中查询结果里的 uuid: 1c93ef11-704f-4515-9596-fbdb4efdf6b8。物化视图本质上也是一张内置的物理表。关于内置表名的生成规可以在源代码 StorageMaterializedView.cpp 文件中第 39 行的 generateInnerTableName() 函数中看到：

```
static inline String generateInnerTableName(const StorageID & view_id)
{
    if (view_id.hasUUID())
        return ".inner_id." + toString(view_id.uuid);
    return ".inner." + view_id.getTableName();
}
```

3）查询物化视图数据。

执行如下 SQL 查询物化视图数据：

```
SELECT
    userCnt,
    age,
    date
FROM clickhouse_tutorial.user_tag_mt_view_1
ORDER BY
    age ASC,
    date ASC

Query id: 1027e983-2046-442d-aeb2-0ad770adbccc

┌─ userCnt ─┬─ age ─┬────── date ──────┐
│   15578   │   0   │   2014-03-17     │
│   15965   │   0   │   2014-03-18     │
...
│   3339    │  55   │   2014-03-23     │
└───────────┴───────┴──────────────────┘

42 rows in set. Elapsed: 0.004 sec.
```

4）与源表数据对比。

物化视图的数据与源表中的数据对比如下：

```
SELECT
    uniqExact(UserID) AS userCnt,
    Age AS age,
    EventDate AS date
FROM clickhouse_tutorial.user_tag
GROUP BY
    Age,
    EventDate
ORDER BY
    Age ASC,
    EventDate ASC

Query id: 4c700ac2-e5ff-420b-8a8d-5e6f870aa7c9
```

```
┌─userCnt─┬─age─┬────────date─┐
│   15578 │   0 │  2014-03-17 │
│   15965 │   0 │  2014-03-18 │
...
│    3339 │  55 │  2014-03-23 │
└─────────┴─────┴─────────────┘
```

```
42 rows in set. Elapsed: 0.124 sec. Processed 8.87 million rows, 97.61 MB (71.48
    million rows/s., 786.28 MB/s.)
```

可以看出，物化视图与源表数据的查询结果是一致的。

5）性能对比。

物化视图的核心思想也是预聚合、用空间换时间、数据立方体的思想，主要用于提升查询性能。物化视图查询性能相对于源表聚合查询，性能上有几十甚至数百倍的提升（受到数据量大小、聚合方式、查询聚合字段基数等因素影响）。

6）指定物理表存储化视图数据。

可以指定一张物理表来存储物化视图的数据。先创建用来存储物化视图数据的目标表：

```
create table clickhouse_tutorial.user_tag_mt_view_2_table
(
    date    Date,
    age     UInt8,
    userCnt UInt64
) engine = MergeTree
        partition by (date)
        order by (age, date);
```

然后，创建物化视图，并指定目标表存储物化视图的数据，SQL实例如下：

```
create materialized view clickhouse_tutorial.user_tag_mt_view_2
    to clickhouse_tutorial.user_tag_mt_view_2_table
```

```
as
select uniqExact(UserID) userCnt,
       Age                age,
       EventDate          date
from clickhouse_tutorial.user_tag
group by Age, EventDate;
```

注意，这里指定了 to clickhouse_tutorial.user_tag_mt_view_2_table，不能使用 populate。
我们去 system.tables 中看一下 user_tag_mt_view_2 与 user_tag_mt_view_2_table 详情信息，执行如下 SQL 语句：

```
SELECT
    name,
    uuid,
    engine,
    data_paths
FROM system.tables
WHERE (database = 'clickhouse_tutorial') AND (name IN ('user_tag_mt_view_2',
    'user_tag_mt_view_2_table'))
```

查询结果如表 6-3 所示。

表 6-3 ClickHouse 系统表 system.tables 查询结果

name	uuid	engine	data_paths
user_tag_mt_view_2	e100e762-a590-4c49-8e3a-e9798f05458e	MaterializedView	["/Users/data/clickhouse/store/b16/b16f114d-1423-45c0-adb2-56d0b9705c00/"]
user_tag_mt_view_2_table	b16f114d-1423-45c0-adb2-56d0b9705c00	MergeTree	["/Users/data/clickhouse/store/b16/b16f114d-1423-45c0-adb2-56d0b9705c00/"]

可以发现，ClickHouse 维护了两份逻辑元数据（name,uuid,engine）等，但是物理数据文件是同一个，都是 /Users/data/clickhouse/store/b16/b16f114d-1423-45c0-adb2-56d0b9705c00/。

另外，我们在数据库 clickhouse_tutorial 存储表数据的文件目录 /Users/data/clickhouse/data/clickhouse_tutorial 下面可以发现，针对物化视图 user_tag_mt_view_2 并没有再生成 .inner_id.UUID 这样的数据文件。执行如下命令查看文件列表：

```
$ls -la|awk '{print $9 $10 $11}'

%2Einner_id%2E1c93ef11%2D704f%2D4515%2D9596%2Dfbdb4efdf6b8->/Users/data/
    clickhouse/store/2b4/2b4de01f-12f8-443e-97aa-53ecd1aa49a5/
.
..
hits_v2->/Users/data/clickhouse/store/621/62181267-82f4-438d-9d1b-18437c1a86c0/
user_tag->/Users/data/clickhouse/store/daf/daf4def5-8bdc-4185-9674-3d406a37889a/
user_tag_mt_view_2_table->/Users/data/clickhouse/store/b16/b16f114d-1423-45c0-
    adb2-56d0b9705c00/
```

```
user_tag_new->/Users/data/clickhouse/store/d2c/d2c144a3-ed75-4db4-ac50-
    daab9b659427/
```

为了测试数据查询效果，我们向源表里面插入数据，SQL 实例如下：

```
INSERT INTO clickhouse_tutorial.user_tag
(UserID,
WatchID,
EventTime,
Sex,
Age,
OS,
RegionID,
RequestNum,
EventDate)
select UserID,
    WatchID,
    EventTime,
    Sex,
    Age,
    OS,
    RegionID,
    RequestNum,
    EventDate
from tutorial.hits_v1;
```

从 Server 端的日志中，我们可以看到如下内容：

```
2022.03.23 16:40:41.321635 [ 2265628 ] {6e0011e2-a841-4fd8-b0f7-08d57ef764f0}
    <Trace> clickhouse_tutorial.user_tag_mt_view_2_table (b16f114d-1423-45c0-
    adb2-56d0b9705c00): Renaming temporary part tmp_insert_20140321_1_1_0 to
    20140321_1_1_0.
2022.03.23 16:40:41.322075 [ 2265628 ] {6e0011e2-a841-4fd8-b0f7-08d57ef764f0}
    <Debug> DiskLocal: Reserving 1.00 MiB on disk `default`, having unreserved
    195.81 GiB.
...
2022.03.23 16:40:41.345182 [ 2265628 ] {6e0011e2-a841-4fd8-b0f7-08d57ef764f0}
    <Debug> DiskLocal: Reserving 1.00 MiB on disk `default`, having unreserved
    195.81 GiB.
2022.03.23 16:40:41.345697 [ 2265628 ] {6e0011e2-a841-4fd8-b0f7-08d57ef764f0}
    <Trace> MergedBlockOutputStream: filled checksums 20140317_14_14_0 (state
    Temporary)
2022.03.23 16:40:41.346478 [ 2265628 ] {6e0011e2-a841-4fd8-b0f7-08d57ef764f0}
    <Trace> clickhouse_tutorial.`.inner_id.1c93ef11-704f-4515-9596-fbdb4efdf6b8`
    (2b4de01f-12f8-443e-97aa-53ecd1aa49a5): Renaming temporary part tmp_
    insert_20140319_13_13_0 to 20140319_13_13_0.
...
2022.03.23 16:40:41.347180 [ 2265628 ] {6e0011e2-a841-4fd8-b0f7-08d57ef764f0}
    <Trace> PushingToViews: Pushing (sequentially) from clickhouse_tutorial.
    user_tag (daf4def5-8bdc-4185-9674-3d406a37889a) to clickhouse_tutorial.user_
    tag_mt_view_2 (e100e762-a590-4c49-8e3a-e9798f05458e) took 160 ms.
```

```
2022.03.23 16:40:41.347210 [ 2265628 ] {6e0011e2-a841-4fd8-b0f7-08d57ef764f0}
    <Trace> PushingToViews: Pushing (sequentially) from clickhouse_tutorial.
    user_tag (daf4def5-8bdc-4185-9674-3d406a37889a) to clickhouse_tutorial.user_
    tag_mt_view_1 (1c93ef11-704f-4515-9596-fbdb4efdf6b8) took 145 ms.
```

可以发现，插入源表数据时会执行物化视图数据的计算和写入操作。

查询物化视图数据。执行如下 SQL 语句，查询物化视图 user_tag_mt_view_2 中的数据。

```sql
SELECT
    userCnt,
    age,
    date
FROM clickhouse_tutorial.user_tag_mt_view_2
ORDER BY
    age ASC,
    date ASC
```

```
Query id: 665d36e3-282b-47e3-995f-bb4be479b2cb
```

```
┌─userCnt─┬─age─┬────────date─┐
│    2549 │   0 │  2014-03-17 │
│    2375 │   0 │  2014-03-17 │
...
│    1379 │  55 │  2014-03-23 │
│    1355 │  55 │  2014-03-23 │
│     790 │  55 │  2014-03-23 │
└─────────┴─────┴─────────────┘
```

```
378 rows in set. Elapsed: 0.005 sec.
```

从 Server 端的查询日志可以看出，查询物化视图 clickhouse_tutorial.user_tag_mt_view_2 的 SQL 最终会路由到真正执行查询的是物理表 clickhouse_tutorial.user_tag_mt_view_2_table。相关日志内容如下：

```
2022.03.23 17:15:54.507052 [ 3019212 ] {} <Debug> TCP-Session: a1fec822-a98a-
    4451-8206-b4afc0d75c3a Creating query context from session context, user_id:
    94309d50-4f52-5250-31bd-74fecac179db, parent context user: default
2022.03.23 17:15:54.507353 [ 3019212 ] {665d36e3-282b-47e3-995f-bb4be479b2cb}
    <Debug> executeQuery: (from 127.0.0.1:64106) select userCnt, age, date from
    clickhouse_tutorial.user_tag_mt_view_2 order by age,date;
2022.03.23 17:15:54.507743 [ 3019212 ] {665d36e3-282b-47e3-995f-bb4be479b2cb}
    <Trace> ContextAccess (default): Access granted: SELECT(userCnt, age, date)
    ON clickhouse_tutorial.user_tag_mt_view_2
2022.03.23 17:15:54.507901 [ 3019212 ] {665d36e3-282b-47e3-995f-bb4be479b2cb}
    <Trace> InterpreterSelectQuery: FetchColumns -> Complete
2022.03.23 17:15:54.508052 [ 3019212 ] {665d36e3-282b-47e3-995f-bb4be479b2cb}
    <Debug> clickhouse_tutorial.user_tag_mt_view_2_table (b16f114d-1423-45c0-
    adb2-56d0b9705c00) (SelectExecutor): Key condition: unknown
2022.03.23 17:15:54.508168 [ 3019212 ] {665d36e3-282b-47e3-995f-bb4be479b2cb}
```

```
    <Debug> clickhouse_tutorial.user_tag_mt_view_2_table (b16f114d-1423-45c0-
    adb2-56d0b9705c00) (SelectExecutor): MinMax index condition: unknown
2022.03.23 17:15:54.508473 [ 3019212 ] {665d36e3-282b-47e3-995f-bb4be479b2cb}
    <Debug> clickhouse_tutorial.user_tag_mt_view_2_table (b16f114d-1423-45c0-
    adb2-56d0b9705c00) (SelectExecutor): Selected 7/7 parts by partition key,
    7 parts by primary key, 7/7 marks by primary key, 7 marks to read from 7
    ranges
2022.03.23 17:15:54.508530 [ 3019212 ] {665d36e3-282b-47e3-995f-bb4be479b2cb}
    <Trace> MergeTreeInOrderSelectProcessor: Reading 1 ranges in order from part
    20140323_3_3_0, approx. 54 rows starting from 0
...
```

3. 实时视图

实时视图（Live View）适用于以下典型场景：

❑ 查询结果更改后提供推送通知以避免轮询。

❑ 缓存最频繁查询的结果以提供即时查询结果。

❑ 监视表更改并触发后续的选择查询。

❑ 使用定期刷新从系统表中观察指标。

（1）语法

创建实时视图：

```
CREATE LIVE VIEW [IF NOT EXISTS] [db.]table_name
[
WITH [TIMEOUT [value_in_sec] [AND]]
[REFRESH [value_in_sec]]
]
AS SELECT ...
```

实时视图查询：

```
WATCH [db.]live_view
```

（2）功能说明

实时视图把当前数据查询结果以及增量数据更新的结果存储在内存中。当使用 WATCH db.live_view 监控到查询结果有更新时，实时视图会提供推送通知。

实时视图不适用于需要完整数据集来计算最终结果的查询或必须保留聚合状态的聚合。

实时视图是一个实验性的功能，要想启用实时视图和开启 WATCH 查询，需要将参数 allow_experimental_live_view 设置为 1。

（3）实例讲解

1）创建实时视图。执行如下 SQL 创建实时视图：

```
CREATE LIVE VIEW clickhouse_tutorial.user_tag_lv AS
SELECT
    uniqExact(UserID) AS userCnt,
    Age AS age,
```

```
    EventDate AS date
FROM clickhouse_tutorial.user_tag
GROUP BY
    Age,
    EventDate

Query id: f630e4c1-86b9-4965-bb80-b95a8b4e8507

0 rows in set. Elapsed: 0.001 sec.

Received exception from server (version 22.4.1):
Code: 344. DB::Exception: Received from 127.0.0.1:9009. DB::Exception:
    Experimental LIVE VIEW feature is not enabled (the setting 'allow_
    experimental_live_view'). (SUPPORT_IS_DISABLED)
```

报错提示我们设置参数 allow_experimental_live_view 以开启实时视图功能。

执行如下命令开启实时视图功能：

```
SET allow_experimental_live_view = 1
```

2）查看实时视图详情。再次执行上面创建实时视图的 SQL，执行成功，系统表 system.tables 中实时视图 user_tag_lv 的详细信息如下：

```
SELECT *
FROM system.tables
WHERE (database = 'clickhouse_tutorial') AND (name = 'user_tag_lv')
FORMAT Vertical

Query id: 79b9d7a2-d8a4-48d7-9354-431ab60089fc

Row 1:
──────────────
database:                   clickhouse_tutorial
name:                       user_tag_lv
uuid:                       88832c4f-ca06-4f3e-b5bc-9680740e30fb
engine:                     LiveView
is_temporary:               0
data_paths:                 []
metadata_path:              /Users/data/clickhouse/store/1e0/1e031223-783a-
    48a9-9f32-1a719033081b/user_tag_lv.sql
metadata_modification_time: 2022-03-24 01:54:05
dependencies_database:      []
dependencies_table:         []
create_table_query:         CREATE LIVE VIEW clickhouse_tutorial.user_tag_
    lv (`userCnt` UInt64, `age` UInt8, `date` Date) AS SELECT uniqExact(UserID)
    AS userCnt, Age AS age, EventDate AS date FROM clickhouse_tutorial.user_tag
    GROUP BY Age, EventDate
engine_full:
as_select:                  SELECT uniqExact(UserID) AS userCnt, Age AS age,
    EventDate AS date FROM clickhouse_tutorial.user_tag GROUP BY Age, EventDate
```

```
partition_key:
sorting_key:
primary_key:
sampling_key:
storage_policy:
total_rows:                      NULL
total_bytes:                     NULL
lifetime_rows:                   NULL
lifetime_bytes:                  NULL
comment:
has_own_data:                    0
loading_dependencies_database: []
loading_dependencies_table:    []
loading_dependent_database:    []
loading_dependent_table:       []

1 rows in set. Elapsed: 0.005 sec.
```

可以看出，实时视图并没有 data_path，这表明实时视图是逻辑上的视图，没有真实的物理数据文件存储。

3）查询实时视图数据。执行 WATCH 命令查询实时视图的结果：

```
WATCH clickhouse_tutorial.user_tag_lv

Query id: 19fdeea5-37ea-4f9e-be44-78e09c88370a

┌─ userCnt ─┬─ age ─┬───── date ─────┬─ _version ─┐
│      1184 │    26 │     2014-03-20 │          1 │
│      4152 │    55 │     2014-03-18 │          1 │
...
│      1215 │    26 │     2014-03-17 │          1 │
│      3156 │    22 │     2014-03-23 │          1 │
│      2676 │    39 │     2014-03-22 │          1 │
│     14598 │     0 │     2014-03-22 │          1 │
└───────────┴───────┴────────────────┴────────────┘

↑ Progress: 42.00 rows, 798.00 B (119.82 rows/s., 2.28 KB/s.)
```

本次查询终端交互并没有结束，而是一直在等待状态。

4）实时视图数据查询过程。查看 Server 端 WATCH 命令执行日志。如下：

```
2022.03.24 01:57:47.152500 [ 3019212 ] {} <Debug> TCP-Session: 1be6eef3-3954-
    4f71-8c2e-a8bad379a01c Creating query context from session context, user_id:
    94309d50-4f52-5250-31bd-74fecac179db, parent context user: default
2022.03.24 01:57:47.153355 [ 3019212 ] {19fdeea5-37ea-4f9e-be44-78e09c88370a}
    <Debug> executeQuery: (from 127.0.0.1:53712) watch clickhouse_tutorial.user_
    tag_lv
2022.03.24 01:57:47.153505 [ 3019212 ] {19fdeea5-37ea-4f9e-be44-78e09c88370a}
    <Trace> ContextAccess (default): Access granted: SELECT(userCnt, age, date)
    ON clickhouse_tutorial.user_tag_lv
...
```

可以看出，实时视图数据查询的实质是源头表的数据查询。

5）插入数据查看视图更新。执行如下 INSERT 语句，向视图源头表 user_tag 中插入数据：

```
INSERT INTO clickhouse_tutorial.user_tag (UserID, WatchID, EventTime, Sex,
    Age, OS, RegionID, RequestNum, EventDate) VALUES (2042690798151930621,
    4611692230555590277, '2014-03-17 12:10:17', 0, 26, 56, 104, 2, '2014-03-17')
```

紧接着看到 WATCH 终端输出了如下内容：

```
...
↘ Progress: 42.00 rows, 798.00 B (170.83 rows/s., 3.25 KB/s.)


┌─ userCnt ─┬─ age ─┬───── date ─────┬─ _version ─┐
│     1184  │   26  │   2014-03-20   │         2  │
│     4152  │   55  │   2014-03-18   │         2  │
...
│     1216  │   26  │   2014-03-17   │         2  │
│     3156  │   22  │   2014-03-23   │         2  │
│     2676  │   39  │   2014-03-22   │         2  │
│    14598  │    0  │   2014-03-22   │         2  │
└───────────┴───────┴────────────────┴────────────┘
✓ Progress: 84.00 rows, 1.60 KB (0.70 rows/s., 13.34 B/s.) (0.0 CPU, 5.66 MB
    RAM)Exception on client:
Code: 32. DB::Exception: Attempt to read after eof: while receiving packet from
    127.0.0.1:9009. (ATTEMPT_TO_READ_AFTER_EOF)

Connecting to 127.0.0.1:9009 as user default.
Code: 210. DB::NetException: Connection refused (127.0.0.1:9009). (NETWORK_
    ERROR)
```

我们注意到变更数据导致输出结果发生变化，原来的数据行：

```
┌─ userCnt ─┬─ age ─┬───── date ─────┬─ _version ─┐
│     1215  │   26  │   2014-03-17   │         1  │
```

变成了新的数据行：

```
┌─ userCnt ─┬─ age ─┬───── date ─────┬─ _version ─┐
│     1216  │   26  │   2014-03-17   │         2  │
```

也就是说，userCnt 数字增加了 1，由 1215 变成了 1216，版本号 version 由 1 变成了 2。

不过，当前实时视图还在实验测试阶段，功能性能上可能还存在 Bug。例如，这里在监控 clickhouse_tutorial.user_tag_lv 的同时进行表数据插入操作的过程中（使用 DataGrip 客户端 Console 界面），发生了"Code: 32. DB::Exception: Attempt to read after eof"报错，也导致了 ClickHouse Server（version 22.4.1.1）端 Abort 中断了进程实例。核心报错信息如下：

```
ClickHouse 客户端: Received exception from server (version 22.4.1):
Code: 49. DB::Exception: Received from 127.0.0.1:9009. DB::Exception:
```

```
Unexpected thread state 2: void DB::ThreadStatus::setupState(const
DB::ThreadGroupStatusPtr &). (LOGICAL_ERROR)
ClickHouse服务端: CurrentThread: DB::CurrentThread::QueryScope::~QueryScope(): Code:
49. DB::Exception: Unexpected thread state 2: void DB::ThreadStatus::detachQuer
y(bool, bool). (LOGICAL_ERROR)
```

重试多次，错误依然发生，可见这是一个 Bug，这里记录下 Server 端的报错信息：

```
2022.03.24 02:20:45.987821 [ 3184787 ] {} <Error> CurrentThread: DB::CurrentThr
    ead::QueryScope::~QueryScope(): Code: 49. DB::Exception: Unexpected thread
    state 2: void DB::ThreadStatus::detachQuery(bool, bool). (LOGICAL_ERROR),
    Stack trace (when copying this message, always include the lines below):
<Empty trace>
 (version 22.4.1.1)
2022.03.24 02:20:45.988248 [ 3184787 ] {} <Debug> HTTP-Session: 1b397b7b-3509-
    4dff-b6e7-8453a74f117a Destroying named session 'DataGrip_de2dc84b-3fbf-
    47d7-ba1c-7e3e5f3b39b9' of user 94309d50-4f52-5250-31bd-74fecac179db
2022.03.24 02:20:45.988357 [ 3183961 ] {} <Trace> BaseDaemon: Received signal -1
2022.03.24 02:20:45.988436 [ 3183961 ] {} <Fatal> BaseDaemon: (version 22.4.1.1,
    no build id) (from thread 3184787) Terminate called for uncaught exception:
2022.03.24 02:20:45.988490 [ 3183961 ] {} <Fatal> BaseDaemon: Code: 49.
    DB::Exception: Unexpected thread state 2: void DB::ThreadStatus::detachQu
    ery(bool, bool). (LOGICAL_ERROR), Stack trace (when copying this message,
    always include the lines below):
2022.03.24 02:20:45.988597 [ 3183961 ] {} <Fatal> BaseDaemon:
2022.03.24 02:20:45.988647 [ 3183961 ] {} <Fatal> BaseDaemon: <Empty trace>
2022.03.24 02:20:45.988689 [ 3183961 ] {} <Fatal> BaseDaemon:  (version 22.4.1.1)
2022.03.24 02:20:45.988733 [ 3183961 ] {} <Trace> BaseDaemon: Received signal 6
2022.03.24 02:20:45.988976 [ 3185719 ] {} <Fatal> BaseDaemon: #################
    ######################
2022.03.24 02:20:45.990570 [ 3185719 ] {} <Fatal> BaseDaemon: (version 22.4.1.1, no
    build id) (from thread 3184787) (no query) Received signal Abort trap: 6 (6)
2022.03.24 02:20:45.991603 [ 3185719 ] {} <Fatal> BaseDaemon:
2022.03.24 02:20:45.991674 [ 3185719 ] {} <Fatal> BaseDaemon: Stack trace:
    0x7fff2049b462
2022.03.24 02:20:45.991733 [ 3185719 ] {} <Fatal> BaseDaemon: 0. 0x7fff2049b462
2022.03.24 02:20:52.689286 [ 3184017 ] {} <Debug> DNSResolver: Updating DNS
    cache
2022.03.24 02:20:52.689782 [ 3184017 ] {} <Debug> DNSResolver: Updated DNS cache
...
zsh: abort       clickhouse server
```

4. 窗口视图

窗口视图（Window View）可以按时间窗口聚合数据，并在窗口准备启动时输出结果。窗口视图将部分聚合结果存储在内部（或指定）表中，以减少延迟，可以使用 WATCH 查询将处理结果推送到指定表或推送通知。

（1）语法

1）创建窗口视图。

```
CREATE WINDOW VIEW [IF NOT EXISTS] [db.]table_name
[TO [db.]table_name]
[ENGINE = engine]
[WATERMARK = strategy]
[ALLOWED_LATENESS = interval_function]
AS SELECT ...
GROUP BY time_window_function
```

2）查询窗口视图数据。

```
WATCH [db.]window_view
```

（2）功能说明

创建窗口视图类似于创建物化视图，需要内部存储引擎来存储中间数据。内部存储将使用 AggregatingMergeTree 作为默认引擎。

关键参数说明如下：

1）ALLOWED_LATENESS = interval_function，区间函数。

2）WATERMARK = strategy，水印策略。窗口视图提供了三种水印策略：

❑ STRICTLY_ASCENDING：发出迄今为止观察到的最大时间戳的水印。时间戳小于最大时间戳的行不会延迟。

❑ ASCENDING：发出迄今为止观察到的最大时间戳减 1 的水印。时间戳等于或小于最大时间戳的行不会延迟。

❑ BOUNDED：WATERMARK=INTERVAL。发出水印，即观察到的最大时间戳减去指定的延迟。

3）time_window_function，时间窗口函数，主要有滚动函数 tumble(time_attr, interval [, timezone]) 和跳跃函数 hop(time_attr, hop_interval, window_interval [, timezone])。窗口视图需要与时间窗口函数一起使用。

（3）适用场景

窗口视图适用于如下典型场景：

❑ 监控场景：按时间聚合和计算 metrics 日志，并将结果输出到目标表。仪表板（dashboard）可以将目标表用作源表。

❑ 分析场景：在时间窗口内自动聚合和预处理数据，这在分析大量日志时很有用。预处理消除了多个查询中的重复计算，并减少了查询延迟。

窗口视图是一个实验性的功能，启用窗口视图需要将参数 allow_experimental_window_view 设置为 1。

（4）实例讲解

1）创建窗口视图。

设置如下参数，开启窗口视图功能：

```
SET allow_experimental_window_view = 1
```

然后，执行如下 SQL 创建窗口视图 user_tag_wv：

```
CREATE WINDOW VIEW clickhouse_tutorial.user_tag_wv AS
SELECT
    uniqExact(UserID) AS userCnt,
    tumbleStart(w_id) AS window_start
FROM clickhouse_tutorial.user_tag
GROUP BY tumble(EventTime, toIntervalSecond('10')) AS w_id
```

同样地，在系统表 system.tables 查看视图 user_tag_wv 详情：

```
SELECT *
FROM system.tables
WHERE (database = 'clickhouse_tutorial') AND (name = 'user_tag_wv')
FORMAT Vertical

Query id: fbf0bd9a-e826-49d5-b0ec-511f1ef1f405

Row 1:
──────────

database:                   clickhouse_tutorial
name:                       user_tag_wv
uuid:                       8507f16a-adaf-43a8-8416-f9b16f82ffdf
engine:                     WindowView
is_temporary:               0
data_paths:                 []
metadata_path:              /Users/data/clickhouse/store/1e0/1e031223-783a-
    48a9-9f32-1a719033081b/user_tag_wv.sql
metadata_modification_time: 2022-03-24 04:03:33
dependencies_database:      []
dependencies_table:         []
create_table_query:         CREATE WINDOW VIEW clickhouse_tutorial.user_tag_
    wv (`userCnt` UInt64, `window_start` DateTime) AS SELECT uniqExact(UserID)
    AS userCnt, tumbleStart(w_id) AS window_start FROM clickhouse_tutorial.user_
    tag GROUP BY tumble(EventTime, toIntervalSecond('10')) AS w_id
engine_full:
as_select:                  SELECT uniqExact(UserID) AS userCnt,
    tumbleStart(w_id) AS window_start FROM clickhouse_tutorial.user_tag GROUP BY
    tumble(EventTime, toIntervalSecond('10')) AS w_id
partition_key:
sorting_key:
primary_key:
sampling_key:
storage_policy:
total_rows:                 NULL
total_bytes:                NULL
lifetime_rows:              NULL
lifetime_bytes:             NULL
comment:
has_own_data:               0
loading_dependencies_database: []
```

```
loading_dependencies_table:      []
loading_dependent_database:      []
loading_dependent_table:         []

1 rows in set. Elapsed: 0.004 sec.
```

2）查询窗口视图数据。

执行 WATCH 查询窗口视图：

```
WATCH clickhouse_tutorial.user_tag_wv
```

WATCH 命令没有执行结束，而是在等待中。

3）插入数据查看视图更新。

我们分别执行 2 次数据插入 SQL：

```
INSERT INTO clickhouse_tutorial.user_tag(UserID, WatchID, EventTime, Sex, Age,
    OS, RegionID, RequestNum, EventDate) VALUES
(2042690798151930622, 4611692230555590278, now(), 0, 0, 56, 104, 2,
    toDate(now()));

INSERT INTO clickhouse_tutorial.user_tag(UserID, WatchID, EventTime, Sex, Age,
    OS, RegionID, RequestNum, EventDate) VALUES
(1745382628175606281, 4611703724436325474, now(), 2, 22, 42, 3, 107,
    toDate(now())),
(1266642432311731534, 4611720374393200609, now(), 2, 16, 42, 13962, 49,
    toDate(now())),
(1080523977390906965, 4611724822782888722, now(), 2, 16, 56, 15887, 13,
    toDate(now()));
```

可以看到 WATCH 查询窗口视图结果的更新输出如下：

```
WATCH clickhouse_tutorial.user_tag_wv

Query id: ee6cd866-103f-48e9-b3fc-8216934e960c

┌─userCnt─┬────────window_start─┐
│       1 │ 2022-03-24 04:19:20 │
└─────────┴─────────────────────┘
↗ Progress: 3.00 rows, 36.00 B (0.01 rows/s., 0.09 B/s.)

┌─userCnt─┬────────window_start─┐
│       3 │ 2022-03-24 04:20:20 │
└─────────┴─────────────────────┘
↘ Progress: 4.00 rows, 48.00 B (0.01 rows/s., 0.10 B/s.)
```

6.2.9 创建函数

ClickHouse 支持使用 lambda 表达式简洁、方便地创建用户自定义函数（User Defined Function，UDF）。

1. 语法

```
CREATE FUNCTION name AS (parameter0, ...) -> expression
```

2. 功能说明

使用 lambda 表达式创建用户定义函数。表达式可由函数参数、常量、运算符或其他函数调用等组成（不支持递归调用自己）。

函数入参（parameter0, ⋯）支持多个参数。

另外，函数名称不能与已有用户自定义函数和系统函数名冲突。

3. 实例讲解

1）创建函数。

创建一个区间范围计算函数：

```
CREATE FUNCTION userCntCalculate AS (x) -> multiIf(x > 10000, 'high', (x <
    10000) AND (x > 8000), 'mid', 'low')
Query id: c944d3ef-ecdc-4a27-a21e-aa96887a9c7a
```

查看 Server 端日志，可以看到创建用户自定义函数的执行过程：

```
2022.03.24 14:28:15.989892 [ 3372013 ] {} <Debug> TCP-Session: 872a56df-4e02-
    4275-8260-f15a546e8327 Creating query context from session context, user_id:
    94309d50-4f52-5250-31bd-74fecac179db, parent context user: default
2022.03.24 14:28:15.990172 [ 3372013 ] {c944d3ef-ecdc-4a27-a21e-aa96887a9c7a}
    <Debug> executeQuery: (from 127.0.0.1:53518) CREATE FUNCTION userCntCalculate
    AS (x) -> multiIf( x> 10000,'high', x<10000 and x>8000, 'mid', 'low' );
2022.03.24 14:28:15.990249 [ 3372013 ] {c944d3ef-ecdc-4a27-a21e-aa96887a9c7a}
    <Trace> ContextAccess (default): Access granted: CREATE FUNCTION ON *.*
2022.03.24 14:28:15.990307 [ 3372013 ] {c944d3ef-ecdc-4a27-a21e-aa96887a9c7a}
    <Debug> UserDefinedSQLObjectsLoader: Storing object `userCntCalculate` to
    file /Users/data/clickhouse/user_defined/function_userCntCalculate.sql
2022.03.24 14:28:15.990820 [ 3372013 ] {c944d3ef-ecdc-4a27-a21e-aa96887a9c7a}
    <Debug> UserDefinedSQLObjectsLoader: Stored object `userCntCalculate`
2022.03.24 14:28:15.990892 [ 3372013 ] {c944d3ef-ecdc-4a27-a21e-aa96887a9c7a}
    <Debug> MemoryTracker: Peak memory usage (for query): 0.00 B.
2022.03.24 14:28:15.990978 [ 3372013 ] {} <Debug> TCPHandler: Processed in
    0.001141 sec.
```

通过 UserDefinedSQLObjectsLoader 类把创建用户自定义函数的 SQL 存储到文件 /Users/data/clickhouse/user_defined/function_userCntCalculate.sql 中。关于用户自定义函数的查询编译器逻辑在源代码 InterpreterCreateFunctionQuery.cpp 中，感兴趣的读者可以自行阅读。

2）验证函数名称必须唯一。

我们重复执行上面的创建函数 SQL，可以看到函数名称必须唯一的报错提示：

```
Received exception from server (version 22.4.1):
Code: 609. DB::Exception: Received from 127.0.0.1:9009. DB::Exception: The
    function name 'userCntCalculate' is not unique. (FUNCTION_ALREADY_EXISTS)
```

3）使用函数计算结果。

```
SELECT
    uniqExact(UserID) AS userCnt,
    Age,
    userCntCalculate(userCnt) AS level
FROM clickhouse_tutorial.user_tag
GROUP BY Age

Query id: db00c8aa-ebac-4080-b82d-52e16faa72ac

Connecting to 127.0.0.1:9009 as user default.
Connected to ClickHouse server version 22.4.1 revision 54455.
```

userCnt	Age	level
82405	0	high
21066	16	high
6556	22	low
2130	26	low
6282	39	low
8311	55	mid

```
6 rows in set. Elapsed: 0.148 sec. Processed 17.75 million rows, 159.73 MB (120.16
    million rows/s., 1.08 GB/s.)
```

6.2.10 创建字典

ClickHouse 支持从数据源添加字典。字典的数据源可以是本地文本或可执行文件、HTTP(s) 资源或其他 DBMS。字典数据存储在内存 RAM 中。字典数据会定期更新，支持动态加载。

1. 语法

```
CREATE [OR REPLACE] DICTIONARY [IF NOT EXISTS] [db.]dictionary_name [ON CLUSTER
    cluster]
(
    key1 type1  [DEFAULT|EXPRESSION expr1] [IS_OBJECT_ID],
    key2 type2  [DEFAULT|EXPRESSION expr2],
    attr1 type2 [DEFAULT|EXPRESSION expr3] [HIERARCHICAL|INJECTIVE],
    attr2 type2 [DEFAULT|EXPRESSION expr4] [HIERARCHICAL|INJECTIVE]
)
PRIMARY KEY key1, key2
SOURCE(SOURCE_NAME([param1 value1 ... paramN valueN]))
LAYOUT(LAYOUT_NAME([param_name param_value]))
LIFETIME({MIN min_val MAX max_val | max_val})
SETTINGS(setting_name = setting_value, setting_name = setting_value, ...)
COMMENT 'Comment'
```

2. 功能说明

根据给定的数据源（SOURCE）、数据结构布局（LAYOUT）、生命周期（LIFETIME）、参数设置（SETTINGS）等创建外部扩展字典。ON CLUSTER 是指在集群上创建字典。

3. 实例讲解

1）创建字典源表。

```
create table clickhouse_tutorial.user_sex_dim (
    code UInt8,
    name String
) engine = MergeTree
order by code
```

2）向源表中插入数据。

```
INSERT INTO clickhouse_tutorial.user_sex_dim (code, name) VALUES (0, '未知');
INSERT INTO clickhouse_tutorial.user_sex_dim (code, name) VALUES (1, '男');
INSERT INTO clickhouse_tutorial.user_sex_dim (code, name) VALUES (2, '女');
```

3）创建字典表。

```
CREATE DICTIONARY clickhouse_tutorial.user_sex_dict
(
    `code` UInt64,
    `name` String
)
PRIMARY KEY code
SOURCE(CLICKHOUSE(HOST 'localhost' PORT '9009' USER 'default' PASSWORD '7Dv7Ib0g'
    DB 'clickhouse_tutorial' TABLE 'user_sex_dim'))
LIFETIME(MIN 0 MAX 1000)
LAYOUT(FLAT())
COMMENT 'The user sex dictionary'

Query id: 05e8e713-1db0-4f00-a24d-c1882107ba8f

Ok.

0 rows in set. Elapsed: 0.003 sec.
```

其中，SOURCE 的 CLICKHOUSE 源表数据中配置了 HOST、PORT、USER、PASSWORD、DB、TABLE 等属性值。

创建字典的 Server 端日志为：

```
2022.03.24 18:57:55.641900 [ 3372013 ] {} <Debug> TCP-Session: a8737b8c-25cc-
    4e7b-a927-41634b151425 Creating query context from session context, user_id:
    94309d50-4f52-5250-31bd-74fecac179db, parent context user: default
2022.03.24 18:57:55.642067 [ 3372013 ] {05e8e713-1db0-4f00-a24d-c1882107ba8f}
    <Debug> executeQuery: (from 127.0.0.1:52855) CREATE DICTIONARY clickhouse_
    tutorial.user_sex_dict ( code UInt64, name String ) PRIMARY KEY code SOURCE
```

```
( CLICKHOUSE( HOST 'localhost' PORT '9009' USER 'default' PASSWORD '7Dv7Ib0g'
DB 'clickhouse_tutorial' TABLE 'user_sex_dim' ) ) LAYOUT(FLAT()) LIFETIME(MIN
0 MAX 1000) COMMENT 'The user sex dictionary';
2022.03.24 18:57:55.642178 [ 3372013 ] {05e8e713-1db0-4f00-a24d-c1882107ba8f}
<Trace> ContextAccess (default): Access granted: CREATE DICTIONARY ON
clickhouse_tutorial.user_sex_dict
2022.03.24 18:57:55.643007 [ 3372013 ] {05e8e713-1db0-4f00-a24d-c1882107ba8f}
<Trace> ExternalDictionariesLoader: Loading config file '44abd580-4b73-458c-
b3e1-a2087ce934e8'.
2022.03.24 18:57:55.644788 [ 3372013 ] {05e8e713-1db0-4f00-a24d-c1882107ba8f}
<Debug> MemoryTracker: Peak memory usage (for query): 0.00 B.
2022.03.24 18:57:55.644875 [ 3372013 ] {} <Debug> TCPHandler: Processed in
0.003025 sec.
```

核心处理逻辑源码在 ExternalDictionariesLoader.cpp 中。

在系统表 system.dictionaries 中查看字典 user_sex_dict 的详情，结果如下：

```
SELECT *
FROM system.dictionaries
WHERE (name = 'user_sex_dict') AND (database = 'clickhouse_tutorial')
FORMAT Vertical

Query id: a2572b20-7573-4806-b9d4-5b32bb70407d

Row 1:
──────

database:                 clickhouse_tutorial
name:                     user_sex_dict
uuid:                     44abd580-4b73-458c-b3e1-a2087ce934e8
status:                   NOT_LOADED
origin:                   44abd580-4b73-458c-b3e1-a2087ce934e8
type:
key.names:                ['code']
key.types:                ['UInt64']
attribute.names:          ['name']
attribute.types:          ['String']
bytes_allocated:          0
query_count:              0
hit_rate:                 0
found_rate:               0
element_count:            0
load_factor:              0
source:
lifetime_min:             0
lifetime_max:             0
loading_start_time:       1970-01-01 08:00:00
last_successful_update_time: 1970-01-01 08:00:00
loading_duration:         0
last_exception:
comment:                  The user sex dictionary

1 rows in set. Elapsed: 0.003 sec.
```

4）查询字典数据。

执行如下 SQL 语句查询字典数据：

```sql
SELECT
    code,
    name
FROM clickhouse_tutorial.user_sex_dict
```

```
Query id: 814662d1-7a36-4191-9356-9732f7cf2588
```

code	name
0	未知
1	男
2	女

```
3 rows in set. Elapsed: 0.002 sec.
```

5）获取字典值。

可以使用内置函数 dictGetString() 获取字典值：

```sql
SELECT
    code,
    dictGetString('clickhouse_tutorial.user_sex_dict', 'name', code) AS SexName
FROM clickhouse_tutorial.user_sex_dict
```

```
Query id: 073f56e6-a912-4e93-943d-3e92e2fa9b73
```

code	SexName
0	未知
1	男
2	女

```
3 rows in set. Elapsed: 0.002 sec.
```

6）在查询中使用字典。

```sql
SELECT
    uniqExact(UserID) AS userCnt,
    Sex,
    dictGetString('clickhouse_tutorial.user_sex_dict', 'name', Sex) AS SexName
FROM clickhouse_tutorial.user_tag
GROUP BY Sex
```

```
Query id: 13c61349-0933-4c17-8311-dfba90031c57
```

userCnt	Sex	SexName
84566	0	未知
21796	1	男
17816	2	女

```
3 rows in set. Elapsed: 0.108 sec. Processed 17.75 million rows, 159.73 MB (164.08
    million rows/s., 1.48 GB/s.)
```

7）删除字典。

使用 drop dictionary 命令删除字典：

```
drop dictionary clickhouse_tutorial.user_sex_dict;
```

6.2.11 RENAME 操作

1. 语法

```
RENAME DATABASE|TABLE|DICTIONARY name TO new_name [,...] [ON CLUSTER cluster]
```

2. 功能说明

1）重命名数据库。

```
RENAME DATABASE atomic_database1 TO atomic_database2 [,...] [ON CLUSTER cluster]
```

重命名一个或多个数据库。

2）重命名表。

```
RENAME TABLE [db1.]name1 TO [db2.]name2 [,...] [ON CLUSTER cluster]
```

重命名一个或多个表。重命名表是一项轻量级的操作。

3）重命名字典。

```
RENAME DICTIONARY [db0.]dict_A TO [db1.]dict_B [,...] [ON CLUSTER cluster]
```

重命名一个或多个字典。此查询可在数据库之间移动字典。

3. 实例讲解

重命名两张表。把 table_A 重命名为 table_A_bak，把 table_B 重命名为 table_B_bak，SQL 实例如下：

```
RENAME TABLE table_A TO table_A_bak, table_B TO table_B_bak
```

6.2.12 ALTER 操作

1. ALTER 变更表结构操作

使用 ALTER TABLE 操作变更表结构。目前，ALTER 仅支持 *MergeTree、Merge 以及 Distributed 等表引擎。语法如下：

```
ALTER TABLE [db].table_name [ON CLUSTER cluster] ADD|DROP|RENAME|CLEAR|COMMENT|
    {MODIFY|ALTER}|MATERIALIZE COLUMN ...
```

其中，ALTER 可变更表结构，支持如下操作：

❑ ADD COLUMN，增加列。

❑ DROP COLUMN，删除列。

❑ CLEAR COLUMN，重置列的值，即清空列。

❑ COMMENT COLUMN，给列增加注释说明。

❑ MODIFY COLUMN，修改列的值类型，默认是表达式以及 TTL。

（1）增加列

语法：

```
ALTER TABLE [db].table_name [ON CLUSTER cluster]
ADD COLUMN [IF NOT EXISTS] name [type] [default_expr] [codec] [AFTER name_after]
```

功能说明：使用指定的列名（name）、列数据类型（type）、编码（codec）以及默认值表达式（default_expr）等，向表中增加新的列。添加列只改变原有表的结构，不会对已有数据产生影响。如果查询表时列的数据为空，那么 ClickHouse 会使用列的默认值来进行填充。如果有默认值表达式，则使用默认值表达式的值。

实例讲解。给表 clickhouse_tutorial.user_tag 新增一个字段 City，类型为 String，字段位置放到 Age 的后面，SQL 实例如下：

```
alter table clickhouse_tutorial.user_tag add column City String after Age;
```

（2）删除列

语法：

```
ALTER TABLE [db].table_name [ON CLUSTER cluster]
DROP COLUMN [IF EXISTS] name
```

功能说明：删除指定 name 列。该操作会从文件系统中删除该列数据。如果语句包含 IF EXISTS，执行时遇到不存在的列也不会报错。

实例讲解。删除表 clickhouse_tutorial.user_tag 中的字段 City，SQL 实例如下：

```
alter table clickhouse_tutorial.user_tag drop column City
```

（3）清空列

语法：

```
ALTER TABLE [db].table_name [ON CLUSTER cluster]
CLEAR COLUMN [IF EXISTS] name IN PARTITION partition_name
```

功能说明：重置对应列和分区的所有值。注意 key 值列不能被清空。例如，EventTime 是 user_tag 表中的排序键：

```
CREATE TABLE clickhouse_tutorial.user_tag
(
    `UserID` UInt64,
    `WatchID` UInt64,
    `EventTime` DateTime,
```

```
    `Sex` UInt8,
    `Age` UInt8,
    `OS` UInt8,
    `RegionID` UInt32,
    `RequestNum` UInt32,
    `EventDate` Date,
    PROJECTION pOS
    (
        SELECT
            groupBitmap(UserID),
            count(1)
        GROUP BY OS
    ),
    PROJECTION pRegionID
    (
        SELECT
            count(1),
            groupBitmap(UserID)
        GROUP BY RegionID
    )
)
ENGINE = MergeTree
PARTITION BY EventDate
ORDER BY (WatchID, UserID, EventTime)
SETTINGS index_granularity = 8192
```

执行如下 SQL 语句，清空 EventTime 列数据会报如下错误：

```
ALTER TABLE clickhouse_tutorial.user_tag
    CLEAR COLUMN EventTime IN PARTITION '2022-03-24'

Received exception from server (version 22.4.1):
Code: 524. DB::Exception: Received from 127.0.0.1:9009. DB::Exception: Trying to
    ALTER DROP key EventTime column which is a part of key expression. (ALTER_
    OF_COLUMN_IS_FORBIDDEN)
```

实例讲解。清空列 RequestNum 的数据：

```
alter table clickhouse_tutorial.user_tag
clear column RequestNum IN PARTITION '2022-03-24';
```

执行完成之后，我们再次查询"2022-03-24"分区的数据，可以发现 RequestNum（UInt32 类型）的数据均为 UInt32 类型的默认值 0。

（4）添加注释

语法：

```
ALTER TABLE [db].table_name [ON CLUSTER cluster]
COMMENT COLUMN [IF EXISTS] name 'comment'
```

功能说明：给列增加注释说明。每个列都可以包含注释。如果列的注释已经存在，新的注释会替换旧的。

实例讲解。给 UserID 字段添加注释"用户 ID"，SQL 实例如下：

```
alter table clickhouse_tutorial.user_tag comment column UserID '用户 ID';
```

（5）修改列

语法：

```
ALTER TABLE [db].table_name [ON CLUSTER cluster]
MODIFY COLUMN [IF EXISTS] name [type] [default_expr] [codec][TTL]
```

功能说明：

修改 name 列的属性。支持修改以下列属性：

❑ 数据类型，type。

❑ 默认值表达式，default_expr。

❑ 数据存活时间，TTL。

❑ 字段数据压缩算法，codec。

实例讲解。

1）改变列的类型。

当改变列的类型时，列的值也被转换了。SQL 实例如下：

```
ALTER TABLE clickhouse_tutorial.user_tag
    MODIFY COLUMN `OS` String
```

改变列的数据类型，也就改变了数据文件的内容，这是一个性能损耗极大的复杂型动作。对于大型表，执行起来要花费较长的时间，会占用大量 CPU 来进行数据计算。该操作分为如下几个处理步骤：

①为修改的数据准备新的临时文件；

②重命名原来的文件；

③将新的临时文件改名为原来的数据文件名；

④删除原来的文件。

第①步会耗时较久。如果该阶段执行失败，那么数据没有变化。如果后续的步骤失败了，数据可以手动恢复。但是存在异常情况，例如已经执行完第④步，即原来的文件已经从文件系统中被删除，此时，如果新数据没有写入临时文件中，那么新数据丢失。

在分布式 ClickHouse 集群中，ALTER 列操作的行为是可以被复制的，ALTER 指令会保存在 ZooKeeper 中，然后分发到每个副本节点执行。所有的 ALTER 将按相同的顺序执行。

2）修改列 TTL。

修改 RequestNum 列 TTL 为分区 EventDate 日期向后一个月。SQL 语句如下：

```
ALTER TABLE clickhouse_tutorial.user_tag
        MODIFY COLUMN
```

```
RequestNum UInt32 TTL EventDate + INTERVAL 1 MONTH
```

执行完上面的 SQL，对应 EventDate 分区中过期的 RequestNum 数据都被清 0。

（6）添加采样

语法：

```
ALTER TABLE [db].name [ON CLUSTER cluster] MODIFY SAMPLE BY new_expression
```

功能说明：添加采样表达式。

实例讲解。给表 user_tag 添加采样，以字段 UserID 进行采样：

```
ALTER TABLE clickhouse_tutorial.user_tag
    MODIFY SAMPLE BY UserID

Query id: 950fdcd4-5620-4224-b324-306a9017a74d

Ok.

0 rows in set. Elapsed: 0.011 sec.
```

查看建表 SQL 语句：

```
SHOW CREATE TABLE clickhouse_tutorial.user_tag

Query id: 669f450b-e71a-4a8f-b046-d84b62e515f8

CREATE TABLE clickhouse_tutorial.user_tag
(
    `UserID` UInt64,
    `WatchID` UInt64,
    `EventTime` DateTime,
    `Sex` UInt8,
    `Age` UInt8,
    `OS` UInt8,
    `RegionID` UInt32,
    `RequestNum` UInt32,
    `EventDate` Date,
    PROJECTION pOS
    (
        SELECT
            groupBitmap(UserID),
            count(1)
        GROUP BY OS
    ),
    PROJECTION pRegionID
    (
        SELECT
            count(1),
            groupBitmap(UserID)
        GROUP BY RegionID
```

```
    )
)
ENGINE = MergeTree
PARTITION BY EventDate
ORDER BY (WatchID, UserID, EventTime)
SAMPLE BY UserID
SETTINGS index_granularity = 8192

1 rows in set. Elapsed: 0.001 sec.
```

2. ALTER 操作注意点

使用 ALTER 变更表结构操作，有如下几点需要特别注意：

1）ALTER 操作不支持对 primary key 或者 sampling key 中的列（在 ENGINE 表达式中用到的列）进行删除操作。

2）修改包含在 primary key 中的列的类型时，如果操作不会导致数据的变化（例如，将 DateTime 类型改成 UInt32），那么这种操作是可行的。

3）如果 ALTER 操作不能满足需求，可以创建一张新的表，通过 INSERT SELECT 语句，将数据复制进去，然后通过 RENAME 将新的表改成与原有表一样的名称，并删除原有的表。

4）ALTER 操作会阻塞对表的所有读写操作。换句话说，当一个大的 SELECT 语句和 ALTER 同时执行时，ALTER 会等待，直到 SELECT 执行结束。与此同时，当 ALTER 运行时，新的 SQL 语句将会等待。

3. ALTER 分区数据操作

（1）数据分区

ClickHouse 在建表时使用 PARTITION BY 子句，指定分区表达式对数据进行分区（partition）。例如，通过 toYYYYMM() 将数据按月进行分区，通过 toMonday() 将数据按照周几进行分区。也可以指定多级分区。

数据分区在 ClickHouse 中主要有两方面应用：

1）在分区键（partition key）上进行分区裁剪，只查询必要的数据。灵活的分区设置，可以根据 SQL Pattern 进行分区设置，最大化地贴合业务特点。

2）对分区进行 TTL 管理，淘汰过期的分区数据。

（2）数据 part 概念

MergeTree 表数据是按 part 来存储的，一次性写入的数据或者数据量达到一定量级时会单独成为一个 part。关于数据 part 的简单说明如下：

1）part 在内部被逻辑上拆分成颗粒（granule，最小逻辑单元），一个颗粒默认是 8192 行，即稀疏索引粒度，该值可以在建表时设置，如 SETTINGS index_granularity = 8192。

2）part 在物理上被划分成三类文件：.idx、.mrk、.bin 文件。

3）idx 文件存储了每个颗粒的第一行的 primary key 以及它对应的 mrk 文件的序号。

4）mrk 文件存储了每个颗粒所有行的每个 column 的数据存储在 bin 文件中的起始位置。

5）bin 文件存储了实际的 column 数据。

可以到系统表 system.parts 中查看 part 详情信息：

```
SELECT *
FROM system.parts
LIMIT 1
FORMAT Vertical

Query id: 49fd7a1c-0710-4b66-a283-2ca7cb94f2aa

Row 1:
──────

partition:                                2014-03-17
name:                                     20140317_7_99_5
uuid:                                     00000000-0000-0000-0000-000000000000
part_type:                                Compact
active:                                   1
marks:                                    2
rows:                                     617
bytes_on_disk:                            619
data_compressed_bytes:                    492
data_uncompressed_bytes:                  6787
marks_bytes:                              112
secondary_indices_compressed_bytes:       0
secondary_indices_uncompressed_bytes:     0
secondary_indices_marks_bytes:            0
modification_time:                        2022-03-29 02:53:40
remove_time:                              1970-01-01 08:00:00
refcount:                                 1
min_date:                                 2014-03-17
max_date:                                 2014-03-17
min_time:                                 1970-01-01 08:00:00
max_time:                                 1970-01-01 08:00:00
partition_id:                             20140317
min_block_number:                         7
max_block_number:                         99
level:                                    5
data_version:                             7
primary_key_bytes_in_memory:              6
primary_key_bytes_in_memory_allocated:    8192
is_frozen:                                0
database:                                 clickhouse_tutorial
table:                                    .inner_id.1c93ef11-704f-4515-9596-
    fbdb4efdf6b8
engine:                                   MergeTree
disk_name:                                default
path:                                     /Users/data/clickhouse/
    store/2b4/2b4de01f-12f8-443e-97aa-53ecd1aa49a5/20140317_7_99_5/
hash_of_all_files:                        6712fc8502457d2bda140a0d5646408d
hash_of_uncompressed_files:               22917348009482fd4c19d95a67de310d
uncompressed_hash_of_compressed_files:    44085f5d9d357e8068a803ce3134875b
delete_ttl_info_min:                      1970-01-01 08:00:00
delete_ttl_info_max:                      1970-01-01 08:00:00
```

```
move_ttl_info.expression:              []
move_ttl_info.min:                     []
move_ttl_info.max:                     []
default_compression_codec:             LZ4
recompression_ttl_info.expression:     []
recompression_ttl_info.min:            []
recompression_ttl_info.max:            []
group_by_ttl_info.expression:          []
group_by_ttl_info.min:                 []
group_by_ttl_info.max:                 []
rows_where_ttl_info.expression:        []
rows_where_ttl_info.min:               []
rows_where_ttl_info.max:               []
projections:                           []

1 rows in set. Elapsed: 0.012 sec.
```

（3）ALTER 分区操作

ALTER 分区操作命令说明如表 6-4 所示。

表 6-4　ClickHouse ALTER 分区操作命令说明

分区操作命令	语法	功能说明	实例讲解
DETACH PARTITION	ALTER TABLE table_name DETACH PARTITION|PART partition_expr	将分区移动到分离目录。将指定分区的所有数据移动到分离目录。在进行 ATTACH 查询之前，无法查询此数据	ALTER TABLE mt DETACH PARTITION '2020-11-21'; ALTER TABLE mt DETACH PART 'all_2_2_0';
DROP PARTITION	ALTER TABLE table_name DROP PARTITION|PART partition_expr	删除分区。从表中删除指定的分区。此查询将分区标记为非活动并完全删除数据，大约在 10 分钟内	ALTER TABLE mt DROP PARTITION '2020-11-21'; ALTER TABLE mt DROP PART 'all_4_4_0';
ATTACH PART| PARTITION	ALTER TABLE table_name ATTACH PARTITION|PART partition_expr	将数据从分离的目录添加到表中	ALTER TABLE visits ATTACH PARTITION 201901; ALTER TABLE visits ATTACH PART 201901_2_2_0;
ATTACH PARTITION FROM	ALTER TABLE table2 ATTACH PARTITION partition_expr FROM table1	将数据分区从一个表复制并添加到另一个表。将数据分区从 table1 复制到 table2。要使查询成功运行，必须满足以下条件 1）两个表必须具有相同的结构 2）两个表必须具有相同的分区键	ALTER TABLE table2 ATTACH PARTITION 201901 FROM table1

（续）

分区操作命令	语法	功能说明	实例讲解
REPLACE PARTITION	ALTER TABLE table2 REPLACE PARTITION partition_expr FROM table1	将数据分区从一个表复制到另一个表并进行替换。此查询将 table1 中的数据分区复制到 table2 并替换 table2 中的现有分区。数据不会从 table1 中删除。要使查询成功运行，必须满足以下条件 1）两个表必须具有相同的结构 2）两个表必须具有相同的分区键	ALTER TABLE table2 REPLACE PARTITION 201901 FROM table1
MOVE PARTITION TO TABLE	ALTER TABLE table_source MOVE PARTITION partition_expr TO TABLE table_dest	将数据分区从一个表移动到另一个表。此查询通过从 table_source 删除数据将数据分区从 table_source 移动到 table_dest	ALTER TABLE t1 MOVE PARTITION 201901 TO TABLE t2
MOVE PARTITION TO TABLE	ALTER TABLE table_source MOVE PARTITION partition_expr TO TABLE table_dest	要使查询成功运行，必须满足以下条件 1）两个表必须具有相同的结构 2）两个表必须具有相同的分区键 3）两个表必须是相同的引擎族（复制的或非复制的） 4）两个表必须具有相同的存储策略	ALTER TABLE t1 MOVE PARTITION 201901 TO TABLE t2
CLEAR COLUMN IN PARTITION	ALTER TABLE table_name CLEAR COLUMN column_name IN PARTITION partition_expr	重置分区的指定列中的所有值。如果在创建表时确定了 DEFAULT 子句，则此查询将列值设置为指定的默认值	ALTER TABLE visits CLEAR COLUMN hour in PARTITION 201902
CLEAR INDEX IN PARTITION	ALTER TABLE table_name CLEAR INDEX index_name IN PARTITION partition_expr	重置分区的指定的索引数据。该查询的工作方式类似于 CLEAR COLUMN，但它重置的是索引而不是列数据	ALTER TABLE t1 CLEAR INDEX UserID IN PARTITION 201902
FREEZE PARTITION	ALTER TABLE table_name FREEZE [PARTITION partition_expr] [WITH NAME 'backup_name']	创建指定分区的本地备份。如果省略 PARTITION 子句，则查询会立即创建所有分区的备份。整个备份过程在不停止服务器的	ALTER TABLE t FREEZE PARTITION 201902 WITH NAME 't_201902_backup'

（续）

分区操作命令	语法	功能说明	实例讲解
FREEZE PARTITION	ALTER TABLE table_name FREEZE [PARTITION partition_expr] [WITH NAME 'backup_name']	情况下执行。整个备份过程在不停止服务器的情况下执行。FREEZE PARTITION 操作只复制数据，不复制表元数据。要备份表元数据，请复制文件 ./clickhouse/metadata/database/table.sql。要从备份中恢复数据，请执行以下操作 　1）如果表不存在，则创建它。使用 table.sql 文件（将其中的 ATTACH 替换为 CREATE） 　2）将备份里面的 data/database/table/ 目录下的数据复制到 ./clickhouse/data/database/table/detached/ 目录下 　3）运行 ALTER TABLE t ATTACH PARTITION 查询以将数据添加到表中 　从备份恢复不需要停止服务器	ALTER TABLE t FREEZE PARTITION 201902 WITH NAME 't_201902_backup'
UNFREEZE PARTITION	ALTER TABLE 'table_name' UNFREEZE [PARTITION 'part_expr'] WITH NAME 'backup_name'	删除分区的备份。从磁盘中删除具有指定名称的冻结分区。如果省略 PARTITION 子句，则查询会立即删除所有分区的备份	ALTER TABLE t UNFREEZE PARTITION 201902 WITH NAME 't_201902_backup'
FETCH PARTITION|PART	ALTER TABLE table_name FETCH PARTITION|PART partition_expr FROM 'path-in-zookeeper'	从另一台服务器下载部件或分区。此查询仅适用于复制表。查询执行以下操作 　1）从指定的分片下载分区 |part 　2）将下载的数据放到 table_name 表的 detach 分离目录中 　3）使用 ATTACH PARTITION|PART 操作将数据添加到表中。 　其中，"path-in-zookeeper" 是 ZooKeeper 分片的路径	ALTER TABLE t FETCH PARTITION 201902 FROM '/clickhouse/tables/01-08/visits/replicas'

（续）

分区操作命令	语法	功能说明	实例讲解
MOVE PARTITION|PART	ALTER TABLE table_name MOVE PARTITION|PART partition_expr TO DISK|VOLUME 'disk_name'	将分区或数据部分移动到 MergeTree 引擎表的另一个磁盘或卷。当某个表存在"热"和"冷"数据时，它可能很有用。如果有多个磁盘可用，"热"数据可以放到快速磁盘（例如，SSD 或内存中）上，而"冷"数据可以放到相对较慢的磁盘（例如，HDD）上。PART 是 MergeTree 引擎表的最小可移动单元 磁盘、卷和存储策略可以在主配置文件 config.xml 或 config.d 目录中的独立文件中的 <storage_configuration> 标签内定义	ALTER TABLE hits MOVE PART '20190301_14343_16206_438' TO VOLUME 'slow' ALTER TABLE hits MOVE PARTITION '2019-09-01' TO DISK 'fast_ssd'
UPDATE IN PARTITION	ALTER TABLE [db.]table UPDATE column1 = expr1 [, ...] [IN PARTITION partition_id] WHERE filter_expr	按条件更新分区内的数据	ALTER TABLE mt UPDATE x = x + 1 IN PARTITION 2 WHERE p = 2;
DELETE IN PARTITION	ALTER TABLE [db.]table DELETE [IN PARTITION partition_id] WHERE filter_expr	按条件删除分区内的数据	ALTER TABLE mt DELETE IN PARTITION 2 WHERE p = 2;

小贴士：ClickHouse 多卷存储配置

ClickHouse MergeTree 表引擎可以使用多个块设备进行数据存储，其存储原理就是把存储划分为包含多个设备的卷，并在其之间自动移动数据，也称为多卷存储（Multi-Volume Storage）。多卷存储原理架构图如图 6-2 所示。

多卷存储功能很有用，其中，最重要的用途是将冷热数据分别存储在不同类型的存储上，这种配置叫作分层存储（Tiered Storage）。正确地使用分层存储可以极大地提高 ClickHouse 的经济性。关于多卷存储可以参考下面这两篇文章：https://altinity.com/blog/2019/11/27/amplifying-clickhouse-capacity-with-multi-volume-storage-part-1，https://altinity.com/blog/2019/11/29/amplifying-clickhouse-capacity-with-multi-volume-storage-part-2。

关于 MergeTree 表引擎配置多存储设备可参考：https://clickhouse.com/docs/en/engines/table-engines/mergetree-family/mergetree。

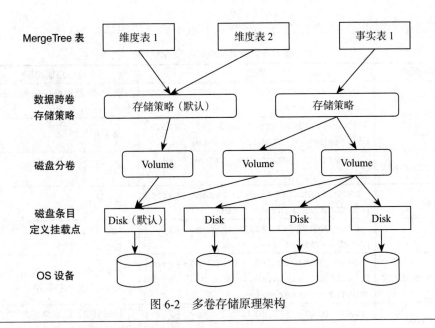

MergeTree 表

维度表 1　　维度表 2　　事实表 1

数据跨卷
存储策略

存储策略（默认）　　存储策略

磁盘分卷

Volume　　Volume　　Volume

磁盘条目
定义挂载点

Disk（默认）　Disk　　Disk　　Disk

OS 设备

图 6-2　多卷存储原理架构

另外，ClickHouse 服务器存储数据磁盘的信息存在系统表 system.disks 中。SQL 实例如下：

```
SELECT *
FROM system.disks
FORMAT Vertical

Query id: 321523d6-fcc8-4b4d-9152-05f7ed1b0434

Row 1:
──────────────
name:            default
path:            /Users/data/clickhouse/
free_space:      207388188672
total_space:     499963174912
keep_free_space: 0
type:            local

1 rows in set. Elapsed: 0.002 sec.
```

6.2.13　DROP 操作

前面我们讲了创建数据库、表、视图、函数、用户、角色、行策略、Quota 配额、Profile 配置等数据模型的定义。

使用 DROP 命令可以删除现有数据模型定义。如果实体不存在，DROP 操作报错；如果想要不报错，需指定 IF EXISTS 子句。常用 DROP 命令说明如表 6-5 所示。

表 6-5 常用 DROP 命令说明

DROP 命令	语法	功能说明
DROP DATABASE	DROP DATABASE [IF EXISTS] db [ON CLUSTER cluster]	删除 db 数据库中的所有表，然后删除 db 数据库本身
DROP TABLE	DROP [TEMPORARY] TABLE [IF EXISTS] [db.]name [ON CLUSTER cluster]	删除表
DROP DICTIONARY	DROP DICTIONARY [IF EXISTS] [db.] name	删除字典
DROP USER	DROP USER [IF EXISTS] name [,...] [ON CLUSTER cluster_name]	删除用户
DROP ROLE	DROP ROLE [IF EXISTS] name [,...] [ON CLUSTER cluster_name]	删除角色。已删除角色将从分配给它的所有实体中撤销
DROP ROW POLICY	DROP [ROW] POLICY [IF EXISTS] name [,...] ON [database.]table [,...] [ON CLUSTER cluster_name]	删除行策略。从分配给它的所有实体中撤销已删除的行策略
DROP QUOTA	DROP QUOTA [IF EXISTS] name [,...] [ON CLUSTER cluster_name]	删除配额。已删除的配额将从分配给它的所有实体中撤销
DROP PROFILE	DROP [SETTINGS] PROFILE [IF EXISTS] name [,...] [ON CLUSTER cluster_name]	删除配置 Profile。已删除的配置 Profile 将从分配给它的所有实体中撤销
DROP VIEW	DROP VIEW [IF EXISTS] [db.]name [ON CLUSTER cluster]	删除视图。视图也可以通过 DROP TABLE 命令删除，但 DROP VIEW 会检查 [db.]name 是否是视图
DROP FUNCTION	DROP FUNCTION [IF EXISTS] function_name	删除由 CREATE FUNCTION 创建的用户定义函数。不能删除系统内置函数

6.3 数据操作

数据操作语言（DML）用于在数据库中添加（插入）、删除、修改（更新）数据。本节主要介绍 ClickHouse 中的数据插入、更新与删除操作。

6.3.1 概述

数据操作语言包括 SQL 数据更改语句，它修改存储的数据，但不修改数据模型，例如数据库模式或数据库表结构。常见的 DML 语法模式如下：

```
INSERT INTO ... VALUES ...
UPDATE ... SET ... WHERE ...
DELETE FROM ... WHERE ...
```

但是，在 ClickHouse 中，UPDATE 与 DELETE 设计在 ALTER 指令体系中。

6.3.2 插入数据

1）一次插入一条数据：

```
INSERT INTO clickhouse_tutorial.user_tag (user_id, gender, age, active_level,
    date)
VALUES (1, 'male', '18', '1', '2022-03-21');
INSERT INTO clickhouse_tutorial.user_tag (user_id, gender, age, active_level,
    date)
VALUES (2, 'female', '16', '2', '2022-03-21');
```

2）一次插入多条数据：

```
INSERT INTO clickhouse_tutorial.user_tag (user_id, gender, age, active_level,
    date)
VALUES (3, 'female', '20', '3', '2022-03-21'),
       (4, 'female', '22', '4', '2022-03-21');
```

3）插入 SELECT 查询并返回数据：

```
INSERT INTO clickhouse_tutorial.user_tag
(UserID, WatchID, EventTime, Sex, Age, OS, RegionID, RequestNum, EventDate)
SELECT
    UserID,
    WatchID,
    EventTime,
    Sex,
    Age,
    OS,
    RegionID,
    RequestNum,
    EventDate
FROM tutorial.hits_v1

Query id: bfed9d12-b838-4125-9ee2-f61049bf0a56

↙ Progress: 30.91 million rows, 835.62 MB (6.66 million rows/s., 180.00 MB/s.)
(0.0 CPU, 172.08 MB RAM)
                                                                            99%

Ok.

0 rows in set. Elapsed: 7.552 sec. Processed 53.24 million rows, 1.37 GB (7.05
    million rows/s., 180.96 MB/s.)
```

6.3.3 UPDATE 操作

1. 语法

```
ALTER TABLE [db.]table UPDATE column1 = expr1 [, ...] WHERE filter_expr
```

2. 功能说明

更新表数据。ClickHouse 中 ALTER TABLE 语法与大多数其他支持 SQL 的数据库系统不同。与 OLTP 数据库中的类似查询不同，它旨在表明这是一项并非为频繁使用而设计的繁重操作。ALTER 查询是通过一种称为"突变"（Mutation）的机制实现的。

在系统配置表 system.settings 中，有关 mutation 操作的配置项如下：

```
SELECT *
FROM system.settings
WHERE name LIKE '%mutation%'
FORMAT Vertical

Query id: 24f6ca70-7117-41c5-bc3e-dd6615d5ee6d

Row 1:
──────────

name:        background_merges_mutations_concurrency_ratio
value:       2
changed:     0
description: Ratio between a number of how many operations could be processed
    and a number threads to process them. Only has meaning at server startup.
min:         NULL
max:         NULL
readonly:    0
type:        Float

Row 2:
──────────

name:        mutations_sync
value:       0
changed:     0
description: Wait for synchronous execution of ALTER TABLE UPDATE/DELETE queries
    (mutations). 0 - execute asynchronously. 1 - wait current server. 2 - wait
    all replicas if they exist.
min:         NULL
max:         NULL
readonly:    0
type:        UInt64

Row 3:
──────────

name:        allow_nondeterministic_mutations
value:       0
changed:     0
description: Allow non-deterministic functions in ALTER UPDATE/ALTER DELETE
    statements
min:         NULL
max:         NULL
readonly:    0
type:        Bool

3 rows in set. Elapsed: 0.003 sec.
```

UPDATE 操作数据处理方式（同步或者异步）由系统配置项 mutation_sync 设置，可取值为：

❑ 0，默认值，异步执行。

❑ 1，阻塞等待当前 Server 执行完成。

❑ 2，阻塞等待所有副本执行完成。

关于 ALTER TABLE…UPDATE 命令，详细说明如下：

1）WHERE 子句中的过滤表达式 filter_expr 的值是 UInt8 类型，用于指定要更新的数据行。

2）用于计算主键或分区键的列，不支持更新。

3）对于 *MergeTree 表，mutation 操作通过重写整个数据 part 来执行，mutation 不具备原子性。数据 part 一旦准备好就被 mutation part 替换，并且在 mutation 操作执行期间，SELECT 查询结果中可以看到来自已经变异 part 的数据，以及来自尚未变异 part 的数据。

4）mutation 按照创建顺序排序，并按该顺序应用于每个 mutation part。

5）在 mutation 提交之前，插入表中的数据会被执行 mutation 操作，提交之后插入的数据不会执行 mutation 操作。

6）mutation 操作不会阻塞数据写入。

7）可以通过查看 system.mutations 表来跟踪突变操作的进度。

8）即使重新启动 ClickHouse Server，成功提交的变更仍将继续执行。一旦提交，就无法回滚突变。

9）如果 mutation 操作由于某种原因被卡住，可以使用 KILL MUTATION 查询取消它。

10）已经完成 mutation 操作的条目不会被立即删除。保留条目的数量由 finished_mutations_to_keep 存储引擎参数确定。

3. 实例讲解

1）更新之前的数据：

```
SELECT
    WatchID,
    JavaEnable,
    GoodEvent
FROM tutorial.hits_v1
WHERE WatchID = 7043438415214026105

Query id: e0dc9ae5-8f24-48e5-a56d-d107afa1dfe3
```

WatchID	JavaEnable	GoodEvent
7043438415214026105	1	1

2）UPDATE 目标数据行：

```
ALTER TABLE tutorial.hits_v1
    UPDATE JavaEnable = 0, GoodEvent = 0 WHERE WatchID = 7043438415214026105

Query id: 32ac8c6b-c78c-4a3c-ab72-29ed38fda687

Ok.
```

3）查看更新结果：

```
SELECT
    WatchID,
    JavaEnable,
    GoodEvent
FROM tutorial.hits_v1
WHERE WatchID = 7043438415214026105

Query id: 26591216-0cb4-4c6d-9b89-db9ff588d469
```

WatchID	JavaEnable	GoodEvent
7043438415214026105	0	0

可以看到，目标数据已经更新。

4）查看 mutation 执行日志。

我们可以在 Server 端查看 UPDATE 操作提交之后的日志：

```
2022.03.31 03:06:47.898420 [ 6154029 ] {} <Debug> TCP-Session: fd75399f-85bc-
4d6d-a86b-d69fa899f6d9 Creating query context from session context, user_id:
94309d50-4f52-5250-31bd-74fecac179db, parent context user: default
2022.03.31 03:06:47.898553 [ 6154029 ] {32ac8c6b-c78c-4a3c-ab72-29ed38fda687}
<Debug> executeQuery: (from 127.0.0.1:52757) ALTER TABLE tutorial.hits_v1
UPDATE JavaEnable = 0, GoodEvent=0 WHERE WatchID=7043438415214026105;
2022.03.31 03:06:47.898600 [ 6154029 ] {32ac8c6b-c78c-4a3c-ab72-29ed38fda687}
<Trace> ContextAccess (default): Access granted: ALTER UPDATE(JavaEnable,
GoodEvent) ON tutorial.hits_v1
2022.03.31 03:06:47.900244 [ 6154029 ] {32ac8c6b-c78c-4a3c-ab72-29ed38fda687}
<Information> tutorial.hits_v1 (0fa45bfe-c9ca-4df7-b7bf-7bd268a6225d): Added
mutation: mutation_33.txt
...
2022.03.31 03:06:47.900365 [ 6154029 ] {} <Debug> TCPHandler: Processed in 0.00198
sec.
```

5）查看 mutation 详情。

可以看到"Added mutation: mutation_33.txt"这样一行关键日志。在系统表 system.
mutations 中查看 mutation_33.txt 的详情如下：

```
SELECT *
FROM system.mutations
WHERE mutation_id = 'mutation_33.txt'
FORMAT Vertical

Query id: 3f7c995b-82e3-41fa-bf5b-fc50be8da824

Row 1:
──────

database:                    tutorial
```

```
table:                      hits_v1
mutation_id:                mutation_33.txt
command:                    UPDATE JavaEnable = 0, GoodEvent = 0 WHERE WatchID =
    7043438415214026105
create_time:                2022-03-31 03:06:47
block_numbers.partition_id: ['']
block_numbers.number:       [33]
parts_to_do_names:          []
parts_to_do:                0
is_done:                    1
latest_failed_part:
latest_fail_time:           1970-01-01 08:00:00
latest_fail_reason:

1 rows in set. Elapsed: 0.003 sec.
```

6.3.4　DELETE 操作

1. 语法

```
ALTER TABLE [db.]table [ON CLUSTER cluster] DELETE WHERE filter_expr
```

2. 功能说明

删除表数据。

3. 实例讲解

1）要删除的目标数据行：

```
SELECT
    WatchID,
    JavaEnable,
    GoodEvent
FROM tutorial.hits_v1
WHERE WatchID = 7043438415214026105

Query id: 1444174c-142b-43ec-8ad6-54da1d871277
```

WatchID	JavaEnable	GoodEvent
7043438415214026105	0	0

2）执行删除操作：

```
ALTER TABLE tutorial.hits_v1
    DELETE WHERE WatchID = 7043438415214026105
```

3）验证删除结果：

```
SELECT
    WatchID,
```

```
        JavaEnable,
        GoodEvent
FROM tutorial.hits_v1
WHERE WatchID = 7043438415214026105

Query id: fd6a7536-4f2e-4fe3-8b03-bf1aed45302f
Ok.
0 rows in set. Elapsed: 0.018 sec. Processed 8.87 million rows, 70.99 MB (480.03
        million rows/s., 3.84 GB/s.)
```

4）查看删除操作的 Server 端日志：

根据 query_id: a303b0d4-564d-48e5-9f32-c7e2df554b1f 查询 ClickHouse Server 端日志如下：

```
2022.03.31 03:15:10.905286 [ 6154029 ] {} <Debug> TCP-Session: fd75399f-85bc-
    4d6d-a86b-d69fa899f6d9 Creating query context from session context, user_id:
    94309d50-4f52-5250-31bd-74fecac179db, parent context user: default
2022.03.31 03:15:10.905429 [ 6154029 ] {a303b0d4-564d-48e5-9f32-c7e2df554b1f}
    <Debug> executeQuery: (from 127.0.0.1:52757) ALTER TABLE tutorial.hits_v1
    DELETE WHERE WatchID=7043438415214026105;
2022.03.31 03:15:10.905482 [ 6154029 ] {a303b0d4-564d-48e5-9f32-c7e2df554b1f}
    <Trace> ContextAccess (default): Access granted: ALTER DELETE ON tutorial.
    hits_v1
2022.03.31 03:15:10.906794 [ 6154029 ] {a303b0d4-564d-48e5-9f32-c7e2df554b1f}
    <Debug> InterpreterSelectQuery: MergeTreeWhereOptimizer: condition
    "isZeroOrNull(WatchID = 7043438415214026105)" moved to PREWHERE
2022.03.31 03:15:10.911000 [ 6154029 ] {a303b0d4-564d-48e5-9f32-c7e2df554b1f}
    <Information> tutorial.hits_v1 (0fa45bfe-c9ca-4df7-b7bf-7bd268a6225d): Added
    mutation: mutation_35.txt
...
2022.03.31 03:15:10.911139 [ 6154029 ] {} <Debug> TCPHandler: Processed in
    0.005891 sec.
```

可以看到关键日志："Added mutation: mutation_35.txt"。

另外，我们还看到了 WHERE 过滤自动转为 PREWHERE 优化的日志：

```
InterpreterSelectQuery: MergeTreeWhereOptimizer: condition "isZeroOrNull(WatchID =
    7043438415214026105)" moved to PREWHERE
```

5）查看 mutation 操作详情。

根据日志内容"Added mutation: mutation_35.txt"，查询 mutation_35.txt 详情如下：

```
SELECT *
FROM system.mutations
WHERE mutation_id = 'mutation_35.txt'
FORMAT Vertical

Query id: c7e42d42-feef-4a18-a46f-ea97aa9d7b7e

Row 1:
```

```
database:                      tutorial
table:                         hits_v1
mutation_id:                   mutation_35.txt
command:                       DELETE WHERE WatchID = 7043438415214026105
create_time:                   2022-03-31 03:15:10
block_numbers.partition_id:    ['']
block_numbers.number:          [35]
parts_to_do_names:             []
parts_to_do:                   0
is_done:                       1
latest_failed_part:
latest_fail_time:              1970-01-01 08:00:00
latest_fail_reason:

1 rows in set. Elapsed: 0.003 sec.
```

6.3.5 EXCHANGE 操作

1. 语法

```
EXCHANGE TABLES|DICTIONARIES [db0.]name_A AND [db1.]name_B
EXCHANGE DICTIONARIES [db0.]dict_A AND [db1.]dict_B
```

2. 功能说明

1）EXCHANGE 操作以原子操作的方式交换两个表或字典的名称。

2）EXCHANGE 操作也可以通过使用 RENAME 操作来完成，区别是 RENAME 不是原子操作。例如，使用 RENAME 重命名交换两张表 new_table、old_table：

```
RENAME TABLE new_table TO tmp, old_table TO new_table, tmp TO old_table;
```

直接使用 EXCHANGE 命令实现如下：

```
EXCHANGE TABLES new_table AND old_table;
```

3）EXCHANGE 底层是通过系统调用 renameat2() 实现的，但要注意只有 Linux Kernel 3.15+ 版本支持这一操作。

4）只有 Atomic 数据库引擎支持 EXCHANGE 操作。在 Atomic 数据库引擎下创建的数据表，支持无锁原子 CREATE/DROP/RENAME 操作，并且支持使用 EXCHANGE TABLES A and B 直接交换两张表。

3. 应用场景

EXCHANGE 命令可以实现 AB 两张表的快速切换。AB 表切换的使用场景很广泛，比如历史表归档、批量抽数、数据同步过程写临时表等。

4. 实例讲解

1）创建两张表：

```
drop table if exists tutorial.hits_v2;
drop table if exists tutorial.hits_v3;
CREATE TABLE tutorial.hits_v2
(
    `WatchID` UInt64,
    `UserID` UInt64,
    `JavaEnable` UInt8,
    `Title` String,
    `GoodEvent` Int16,
    `EventTime` DateTime,
    `EventDate` Date,
    `RequestNum` UInt32,
    `RequestTry` UInt8
)
    ENGINE = MergeTree()
        PARTITION BY toYYYYMM(EventDate)
        ORDER BY (WatchID, EventDate, intHash32(UserID))
        SAMPLE BY intHash32(UserID);

CREATE TABLE tutorial.hits_v3
(
    `WatchID` UInt64,
    `UserID` UInt64,
    `JavaEnable` UInt8,
    `Title` String,
    `GoodEvent` Int16,
    `EventTime` DateTime,
    `EventDate` Date,
    `RequestNum` UInt32,
    `RequestTry` UInt8
)
    ENGINE = MergeTree()
        PARTITION BY toYYYYMM(EventDate)
        ORDER BY (WatchID, EventDate, intHash32(UserID))
        SAMPLE BY intHash32(UserID);
```

2）交换两张表的名字：

```
EXCHANGE TABLES tutorial.hits_v1 AND tutorial.hits_v2;
```

上面的命令，在 macOS 上是报错的：

```
Received exception from server (version 22.4.1):
Code: 48. DB::Exception: Received from 127.0.0.1:9009. DB::Exception: RENAME
    EXCHANGE is not supported. (NOT_IMPLEMENTED)
```

查看内核版本：

```
$uname -a
Darwin C02FJ0KMMD6V 20.3.0 Darwin Kernel Version 20.3.0: Thu Jan 21 00:07:06 PST
    2021; root:xnu-7195.81.3~1/RELEASE_X86_64 x86_64
```

可见，macOS Darwin 20.3.0 内核版本还不支持 renameat2 函数系统调用。

小贴士：EXCHANGE 实现原理

EXCHANGE 实现原理的源代码实现在 renameat2.cpp 中，相关代码行如下：

```
#if !defined(__NR_renameat2)
    #if defined(__x86_64__)
        #define __NR_renameat2 316
    #elif defined(__aarch64__)
        #define __NR_renameat2 276
    #elif defined(__ppc64__)
        #define __NR_renameat2 357
    #elif defined(__riscv)
        #define __NR_renameat2 276
    #else
        #error "Unsupported architecture"
    #endif
#endif
...
static bool renameat2(const std::string & old_path, const std::string & new_
    path, int flags)
{
    if (!supportsRenameat2())
        return false;
    if (old_path.empty() || new_path.empty())
        throw Exception(ErrorCodes::LOGICAL_ERROR, "Cannot rename {} to {}: path
            is empty", old_path, new_path);

    if (0 == syscall(__NR_renameat2, AT_FDCWD, old_path.c_str(), AT_FDCWD, new_
        path.c_str(), flags))
        return true;

    if (errno == EINVAL)
        return false;

    if (errno == ENOSYS)
        return false;

    if (errno == EEXIST)
        throwFromErrno(fmt::format("Cannot rename {} to {} because the second
            path already exists", old_path, new_path), ErrorCodes::ATOMIC_
            RENAME_FAIL);
    if (errno == ENOENT)
        throwFromErrno(fmt::format("Paths cannot be exchanged because {} or {}
            does not exist", old_path, new_path), ErrorCodes::ATOMIC_RENAME_
            FAIL);
    throwFromErrnoWithPath(fmt::format("Cannot rename {} to {}", old_path, new_
        path), new_path, ErrorCodes::SYSTEM_ERROR);
}
...
```

```
bool supportsRenameat2()
{
    static bool supports = supportsRenameat2Impl();
    return supports;
}
...
static bool supportsRenameat2Impl()
{
    VersionNumber renameat2_minimal_version(3, 15, 0); // since linux kernel 3.15
    VersionNumber linux_version(Poco::Environment::osVersion());
    return linux_version >= renameat2_minimal_version;
}
```

6.3.6 OPTIMIZE 操作

1. 语法

```
OPTIMIZE TABLE [db.]name [ON CLUSTER cluster]
[PARTITION partition | PARTITION ID 'partition_id'] [FINAL]
[DEDUPLICATE [BY expression]]
```

2. 功能说明

1）OPTIMIZE 操作尝试为数据库表 db.table 初始化一个调度计划外的数据 Part 合并操作。

2）OPTIMIZE 操作仅支持 MergeTree 系列表引擎、物化视图和 Buffer 表引擎。

3）当 OPTIMIZE 与 ReplicatedMergeTree 系列表引擎一起使用时，ClickHouse 会创建一个用于合并的任务，并等待在所有副本上执行（replication_alter_partitions_sync=2）或者等待在当前副本上执行（replication_alter_partitions_sync=1）。

4）OPTIMIZE 无法修复 "Too many parts" 错误。

小贴士：配置项 replication_alter_partitions_sync 说明

系统配置项 replication_alter_partitions_sync，用于指定等待副本分区变更操作（ALTER、OPTIMIZE 或 TRUNCATE 等）执行的 sync 策略。

replication_alter_partitions_sync 的取值范围如下：

❑ 0，表示不等待，直接异步执行。

❑ 1，表示同步等待在当前副本上执行。

❑ 2，表示同步等待在所有副本上执行。

---

3. 实例讲解

执行 OPTIMIZE TABLE 命令：

```
OPTIMIZE TABLE clickhouse_tutorial.user_tag

Query id: c03335ce-fee8-42b6-bc36-3e23a8b59b29
```

```
Ok.
0 rows in set. Elapsed: 0.210 sec.
```

查看服务端日志：

```
2022.03.31 04:52:31.277919 [ 6156710 ] {} <Debug> TCP-Session: 610442b9-37d5-
    49e0-821d-c25984fc7f41 Creating query context from session context, user_id:
    94309d50-4f52-5250-31bd-74fecac179db, parent context user: default
2022.03.31 04:52:31.278067 [ 6156710 ] {c03335ce-fee8-42b6-bc36-3e23a8b59b29}
    <Debug> executeQuery: (from 127.0.0.1:53198) optimize table clickhouse_
    tutorial.user_tag;
2022.03.31 04:52:31.278128 [ 6156710 ]
...
MergeTreeSequentialSource: Reading 2 marks from part pRegionID, total 1443 rows
    starting from the beginning of the part
...
2022.03.31 04:52:31.470792 [ 6156710 ] {edac2738-6508-46fa-aee7-
    7c5560f4539c::20140320_46_59_1} <Debug> MergeTask::MergeProjectionsStage:
    Merge sorted 3917 rows, containing 3 columns (3 merged, 0 gathered) in
    0.099764 sec., 39262.65987731045 rows/sec., 15.67 MiB/sec.
2022.03.31 04:52:31.479793 [ 6156710 ] {edac2738-6508-46fa-aee7-
    7c5560f4539c::20140320_46_59_1} <Trace> MergedBlockOutputStream: filled
    checksums pRegionID (state Active)
...
{c03335ce-fee8-42b6-bc36-3e23a8b59b29} <Debug> MemoryTracker: Peak memory usage
    (for query): 0.00 B.
2022.03.31 04:52:31.487861 [ 6156710 ] {} <Debug> TCPHandler: Processed in 0.20999
    sec.
```

可以看到执行 OPTIMIZE TABLE 命令后，服务端通过 MergerMutator（源码 MergeTree-DataMergerMutator.cpp）发起了一个 MergeTask（源码 MergeTask.cpp）任务，执行了一组数据 Part 的合并、突变和移动操作。

6.3.7　ATTACH 操作

1. 语法

ATTACH 操作与 CREATE 操作的功能相同。

挂载数据库表或者字典：

```
ATTACH TABLE|DICTIONARY [IF NOT EXISTS] [db.]name [ON CLUSTER cluster] ...
```

从数据文件和指定表结构挂载表：

```
ATTACH TABLE name FROM 'path/to/data/' (col1 Type1, ...)
```

该操作使用提供的结构创建一个新表，并将表数据从提供的目录挂载到 user_files 中。

2. 功能说明

挂载表或字典，执行 ATTACH 查询后，服务器将知道表或字典的存在。例如，在将

ClickHouse 数据库移动到另一台服务器时，可以使用此操作迁移数据。ATTACH 操作不会在磁盘上创建数据，而是假设数据已经在适当的位置，并且只是将有关表或字典的信息添加到服务器，即将表数据从提供的目录附加到 user_files 中。

3. 实例讲解

（1）从数据文件 ATTACH 建表

准备数据文件 data.CSV：

```
DROP TABLE IF EXISTS clickhouse_tutorial.my_test_table;
INSERT INTO TABLE FUNCTION file('/Users/data/clickhouse/user_files/my_test_
    table/data.CSV', 'CSV', 's String, n UInt8') VALUES ('abc', 3);
```

使用 ATTACH 从表数据文件目录 /Users/data/clickhouse/user_files/my_test_table/ 建表：

```
ATTACH TABLE clickhouse_tutorial.my_test_table
FROM '/Users/data/clickhouse/user_files/my_test_table'
(s String, n UInt8)
ENGINE = File(CSV);
```

查看表数据：

```
SELECT *
FROM clickhouse_tutorial.my_test_table

Query id: 33a9e9d9-e95f-4aa0-806c-6362a2f1baeb
```

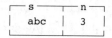

```
1 rows in set. Elapsed: 0.002 sec.
```

（2）ATTACH 被分离的表

分离表：

```
DETACH TABLE clickhouse_tutorial.my_test_table
```

查询分离表：

```
SELECT *
FROM clickhouse_tutorial.my_test_table

Query id: 6a16501c-23ca-47ed-970c-1a14cf30a897
0 rows in set. Elapsed: 0.001 sec.

Received exception from server (version 22.4.1):
Code: 60. DB::Exception: Received from 127.0.0.1:9009. DB::Exception: Table
    clickhouse_tutorial.my_test_table doesn't exist. (UNKNOWN_TABLE)
```

挂载表：

```
ATTACH TABLE clickhouse_tutorial.my_test_table

Query id: 09cbec26-cbb6-41fc-ad58-eb6264ff111f
Ok.
0 rows in set. Elapsed: 0.001 sec.
```

查询表：

```
SELECT *
FROM clickhouse_tutorial.my_test_table

Query id: a9a7cad8-3c06-4397-8762-ad6160091d91
```

```
1 rows in set. Elapsed: 0.002 sec.
```

6.3.8 DETACH 操作

1. 语法

```
DETACH TABLE|VIEW|DICTIONARY [IF EXISTS] [db.]name [ON CLUSTER cluster]
    [PERMANENTLY]
```

2. 功能说明

分离表、视图或字典。详细说明如下：

❑ 分离操作不会删除表、物化视图、字典数据或元数据。

❑ 如果实体未"永久"分离，则在下一次服务器启动时，服务器将读取元数据并再次召回该表、视图或字典。如果实体被"永久"分离，则不会自动召回。

❑ 无论表或字典是否被永久分离，都可以使用 ATTACH 操作重新挂载它。

❑ 不能 RENAME（重命名）、DROP（删除）已经分离的表。

❑ 不能创建与永久分离表名称相同的表。

3. 实例讲解

创建 test 表：

```
CREATE TABLE clickhouse_tutorial.test ENGINE = Log AS SELECT * FROM numbers(10);
```

查询数据：

```
SELECT *
FROM clickhouse_tutorial.test

Query id: 55175f17-9d56-4909-93e3-99c7b945b02c
```

```
┌─ number ─┐
│    0     │
│    1     │
│    2     │
│    3     │
│    4     │
│    5     │
│    6     │
│    7     │
│    8     │
│    9     │
└──────────┘
```

10 rows in set. Elapsed: 0.002 sec.

DETACH test 表:

```
DETACH TABLE clickhouse_tutorial.test

Query id: f16d9541-3640-4556-9466-850b99d131aa

Ok.
```

0 rows in set. Elapsed: 0.001 sec.

再次查询 test 表,提示表不存在:

```
SELECT *
FROM clickhouse_tutorial.test

Query id: 8338bbc9-6d19-4726-a550-c773851ddf58
```

0 rows in set. Elapsed: 0.001 sec.

```
Received exception from server (version 22.4.1):
Code: 60. DB::Exception: Received from 127.0.0.1:9009. DB::Exception: Table
    clickhouse_tutorial.test doesn't exist. (UNKNOWN_TABLE)
```

但是,此时不能使用表名 test 创建另外一张表:

```
CREATE TABLE clickhouse_tutorial.test
ENGINE = Log AS
SELECT *
FROM numbers(10)

Query id: c338b28a-45c9-41a3-a6c0-f6ddb374df52
```

0 rows in set. Elapsed: 0.001 sec.

```
Received exception from server (version 22.4.1):
Code: 57. DB::Exception: Received from 127.0.0.1:9009. DB::Exception: Table
```

```
`clickhouse_tutorial`.`test` already exists (detached). (TABLE_ALREADY_
EXISTS)
```

6.4 数据查询

数据查询语言（DQL）是 SQL 语言子集，也是 SQL 中最核心、最常用的功能。

6.4.1 概述

SQL 的核心是 Query，也就是数据查询（Date Query）。SQL 中数据查询语句也只有一个，那就是 SELECT 语句。SELECT 语句执行数据查询，并把请求响应的数据返回到客户端，返回数据集称为结果集。

类似 Hive SQL，ClickHouse SQL 也支持组合使用 INSERT INTO…SELECT 语句，将查询结果数据写入另外一张表里。

1. SELECT 语句

SELECT 语句的语法如下：

```
[WITH expr_list|(subquery)]
SELECT [DISTINCT [ON (column1, column2, ...)]] expr_list
[FROM [db.]table | (subquery) | table_function] [FINAL]
[SAMPLE sample_coeff]
[ARRAY JOIN ...]
[GLOBAL] [ANY|ALL|ASOF] [INNER|LEFT|RIGHT|FULL|CROSS] [OUTER|SEMI|ANTI]
JOIN (subquery)|table (ON <expr_list>)|(USING <column_list>)
[PREWHERE expr]
[WHERE expr]
[GROUP BY expr_list] [WITH ROLLUP|WITH CUBE] [WITH TOTALS]
[HAVING expr]
[ORDER BY expr_list] [WITH FILL] [FROM expr] [TO expr] [STEP expr]
[LIMIT [offset_value, ]n BY columns]
[LIMIT [n, ]m] [WITH TIES]
[SETTINGS ...]
[UNION  ...]
[INTO OUTFILE filename [COMPRESSION type] ]
[FORMAT format]
```

除了 SELECT expr_list 表达式是必需的，其他子句都是可选的。SELECT 子句是必选的，其他子句如 WHERE 子句、GROUP BY 子句等是可选的。在一个 SELECT 查询语句中，子句的顺序是固定的，所以必须严格按照上述的顺序书写。

所有的查询语句都是从 FROM 开始执行的（如果使用 WITH，则先计算 WITH 子句）。在 SQL 查询执行过程中，每个步骤都会为下一个步骤生成一个虚拟表，这个虚拟表将作为下一个执行步骤的输入。

2. 嵌套子查询

查询可以嵌套，一个查询的结果可以通过关系运算符或聚合函数在另一个查询中使用。嵌套查询（Nested Query）也称为子查询（subquery）。例如，下面是一个子查询的 SQL 实例：

```
SELECT  isbn ,
    title ,
    price
FROM   Book
WHERE  price < ( SELECT  AVG ( price )  FROM  Book )
ORDER  BY  title ;
```

3. 查询子句执行顺序

SQL 中各个子句的执行顺序如下：

```
(8)SELECT
(9) DISTINCT<Select_list>
(1) FROM <left_table>
(3) <join_type>JOIN<right_table>
(2) ON<join_condition>
(4) WHERE<where_condition>
(5) GROUP BY<group_by_list>
(6) WITH {CUBE|ROLLUP}
(7) HAVING <having_condtion>
(10) ORDER BY <order_by_list>
(11) LIMIT <limit_number>
```

在 ClickHouse SQL 中，查询子句要丰富一些。ClickHouse SQL 中各个子句的执行顺序如下：WITH 子句、FROM 子句、SAMPLE 子句、JOIN 子句、PREWHERE 子句、WHERE 子句、GROUP BY 子句、LIMIT BY 子句、HAVING 子句、SELECT 子句、DISTINCT 子句、ORDER BY 子句、LIMIT 子句、SETTINGS 子句、UNION 子句、INTERSECT 子句、EXCEPT 子句、INTO OUTFILE 子句、FORMAT 子句。

下面对这些 SQL 子句分别进行详细介绍。

6.4.2 WITH 子句

ClickHouse 支持公共表表达式（Common Table Expression，CTE），即提供在 SELECT 查询中使用 WITH 子句的结果。在查询表对象的地方，可以在子查询上下文中使用命名子查询。但是，ClickHouse 对 CTE 是有限支持的，例如 WITH 子句不支持递归查询。当使用子查询时，它的结果应该是只有一行的标量。

1. 语法

```
WITH <expression> AS <identifier>
```

2. 功能说明

使用表达式 expression 声明一个变量名为 identifier 的命名子查询。

3. 实例讲解

使用常量表达式作为"变量"：

```
WITH '2014-03-18 12:00:00' AS ts_upper_bound
SELECT count()
FROM clickhouse_tutorial.user_tag
WHERE (EventDate = toDate(ts_upper_bound)) AND (EventTime <= ts_upper_bound)

Query id: e37ccab0-3b66-4de2-845f-d0d3682e69d3

   ┌─count()─┐
   │  678375 │
   └─────────┘

1 rows in set. Elapsed: 0.009 sec. Processed 1.38 million rows, 8.30 MB (160.29
    million rows/s., 961.76 MB/s.)
```

使用标量子查询结果：

```
WITH (
        SELECT max(EventTime)
        FROM clickhouse_tutorial.user_tag
    ) AS ts_upper_bound
SELECT count()
FROM clickhouse_tutorial.user_tag
WHERE (EventDate = toDate(ts_upper_bound)) AND (EventTime <= ts_upper_bound)

Query id: 7aced70c-0708-467f-8f23-92797343067f

   ┌─count()──┐
   │  1046491 │
   └──────────┘

1 rows in set. Elapsed: 0.023 sec. Processed 9.92 million rows, 41.77 MB (434.91
    million rows/s., 1.83 GB/s.)
```

小贴士：公共表表达式

在 SQL:1999 标准中，SQL 中的分层和递归查询是通过递归公共表表达式实现的。递归 CTE 可用于遍历关系（如图形或树）。例如，计算从 0 到 9 的数字的阶乘的递归查询示例如下：

```
WITH RECURSIVE temp (n, fact) AS
(SELECT 0, 1 -- Initial Subquery
     UNION ALL
SELECT n+1, (n+1)*fact FROM temp -- Recursive Subquery
     WHERE n < 9)
SELECT * FROM temp;
```

6.4.3 FROM 子句

1. 语法

```
FROM db.table | (subquery) | table_function] [FINAL]
```

2. 功能说明

FROM 子句指定从中读取查询的数据源，可以是表（Table）、子查询（Subquery）、表函数（Table Function）等。

1）子查询是另一个 SELECT 查询，可以在 FROM 子句内的括号中指定。

2）FROM 子句可以包含多个数据源，以逗号分隔，相当于对它们进行 CROSS JOIN 操作。

3）JOIN 和 ARRAY JOIN 子句也可用于扩展 FROM 子句的功能。

4）不建议使用 FINAL，此处不再介绍。

3. 实例讲解

从表中查询：

```
SELECT
    UserID,
    WatchID
FROM clickhouse_tutorial.user_tag
LIMIT 3

Query id: 05645ee2-401f-4021-818e-f18fcc3481af

┌──────────────UserID─┬──────────WatchID─┐
│ 2042690798151930621 │ 4611692230555590277 │
│ 1266642432311731534 │ 4611720374393200609 │
│ 1080523977390906965 │ 4611724822782888722 │
└─────────────────────┴─────────────────────┘

3 rows in set. Elapsed: 0.005 sec.
```

从子查询中查询：

```
SELECT t.WatchID
FROM
(
    SELECT
        UserID,
        WatchID
    FROM clickhouse_tutorial.user_tag
    LIMIT 3
) AS t
WHERE t.UserID = 2042690798151930621

Query id: e55fa453-f212-49e2-84b3-541ab9dbd5f2
```

```
┌──────WatchID──────┐
│ 4611692230555590277 │
└───────────────────┘
```

1 rows in set. Elapsed: 0.008 sec.

从表函数中查询：

```
SELECT *
FROM numbers(10)
```

Query id: 73c856b4-608d-43f0-882d-a0d8ae01dc49

```
┌─number─┐
│      0 │
│      1 │
│      2 │
│      3 │
│      4 │
│      5 │
│      6 │
│      7 │
│      8 │
│      9 │
└────────┘
```

10 rows in set. Elapsed: 0.003 sec.

结合 ARRAY JOIN 子句查询：

```
SELECT
    t.array1,
    t.array2,
    x,
    y
FROM
(
    SELECT
        [1, 2, 3] AS array1,
        [4, 5, 6] AS array2
) AS t
ARRAY JOIN
    array1 AS x,
    array2 AS y
```

Query id: 68b8eab6-242f-4334-aade-a797926cd9ef

```
┌─array1─┬─array2─┬─x─┬─y─┐
│ [1,2,3] │ [4,5,6] │ 1 │ 4 │
│ [1,2,3] │ [4,5,6] │ 2 │ 5 │
│ [1,2,3] │ [4,5,6] │ 3 │ 6 │
└─────────┴─────────┴───┴───┘
```

6.4.4 SAMPLE 子句

1. 语法

```
SAMPLE sample_coeff
```

2. 功能说明

根据采样字段，按照采样率 sample_coeff 进行采样查询。采样字段适合均匀分布的字段，例如 UserID。

3. 实例讲解

给 user_tag 表添加采样字段：

```
alter table clickhouse_tutorial.user_tag
modify sample by UserID;
```

分别按照采样率 0.1、0.01、0.001 进行 avg() 聚合计算：

```
SELECT
    t.c1,
    t.c2,
    t.c3,
    t.c4,
    t.c1 - t.c2,
    t.c1 - t.c3,
    t.c1 - t.c4
FROM
(
    SELECT
        (
            SELECT avg(user_tag.RequestNum) AS req
            FROM clickhouse_tutorial.user_tag
            WHERE EventDate = '2014-03-18'
        ) AS c1,
        (
            SELECT avg(user_tag.RequestNum) AS req
            FROM clickhouse_tutorial.user_tag
            SAMPLE 1 / 10
            WHERE EventDate = '2014-03-18'
        ) AS c2,
        (
            SELECT avg(user_tag.RequestNum) AS req
            FROM clickhouse_tutorial.user_tag
            SAMPLE 1 / 100
            WHERE EventDate = '2014-03-18'
        ) AS c3,
        (
            SELECT avg(user_tag.RequestNum) AS req
            FROM clickhouse_tutorial.user_tag
            SAMPLE 1 / 1000
```

```
            WHERE EventDate = '2014-03-18'
        ) AS c4
) AS t
FORMAT Vertical

Query id: 56087e73-25e5-4cee-94ce-9de427bd2b67

Row 1:
──────

c1:              1460.5662128936485
c2:              1460.0685749794536
c3:              1841.2331039827166
c4:              1105.6873169489368
minus(c1, c2): 0.497637914194911
minus(c1, c3): -380.66689108906803
minus(c1, c4): 354.87889594471176

1 rows in set. Elapsed: 0.049 sec. Processed 5.53 million rows, 66.42 MB (113.86
    million rows/s., 1.37 GB/s.)
```

6.4.5　JOIN 子句

1. 语法

```
SELECT <expr_list>
FROM <left_table: {(subquery)|table}>
[GLOBAL] [ANY|ALL|ASOF] [INNER|LEFT|RIGHT|FULL|CROSS] [OUTER|SEMI|ANTI]
    JOIN<right_table: {(subquery)|table}>
(ON <expr_list>)|(USING <column_list>)
```

2. 功能说明

JOIN 连接操作，对应关系代数中的 JOIN 算子。通过具有相同值的列，组合连接一个或多个表，生成一个新表。ON <expr_list> 子句中的表达式和 USING <column_list> 子句中的列称为"连接键"。除非另有说明，否则 JOIN 操作从具有匹配"连接键"的行生成笛卡儿积（Cartesian Product），这可能会产生比源表多很多的行数据。

ClickHouse 支持 SQL 标准 JOIN 类型：

1）INNER JOIN，只返回匹配的行。直接使用 JOIN，等同于 INNER JOIN。

2）LEFT OUTER JOIN，除了匹配行之外，还返回左表中的非匹配行。可以省略关键字 OUTER。

3）RIGHT OUTER JOIN，除了匹配行之外，还返回右表中的非匹配行。可以省略关键字 OUTER。

4）FULL OUTER JOIN，除了匹配行之外，还返回两个表中的非匹配行。可以省略关键字 OUTER。

5）CROSS JOIN，产生整个表的笛卡儿积，没有指定"连接键"。CROSS JOIN 的替代语法是在 FROM 子句中指定多个表，然后用逗号 (,) 分隔。

3. 实例讲解

精确查询去重 UserID 个数的 SQL 语句如下：

```
SELECT uniqExact(t1.UserID)
FROM
(
    SELECT UserID
    FROM clickhouse_tutorial.user_tag
    WHERE EventDate = '2014-03-18'
) AS t1
INNER JOIN
(
    SELECT UserID
    FROM clickhouse_tutorial.user_tag
    WHERE EventDate = '2014-03-19'
) AS t2 ON t1.UserID = t2.UserID

Query id: c5fd19ab-4826-4e66-ab64-359135a18410

┌─uniqExact(UserID)─┐
│             18496 │
└───────────────────┘
```

```
1 rows in set. Elapsed: 1.179 sec. Processed 2.79 million rows, 27.89 MB (2.37
    million rows/s., 23.65 MB/s.)
```

但是，很多场景中通常不用 JOIN（性能比较差），而是用 IN 算子。上面的 SQL 语句可以用 IN 算子来实现：

```
SELECT uniqExact(UserID)
FROM clickhouse_tutorial.user_tag
WHERE (EventDate = '2014-03-18') AND (UserID IN (
    SELECT UserID
    FROM clickhouse_tutorial.user_tag
    WHERE EventDate = '2014-03-19'
))

Query id: ade81f51-43e9-4dbb-8e31-361a3831cc58

┌─uniqExact(UserID)─┐
│             18496 │
└───────────────────┘
```

```
1 rows in set. Elapsed: 0.035 sec. Processed 2.79 million rows, 27.89 MB (80.49
    million rows/s., 804.87 MB/s.)
```

可以看到，使用 IN 算子（分布式查询使用 GLOBAL IN）的处理速度明显提升，RT 性能是 JOIN 算子的 34 倍。

在执行 JOIN 操作时，ClickHouse 对执行的顺序没有特别优化，JOIN 操作会在 WHERE 以及聚合查询前运行。

4. JOIN 性能说明

关于 JOIN 查询性能，有以下几点值得注意：

1）JOIN 操作结果不会缓存，所以每次 JOIN 操作都会生成一个全新的执行计划。

2）如果应用程序会大量使用 JOIN，需考虑借助上层应用侧的缓存服务，或使用 JOIN 表引擎来改善性能。JOIN 表引擎会在内存中保存 JOIN 结果。JOIN 表引擎不支持 ASOF 精度。

3）在很多情况下，IN 的效率要比 JOIN 高。

4）在使用 JOIN 连接维度表时，性能可能并不会很好。因为右则表对每个查询来说，都需要加载一次。在这种情况下，使用外部字典会比 JOIN 性能更好。

默认情况下，ClickHouse 使用 Hash JOIN 算法，该算法会将右表加载到内存，并创建一个 Hash 表。不过，当内存使用到达一个阈值后，ClickHouse 会转而使用 Merge JOIN 算法。可以通过以下参数限制 JOIN 操作消耗的内存：

❑ max_rows_in_join，限制 Hash 表中的行数。

❑ max_bytes_in_join，限制 Hash 表的大小。

在达到上述任何限制后，ClickHouse 会以 join_overflow_mode 参数值进行响应动作。其中，join_overflow_mode 参数包含 2 个可选值：

❑ THROW，抛出异常并终止操作。

❑ BREAK，终止操作但不抛出异常。

6.4.6　PREWHERE 子句

1. 语法

```
PREWHERE expr
```

2. 功能说明

PREWHERE 子句与 WHERE 子句具有相同的含义。不同之处在于 PREWHERE 子句读取数据过程。PREWHERE 读取数据过程如下：

1）读取执行 PREWHERE expr 表达式中所需的列，然后进行数据过滤；

2）再读取 SELECT 声明的其他列字段，补全其余属性，进行数据计算。

在某些场合下，PREWHERE 子句比 WHERE 子句处理的数据量更少、性能更高。

一个查询可以同时指定 PREWHERE 和 WHERE。在这种情况下，PREWHERE 在 WHERE 之前。PREWHERE 仅支持 *MergeTree 系列表引擎。

ClickHouse 提供了自动优化的功能，会在条件合适的情况下将 WHERE 替换为 PREWHERE。ClickHouse 默认开启优化功能，在配置项 optimize_move_to_prewhere 中设置。取值说明：

❑ 0，表示禁用自动 PREWHERE 优化。

❏ 1，表示启用自动 PREWHERE 优化。

在系统表 system.settings 查看 optimize_move_to_prewhere 配置项详情：

```
SELECT *
FROM system.settings
WHERE name = 'optimize_move_to_prewhere'
FORMAT Vertical

Query id: e10fc37d-f2a3-4f67-9529-48fc1f68f894

Row 1:
──────

name:        optimize_move_to_prewhere
value:       1
changed:     0
description: Allows disabling WHERE to PREWHERE optimization in SELECT queries
    from MergeTree.
min:         NULL
max:         NULL
readonly:    0
type:        Bool
```

3. 实例讲解

我们通过两个 SQL 实例来对 WHERE 与 PREWHERE 两种查询子句进行对比。先来看两个查询 SQL 语句。

SQL 实例 1：

```
SELECT count(UserID)
FROM clickhouse_tutorial.user_tag
PREWHERE user_tag.RequestNum > 100

Query id: 3bde88b6-c994-47d1-97c6-4a259f39efdf

┌─count(UserID)─┐
│      29244110 │
└───────────────┘

1 rows in set. Elapsed: 0.156 sec. Processed 62.12 million rows, 745.41 MB (397.27
    million rows/s., 4.77 GB/s.)
```

SQL 实例 2：

```
SELECT count(UserID)
FROM clickhouse_tutorial.user_tag
WHERE user_tag.RequestNum > 100
SETTINGS optimize_move_to_prewhere = 0

Query id: 5d9d0927-c111-41aa-a6b7-e3d6884f4a16
```

```
┌─ count(UserID) ─┐
│    29244110     │
└─────────────────┘
```

```
1 rows in set. Elapsed: 0.174 sec. Processed 62.12 million rows, 745.41 MB (356.26
    million rows/s., 4.28 GB/s.)
```

（1）WHERE 与 PREWHERE 性能对比

WHERE 与 PREWHERE 性能数据对比如表 6-6 所示。

可见 PREWHERE 的性能要比 WHERE 的性能好，不过从上面的测试数据看，性能差距倒也不是十分明显。但是，两者背后的数据计算逻辑是完全不同的。

表 6-6　WHERE 与 PREWHERE 性能数据对比

	WHERE	PREWHERE
Elapsed（s）	0.174	0.156
Processed（百万行 /s）	356.26	397.27
Processed（GB/s）	4.28	4.77

（2）WHERE 与 PREWHERE 的执行计划

我们可以通过 SQL 执行计划来具体看看两者有什么不同。

WHERE 的执行计划：

```
EXPLAIN
SELECT count(UserID)
FROM clickhouse_tutorial.user_tag
WHERE user_tag.RequestNum > 100
SETTINGS optimize_move_to_prewhere = 0

Query id: 43a7d961-3fe1-4f2b-b393-c902648a4023
```

```
┌─ explain ───────────────────────────────────────────────────┐
│ Expression ((Projection + Before ORDER BY))                  │
│   Aggregating                                                │
│     Expression (Before GROUP BY)                             │
│       Filter (WHERE)                                         │
│         SettingQuotaAndLimits (Set limits and quota after reading from │
│             storage) │                                       │
│           ReadFromMergeTree                                  │
└──────────────────────────────────────────────────────────────┘
```

```
6 rows in set. Elapsed: 0.002 sec.
```

PREWHERE 的执行计划：

```
EXPLAIN
SELECT count(UserID)
FROM clickhouse_tutorial.user_tag
PREWHERE user_tag.RequestNum > 100

Query id: cf987788-3e16-4dc9-8991-9bde689d13c0
```

```
┌─explain─────────────────────────────────────────────────────────────────┐
│ Expression ((Projection + Before ORDER BY))                               │
│   Aggregating                                                             │
│     Expression (Before GROUP BY)                                          │
│       SettingQuotaAndLimits (Set limits and quota after reading from storage) │
│         ReadFromMergeTree                                                 │
└───────────────────────────────────────────────────────────────────────────┘
```

```
5 rows in set. Elapsed: 0.002 sec.
```

可以看出，WHERE 比 PREWHERE 多了 Filter 阶段。

6.4.7　WHERE 子句

WHERE 子句表达式指定了要检索的行，对应关系代数中的选择操作。

1. 语法

```
WHERE expr
```

2. 功能说明

WHERE 可以通过表达式来过滤数据。如果过滤条件恰好为主键字段，则可以进一步借助索引加速查询。所以，WHERE 子句是决定查询语句能否使用索引的判断依据（前提是表引擎支持索引）。

3. 实例讲解

使用 WHERE 指定年龄和日期条件，聚合计算 RequestNum 平均值在年龄上的分布 SQL 如下：

```
SELECT
    avg(RequestNum) AS req,
    Age AS age
FROM clickhouse_tutorial.user_tag
WHERE (age != 0) AND (EventDate = toDate('2014-03-18'))
GROUP BY Age
ORDER BY req DESC

Query id: 5b303d93-8abb-495f-bad8-494429bfa06e
```

```
┌────────────────req─┬─age─┐
│ 1953.3613856847173 │  16 │
│ 1893.3540361841049 │  55 │
│ 1705.0050234410571 │  39 │
│  924.8175841151426 │  22 │
│   802.432123869042 │  26 │
└────────────────────┴─────┘
```

```
5 rows in set. Elapsed: 0.058 sec. Processed 13.84 million rows, 96.86 MB (238.43
    million rows/s., 1.67 GB/s.)
```

使用 EXPLAIN 指令查看 SQL 执行计划：

```
EXPLAIN
SELECT
    avg(RequestNum) AS req,
    Age AS age
FROM clickhouse_tutorial.user_tag
WHERE (age != 0) AND (EventDate = toDate('2014-03-18'))
GROUP BY Age
ORDER BY req DESC

Query id: 7071326b-35c0-422e-9588-52f1d8957679

Connecting to database system at 127.0.0.1:9009 as user default.
Connected to ClickHouse server version 22.4.1 revision 54455.

   ┌─explain──────────────────────────────────────────────────┐
   │ Expression (Projection)                                    │
   │   Sorting (Sorting for ORDER BY)                           │
   │     Expression (Before ORDER BY)                           │
   │       Aggregating                                          │
   │         Expression (Before GROUP BY)                       │
   │           Filter (WHERE)                                   │
   │             SettingQuotaAndLimits (Set limits and quota after reading │
   │                 from storage)                              │
   │               ReadFromMergeTree                            │
   └──────────────────────────────────────────────────────────┘

8 rows in set. Elapsed: 0.008 sec.
```

6.4.8 GROUP BY 子句

1. 语法

```
[GROUP BY expr_list] [WITH ROLLUP|WITH CUBE] [WITH TOTALS]
```

2. 功能说明

GROUP BY 子句将 SELECT 查询切换为聚合计算模式。GROUP BY expr_list 子句包含一个或者多个表达式的列表（多个表达式之间用逗号分隔），该列表充当"分组键"，而每个单独的表达式被称为"键表达式"。

3. 实例讲解

使用 GROUP BY 的 SQL 实例如下：

```
SELECT
    count(),
    sum(RequestNum) AS s,
    avg(RequestNum) AS a,
    max(RequestNum) AS m,
```

```
    EventDate,
    OS
FROM clickhouse_tutorial.user_tag
WHERE RequestNum != 0
GROUP BY
    EventDate,
    OS
ORDER BY a DESC
LIMIT 7

Query id: 09915fed-acfe-49cb-9b37-6e5cfcc17715
```

count()	s	a	m	EventDate	OS
20	3602510	180125.5	195583	2014-03-21	25
240	24593020	102470.91666666667	522032	2014-03-22	63
90	2377190	26413.222222222223	32513	2014-03-18	6
10	71020	7102	7102	2014-03-17	14
12310	78834610	6404.111291632818	16381	2014-03-17	97
1070	6374100	5957.102803738318	16368	2014-03-18	4
27640	153955650	5570.030752532562	32749	2014-03-21	105

```
7 rows in set. Elapsed: 0.288 sec. Processed 88.74 million rows, 621.17 MB (308.15
    million rows/s., 2.16 GB/s.)
```

查看 SQL 执行计划：

```
EXPLAIN actions = 1
SELECT
    count(),
    sum(RequestNum) AS s,
    avg(RequestNum) AS a,
    max(RequestNum) AS m,
    EventDate,
    OS
FROM clickhouse_tutorial.user_tag
WHERE RequestNum != 0
GROUP BY
    EventDate,
    OS
ORDER BY a DESC
LIMIT 7

Query id: c5aee861-cb73-4089-bbdd-412c099f7037
```

```
┌─explain──────────────────────────────────────────────────┐
│ Expression (Projection)                                   │
│ Actions: INPUT :: 0 -> EventDate Date : 0                 │
│         INPUT :: 1 -> OS UInt8 : 1                        │
│         INPUT :: 2 -> count() UInt64 : 2                  │
│         INPUT : 3 -> sum(RequestNum) UInt64 : 3           │
│         INPUT : 4 -> avg(RequestNum) Float64 : 4          │
```

```
          INPUT : 5 -> max(RequestNum) UInt32 : 5
          ALIAS sum(RequestNum) :: 3 -> s UInt64 : 6
          ALIAS avg(RequestNum) :: 4 -> a Float64 : 3
          ALIAS max(RequestNum) :: 5 -> m UInt32 : 4
Positions: 2 6 3 4 0 1
  Limit (preliminary LIMIT (without OFFSET))
  Limit 7
  Offset 0
    Sorting (Sorting for ORDER BY)
    Sort description: avg(RequestNum) DESC
    Limit 7
      Expression (Before ORDER BY)
      Actions: INPUT :: 0 -> EventDate Date : 0
               INPUT :: 1 -> OS UInt8 : 1
               INPUT :: 2 -> count() UInt64 : 2
               INPUT :: 3 -> sum(RequestNum) UInt64 : 3
               INPUT :: 4 -> avg(RequestNum) Float64 : 4
               INPUT :: 5 -> max(RequestNum) UInt32 : 5
      Positions: 0 1 2 3 4 5
        Aggregating
        Keys: EventDate, OS
        Aggregates:
          count()
            Function: count() -> UInt64
            Arguments: none
            Argument positions: none
          sum(RequestNum)
            Function: sum(UInt32) -> UInt64
            Arguments: RequestNum
            Argument positions: 0
          avg(RequestNum)
            Function: avg(UInt32) -> Float64
            Arguments: RequestNum
            Argument positions: 0
          max(RequestNum)
            Function: max(UInt32) -> UInt32
            Arguments: RequestNum
            Argument positions: 0
        Expression (Before GROUP BY)
        Actions: INPUT :: 0 -> RequestNum UInt32 : 0
                 INPUT :: 1 -> OS UInt8 : 1
                 INPUT :: 2 -> EventDate Date : 2
        Positions: 0 1 2
          SettingQuotaAndLimits (Set limits and quota after reading from storage)
            ReadFromMergeTree
            ReadType: Default
            Parts: 41
            Granules: 10843

54 rows in set. Elapsed: 0.004 sec.
```

如果 SELECT 后面只有聚合函数，没有选择其他字段，则 GROUP BY 关键字可以省略。例如：

```
SELECT
    SUM(data_compressed_bytes) AS compressed,
    SUM(data_uncompressed_bytes) AS uncompressed
FROM system.parts

Query id: 7af31340-a047-416c-961e-615f29ee7881

┌─ compressed ─┬─ uncompressed ─┐
│  2601173868  │   9355198237   │
└──────────────┴────────────────┘

1 rows in set. Elapsed: 0.006 sec.
```

6.4.9 HAVING 子句

1. 语法

```
...
WHERE expr
GROUP BY expr_list
HAVING expr
ORDER BY expr_list
```

2. 功能说明

1）在 GROUP BY expr_list 子句之后使用 HAVING expr，用于过滤满足表达式的数据行。

2）可以通过别名引用 HAVING 子句中 SELECT 子句的聚合结果。

3）HAVING expr 子句类似于 WHERE expr 子句，但 WHERE 是在聚合之前执行的，而 HAVING 是在聚合之后执行的。

4）如果不执行聚合计算，则不能使用 HAVING，改用 WHERE。

3. 实例讲解

使用 HAVING 的 SQL 实例如下：

```
SELECT
    count(),
    sum(RequestNum) AS s,
    avg(RequestNum) AS a,
    max(RequestNum) AS m,
    EventDate,
    OS
FROM clickhouse_tutorial.user_tag
WHERE RequestNum != 0
GROUP BY
    EventDate,
    OS
```

```
HAVING a > 100000   -- 直接使用别名 a
ORDER BY a DESC
LIMIT 7

Query id: e8320bd7-c7cd-4e83-ab7d-73d1dc94e140
```

count()	s	a	m	EventDate	OS
20	3602510	180125.5	195583	2014-03-21	25
240	24593020	102470.91666666667	522032	2014-03-22	63

```
2 rows in set. Elapsed: 0.312 sec. Processed 88.74 million rows, 621.17 MB (284.44
    million rows/s., 1.99 GB/s.)
```

查看 SQL 执行计划：

```
EXPLAIN actions = 1
SELECT
    count(),
    sum(RequestNum) AS s,
    avg(RequestNum) AS a,
    max(RequestNum) AS m,
    EventDate,
    OS
FROM clickhouse_tutorial.user_tag
WHERE RequestNum != 0
GROUP BY
    EventDate,
    OS
HAVING a > 100000
ORDER BY a DESC
LIMIT 7

Query id: a8b4624f-12b5-48ec-a44c-1408edafff13
```

```
┌─explain─────────────────────────────────────────────
│ Expression (Projection)
│ Actions: INPUT :: 0 -> EventDate Date : 0
│         INPUT :: 1 -> OS UInt8 : 1
│         INPUT :: 2 -> count() UInt64 : 2
│         INPUT : 3 -> sum(RequestNum) UInt64 : 3
│         INPUT : 4 -> avg(RequestNum) Float64 : 4
│         INPUT : 5 -> max(RequestNum) UInt32 : 5
│         ALIAS sum(RequestNum) :: 3 -> s UInt64 : 6
│         ALIAS avg(RequestNum) :: 4 -> a Float64 : 3
│         ALIAS max(RequestNum) :: 5 -> m UInt32 : 4
│ Positions: 2 6 3 4 0 1
│   Limit (preliminary LIMIT (without OFFSET))
│   Limit 7
│   Offset 0
│     Sorting (Sorting for ORDER BY)
```

```
Sort description: avg(RequestNum) DESC
Limit 7
  Expression (Before ORDER BY)
  Actions: INPUT :: 0 -> EventDate Date : 0
           INPUT :: 1 -> OS UInt8 : 1
           INPUT :: 2 -> count() UInt64 : 2
           INPUT :: 3 -> sum(RequestNum) UInt64 : 3
           INPUT :: 4 -> avg(RequestNum) Float64 : 4
           INPUT :: 5 -> max(RequestNum) UInt32 : 5
  Positions: 0 1 2 3 4 5
   Filter (HAVING)
   Filter column: greater(avg(RequestNum), 100000) (removed)
   Actions: INPUT :: 0 -> EventDate Date : 0
            INPUT :: 1 -> OS UInt8 : 1
            INPUT :: 2 -> count() UInt64 : 2
            INPUT :: 3 -> sum(RequestNum) UInt64 : 3
            INPUT :: 4 -> avg(RequestNum) Float64 : 4
            INPUT :: 5 -> max(RequestNum) UInt32 : 5
            COLUMN Const(UInt32) -> 100000 UInt32 : 6
            FUNCTION greater(avg(RequestNum) : 4, 100000 :: 6) ->
              greater(avg(RequestNum), 100000) UInt8 : 7
   Positions: 0 1 2 3 4 5 7
    Aggregating
    Keys: EventDate, OS
    Aggregates:
        count()
          Function: count() -> UInt64
          Arguments: none
          Argument positions: none
        sum(RequestNum)
          Function: sum(UInt32) -> UInt64
          Arguments: RequestNum
          Argument positions: 0
        avg(RequestNum)
          Function: avg(UInt32) -> Float64
          Arguments: RequestNum
          Argument positions: 0
        max(RequestNum)
          Function: max(UInt32) -> UInt32
          Arguments: RequestNum
          Argument positions: 0
     Expression (Before GROUP BY)
     Actions: INPUT :: 0 -> RequestNum UInt32 : 0
              INPUT :: 1 -> OS UInt8 : 1
              INPUT :: 2 -> EventDate Date : 2
     Positions: 0 1 2
      SettingQuotaAndLimits (Set limits and quota after reading
         from storage)
        ReadFromMergeTree
        ReadType: Default
```

```
|                    Parts: 41
|                    Granules: 10843
```

65 rows in set. Elapsed: 0.005 sec.

6.4.10　SELECT 子句

SELECT 子句指定了返回的列或 SQL 表达式的列表，对应关系代数中的投影操作。

1. 语法

```
SELECT [DISTINCT [ON (column1, column2, ...)]] expr_list
```

2. 功能说明

SELECT 子句中指定的表达式列表 expr_list 是在上面的所有子句操作完成后开始计算的。表达式列表 expr_list 由逗号分隔的一个或多个表达式组成。表达式可以是函数、标识符、文字、运算符的应用程序、括号中的表达式、子查询或星号，还可以包含别名。表达式可以作为函数和运算符的入参。

3. 实例讲解

查询字段 EventDate 值，聚合计算 uniqExact(UserID) 与 sum(RequestNum) 的值 ，并给结果分别指定返回别名，SQL 实例如下：

```
WITH (
        SELECT max(EventTime)
        FROM clickhouse_tutorial.user_tag
    ) AS ts_upper_bound
SELECT
    uniqExact(UserID) AS userCnt,
    sum(RequestNum) AS req,
    EventDate AS date
FROM clickhouse_tutorial.user_tag
WHERE EventDate = toDate(ts_upper_bound)
GROUP BY date

Query id: e696dcc7-57b7-47b4-9278-2b82aa9e5d31
```

userCnt	req	date
31200	1130126141	2014-03-23

1 rows in set. Elapsed: 0.058 sec. Processed 9.92 million rows, 50.15 MB (172.17 million rows/s., 870.28 MB/s.)

在 SELECT 子句中，还可以使用 APPLY 修饰符，为查询表达式返回的每一行数据，执行调用函数计算并返回新的结果。

创建函数 calculateLevel：

```
CREATE FUNCTION calculateLevel AS (x) -> multiIf(x<1200000000,'low',
    x>=1200000000 and x<1800000000, 'mid', x>= 1800000000, 'high', 'unknown');
```

应用函数 calculateLevel 执行如下 SQL 语句：

```
:) SELECT ( * APPLY(calculateLevel) )
        FROM (SELECT sum(RequestNum) req
            FROM clickhouse_tutorial.user_tag
            GROUP BY EventDate) t;

SELECT * APPLY calculateLevel
FROM
(
    SELECT sum(RequestNum) AS req
    FROM clickhouse_tutorial.user_tag
    GROUP BY EventDate
) AS t

Query id: fcf7c578-134e-456d-b745-97cb92f4749a

┌─multiIf(less(req, 1200000000), 'low', and(greaterOrEquals(req, 1200000000),
    less(req, 1800000000)), 'mid', greaterOrEquals(req, 1800000000), 'high',
    'unknown')─┐
│ high                                                                        │
│ high                                                                        │
│ mid                                                                         │
│ high                                                                        │
│ high                                                                        │
│ low                                                                         │
│ low                                                                         │
└─────────────────────────────────────────────────────────────────────────────┘

7 rows in set. Elapsed: 0.043 sec. Processed 8.87 million rows, 53.24 MB (208.70
    million rows/s., 1.25 GB/s.)
```

上面的 SQL 语句其实本质上就是函数调用，其执行结果与下面的 SQL 语句的执行结果是相同的（看着更简单直接）：

```
SELECT calculateLevel(t.req) AS res
FROM
(
    SELECT sum(RequestNum) AS req
    FROM clickhouse_tutorial.user_tag
    GROUP BY EventDate
) AS t

Query id: 4cd8ebe5-617f-443f-aa42-c15246eb0f5f

┌─res──┐
│ high │
```

```
│ high │
│ mid  │
│ high │
│ high │
│ low  │
│ low  │
```

7 rows in set. Elapsed: 0.030 sec. Processed 8.87 million rows, 53.24 MB (292.08 million rows/s., 1.75 GB/s.)

6.4.11　DISTINCT 子句

1. 语法

```
SELECT DISTINCT (column1, column2,...)
```

2. 功能说明

如果指定了 SELECT DISTINCT，则查询结果中将只保留唯一行，即结果中的所有完全相同行集合（元组）只会保留一行。

可以指定必须具有唯一值的列列表：SELECT DISTINCT (column1, column2,…)。如果未指定列（例如，SELECT DISTINCT * FROM t1），则将所有列都考虑在内。

3. 实例讲解

统计一个字段无重复值个数：

```
select count(distinct (UserID)) from clickhouse_tutorial.user_tag;

SELECT countDistinct(UserID)
FROM clickhouse_tutorial.user_tag

Query id: df60bc2b-a5f7-44f2-982e-99c685a4dbe0

┌─uniqExact(UserID)─┐
│            119689 │
└───────────────────┘
```

1 rows in set. Elapsed: 0.245 sec. Processed 88.74 million rows, 709.91 MB (362.51 million rows/s., 2.90 GB/s.)

统计多个字段组成元组无重复个数：

```
SELECT
    (
        SELECT count()
        FROM
        (
            SELECT
                UserID,
```

```
            OS
        FROM clickhouse_tutorial.user_tag
    ) AS t
) AS a,
(
    SELECT count()
    FROM
    (
        SELECT DISTINCT (UserID, OS)
        FROM clickhouse_tutorial.user_tag
    )
) AS b
```

Query id: 5880dd93-6d88-45da-943c-3b0f6e9b7521

```
┌────────a─┬───────b─┐
│ 88738980 │  120845 │
└──────────┴─────────┘
```

1 rows in set. Elapsed: 0.869 sec. Processed 177.48 million rows, 887.39 MB
    (204.31 million rows/s., 1.02 GB/s.)

执行时 count(distinct (UserID,OS)) 会转化成 uniqExact(UserID, OS) 函数，SQL 实例如下：

:) select uniqExact (UserID,OS) from clickhouse_tutorial.user_tag;

```
SELECT uniqExact(UserID, OS)
FROM clickhouse_tutorial.user_tag
```

Query id: c336d0e6-ba1e-4bbb-bed0-11ffdff6a56f

```
┌─uniqExact(UserID, OS) ─┐
│                 120845 │
└────────────────────────┘
```

1 rows in set. Elapsed: 0.937 sec. Processed 88.74 million rows, 798.65 MB (94.69
    million rows/s., 852.23 MB/s.)

:) select count(distinct (UserID,OS)) from clickhouse_tutorial.user_tag;

```
SELECT countDistinct((UserID, OS))
FROM clickhouse_tutorial.user_tag
```

Query id: 14de21dc-6e0a-416c-baf4-2ac95e24e6a6

```
┌─uniqExact(tuple(UserID, OS)) ─┐
│                        120845 │
└───────────────────────────────┘
```

1 rows in set. Elapsed: 0.983 sec. Processed 88.74 million rows, 798.65 MB (90.29
    million rows/s., 812.61 MB/s.)

6.4.12　LIMIT 子句

1. 语法

```
LIMIT m
LIMIT n, m
LIMIT m OFFSET n
```

2. 功能说明

LIMIT m：从结果中选择前 *m* 行。

LIMIT n, m：跳过前 *n* 行后，从结果中选择 *m* 行。与 LIMIT m OFFSET n 等价。*n* 和 *m* 必须是非负整数。

3. 实例讲解

（1）从结果中选择前 *m* 行

取返回数据的前 3 行：

```
SELECT
    uniqExact(UserID) AS cnt,
    Age
FROM clickhouse_tutorial.user_tag
WHERE (EventDate = (
    SELECT max(EventDate)
    FROM clickhouse_tutorial.user_tag
)) AND (Age != 0)
GROUP BY Age
ORDER BY cnt DESC
LIMIT 3

Query id: a91a967b-9abf-4e04-9069-f52bb3cce4af

Connecting to database system at 127.0.0.1:9009 as user default.
Connected to ClickHouse server version 22.4.1 revision 54455.

    ┌─── cnt ───┬─── Age ───┐
    │   8674    │    16     │
    │   3339    │    55     │
    │   3156    │    22     │
    └───────────┴───────────┘

3 rows in set. Elapsed: 0.072 sec. Processed 10.46 million rows, 115.12 MB (145.41
    million rows/s., 1.60 GB/s.)
```

（2）跳过前 *n* 行从结果中选择 *m* 行

不加 LIMIT 输出：

```
SELECT EventDate
FROM clickhouse_tutorial.user_tag
```

```
GROUP BY EventDate
ORDER BY EventDate ASC

Query id: 8a61fb79-a2fe-497a-82d1-78ec9b9f52b3

┌──EventDate─┐
│ 2014-03-17 │
│ 2014-03-18 │
│ 2014-03-19 │
│ 2014-03-20 │
│ 2014-03-21 │
│ 2014-03-22 │
│ 2014-03-23 │
└────────────┘

7 rows in set. Elapsed: 0.003 sec.
```

跳过前 2 行，从第 3 行开始，向后取 3 条数据：

```
SELECT EventDate
FROM clickhouse_tutorial.user_tag
GROUP BY EventDate
ORDER BY EventDate ASC
LIMIT 2, 3

Query id: fd7db6f7-00a2-453a-b52b-cc2ef67f404b

┌──EventDate─┐
│ 2014-03-19 │
│ 2014-03-20 │
│ 2014-03-21 │
└────────────┘

3 rows in set. Elapsed: 0.003 sec.
```

6.4.13 SETTINGS 子句

1. 语法

```
SETTINGS param1=value1, param2=value2
```

2. 功能说明

在当前 SELECT 查询中，设置系统参数值。此参数值仅适用于该查询，并在查询执行后重置为默认值或以前的值。多个参数之间用逗号分隔。

3. 实例讲解

（1）限制查询最大使用内存

下面是一段限制查询最大使用内存的简单实例，代码如下。

```
SELECT
```

```
    uniqExact(UserID) AS cnt,
    Age
FROM clickhouse_tutorial.user_tag
WHERE (EventDate = (
    SELECT max(EventDate)
    FROM clickhouse_tutorial.user_tag
)) AND (Age != 0)
GROUP BY Age
ORDER BY cnt DESC
SETTINGS max_memory_usage = 10000

Query id: 2598d428-3f8a-4df4-89ef-91b07b8bbb9b

0 rows in set. Elapsed: 0.010 sec.

Received exception from server (version 22.4.1):
Code: 241. DB::Exception: Received from 127.0.0.1:9009. DB::Exception: Memory
    limit (for query) exceeded: would use 3.53 MiB (attempt to allocate chunk of
    0 bytes), maximum: 9.77 KiB: While executing AggregatingTransform. (MEMORY_
    LIMIT_EXCEEDED)
```

可见，设置 SETTINGS max_memory_usage = 10000 生效了。

恰当地设置 max_memory_usage 参数，可以保护整个 ClickHouse 集群 Server 机器的内存使用上限，让消耗内存特别多的查询快速失败。

其中，系统配置项 max_memory_usage 的详细信息可以在 system.settings 表中找到，SQL 实例如下：

```
SELECT *
FROM system.settings
WHERE name = 'max_memory_usage'
FORMAT Vertical

Query id: 4c58a7ba-09f2-437f-8b86-d395be03cb4c

Row 1:
──────────
name:        max_memory_usage
value:       10000000000
changed:     1
description: Maximum memory usage for processing of single query. Zero means
    unlimited.
min:         NULL
max:         NULL
readonly:    0
type:        UInt64

1 rows in set. Elapsed: 0.003 sec.
```

可以看到，max_memory_usage 的默认值是 10000000000 字节，也就是 10 GB。

（2）查询中启用 ORDER BY 优化

在查询中启用 ORDER BY 优化，以便在 MergeTree 表中按相应顺序读取数据。SQL 实例如下：

```
SELECT sum(RequestNum) AS req
FROM clickhouse_tutorial.user_tag
GROUP BY EventDate
SETTINGS optimize_read_in_order = 1

Query id: 97064d39-bfd4-4dbd-95cd-9ed8dab60de2

┌────────req─┐
│ 2188148931 │
│ 2020924125 │
│ 1785291729 │
│ 1982692039 │
│ 1884893824 │
│ 1194426412 │
│ 1130126141 │
└────────────┘
```

```
7 rows in set. Elapsed: 0.041 sec. Processed 8.87 million rows, 53.24 MB (218.77
    million rows/s., 1.31 GB/s.)
```

可以到 system.settings 系统设置表里查看 optimize_read_in_order 配置项的详细信息：

```
SELECT *
FROM system.settings
WHERE name LIKE '%optimize_read_in_order%'
FORMAT Vertical

Query id: 9cf968a7-6be6-40cd-b0c5-34f770ef03d8

Row 1:
──────────
name:        optimize_read_in_order
value:       1
changed:     0
description: Enable ORDER BY optimization for reading data in corresponding
    order in MergeTree tables.
min:         NULL
max:         NULL
readonly:    0
type:        Bool

1 rows in set. Elapsed: 0.004 sec.
```

通过下面的 SQL 查询系统配置与 MergeTree 配置说明：

```
-- 系统配置
select * from system.settings;
--MergeTree 配置
```

```
select * from system.merge_tree_settings;
```

例如，查看与内存配置项相关的配置：

```
select * from system.settings where name like '%memory%';
```

配置结果如表 6-7 所示。

表 6-7　ClickHouse 中与内存相关的配置项

配置项名称	配置值	是否变化	配置项说明	最小值	最大值	是否只读	类型
distributed_aggregation_memory_efficient	1	0	是否启用分布式聚合的内存节省模式			0	Bool
aggregation_memory_efficient_merge_threads	0	0	用于合并中间聚合的线程数。该值越大，内存消耗越多。0 表示与 max_threads 相同			0	UInt64
memory_tracker_fault_probability	0	0	对于异常安全性的测试：每次分配内存时，以指定的概率抛出一个异常			0	Float
remerge_sort_lowered_memory_bytes_ratio	2	0	如果重新合并后的内存使用没有按此比例减少，重新合并将被禁用			0	Float
max_memory_usage	10000000000	1	处理单个查询的最大内存使用量，单位为字节。0 表示无限制			0	UInt64
max_guaranteed_memory_usage	0	0	处理单个查询的最大保证内存使用量，这是一个软限制，单位为字节。0 表示无限制			0	UInt64
max_memory_usage_for_user	0	0	处理用户所有并发运行的查询的最大内存使用量，单位为字节。0 表示无限制			0	UInt64
max_guaranteed_memory_usage_for_user	0	0	处理用户所有并发运行的查询的最大保证内存使用量，这是一个软限制，单位为字节。0 表示无限制			0	UInt64
max_untracked_memory	4194304	0	线程局部变量中的小内存分配和释放内存分配大小限制。当数量（绝对值）大于指定值时，会被跟踪或分析。如果值高于 memory_profiler_step，它将使用 memory_profiler_step 的值。设置为 0 时，进行额外的细粒度采样			0	UInt64
memory_profiler_step	4194304	0	每当查询内存使用量大于 memory_profiler_step 设置的字节数时，内存分析器将收集分配堆栈跟踪。0 表示禁用内存分析器。值太小会影响查询性能			0	UInt64
memory_profiler_sample_probability	0	0	内存使用跟随采样率。当未跟踪的内存量超过 max_untracked_memory 时才会进行采样			0	Float

(续)

配置项名称	配置值	是否变化	配置项说明	最小值	最大值	是否只读	类型
`memory_usage_overcommit_max_wait_microseconds`	0	0	在内存超载的情况下，线程将等待内存释放的最大时间。如果超时内存没有释放，则引发异常			0	UInt64
`max_memory_usage_for_all_queries`	0	0	过期配置，已废弃			0	UInt64

小贴士：Gigabyte 与 Gibibyte

1. 十进制定义

1 GB = 1000000000 字节（= 1000^3 B = 10^9 B）

基于 10 的幂，此定义使用国际单位制（SI）中定义的前缀。这是国际电工委员会（IEC）推荐的定义。此定义用于网络环境和大多数存储介质，特别是硬盘驱动器、基于闪存的存储和 DVD，并且也与 SI 前缀在计算中的其他用途一致，例如 CPU 时钟速度或性能度量。

2. 二进制定义

1 GiB = 1073741824 字节（= 1024^3 B = 2^{30} B）。

二进制定义使用以 2 为底的幂，二进制计算机的架构原理也是如此。这种用法被一些操作系统广泛发布，例如 Microsoft Windows 系统已引用计算机内存（例如 RAM）。该定义与明确的单位 gibibyte 同义。

3. 两者区别

1 GB = 1000000000 B

1 GiB = 1024 × 1024 × 1024 B

因此，GB 和 GiB 是不一样的，1GB = 0.931 322 574 615 48 GiB。

6.4.14 UNION 子句

1. 语法

```
SELECT column1 [, column2 ]
FROM table1
[WHERE condition]

UNION ALL|UNION DISTINCT

SELECT column1 [, column2 ]
FROM table2
[WHERE condition]
```

2. 功能说明

计算查询结果数据行的并集。使用 UNION ALL 得到的查询结果可以有重复数据行，使用 UNION DISTINCT 会对重复数据行进行去重。

3. 实例讲解

（1）使用 UNION ALL

SQL 实例 1：

```
SELECT
    1 AS a,
    3 AS b
UNION ALL
SELECT
    2 AS a,
    4 AS b
UNION ALL
SELECT
    2 AS a,
    4 AS b

Query id: 81ecac75-7ab1-459b-a7a7-c9bbdf516d52

┌─a─┬─b─┐
│ 1 │ 3 │
└───┴───┘
┌─a─┬─b─┐
│ 2 │ 4 │
└───┴───┘
┌─a─┬─b─┐
│ 2 │ 4 │
└───┴───┘

3 rows in set. Elapsed: 0.002 sec.
```

SQL 实例 2：

```
SELECT
    [1, 2, 3] AS a,
    arrayJoin(a) AS j
UNION ALL
SELECT
    [2, 3, 4] AS a,
    arrayJoin(a) AS j
UNION ALL
SELECT
    [2, 3, 4] AS a,
    arrayJoin(a) AS j

Query id: 62524b1a-098f-4cc1-83b7-6b579c79e063

┌─a───────┬─j─┐
│ [1,2,3] │ 1 │
```

```
|   [1,2,3]  |   2   |
|   [1,2,3]  |   3   |

┌─ a ────────┬─ j ─┐
|   [2,3,4]  |   2   |
|   [2,3,4]  |   3   |
|   [2,3,4]  |   4   |
└────────────┴──────┘

┌─ a ────────┬─ j ─┐
|   [2,3,4]  |   2   |
|   [2,3,4]  |   3   |
|   [2,3,4]  |   4   |
└────────────┴──────┘
```

```
9 rows in set. Elapsed: 0.003 sec.
```

（2）使用 UNION DISTINCT

SQL 实例 1：

```
SELECT
    1 AS a,
    3 AS b
UNION DISTINCT
SELECT
    2 AS a,
    4 AS b
UNION DISTINCT
SELECT
    2 AS a,
    4 AS b
```

```
Query id: 5fd4b8cf-a21e-490d-ba92-15438ba58a57
```

```
┌─ a ─┬─ b ─┐
|  1  |  3  |
└─────┴─────┘

┌─ a ─┬─ b ─┐
|  2  |  4  |
└─────┴─────┘
```

```
2 rows in set. Elapsed: 0.002 sec.
```

SQL 实例 2：

```
SELECT
    [1, 2, 3] AS a,
    arrayJoin(a) AS j
UNION DISTINCT
SELECT
    [2, 3, 4] AS a,
    arrayJoin(a) AS j
```

```
UNION DISTINCT
SELECT
    [2, 3, 4] AS a,
    arrayJoin(a) AS j

Query id: a7907bd7-a812-42d0-9e21-16fc909dd769

┌─a─────┬─j─┐
│ [2,3,4] │ 2 │
│ [2,3,4] │ 3 │
│ [2,3,4] │ 4 │
└───────┴───┘

┌─a─────┬─j─┐
│ [1,2,3] │ 1 │
│ [1,2,3] │ 2 │
│ [1,2,3] │ 3 │
└───────┴───┘

6 rows in set. Elapsed: 0.002 sec.
```

6.4.15 INTERSECT 子句

1. 语法

```
SELECT column1 [, column2 ]
FROM table1
[WHERE condition]

INTERSECT

SELECT column1 [, column2 ]
FROM table2
[WHERE condition]
```

2. 功能说明

1）计算查询结果数据行的交集，但是可以包含重复的行。

2）两个查询的列数、顺序和数据类型必须匹配。

3）如果未指定括号，则从左到右执行多个 INTERSECT 语句。

4）INTERSECT 运算符的优先级高于 UNION 和 EXCEPT 子句。

3. 实例讲解

计算两个分区中 UserID 交集个数：

```
SELECT count()
FROM
(
    SELECT UserID
    FROM clickhouse_tutorial.user_tag
    WHERE EventDate = (
```

```
        SELECT max(EventDate)
        FROM clickhouse_tutorial.user_tag
    )
    INTERSECT
    SELECT UserID
    FROM clickhouse_tutorial.user_tag
    WHERE EventDate = (
        SELECT max(EventDate) - 1
        FROM clickhouse_tutorial.user_tag
    )
)

Query id: 32821f08-3555-4121-88a6-4d0c094e0e11

┌─count()─┐
│ 8078810 │
└─────────┘
```

1 rows in set. Elapsed: 0.171 sec. Processed 20.78 million rows, 207.82 MB (121.35 million rows/s., 1.21 GB/s.)

INTERSECT 的计算结果是有重复行的。如果想看独立 UserID 个数，可以加上 DISTINCT，SQL 实例如下：

```
SELECT count()
FROM
(
    SELECT DISTINCT UserID
    FROM clickhouse_tutorial.user_tag
    WHERE EventDate = (
        SELECT max(EventDate)
        FROM clickhouse_tutorial.user_tag
    )
    INTERSECT
    SELECT DISTINCT UserID
    FROM clickhouse_tutorial.user_tag
    WHERE EventDate = (
        SELECT max(EventDate) - 1
        FROM clickhouse_tutorial.user_tag
    )
)

Query id: 3e16cbb2-9242-4c50-86c1-b9bd795e2889

┌─count()─┐
│   14736 │
└─────────┘
```

1 rows in set. Elapsed: 0.072 sec. Processed 20.78 million rows, 207.82 MB (290.01 million rows/s., 2.90 GB/s.)

还可以使用 uniqExact(UserID) 函数计算：

```
SELECT uniqExact(UserID)
FROM
(
    SELECT UserID
    FROM clickhouse_tutorial.user_tag
    WHERE EventDate = (
        SELECT max(EventDate)
        FROM clickhouse_tutorial.user_tag
    )
    INTERSECT
    SELECT UserID
    FROM clickhouse_tutorial.user_tag
    WHERE EventDate = (
        SELECT max(EventDate) - 1
        FROM clickhouse_tutorial.user_tag
    )
)

Query id: d4ab090a-6fc6-4acc-a236-b07ea84f6e3e

┌─uniqExact(UserID)─┐
│             14736 │
└───────────────────┘

1 rows in set. Elapsed: 0.159 sec. Processed 20.78 million rows, 207.82 MB (130.62
    million rows/s., 1.31 GB/s.)
```

可以观察到，在子查询中提前计算两个分区的去重数据行 distinct UserID（结果为 0.072 sec，290.01 million rows/s, 2.90 GB/s）然后计算交集的性能，要比先计算两个分区数据的交集（带重复行），再进行去重计算 uniqExact(UserID)（结果为 0.159 sec, 130.62 million rows/s, 1.31 GB/s）的性能好很多。

6.4.16 EXCEPT 子句

1. 语法

```
SELECT column1 [, column2 ]
FROM table1
[WHERE condition]

EXCEPT

SELECT column1 [, column2 ]
FROM table2
[WHERE condition]
```

2. 功能说明

1）A EXCEPT B，计算差集 A−B，也就是从 A 中排除掉 B 中的数据行。

2）A、B 查询的列数、顺序和数据类型必须匹配。

3）EXCEPT 的结果可以包含重复的行。

4）如果未指定括号，则从左到右执行多个 EXCEPT 语句。

5）EXCEPT 运算符的优先级与 UNION 运算符相同，但低于 INTERSECT 运算符。

3. 实例讲解

```
......
SELECT arrayJoin([1, 2, 3, 4, 5, 6, 7, 8, 9, 10]) AS a
EXCEPT
SELECT arrayJoin([1, 2, 3, 4, 5, 6, 7, 8, 9, 10]) AS a

Query id: 1ccb98a5-c91b-40bb-9a38-9b5b255d43ee

Ok.

0 rows in set. Elapsed: 0.003 sec.

SELECT arrayJoin([1, 2, 3, 4, 5, 6, 7, 8, 9, 10]) AS a
EXCEPT
SELECT arrayJoin([6, 7, 8, 9, 10]) AS a

Query id: 5394b212-bf79-4f06-9390-6a86a73f6e2a

┌─a─┐
│ 1 │
│ 2 │
│ 3 │
│ 4 │
│ 5 │
└───┘

5 rows in set. Elapsed: 0.004 sec.
```

6.4.17　INTO OUTFILE 子句

1. 语法

```
SELECT <expr_list> INTO OUTFILE file_name [COMPRESSION type]
```

2. 功能说明

实现导出数据至本地文件。详细说明如下：

1）INTO OUTFILE 子句是将 SELECT 查询的结果重定向到客户端的文件 file_name 中。

2）支持压缩文件。压缩类型由文件名的扩展名检测获得（默认为 auto 模式）。

3）也可以在 COMPRESSION type 子句中明确指定。type 表示支持的压缩类型，可取值有 none、gzip、deflate、br、xz、zstd、lz4、bz2 等。

4）此功能在 ClickHouse 的命令行客户端 Clickhouse Client 和 Clickhouse Local 中可用。通过 HTTP 接口发送的查询将失败。

5）如果已存在具有相同文件名的文件，查询失败。

6）默认输出格式为 TabSeparated（类似于命令行客户端批处理模式），可以使用 FORMAT 子句进行更改。

3. 实例讲解

输入查询结果"1,'ABC'"到文件 /Users/data/select.gz 中，采用 gz 格式压缩文件，并指定数据格式为 CSV。在 ClickHouse Client 中执行如下 SQL 语句：

```
SELECT
    1,
    'ABC'
INTO OUTFILE '/Users/data/select.gz'
FORMAT CSV

Query id: 2ab5a7f8-551c-47e8-afc5-6e3a043aab7d

1 rows in set. Elapsed: 0.002 sec.
```

到 /Users/data/ 目录下面可以找到 /Users/data/select.gz 文件。解压之后的内容如下：

```
$gunzip -c select.gz
1,"ABC"
```

如果我们重复执行上面的 SQL，则报错"strerror: File exists. (CANNOT_OPEN_FILE)"：

```
SELECT
    1,
    'ABC'
INTO OUTFILE '/Users/data/select.gz'
FORMAT CSV

Query id: 7efffc09-c9cd-484b-93b4-7e3633fc7de8

Exception on client:
Code: 76. DB::ErrnoException: Cannot open file /Users/data/select.gz, errno: 17,
    strerror: File exists. (CANNOT_OPEN_FILE)

Connecting to database system at 127.0.0.1:9009 as user default.
Connected to ClickHouse server version 22.4.1 revision 54455.
```

6.4.18 FORMAT 子句

1. 语法

```
FORMAT format
```

2. 功能说明

查询结果数据序列化格式。在 SELECT 查询结束时，指定 FORMAT format 子句，可以设置 SELECT 查询数据结果的输出格式，方便与其他系统集成，或减少 I/O，提高性能。

如果省略 FORMAT 子句，则使用默认格式。对于 HTTP 接口和批处理模式下的命令行客户端，默认格式为 TabSeparated；对于交互模式下的命令行客户端，默认格式是 PrettyCompact（它生成紧凑的可读表）。

FORMAT format 支持的常用格式有 PrettyCompact、JSON、Vertical、CSV 等。format 完整数据格式清单可参考 https://clickhouse.com/docs/en/interfaces/formats/。

3. 实例讲解

PrettyCompact 格式（默认）：

```
SELECT
    count() cnt,
    sum(RequestNum) AS s,
    avg(RequestNum) AS a,
    max(RequestNum) AS m,
    EventDate,
    OS
FROM clickhouse_tutorial.user_tag
WHERE RequestNum != 0
GROUP BY
    EventDate,
    OS
HAVING a > 100000
ORDER BY a DESC
LIMIT 7
FORMAT PrettyCompact

Query id: c05a20a5-fcf8-4976-85b4-431b2a20347b
```

cnt	s	a	m	EventDate	OS
20	3602510	180125.5	195583	2014-03-21	25
240	24593020	102470.91666666667	522032	2014-03-22	63

```
2 rows in set. Elapsed: 0.305 sec. Processed 88.74 million rows, 621.17 MB (290.58
    million rows/s., 2.03 GB/s.)
```

JSON 格式：

```
SELECT
    count() AS cnt,
    sum(RequestNum) AS s,
    avg(RequestNum) AS a,
    max(RequestNum) AS m,
    EventDate,
    OS
FROM clickhouse_tutorial.user_tag
WHERE RequestNum != 0
GROUP BY
    EventDate,
    OS
```

```
HAVING a > 100000
ORDER BY a DESC
LIMIT 7
FORMAT JSON

Query id: 007b4a3a-6ad3-4f87-8f13-a174a79ac2df

{
    "meta":
    [
        {
            "name": "cnt",
            "type": "UInt64"
        },
        {
            "name": "s",
            "type": "UInt64"
        },
        {
            "name": "a",
            "type": "Float64"
        },
        {
            "name": "m",
            "type": "UInt32"
        },
        {
            "name": "EventDate",
            "type": "Date"
        },
        {
            "name": "OS",
            "type": "UInt8"
        }
    ],

    "data":
    [
        {
            "cnt": "20",
            "s": "3602510",
            "a": 180125.5,
            "m": 195583,
            "EventDate": "2014-03-21",
            "OS": 25
        },
        {
            "cnt": "240",
            "s": "24593020",
            "a": 102470.91666666667,
            "m": 522032,
            "EventDate": "2014-03-22",
            "OS": 63
```

```
        }
    ],

    "rows": 2,

    "rows_before_limit_at_least": 2,

    "statistics":
    {
        "elapsed": 0.271497,
        "rows_read": 88738980,
        "bytes_read": 621172860
    }
}
```

2 rows in set. Elapsed: 0.276 sec. Processed 88.74 million rows, 621.17 MB (321.75 million rows/s., 2.25 GB/s.)

CSV 格式：

```
SELECT
    count() AS cnt,
    sum(RequestNum) AS s,
    avg(RequestNum) AS a,
    max(RequestNum) AS m,
    EventDate,
    OS
FROM clickhouse_tutorial.user_tag
WHERE RequestNum != 0
GROUP BY
    EventDate,
    OS
HAVING a > 100000
ORDER BY a DESC
LIMIT 7
FORMAT CSV

Query id: d7e52a2c-bed9-4156-9259-837a8f4bd293

20,3602510,180125.5,195583,"2014-03-21",25
240,24593020,102470.91666666667,522032,"2014-03-22",63
```

2 rows in set. Elapsed: 0.347 sec. Processed 88.74 million rows, 621.17 MB (255.95 million rows/s., 1.79 GB/s.)

6.4.19 SHOW 查询

SHOW 查询主要用来查看建库、建表、参数设置等语句。常用的 SHOW 查询命令清单如表 6-8 所示。

表 6-8　常用的 SHOW 查询命令清单

SHOW 命令	语法	功能说明	实例讲解
SHOW CREATE DATABASE	SHOW CREATE DATABASE db	获取创建数据库 SQL	SHOW CREATE DATABASE clickhouse_tutorial Query id: 2af3b3e5-4214-4dc1-a2cc-1271c5d93c3a ┌─statement────────────────────────────┐ │ CREATE DATABASE clickhouse_tutorial ENGINE = Atomic 1 rows in set. Elapsed: 0.001 sec.
SHOW CREATE TABLE	SHOW CREATE [TEMPORARY] [TABLE|DICTIONARY|VIEW] [db.]table|view [INTO OUTFILE filename] [FORMAT format]	获取建表 SQL。返回一个字符串类型的 statement 列，其中只包含了一个值，即用来创建指定对象的 CREATE 语句	SHOW CREATE TABLE clickhouse_tutorial.user_tag Query id: 49de1335-a729-4800-8e7e-1c6ac897ef5f statement: CREATE TABLE clickhouse_tutorial.user_tag (　`UserID` UInt64, 　`WatchID` UInt64, 　`EventTime` DateTime, 　`Sex` UInt8, 　`Age` UInt8, 　`OS` UInt8, 　`RegionID` UInt32, 　`RequestNum` UInt32, 　`EventDate` Date, 　PROJECTION pos 　(　　SELECT 　　　groupBitmap(UserID)
SHOW CREATE TABLE	SHOW CREATE [TEMPORARY] [TABLE|DICTIONARY|VIEW] [db.]table|view [INTO OUTFILE filename] [FORMAT format]	获取建表 SQL。返回一个字符串类型的 statement 列，其中只包含了一个值，即用来创建指定对象的 CREATE 语句	count(1) 　　GROUP BY OS 　), 　PROJECTION pRegionID 　(　　SELECT

SHOW 命令	语法	功能说明	实例讲解

SHOW CREATE TABLE	SHOW CREATE [TEMPORARY] [TABLE|DICTIONARY|VIEW] [db.]table|view [INTO OUTFILE filename] [FORMAT format]	获取建表SQL。返回一个字符串类型的statement列，其中只包含了一个值，即用来创建指定对象的CREATE语句	`        count(1),`
			`        groupBitmap(UserID)`
			`    GROUP BY RegionID`
			`)`
			`ENGINE = MergeTree`
			`PARTITION BY EventDate`
			`ORDER BY (WatchID, UserID, EventTime)`
			`SAMPLE BY UserID`
			`SETTINGS index_granularity = 8192`
			
			`1 rows in set. Elapsed: 0.001 sec.`

SHOW DATABASES	SHOW DATABASES [LIKE | ILIKE | NOT LIKE '<pattern>'] [LIMIT <N>] [INTO OUTFILE filename] [FORMAT format]
	等价于:
	SELECT name FROM system.databases [WHERE name LIKE | ILIKE | NOT LIKE '<pattern>'] [LIMIT <N>] [INTO OUTFILE filename] [FORMAT format]
		获取数据库列表	获取数据库名称，名称中包含de:
			`SHOW DATABASES LIKE '%de%'`
			`Query id: feb07c48-13d0-431b-9449-bbc5cc4ea12b`
			`┌─name────┐`
			`│ default │`
			`└─────────┘`
			`1 rows in set. Elapsed: 0.003 sec.`
			
			`SHOW PROCESSLIST`
			`FORMAT Vertical`
			`Query id: 53884bf3-ac78-4136-9dc0-877d2188b2c6`
			`Row 1:`
			`──────`
			`is_initial_query:     1`
			`user:                 root`

语法	描述	示例输出
| SHOW PROCESSLIST | 获取当前正在处理的查询列表，SHOW PRO-CESSLIST 查询除外。使用 SELECT * FROM system.processes 查询当前正在进行的查询列表。可以在终端执行：<br>$watch -n1 "clickhouse client --query='SHOW PROCESSLIST' -h 127.0.0.1 -u default --password 7Dv7lb0g --port 9009" | ```
query_id:             05398fae22a7    d9543b69-8f0e-437f-aa9a-
address:              ::ffff:127.0.0.1
port:                 60436
initial_user:         root
initial_query_id:     05398fae22a7    d9543b69-8f0e-437f-aa9a-
initial_address:      ::ffff:127.0.0.1
initial_port:         60436
interface:            1
os_user:              bytedance
client_hostname:      C02FJ0KMMD6V
client_name:          ClickHouse
client_revision:      54455
client_version_major: 22
client_version_minor: 4
client_version_patch: 1
http_method:          0
http_user_agent:
http_referer:
forwarded_for:
quota_key:
distributed_depth:    0
elapsed:              0.460303
is_cancelled:         0
read_rows:            24742368
read_bytes:           816498144
total_rows_approx:    88738980
written_rows:         0
written_bytes:        0
memory_usage:         18853445
peak_memory_usage:    28340864
query:                select * from user_tag
thread_ids:           [4829694,4425571,4425569,4425581,
4425579,4425567,4425426,4425578,4425428,4425577,
4425429,4425570,4425576]
``` |
| SHOW PROCESSLIST [INTO OUTFILE filename] [FORMAT format] | | |
```

（续）

SHOW 命令	语法	功能说明	实例讲解
SHOW PROCESSLIST	SHOW PROCESSLIST [INTO OUTFILE filename] [FORMAT format]	获取当前正在处理的查询列表，SHOW PRO-CESSLIST 查询除外。 使用 SELECT * FROM system.processes 查询当前正在进行的查询列表。可以在终端执行： $watch -n1 "clickhouse client --query='SHOW PROCESSLIST' -h 127.0.0.1 -u default --password 7Dv7lb0g --port 9009 "	ProfileEvents:　　　　{'Query':1,'SelectQuery':1,'Fil eOpen':111,'ReadBufferFromFileDescriptorRead':1195,'R eadBufferFromFileDescriptorReadBytes':316473884,'Read CompressedBytes':303121615,'CompressedReadBufferBloc ks':12515, 'CompressedReadBufferBytes':819267040,'Opene dFileCacheMisses':111,'IOBufferAllocs':219,'IOBufferAll ocBytes':39064982,'MarkCacheHits':111,'CreatedReadBuffe rOrdinary':111,'DiskReadElapsedMicroseconds':96,'Net workReceiveElapsedMicroseconds':96,'NetworkSendElapsedM icroseconds':306363,'NetworkSendBytes':81801708,'Selec tedParts':37,'SelectedRanges':37,'SelectedMarks':10845, 'SelectedRows':24742368,'SelectedBytes':816498144,'Cont extLock':44,'RWLockAcquiredReadLocks':2,'RealTimeMicros econds':2675526}　　　Settings:　　　　　{'use_uncompressed_ cache':'0','load_balancing':'random','max_memory_ usage':'10000000000'}　　current_database:　　　　clickhouse_tutorial 1 rows in set. Elapsed: 0.004 sec. SHOW TABLES FROM system Query id: 2335cb1f-3f55-4ea7-a6fe-b240f3ec8016

```
┌─name────────────────────────┐
│ aggregate_function_combinators │
│ asynchronous_inserts           │
│ asynchronous_metrics           │
│ build_options                  │
│ clusters                       │
│ collations                     │
│ columns                        │
│ contributors                   │
```

命令	语法	说明
SHOW TABLES	SHOW [TEMPORARY] TABLES [{FROM | IN} <db>] [LIKE '<pattern>' | WHERE expr] [LIMIT <N>] [INTO OUTFILE <filename>] [FORMAT <format>] 等价于: SELECT name FROM system.tables WHERE database = <db> [AND name LIKE <pattern>] [LIMIT <N>] [INTO OUTFILE <filename>] [FORMAT <format>]	获取 Table 列表

```
current_roles
data_skipping_indices
data_type_families
databases
detached_parts
dictionaries
disks
distributed_ddl_queue
distribution_queue
enabled_roles
errors
events
formats
functions
grants
graphite_retentions
licenses
macros
merge_tree_settings
merges
metrics
models
mutations
numbers
numbers_mt
one
part_moves_between_shards
parts
parts_columns
privileges
processes
projection_parts
projection_parts_columns
quota_limits
quota_usage
quotas
```

（续）

SHOW 命令	语法	功能说明	实例讲解
SHOW TABLES	语法： SHOW [TEMPORARY] TABLES [{FROM | IN} <db>] [LIKE '<pattern>' | WHERE expr] [LIMIT <N>] [INTO OUTFILE <filename>] [FORMAT <format>] 等价于： SELECT name FROM system.tables WHERE database = <db> [AND name LIKE <pattern>] [LIMIT <N>] [INTO OUTFILE <filename>] [FORMAT <format>]	获取 Table 列表	``` quotas_usage replicas replicated_fetches replicated_merge_tree_settings replication_queue rocksdb role_grants roles row_policies settings settings_profile_elements settings_profiles storage_policies table_engines table_functions tables time_zones user_directories users warnings zeros zeros_mt ``` 66 rows in set. Elapsed: 0.002 sec.
SHOW DICTIONARIES	SHOW DICTIONARIES [FROM <db>] [LIKE '<pattern>'] [LIMIT <N>] [INTO OUTFILE <filename>] [FORMAT <format>]	获取外部字典列表	SHOW DICTIONARIES FROM db LIKE '%reg%' LIMIT 2
			SHOW GRANTS FOR default Query id: 77c0b95e-2113-4ab7-a811-c9cd4900ee24

命令	语法	说明	示例
SHOW GRANTS	`SHOW GRANTS [FOR user1 [, user2 ...]]`	显示用户的权限	```text┌─GRANTS FOR default─────────────────────────────┐│ GRANT ALL ON *.* TO default WITH GRANT OPTION │└──┘1 rows in set. Elapsed: 0.001 sec.SHOW CREATE USER rootQuery id: 3a1b4579-c5e5-424a-aacd-6675b3f91d08┌─CREATE USER root───────────────────────────────────┐│ CREATE USER root IDENTIFIED WITH plaintext_password ││ HOST LOCAL │└──┘```
SHOW CREATE USER	`SHOW CREATE USER [name1 [, name2 ...]	CURRENT_USER]`	显示创建用户命令	```text1 rows in set. Elapsed: 0.001 sec.SHOW CREATE USER defaultQuery id: 868b8c2f-9e2f-490d-a6a2-7dd437f813be┌─CREATE USER default────────────────────────────────┐│ CREATE USER default IDENTIFIED WITH sha256_password ││ SETTINGS PROFILE default │└──┘1 rows in set. Elapsed: 0.001 sec.SELECT *FROM system.roles```
SHOW CREATE ROLE	`SHOW CREATE ROLE name1 [, name2 ...]`	显示创建角色命令	```textQuery id: af2a9524-a8db-4a78-ae08-11d988c57af8┌─name──────┬─id───────────────────────────────────┐│ storage │ ││ role_read │ 8b42f00d-fc41-c504-12bf-4166f1a36eb2 ││ local directory │└───┘```

ClickHouse入门、实战与进阶

（续）

SHOW 命令	语法	功能说明	实例讲解
SHOW CREATE ROLE	SHOW CREATE ROLE name1 [, name2 ...]	显示创建角色命令	1 rows in set. Elapsed: 0.001 sec. SHOW CREATE ROLE role_read Query id: 08560ac7-7feb-4bdc-926f-dd1b27200ffa ┌─CREATE ROLE role_read─┐ │ CREATE ROLE role_read │ └───────────────────────┘ 1 rows in set. Elapsed: 0.001 sec.
SHOW CREATE POLICY	SHOW CREATE [ROW] POLICY name ON [database1.]table1 [, [database2.]table2 ...]	显示创建行策略命令	创建行策略： CREATE ROW POLICY row_policy1 ON clickhouse_tutorial.user_tag USING EventDate = '2022-03-24' AS PERMISSIVE TO root; 显示创建行策略命令： SHOW CREATE ROW POLICIES ON clickhouse_tutorial.user_tag Query id: 28733570-fd97-4f24-962b-54f267b4ca1e ┌─CREATE ROW POLICIES ON clickhouse_tutorial.user_tag─┐ │ CREATE ROW POLICY row_policy1 ON clickhouse_tutorial.user_tag FOR SELECT USING EventDate = '2022-03-24' TO root │ └───┘ 1 rows in set. Elapsed: 0.001 sec. 查看行策略详细信息： SELECT * FROM system.row_policies FORMAT Vertical Query id: 29f43dea-ea25-4c07-90ff-49f81e741f20

		Row 1: ────── name: row_policy1 ON clickhouse_tutorial. user_tag short_name: row_policy1 database: clickhouse_tutorial table: user_tag id: 814d8711-c049-92d3-2cd4-f637f9766ab3 storage: local directory select_filter: EventDate = '2022-03-24' is_restrictive: 0 apply_to_all: 0 apply_to_list: ['root'] apply_to_except: [] 1 rows in set. Elapsed: 0.001 sec.
SHOW CREATE QUOTA	SHOW CREATE QUOTA [name1 [, name2 ...] | CURRENT] ──── 显示创建配额命令	SHOW CREATE QUOTA quota_qps_1 Query id: 6fd2db45-1802-4047-ae02-7184705b5a13 ┌─CREATE QUOTA quota_qps_1─┐ │ CREATE QUOTA quota_qps_1 FOR INTERVAL 10 second MAX queries = 1 TO root 1 rows in set. Elapsed: 0.001 sec. SELECT * FROM system.quotas WHERE name = 'quota_qps_1' FORMAT Vertical Query id: be2ac51b-9ed6-48d7-b33a-19055f74a072

（续）

SHOW命令	语法	功能说明	实例讲解

SHOW CREATE QUOTA	SHOW CREATE QUOTA [name1 [, name2 ...] | CURRENT]	显示创建配额命令	`Row 1:`
			
			`name:              quota_qps_1`
			`id:                fa48cd01-e8ed-e9db-d982-bac7a8f9eebc`
			`storage:           local directory`
			`keys:              []`
			`durations:         [10]`
			`apply_to_all:      0`
			`apply_to_list:     ['root']`
			`apply_to_except:   []`
			
			`1 rows in set. Elapsed: 0.002 sec.`

SHOW CREATE PROFILE	SHOW CREATE [SETTINGS] PROFILE name1 [, name2 ...]	显示创建Profile内容	`SHOW CREATE SETTINGS PROFILE default`
			
			`Query id: 5b48f192-3f3d-494e-891d-88933c7ee837`
			
			`┌─CREATE SETTINGS PROFILE default─`
			`│ CREATE SETTINGS PROFILE default SETTINGS max_memory_usage = 1000000000, use_uncompressed_cache = false, load_balancing = 'random'`

SHOW USERS	SHOW USERS	显示所有用户	`SHOW USERS`
			
			`Query id: 2e5dde8f-c96a-4df5-a3f5-1b6211f28510`
			
			`┌─name────`
			`│ ck`
			`│ default`
			`│ root`
			
			`3 rows in set. Elapsed: 0.002 sec.`

命令	语法	说明	示例
SHOW ROLES	SHOW [CURRENT|ENABLED] ROLES	显示所有角色	SHOW ROLES Query id: 6843ad85-62e4-4b61-9ef0-7ea948fbf27e ┌─name──────┐ │ role_read │ └───────────┘ 1 rows in set. Elapsed: 0.001 sec.
SHOW PROFILES	SHOW [SETTINGS] PROFILES	显示所有 Profile	SHOW SETTINGS PROFILES Query id: ad9ae21a-115b-4a3d-93be-665b8d91e88e
SHOW PROFILES	SHOW [SETTINGS] PROFILES	显示所有 Profile	┌─name─────┐ │ default │ │ readonly │ └──────────┘ 2 rows in set. Elapsed: 0.001 sec.
SHOW POLICIES	SHOW [ROW] POLICIES [ON [db.]table]	显示所有行策略	SHOW ROW POLICIES Query id: 5c0e6ee1-e8ba-4826-89ac-fe71b5c22512 ┌─name──┐ │ row_policy1 ON clickhouse_tutorial.user_tag │ └──┘ 1 rows in set. Elapsed: 0.002 sec.
SHOW QUOTAS	SHOW QUOTAS	显示所有配额	SHOW QUOTAS Query id: 07a4422a-8636-4353-9eba-fcff51974323

（续）

SHOW 命令	语法	功能说明	实例讲解
SHOW QUOTAS	SHOW QUOTAS	显示所有配额	┌─name─────────┐ │ default │ │ quota_qpm_10 │ │ quota_qps_1 │ └──────────────┘ 3 rows in set. Elapsed: 0.001 sec.
SHOW ACCESS	SHOW ACCESS	显示所有访问权限	SHOW ACCESS Query id: 1d14453e-863c-498e-b53d-ebbbc561e7bc ┌─ACCESS── │ CREATE USER ck IDENTIFIED WITH sha256_password SETTINGS PROFILE readonly │ CREATE USER default IDENTIFIED WITH sha256_password SETTINGS PROFILE default │ CREATE USER root IDENTIFIED WITH plaintext_password HOST LOCAL │ CREATE ROLE role_read │ CREATE SETTINGS PROFILE default SETTINGS max_memory_ usage = 10000000000, use_uncompressed_cache = false, load_balancing = 'random' │ CREATE SETTINGS PROFILE readonly SETTINGS max_memory_ usage = 10000000000, use_uncompressed_cache = false, load_balancing = 'random', readonly = 1 │ CREATE ROW POLICY row_policy1 ON clickhouse_tutorial. user_tag FOR SELECT USING EventDate = '2022-03-24' TO root │ CREATE QUOTA default KEYED BY user_name TO ck, default

	语法	说明	示例
| | | | ```
| CREATE QUOTA quota_qpm_10 FOR INTERVAL 1 minute MAX
queries = 10, errors = 1, FOR INTERVAL 10 minute MAX
execution_time = 0.100000000000000001 TO root
| CREATE QUOTA quota_qps_1 FOR INTERVAL 10 second MAX
queries = 1 TO root
| GRANT SHOW, SELECT, INSERT, ALTER, CREATE, DROP,
TRUNCATE, OPTIMIZE, KILL QUERY, MOVE PARTITION BETWEEN
SHARDS, SYSTEM, dictGet, INTROSPECTION, SOURCES ON *.*
TO ck
| GRANT ALL ON *.* TO default WITH GRANT OPTION
| GRANT role_read TO root
| GRANT SELECT ON clickhouse_tutorial.* TO
role_read

14 rows in set. Elapsed: 0.001 sec.
``` |
| SHOW CLUSTER | SHOW CLUSTER '<name>'<br>SHOW CLUSTERS [LIKE|NOT LIKE '<pattern>'] [LIMIT <N>] | 显示集群 | ```
SHOW CLUSTER c1

Query id: ef2d0404-e34d-4c3f-b2f3-78ec979f6a89

Ok.

0 rows in set. Elapsed: 0.002 sec.
``` |
| SHOW SETTINGS | SHOW [CHANGED] SETTINGS LIKE|ILIKE <name> | 显示 SETTINGS 配置项值 | ```
SHOW SETTINGS LIKE '%memory%'

Query id: 28155839-1b37-46ef-a035-6ea5745e5b0a

┌─name────────────type──────value
| distributed_aggregation_memory_efficient
Bool | 1
| aggregation_memory_efficient_merge_threads
UInt64 | 0
``` |
```

（续）

SHOW 命令	语法	功能说明	实例讲解
SHOW SETTINGS	SHOW [CHANGED] SETTINGS LIKE|ILIKE <name>	显示 SETTINGS 配置项值	memory_tracker_fault_probability | Float | 0 | remerge_sort_lowered_memory_bytes_ratio | Float | 2 | max_memory_usage | UInt64 | 10000000000 | max_guaranteed_memory_usage | UInt64 | 0 | max_memory_usage_for_user | UInt64 | 0 | max_guaranteed_memory_usage_for_user | UInt64 | 0 | max_untracked_memory | UInt64 | 4194304 | memory_profiler_step | UInt64 | 4194304 | memory_profiler_sample_probability | Float | 0 | memory_usage_overcommit_max_wait_microseconds | UInt64 | 0 | max_memory_usage_for_all_queries | UInt64 | 0 | 13 rows in set. Elapsed: 0.002 sec.

小贴士：watch 命令

使用 brew install watch 命令在 Mac 上安装监控。然后，使用 $watch -h 查看 watch 命令说明：

```
Usage:
watch [options] command

Options:
    -b, --beep              beep if command has a non-zero exit
    -c, --color             interpret ANSI color and style sequences
    -d, --differences[=<permanent>]
                            highlight changes between updates
    -e, --errexit           exit if command has a non-zero exit
    -g, --chgexit           exit when output from command changes
    -n, --interval <secs>   seconds to wait between updates
    -p, --precise           attempt run command in precise intervals
    -t, --no-title          turn off header
    -w, --no-wrap           turn off line wrapping
    -x, --exec              pass command to exec instead of "sh -c"

 -h, --help     display this help and exit
 -v, --version  output version information and exit

For more details see watch(1).
```

6.4.20 EXISTS 查询

1. 语法

```
EXISTS [TEMPORARY] [TABLE|DICTIONARY] [db.]name [INTO OUTFILE filename] [FORMAT
    format]
```

2. 功能说明

判断数据库表或字典是否存在。返回单个 UInt8 类型的列，如果表、字典或数据库不存在，返回 0，如果指定的数据库中存在表或字典，则返回 1。

3. 实例讲解

```
EXISTS TABLE clickhouse_tutorial.user_tag

Query id: 34788b86-a6dd-4408-b298-76a9b7f7c943

┌─result─┐
│      1 │
└────────┘

1 rows in set. Elapsed: 0.001 sec.
```

6.4.21 KILL 查询

有两种 KILL 语句：KILL QUERY 和 KILL MUTATION。

1. KILL QUERY
（1）语法

```
KILL QUERY
[ON CLUSTER cluster]
WHERE <where expression to SELECT FROM system.processes query>
[SYNC|ASYNC|TEST]
[FORMAT format]
```

（2）功能说明

尝试强制终止当前正在运行的查询。根据 WHERE 子句中定义的过滤条件，从 system. processes 表中选择要终止的查询。

（3）实例讲解

指定具体的终止查询，例如根据 query_id 强制终止查询：

```
KILL QUERY WHERE query_id='7e9e1c15-00c0-4023-af64-ad466d1ac861'
```

1）终止某个用户的所有查询。

同步（SYNC）终止由用户 username 运行的所有查询：

```
KILL QUERY WHERE user='username' SYNC
```

同步模式，等待所有查询停止，并在每个进程停止时显示关于它的信息。返回值包含 kill_status 列，该列可以采用以下值：

❑ finished，查询已成功终止。

❑ waiting，在发送终止信号后等待查询结束。

❑ 其他提示信息，解释了为什么无法停止查询。

2）查看正在进行的查询。

在 system.processes 表中查看正在进行的查询，执行如下 SQL 语句：

```
SELECT *
FROM system.processes
FORMAT Vertical
```

输出结果如下：

```
Row 1:
──────────
is_initial_query:     1
user:                 root
query_id:             7e9e1c15-00c0-4023-af64-ad466d1ac861
address:              ::ffff:127.0.0.1
```

```
port:                    60436
initial_user:            root
initial_query_id:        7e9e1c15-00c0-4023-af64-ad466d1ac861
initial_address:         ::ffff:127.0.0.1
initial_port:            60436
interface:               1
os_user:                 bytedance
client_hostname:         C02FJ0KMMD6V
client_name:             ClickHouse
client_revision:         54455
client_version_major:    22
client_version_minor:    4
client_version_patch:    1
http_method:             0
http_user_agent:
http_referer:
forwarded_for:
quota_key:
distributed_depth:       0
elapsed:                 0.000619
is_cancelled:            0
read_rows:               0
read_bytes:              0
total_rows_approx:       0
written_rows:            0
written_bytes:           0
memory_usage:            0
peak_memory_usage:       0
query:                   select * from system.processes Format Vertical ;
thread_ids:              [4829694]
ProfileEvents:           {'Query':1,'SelectQuery':1,'ContextLock':13,'RWLockAcquire
    dReadLocks':1}
Settings:                {'use_uncompressed_cache':'0','load_
    balancing':'random','max_memory_usage':'10000000000'}
current_database:        clickhouse_tutorial

1 rows in set. Elapsed: 0.002 sec.
```

2. KILL MUTATION

（1）语法

```
KILL MUTATION [ON CLUSTER cluster]
    WHERE <where expression to SELECT FROM system.mutations query>
    [TEST]
    [FORMAT format]
```

（2）功能说明

尝试强制终止当前正在运行的 MUTATION 操作。根据 WHERE 子句中定义的过滤条件，从 system.mutations 表中选择要终止的 MUTATION 操作。

当 MUTATION 操作被卡住并且无法完成时（例如，当 MUTATION 查询遇到函数计算异常时），KILL MUTATION 很有用。MUTATION 已经进行的更改不会回滚。

（3）实例讲解

1）取消单张表的 MUTATION 操作。例如取消并移除单表的所有 MUTATION 操作：

```
KILL MUTATION WHERE database = 'db' AND table = 'table1'
```

2）取消指定的 MUTATION 操作。例如根据指定 mutation_id 取消 MUTATION 操作：

```
KILL MUTATION WHERE database = 'db' AND table = 'table1' AND mutation_id =
    'mutation_3.txt'
```

3）查看全部 MUTATION 操作。例如从 system.mutations 表中查看 MUTATION 操作详情：

```
SELECT *
FROM system.mutations
LIMIT 1
FORMAT Vertical

Query id: 99af2d69-1b40-4f42-9d83-c10c2d7c5ad2

Row 1:
──────
database:                  clickhouse_tutorial
table:                     .inner.8507f16a-adaf-43a8-8416-f9b16f82ffdf
mutation_id:               mutation_32078.txt
command:                   DELETE WHERE `windowID(EventTime,
    toIntervalSecond('10'))` < 1648645050
create_time:               2022-03-30 20:57:37
block_numbers.partition_id: ['']
block_numbers.number:      [32078]
parts_to_do_names:         []
parts_to_do:               0
is_done:                   1
latest_failed_part:
latest_fail_time:          1970-01-01 08:00:00
latest_fail_reason:

1 rows in set. Elapsed: 0.004 sec.
```

根据 is_done = 0 找到还没有完成的 MUTATION 操作。

小贴士：关系代数与关系演算

ClickHouse 是 ROLAP 型分析数据库。E.F.Codd 于 1970 年起连续发表多篇论文，系统而严格地提出关系模型的概念，奠定了关系数据库的理论基础。关系数据库是目前各类数据库中最重要、最流行的数据库。关系数据库是指支持关系模型的数据库系统。

1. 关系模型

关系模型（Relational Model）由关系数据结构、关系操作集合和完整性约束三部分组成。

❏ 关系数据结构，是指关系模型中数据的组织方式，具体来说是一张扁平的二维表，这种简单的结构能够描述出现实世界的实体及实体之间的联系。

❏ 关系操作，采用集合操作方式，其对象和结果都是集合。在关系模型中常见的关系操作包括：选择、投影、连接、除、并、交、差等查询类操作和增、删、改等更新类操作。

❏ 完整性约束，有实体完整性（Entity Integrity）约束（主键约束、自增约束、唯一约束等）、域完整性（Domain Integrity）约束（检查约束、外键约束、默认值约束、非空约束等）、参照完整性（Referential Integrity）约束和用户自定义完整性（User-defined Integrity）约束等。实体完整性用于保证数据库中数据表的每一个特定实体的记录都是唯一的。域完整性保证指定列的数据具有正确的数据类型、格式和有效的数据范围。其中实体完整性和参照完整性是关系模型必须满足的完整性约束条件。数据完整性用于保证数据库中数据的正确性、一致性和可靠性。

关系模型中的关系操作能力早期通常用代数方式或逻辑方式来表示，分别称为关系代数和关系演算。

关系代数是用对关系的运算来表达查询要求，关系演算是用谓词来表达查询要求。

2. 关系代数

关系代数（Relational Algebra）是以集合为对象的操作思维，是由集合到集合的变换。关系代数是一种过程查询语言（Procedural Language），它将关系实例作为输入，并产生关系实例作为输出。它使用运算符来执行查询。运算符可以是一元的，也可以是二元的。它们接收关系作为它们的输入，并让关系作为他们的输出。关系代数在关系上递归执行，中间结果也被认为是关系。

关系代数中包含如下操作：

❏ Select（σ），选择操作。

❏ Project（Ⅱ），投影操作。

❏ Union（U），交集。

❏ Set Difference（-），差集。

❏ Cartesian product（X），笛卡儿积。

❏ Rename（ρ），重命名。

3. 关系演算

关系演算（Relational Calculus）以数理逻辑中的谓词演算为基础，是描述关系运算的另一种思维方式，是一种声明性语言（Declarative Language）。按照谓词变元的基本对象是元组变量还是域变量，关系演算又可以分为元组关系演算和域关系演算。无论是关系代数、元组关系演算还是域关系演算，三者在表达能力上是完全等价的。一个典型的关系演算表达式如下：

$$\{ t \mid P(t) \}$$

其中,

t 表示元组的集合,

P 表示谓词条件,即给定元组集的真值条件。

实际的 DBMS 除了提供关系代数或关系演算功能外,还提供许多附加功能,比如聚合函数、关系赋值、算术运算等。

4. SQL 与关系代数、关系演算

SQL(Structured Query Language,结构化查询语言)则继承了关系代数和关系演算各自的优点。

例如,SQL 包含了关系演算中的声明性语言特性、基于元组关系演算特性等,也包含了关系代数中的关系操作集合思想、运算符可以是一元或二元、指定操作顺序、集合交并差运算思想等。

SQL 不仅具有丰富的数据查询功能,而且具有数据定义和数据控制功能,是集数据查询、DDL(数据定义语言),DML(数据操纵语言),DCL(数据控制语言)于一体的关系数据语言,是关系数据库的标准语言。

6.5 数据控制

数据控制语言(DCL)是一种类似于计算机编程语言的语法,用于控制对存储在数据库中的数据的访问(授权)。它是结构化查询语言(SQL)的一个组件。数据控制语言是 SQL 命令中的逻辑组之一。DCL 命令的示例包括:

1)GRANT,允许指定的用户执行指定的任务。

2)REVOKE,删除用户对数据库对象的可访问性。

ClickHouse 支持基于角色的访问权限控制(Role-Based Access Control,RBAC)。本节主要介绍 ClickHouse 的权限管理和配置查询配额,功能包括用户管理、角色管理、行策略管理以及资源配额管理等。

6.5.1 概述

1. 权限模型说明

ClickHouse 权限模型中的访问实体列举如下。

1)用户账户(User Account):权限作用的实体,可以设置独立的密码和操作范围,DBA 通过登录不同的账户来行使不同的数据权限。

2)角色(Role):权限的集合,用来定义用户行使权限的范围。

3)行策略(Row Policy):根据过滤条件创建行策略,从而限制用户可以从表中读取哪些行数据。

4）配置文件（Settings Profile）。

a）可以在 users.xml 中设置用户配置节点内 \<clickhouse>\<profiles>\</profiles>\</clickhouse>，定义多组 profile，并为每组 profile 定义不同的配置项，限制资源的使用，例如限制一次查询的资源消耗（max_memory_usage）、限制单个用户使用的最大内存用量（max_memory_usage_for_user）等。

b）多个 profile 的配置可以复用。

c）修改了 users.xml 的参数之后是即时生效的。

5）配额（Quota）：用于限制资源的使用。通过配置时间间隔（interval），对一定时间内的资源消耗进行限制。例如，配置时间周期（duration）内允许的请求总数（queries）、错误总数（errors）、允许返回的行数（result_rows）、读取的数据行数（read_rows）、允许执行的查询时间（execution_time）等。属性值为 0，表示不做任何限制。

可以通过 SQL 终端配置（CREATE/ALTER/DROP USER|ROLE|ROW POLICY| QUOTA 等）或通过 users.xml 与 config.xml 配置文件来设置（但不能同时通过两种配置方法管理同一个访问实体）。例如，执行 SHOW GRANTS 查看当前用户的权限：

```
GRANT SHOW, SELECT, INSERT, ALTER, CREATE, DROP, TRUNCATE, OPTIMIZE, KILL QUERY,
    MOVE PARTITION BETWEEN SHARDS, SYSTEM, dictGet, INTROSPECTION, SOURCES ON *.*
    TO default
```

此时，我们是没有权限查询系统用户信息的：

```
SELECT *
FROM system.users
Query id: 037bf01e-bcc4-4dcf-b293-c82cdee7e763
0 rows in set. Elapsed: 0.001 sec.
Received exception from server (version 22.4.1):
Code: 497. DB::Exception: Received from 127.0.0.1:9009. DB::Exception: default:
    Not enough privileges. To execute this query it's necessary to have grant
    SHOW USERS ON *.*. (ACCESS_DENIED)
```

因此，我们需要开启 default 用户的管理员权限，使得 default 用户可以创建其他用户，并授予它们权限。

2. 配置管理员账户

管理员账户主要用来进行权限分配和管理。开启管理权限需要在 users.xml 中的 \<clickhouse>\<users>\<default>\</default>\</users>\</clickhouse> 位置新增一行配置：\<access_management>1\</access_management>。代码如下：

```
<users>
    <default>
        <!-- PASSWORD=$(base64 < /dev/urandom | head -c8); echo  "$PASSWORD";
            echo -n  "$PASSWORD" | sha256sum | tr -d '-'  -->
        <!-- password 7Dv7Ib0g -->
```

```
<password_sha256_hex>0c9858b4a1fb6c66d637e6b3a5e0977912c22a9d2f77e007ef
    7594226af409f5</password_sha256_hex>
<networks>
    <ip>::/0</ip>
</networks>
<profile>default</profile>
<quota>default</quota>
<!-- User can create other users and grant rights to them. -->
<access_management>1</access_management>
</default>
    ...
</users>
```

access_management 默认为 0，这里设置为 1，表示开启管理员权限。这个时候，我们无须重启 ClickHouse 服务，ClickHouse 会监听配置文件的变更，ConfigReloader 会自动加载最新配置。修改完 users.xml 配置之后，ClickHouse 自动加载配置的服务端日志如下：

```
2022.03.25 18:20:03.930643 [ 3362581 ] {} <Debug> ConfigReloader: Loading config
    'users.xml'
Processing configuration file 'users.xml'.
Saved preprocessed configuration to '/Users/data/clickhouse/preprocessed_configs/
    users.xml'.
2022.03.25 18:20:03.932980 [ 3362581 ] {} <Debug> ConfigReloader: Loaded config
    'users.xml', performing update on configuration
2022.03.25 18:20:03.933144 [ 3362581 ] {} <Trace> ContextAccess (default):
    Settings: readonly=0, allow_ddl=true, allow_introspection_functions=false
2022.03.25 18:20:03.933193 [ 3362581 ] {} <Trace> ContextAccess (default): List
    of all grants: GRANT ALL ON *.* WITH GRANT OPTION
2022.03.25 18:20:03.933214 [ 3362581 ] {} <Trace> ContextAccess (default): List
    of all grants including implicit: GRANT ALL ON *.* WITH GRANT OPTION
2022.03.25 18:20:03.933246 [ 3362581 ] {} <Trace> ContextAccess (default):
    Settings: readonly=0, allow_ddl=true, allow_introspection_functions=false
2022.03.25 18:20:03.933266 [ 3362581 ] {} <Trace> ContextAccess (default): List
    of all grants: GRANT ALL ON *.* WITH GRANT OPTION
2022.03.25 18:20:03.933283 [ 3362581 ] {} <Trace> ContextAccess (default): List
    of all grants including implicit: GRANT ALL ON *.* WITH GRANT OPTION
2022.03.25 18:20:03.933465 [ 3362581 ] {} <Debug> ConfigReloader: Loaded config
    'users.xml', performed update on configuration
```

我们再来查看系统用户信息，可以发现已经有权限了：

```
SELECT *
FROM system.users
FORMAT Vertical

Query id: 3f940543-b087-4cfe-8f27-7552145f54fc

Row 1:
─────────
name:                 ck
```

```
id:                   ca2a268d-cf12-d78b-e74e-8b5014804561
storage:              users.xml
auth_type:            sha256_password
auth_params:          {}
host_ip:              ['::/0']
host_names:           []
host_names_regexp:    []
host_names_like:      []
default_roles_all:    1
default_roles_list:   []
default_roles_except: []
grantees_any:         1
grantees_list:        []
grantees_except:      []
default_database:

Row 2:
──────────

name:                 default
id:                   94309d50-4f52-5250-31bd-74fecac179db
storage:              users.xml
auth_type:            sha256_password
auth_params:          {}
host_ip:              ['::/0']
host_names:           []
host_names_regexp:    []
host_names_like:      []
default_roles_all:    1
default_roles_list:   []
default_roles_except: []
grantees_any:         1
grantees_list:        []
grantees_except:      []
default_database:

2 rows in set. Elapsed: 0.002 sec.
```

6.5.2　创建用户

1. 语法

```
CREATE USER [IF NOT EXISTS | OR REPLACE] name1 [ON CLUSTER cluster_name1]
    [, name2 [ON CLUSTER cluster_name2] ...]
  [NOT IDENTIFIED | IDENTIFIED {[WITH {no_password | plaintext_password |
    sha256_password | sha256_hash | double_sha1_password | double_sha1_
    hash}] BY {'password' | 'hash'}} | {WITH ldap SERVER 'server_name'} | {WITH
    kerberos [REALM 'realm']}]
  [HOST {LOCAL | NAME 'name' | REGEXP 'name_regexp' | IP 'address' | LIKE
    'pattern'} [,...] | ANY | NONE]
  [DEFAULT ROLE role [,...]]
```

```
[DEFAULT DATABASE database | NONE]
[GRANTEES {user | role | ANY | NONE} [,...] [EXCEPT {user | role} [,...]]]
[SETTINGS variable [= value] [MIN [=] min_value] [MAX [=] max_value] [READONLY
    | WRITABLE] | PROFILE 'profile_name'] [,...]
```

2. 功能说明

（1）用户名

CREATE USER name1：创建一个用户 name1。

（2）集群用户创建

如果是在 ClickHouse 分布式集群 cluster_name 上创建用户，则使用 ON CLUSTER cluster_name 子句，这样会在整个集群的每个节点上都创建相同的用户。

（3）设置密码

ClickHouse 支持多种用户鉴权认证。其中，IDENTIFIED WITH 指定用户 name1 的密码。可以设置无密码（no_password）、明文密码（plaintext_password），也可以设置密文密码，其中加密算法有 sha256_password、sha256_hash、double_sha1_password、double_sha1_hash 等。ClickHouse 还支持 ldap 认证授权协议服务和 kerberos 认证授权服务。示例如下：

```
IDENTIFIED WITH no_password
IDENTIFIED WITH plaintext_password BY 'qwerty'
IDENTIFIED WITH sha256_password BY 'qwerty' or IDENTIFIED BY 'password'
IDENTIFIED WITH sha256_hash BY 'hash'
IDENTIFIED WITH double_sha1_password BY 'qwerty'
IDENTIFIED WITH double_sha1_hash BY 'hash'
IDENTIFIED WITH ldap SERVER 'server_name'
IDENTIFIED WITH kerberos or IDENTIFIED WITH kerberos REALM 'realm'
```

（4）访问 Host 配置

HOST 子句用来指定用户 name1 可以访问的主机。配置方式如下。

1）HOST IP 'ip_address_or_subnetwork'：指定用户 IP 白名单，只有在这些 IP 白名单里的机器才能访问 ClickHouse Server。例如，对于 HOST IP '192.168.0.0/16', HOST IP '2001:DB8::/32'. 在生产环境中使用时，推荐使用 HOST IP 地址及其掩码，不要使用 REGEXP 'name_regexp'、LIKE 'pattern'，否则可能会导致额外的延迟。

2）HOST ANY：用户可以在任意位置访问 ClickHouse Server。

3）HOST LOCAL：只能在本机访问 ClickHouse Server。

4）HOST NAME 'fqdn'：用户只能通过特定的域名访问 ClickHouse Server。例如，HOST NAME 'mysite.com'。

5）HOST REGEXP 'regexp'：通过域名正则表达式匹配模式，指定可以访问 ClickHouse Server 的域名集合。例如，HOST REGEXP '.*\.mysite\.com'。

6）HOST LIKE 'template'：使用 LIKE 算子指定可以访问 ClickHouse Server 的域名集合。

例如，HOST LIKE '%' 等价于 HOST ANY, HOST LIKE '%.mysite.com' 表示所有 *.mysite. com 域名。

另外，还可以使用 user_name@'host' 语法来指定用户客户端地址，例如：

❏ CREATE USER mira@'127.0.0.1'，等价于 HOST IP '127.0.0.1'。

❏ CREATE USER mira@'localhost'，等价于 HOST LOCAL。

❏ CREATE USER mira@'192.168.%.%'，等价于 HOST LIKE 192.168.%.%'。

（5）GRANTEES 子句

GRANTEES user | role | ANY | NONE：指定当前用户 name1 可以授权的目标对象。

选项说明：

❏ user，指定用户 name1 可以授予权限的用户。

❏ role，指定用户 name1 可以授予权限的角色。

❏ ANY，默认设置，用户 name1 可以向任何人授予权限。

❏ NONE，用户 name1 不可以授予权限。

还可以使用 EXCEPT 表达式排除任何用户或角色。例如：

```
CREATE USER user1 GRANTEES ANY EXCEPT user2
```

表示如果 user1 具有通过 GRANT OPTION 授予的某些权限，那么它可以将这些权限授予除 user2 之外的任何人。

3. 实例讲解
（1）创建用户

创建一个用户名为 root，明文密码为 root 的用户：

```
CREATE USER root HOST IP '127.0.0.1' IDENTIFIED WITH plaintext_password BY
    'root'
```

执行上面的 SQL，发现如下报错：

```
Received exception from server (version 22.4.1):
Code: 514. DB::Exception: Received from 127.0.0.1:9009. DB::Exception: Could
    not insert user `root` because there is no writeable access storage in user
    directories. (ACCESS_STORAGE_FOR_INSERTION_NOT_FOUND)
```

（2）配置用户数据的存储目录

我们还需要在 ClickHouse 配置文件 config.xml 中的 <clickhouse><user_directories> <local_directory><path> 节点，配置权限管理数据的本地存储路径，这里设置为 /Users/data/ clickhouse/users/，具体配置如下：

```
<!-- Sources to read users, roles, access rights, profiles of settings, quotas. -->
<user_directories>
    <users_xml>
        <!-- Path to configuration file with predefined users. -->
```

```
        <path>users.xml</path>
    </users_xml>
    <local_directory>
        <!-- Path to folder where users created by SQL commands are stored. -->
        <path>/Users/data/clickhouse/users/</path>
    </local_directory>
</user_directories>
```

配置完成，保存 config.xml 文件，重启 ClickHouse Server。然后，我们就可以用 default 用户管理其他用户了。再次执行上面的 SQL，创建成功。

（3）查看用户详情

可以执行如下 SQL 语句在系统用户表 system.users 查看我们创建的用户详情：

```
SELECT
    name,
    id,
    storage,
    auth_type,
    host_names,
    default_roles_all,
    grantees_any
FROM system.users
FORMAT Vertical

Query id: 72953144-a0c8-4fb6-afb6-d3e67f81c34f

Row 1:
──────────
name:              ck
id:                ca2a268d-cf12-d78b-e74e-8b5014804561
storage:           users.xml
auth_type:         sha256_password
host_names:        []
default_roles_all: 1
grantees_any:      1

Row 2:
──────────
name:              default
id:                94309d50-4f52-5250-31bd-74fecac179db
storage:           users.xml
auth_type:         sha256_password
host_names:        []
default_roles_all: 1
grantees_any:      1

Row 3:
──────────
name:              root
```

```
id:                     094a7c28-29fd-abba-c886-1c569be7e784
storage:                local directory
auth_type:              plaintext_password
host_names:             ['localhost']
default_roles_all:      1
grantees_any:           1

3 rows in set. Elapsed: 0.002 sec.
```

可以看到我们创建的用户 root 的 id 是 094a7c28-29fd-abba-c886-1c569be7e784。存储类型是 local directory。我们在 ClickHouse 创建的用户数据目录 /Users/data/clickhouse/users 下面查看文件列表如下：

```
$ls -la|awk '{print $9 $10 $11}'
.
..
094a7c28-29fd-abba-c886-1c569be7e784.sql
quotas.list
roles.list
row_policies.list
settings_profiles.list
users.list
```

可以看到一个 094a7c28-29fd-abba-c886-1c569be7e784.sql，它正是用户 root 的 id。然后，在文件 users.list 中存储的是"用户名 UUID"列表：

```
$cat users.list
root094a7c28-29fd-abba-c886-1c569be7e784
```

如果我们给用户指定了 quotas、roles、row_policies、settings_profiles 等配置，这些配置也将会存储在对应的文件中。

（4）用户登录

成功创建用户 root 之后，我们就可以使用该用户名及密码登录了。登录命令如下：

```
$clickhouse client -h 127.0.0.1 -u root --password 'root' --port 9009
ClickHouse client version 22.4.1.1.
Connecting to 127.0.0.1:9009 as user root.
Connected to ClickHouse server version 22.4.1 revision 54455.
```

（5）配置文件

本节实例中用到的 config.xml 和 users.xml 配置文件的完整内容如下。

config.xml 文件的内容如下：

```
<?xml version="1.0"?>
<clickhouse>
    <logger>
        <level>trace</level>
        <log>/Users/data/clickhouse/logs/clickhouse.log</log>
```

```xml
        <errorlog>/Users/data/clickhouse/logs/error.log</errorlog>
        <size>500M</size>
        <count>5</count>
    </logger>
    <http_port>8123</http_port>
    <tcp_port>9009</tcp_port>
    <interserver_http_port>9000</interserver_http_port>
    <interserver_http_host>127.0.0.1</interserver_http_host>
    <listen_host>0.0.0.0</listen_host>
    <max_connections>4096</max_connections>
    <keep_alive_timeout>300</keep_alive_timeout>
    <max_concurrent_queries>1000</max_concurrent_queries>
    <uncompressed_cache_size>8589934592</uncompressed_cache_size>
    <mark_cache_size>5368709120</mark_cache_size>

    <!-- Path to data directory, with trailing slash. -->
    <path>/Users/data/clickhouse/</path>

    <!-- Path to temporary data for processing hard queries. -->
    <tmp_path>/Users/data/clickhouse/tmp/</tmp_path>

    <!-- Directory with user provided files that are accessible by 'file' table
        function. -->
    <user_files_path>/Users/data/clickhouse/user_files/</user_files_path>


    <!-- Sources to read users, roles, access rights, profiles of settings,
        quotas. -->
    <user_directories>
        <users_xml>
            <!-- Path to configuration file with predefined users. -->
            <path>users.xml</path>
        </users_xml>
        <local_directory>
            <!-- Path to folder where users created by SQL commands are stored. -->
            <path>/Users/data/clickhouse/users/</path>
        </local_directory>
    </user_directories>


    <default_profile>default</default_profile>
    <default_database>default</default_database>


    <builtin_dictionaries_reload_interval>3600</builtin_dictionaries_reload_
        interval>
    <max_session_timeout>3600</max_session_timeout>
    <default_session_timeout>300</default_session_timeout>
    <max_table_size_to_drop>0</max_table_size_to_drop>
    <merge_tree>
        <parts_to_delay_insert>300</parts_to_delay_insert>
        <parts_to_throw_insert>600</parts_to_throw_insert>
        <max_delay_to_insert>2</max_delay_to_insert>
```

```
    </merge_tree>
    <max_table_size_to_drop>0</max_table_size_to_drop>
    <max_partition_size_to_drop>0</max_partition_size_to_drop>
</clickhouse>
```

users.xml 文件的内容如下：

```
<?xml version="1.0"?>
<clickhouse>
    <profiles>
        <default>
            <max_memory_usage>10000000000</max_memory_usage>
            <use_uncompressed_cache>0</use_uncompressed_cache>
            <load_balancing>random</load_balancing>
        </default>
        <readonly>
            <max_memory_usage>10000000000</max_memory_usage>
            <use_uncompressed_cache>0</use_uncompressed_cache>
            <load_balancing>random</load_balancing>
            <readonly>1</readonly>
        </readonly>
    </profiles>
    <quotas>
        <!-- Name of quota. -->
        <default>
            <interval>
                <queries>0</queries>
                <errors>0</errors>
                <result_rows>0</result_rows>
                <read_rows>0</read_rows>
                <execution_time>0</execution_time>
            </interval>
        </default>
    </quotas>
    <users>
        <default>
            <!-- PASSWORD=$(base64 < /dev/urandom | head -c8); echo  "$PASSWORD";
                echo -n  "$PASSWORD" | sha256sum | tr -d '-'    -->
            <!-- password 7Dv7Ib0g -->

<password_sha256_hex>0c9858b4a1fb6c66d637e6b3a5e0977912c22a9d2f77e007ef7594226af
    409f5</password_sha256_hex>
            <networks>
                <ip>::/0</ip>
            </networks>
            <profile>default</profile>
            <quota>default</quota>
            <!-- User can create other users and grant rights to them. -->
            <access_management>1</access_management>
        </default>
        <ck>
```

```
        <password_sha256_hex>0c9858b4a1fb6c66d637e6b3a5e0977912c22a9d2f77e007
            ef7594226af409f5</password_sha256_hex>
        <networks>
            <ip>::/0</ip>
        </networks>
        <profile>readonly</profile>
        <quota>default</quota>
    </ck>
 </users>
</clickhouse>
```

6.5.3 创建角色

前文提到，ClickHouse 是基于角色访问控制（RBAC）实现的权限管理。RBAC 的核心模型就是：权限→角色→用户。权限与角色相关联，赋予用户相应的角色，用户将得到这些角色关联的权限。

1. 语法

```
CREATE ROLE [IF NOT EXISTS | OR REPLACE] role_name1 [, role_name2 ...]
    [SETTINGS variable [= value] [MIN [=] min_value] [MAX [=] max_value]
        [READONLY|WRITABLE] | PROFILE 'profile_name'] [,...]
```

2. 功能说明

创建角色 role_name1。角色与权限关联，给用户分配角色 role_name1，可以获得该角色的所有权限。可以为用户分配多个角色。

使用 SET DEFAULT ROLE 语句或 ALTER USER 语句设置用户默认角色。

使用 REVOKE 语句撤销角色。

使用 DROP ROLE 语句删除角色。已删除的角色将从分配给它的所有用户和角色中自动撤销。

3. 实例讲解

（1）创建角色

创建一个角色 role_read：

```
CREATE ROLE role_read;
```

（2）授予角色权限

授予角色查询数据库 clickhouse_tutorial 数据的权限：

```
GRANT SELECT ON clickhouse_tutorial.* TO role_read;
```

（3）给用户授予角色

给用户 root 授予 role_read 角色：

```
GRANT role_read TO root;
```

（4）用户登录并查看权限

登录 root 用户：

```
clickhouse client -h 127.0.0.1 -u root --password 'root' --port 9009
```

查看数据库权限：

```
SHOW DATABASES
```

```
┌─name─────────────┐
│ clickhouse_tutorial │
└──────────────────┘
```

可以看到用户 root 已经拥有数据库 clickhouse_tutorial 的查看权限了。切换到 clickhouse_tutorial 数据库空间下面，查看所有表：

```
USE clickhouse_tutorial;
SHOW TABLES;
```

```
┌─name──────────────────────────────────────┐
│ .inner.8507f16a-adaf-43a8-8416-f9b16f82ffdf │
│ .inner_id.1c93ef11-704f-4515-9596-fbdb4efdf6b8 │
│ hits_v2                                     │
│ user_sex_dict                              │
│ user_sex_dim                               │
│ user_tag                                   │
│ user_tag_lv                                │
│ user_tag_mt_view_1                         │
│ user_tag_mt_view_2                         │
│ user_tag_mt_view_2_table                   │
│ user_tag_new                               │
│ user_tag_view                              │
│ user_tag_wv                                │
└────────────────────────────────────────────┘
```

```
13 rows in set. Elapsed: 0.002 sec.
```

（5）查看授权情况

执行 SHOW GRANTS 命令，查看授权情况：

```
SHOW GRANTS
```

```
┌─GRANTS───────────────┐
│ GRANT role_read TO root │
└──────────────────────┘
```

```
1 rows in set. Elapsed: 0.001 sec.
```

切回 default 管理员账户，在系统表里查看系统角色详情与系统角色授权详情。

系统角色表 system.roles：

```
SELECT *
FROM system.roles
```

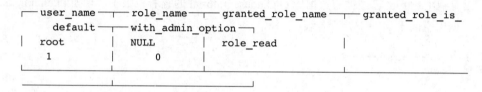

```
1 rows in set. Elapsed: 0.002 sec.
```

系统角色授权表 system.role_grants：

```
SELECT *
FROM system.role_grants
```

user_name	role_name	granted_role_name	granted_role_is_
default	with_admin_option		
root	NULL	role_read	
1	0		

```
1 rows in set. Elapsed: 0.002 sec.
```

我们在 ClickHouse 用户数据目录 /Users/data/clickhouse/users 下面可以看到 roles.list 文件里存储了角色 role_read 的 UUID 信息：

```
$cat roles.list
    role_read8b42f00d-fc41-c504-12bf-4166f1a36eb2
```

同时，目录下面多了一个 8b42f00d-fc41-c504-12bf-4166f1a36eb2.sql 文件，里面记录了创建角色 role_read 的 SQL 语句和为角色 role_read 授权的 SQL 语句，内容如下：

```
$cat 8b42f00d-fc41-c504-12bf-4166f1a36eb2.sql
ATTACH ROLE role_read;
ATTACH GRANT SELECT ON clickhouse_tutorial.* TO role_read;
```

6.5.4 创建行策略

1. 语法

```
CREATE [ROW] POLICY [IF NOT EXISTS | OR REPLACE] policy_name1 [ON CLUSTER
    cluster_name1] ON [db1.]table1
        [, policy_name2 [ON CLUSTER cluster_name2] ON [db2.]table2 ...]
    [FOR SELECT] USING condition
    [AS {PERMISSIVE | RESTRICTIVE}]
    [TO {role1 [, role2 ...] | ALL | ALL EXCEPT role1 [, role2 ...]}]
```

2. 功能说明

根据过滤条件 condition，创建行策略 policy_name1，用于确定用户可以从表中读取哪些行数据。行策略仅对具有只读访问权限的用户有意义。因为如果用户拥有修改权限，可以修改表或复制表分区，它就破除了行策略的限制。

AS子句指定策略应如何与其他策略组合。策略可以是允许性（PERMISSIVE）的，也可以是限制性（RESTRICTIVE）的。默认情况下，策略是允许性的，使用逻辑或OR运算符组合。当指定限制性策略时，使用逻辑与AND运算符组合。

3.实例讲解
（1）查询数据
使用root账户登录ClickHouse客户端，执行如下SQL语句：

```
SELECT *
FROM clickhouse_tutorial.user_tag
WHERE EventDate = '2022-03-24'

Query id: 731b40aa-6880-436d-bbf8-69be41ed4b9a
```

UserID	WatchID	EventTime	Sex
Age	OS	RegionID	RequestNum	EventDate	
1745382628175606281	4611703724436325474	2022-03-24 04:30:18	2
22	42	3	107	2022-03-24	
1266642432311731534	4611720374393200609	2022-03-24 04:30:18	2
16	42	13962	49	2022-03-24	
1080523977390906965	4611724822782888722	2022-03-24 04:30:18	2
16	56	15887	13	2022-03-24	

UserID	WatchID	EventTime	Sex
Age	OS	RegionID	RequestNum	EventDate	
2042690798151930621	4611692230555590277	2022-03-24 04:17:09	0
0	56	104	2	2022-03-24	
2042690798151930621	4611692230555590277	2022-03-24 04:17:25	0
0	56	104	2	2022-03-24	
2042690798151930621	4611692230555590277	2022-03-24 04:28:21	0
0	56	104	2	2022-03-24	
2042690798151930622	4611692230555590278	2022-03-24 04:19:22	0
0	56	104	2	2022-03-24	
1745382628175606281	4611703724436325474	2022-03-24 04:20:29	2
22	42	3	107	2022-03-24	
1266642432311731534	4611720374393200609	2022-03-24 04:20:29	2
16	42	13962	49	2022-03-24	
1080523977390906965	4611724822782888722	2022-03-24 04:20:29	2
16	56	15887	13	2022-03-24	

```
10 rows in set. Elapsed: 0.004 sec.
```

可以看到有10行数据。

（2）创建行策略

现在我们用管理员账户 default 登录客户端，创建一个行策略 row_policy1，以限制用户 root 对 clickhouse_tutorial.user_tag 表数据中满足过滤条件 EventDate='2022-03-24' 的数据的访问：

```
CREATE ROW POLICY row_policy1 ON clickhouse_tutorial.user_tag USING EventDate =
    '2022-03-24' AS RESTRICTIVE TO root;
```

（3）查看行策略详情

在系统表 system.row_policies 中查看行策略详情：

```
SELECT *
FROM system.row_policies
WHERE short_name = 'row_policy1'
FORMAT Vertical

Connecting to database system at 127.0.0.1:9009 as user default.
Connected to ClickHouse server version 22.4.1 revision 54455.

Row 1:
──────

name:             row_policy1 ON clickhouse_tutorial.user_tag
short_name:       row_policy1
database:         clickhouse_tutorial
table:            user_tag
id:               ef4f81ec-dfd9-6b07-a54e-71e88fb45c8d
storage:          local directory
select_filter:    EventDate = '2022-03-24'
is_restrictive:   1
apply_to_all:     0
apply_to_list:    ['root']
apply_to_except:  []

1 rows in set. Elapsed: 0.003 sec.
```

可以看到刚才创建的行策略的名称是 row_policy1 ON clickhouse_tutorial.user_tag。id 是 ef4f81ec-dfd9-6b07-a54e-71e88fb45c8d，select_filter 是 EventDate = '2022-03-24'。

（4）行策略数据存储

我们再到用户数据目录 /Users/data/clickhouse/users 下面查看 row_policies.list 文件，内容如下：

```
$cat row_policies.list
+row_policy1 ON clickhouse_tutorial.user_tagef4f81ec-dfd9-6b07-a54e-71e88fb45c8d
```

同时，用户数据目录下面还多了一个 ef4f81ec-dfd9-6b07-a54e-71e88fb45c8d.sql 文件，内容如下：

```
$cat ef4f81ec-dfd9-6b07-a54e-71e88fb45c8d.sql
```

```
ATTACH ROW POLICY row_policy1 ON clickhouse_tutorial.user_tag AS restrictive
    FOR SELECT USING EventDate = '2022-03-24' TO ID('094a7c28-29fd-abba-c886-
    1c569be7e784');
```

（5）查询验证

执行如下 SQL，发现查询结果为空：

```
SELECT *
FROM clickhouse_tutorial.user_tag
WHERE EventDate = '2022-03-24'

Query id: 1c18f761-aaee-4e2d-8132-b16098ce4cb1

Ok.

0 rows in set. Elapsed: 0.003 sec.
```

（6）删除行策略

使用 drop row policy ON db.table_name 命令删除行策略，如下：

```
drop row policy row_policy1  ON clickhouse_tutorial.user_tag ;
```

删除完行策略 row_policy1 之后，对用户 root 的行数据的访问限制也会自动删除。此时，我们再次执行如下 SQL 语句查询数据，发现又返回了 10 条数据：

```
SELECT *
FROM clickhouse_tutorial.user_tag
WHERE EventDate = '2022-03-24'

Query id: 0a8529a4-e98a-4a03-8501-7285a88b18e6
```

UserID	WatchID	EventTime	Sex
Age	OS	RegionID	RequestNum	EventDate	
2042690798151930621	4611692230555590277	2022-03-24 04:17:09	0
0	56	104	2	2022-03-24	
2042690798151930621	4611692230555590277	2022-03-24 04:17:25	0
0	56	104	2	2022-03-24	
2042690798151930621	4611692230555590277	2022-03-24 04:28:21	0
0	56	104	2	2022-03-24	
2042690798151930622	4611692230555590278	2022-03-24 04:19:22	0
0	56	104	2	2022-03-24	
1745382628175606281	4611703724436325474	2022-03-24 04:20:29	2
22	42	3	107	2022-03-24	
1266642432311731534	4611720374393200609	2022-03-24 04:20:29	2
16	42	13962	49	2022-03-24	
1080523977390906965	4611724822782888722	2022-03-24 04:20:29	2
16	56	15887	13	2022-03-24	

```
┌─────────UserID──────────┬──────────WatchID─────────┬───────EventTime───────┬─Sex─┐
│────Age────┬────OS────┬───RegionID───┬──RequestNum──┬───────EventDate──────┤     │
│ 1745382628175606281     │ 4611703724436325474      │ 2022-03-24 04:30:18    │  2  │
│     22    │    42    │      3       │     107      │      2022-03-24      │     │
│ 1266642432311731534     │ 4611720374393200609      │ 2022-03-24 04:30:18    │  2  │
│     16    │    42    │    13962     │      49      │      2022-03-24      │     │
│ 1080523977390906965     │ 4611724822782888722      │ 2022-03-24 04:30:18    │  2  │
│     16    │    56    │    15887     │      13      │      2022-03-24      │     │
└─────────────────────────┴──────────────────────────┴───────────────────────┴─────┘
```

10 rows in set. Elapsed: 0.004 sec.

6.5.5 创建配额

配额用来限制资源使用。配额支持在一段时间内，限制资源使用或跟踪资源的使用。配额可以在用户配置文件 users.xml 中配置。通过配额配置，还可以限制单个查询的复杂性。下面我们看一下如何在 users.xml 中定义配额：

```xml
<!-- Quotas -->
<quotas>
    <!-- Quota name. -->
    <default>
        <!-- Restrictions for a time period. You can set many intervals with
            different restrictions. -->
        <interval>
            <!-- Length of the interval. -->
            <duration>3600</duration>

            <!-- Unlimited. Just collect data for the specified time interval. -->
            <queries>0</queries>
            <query_selects>0</query_selects>
            <query_inserts>0</query_inserts>
            <errors>0</errors>
            <result_rows>0</result_rows>
            <read_rows>0</read_rows>
            <execution_time>0</execution_time>
        </interval>
    </default>
    ...
</quotas>
```

配额默认为 0，表示不限制资源的使用，但会跟踪每小时的资源消耗。在每个间隔时间段计算资源的消耗，并在每次请求后输出到服务器日志。下面是一个配置具体配额限制计算资源的例子：

```xml
<res_quota>
    <!-- Restrictions for a time period. You can set many intervals with
        different restrictions. -->
```

```
<interval>
    <!-- Length of the interval. -->
    <duration>3600</duration>

    <queries>1000</queries>
    <query_selects>100</query_selects>
    <query_inserts>100</query_inserts>
    <errors>100</errors>
    <result_rows>1000000000</result_rows>
    <read_rows>100000000000</read_rows>
    <execution_time>900</execution_time>
</interval>

<interval>
    <duration>86400</duration>

    <queries>10000</queries>
    <query_selects>10000</query_selects>
    <query_inserts>10000</query_inserts>
    <errors>1000</errors>
    <result_rows>5000000000</result_rows>
    <read_rows>500000000000</read_rows>
    <execution_time>7200</execution_time>
</interval>
</res_quota>
```

对于 res_quota 配额，对每小时（3600 秒）和每 24 小时（86400 秒）设置限制。
限制参数说明：

1）duration，设置检查时间周期为 86400 秒。

2）queries，设置请求总数上限为 10000。

3）query_selects，设置查询请求总数上限为 10000。

4）query_inserts，设置插入请求总数上限为 10000。

5）errors，设置异常查询数上限为 1000。

6）result_rows，设置结果总行数上限为 5000000000 行。

7）read_rows，设置从表中读取的源行总数上限为 500000000000 行。

8）execution_time，设置总查询执行时间为 7200 秒。如果在至少一个时间间隔内，超出此执行时间限制，即终止查询，并抛出异常。

这些配额参数值均存储在系统表 system.quotas_usage 中。

1. 语法

```
CREATE QUOTA [IF NOT EXISTS | OR REPLACE] quota_name [ON CLUSTER cluster_name]
    [KEYED BY {user_name | ip_address | client_key | client_key,user_name |
        client_key,ip_address} | NOT KEYED]
    [FOR [RANDOMIZED] INTERVAL number {second | minute | hour | day | week |
        month | quarter | year}
```

```
{MAX { {queries | query_selects | query_inserts | errors | result_rows |
    result_bytes | read_rows | read_bytes | execution_time} = number }
    [,...] |
NO LIMITS | TRACKING ONLY} [,...]]
[TO {role_name [,...] | ALL | ALL EXCEPT role_name [,...]}]
```

2. 功能说明

创建配额，限制用户或角色的资源使用，包括配额持续时间，以及应使用此配额的角色或用户列表。常用参数说明如下：

1）CREATE QUOTA quota_name，创建名为 quota_name 的配额。

2）配额可应用于用户或角色。

3）ON CLUSTER cluster_name，在集群 cluster_name 上创建配额。

4）FOR INTERVAL，指定配额检查时间间隔周期。

5）NO LIMITS | TRACKING ONLY，不限制，仅跟踪统计查询性能数据。

6）TO role_name | user_name，配额应用于角色 role_name 或用户 user_name。

7）ALL，配额应用于全部用户。

8）ALL EXCEPT role_name | user_name，配额应用于全部用户（除了角色 role_name 或用户 user_name）。

3. 实例讲解

（1）创建查询次数限制配额

给用户 root 创建一个"10 秒内只能查询 1 次"的限制：

```
CREATE QUOTA quota_qps_1
FOR INTERVAL 10 second MAX queries = 1
TO root;
```

执行如下 SQL 进行验证，可以发现连续 2 次执行 SQL 时，第 2 次即报错"Code: 201. DB::Exception: Received from 127.0.0.1:9009. DB::Exception: Quota for user `root` for 10s has been exceeded: queries = 2/1"，具体 SQL 实例如下：

```
SELECT *
FROM clickhouse_tutorial.user_tag
WHERE EventDate = '2022-03-24'
```

UserID	WatchID	EventTime	Sex
Age	OS	RegionID	RequestNum	EventDate	
2042690798151930621	4611692230555590277	2022-03-24 04:17:09	0
0	56	104	2	2022-03-24	
...			
1080523977390906965	4611724822782888722	2022-03-24 04:30:18	2
16	56	15887	13	2022-03-24	

```
10 rows in set. Elapsed: 0.003 sec.

SELECT *
FROM clickhouse_tutorial.user_tag
WHERE EventDate = '2022-03-24'

0 rows in set. Elapsed: 0.003 sec.

Received exception from server (version 22.4.1):
Code: 201. DB::Exception: Received from 127.0.0.1:9009. DB::Exception: Quota for
    user `root` for 10s has been exceeded: queries = 2/1. Interval will end at
    2022-03-27 17:26:30. Name of quota template: `quota_qps_1`. (QUOTA_EXPIRED)
```

（2）删除配额

使用 DROP QUOTA 删除配额。例如，删除配额 quota_qps_1：

```
drop quota quota_qps_1;
```

（3）创建最大执行时间配额

再创建一个新的配额 quota_qpm_10，表示"1 分钟内查询次数上限是 10，错误上限是 1；间隔时间是 10 分钟，检查最大执行时间是 0.000001 秒"：

```
CREATE QUOTA quota_qpm_10
FOR INTERVAL 1 minute MAX queries = 10, errors = 1,
FOR INTERVAL 10 minute MAX execution_time = 0.000001 TO root;
```

执行如下 SQL 语句，观察 execution_time 限制抛出的异常如下：

```
SELECT
    uniqExact(UserID) AS x,
    Age,
    multiIf(x > 10000, 'high', (x < 10000) AND (x > 8000), 'mid', 'low') AS level
FROM clickhouse_tutorial.user_tag
GROUP BY Age

Query id: e827418f-7fde-4036-b1c0-af04ad493d40

0 rows in set. Elapsed: 0.104 sec.

Received exception from server (version 22.4.1):
Code: 201. DB::Exception: Received from 127.0.0.1:9009. DB::Exception: Quota for
    user `root` for 600s has been exceeded: execution_time = 3.0000000000000001e-
    06/9.9999999999999995e-07. Interval will end at 2022-03-27 18:10:00. Name of
    quota template: `quota_qpm_10`. (QUOTA_EXPIRED)
```

可以看到，最大查询执行时间为 $3.0000000000000001e\text{-}06$ 秒，与终端输出的 0.104 秒不一致。这是因为当前 ClickHouse 配额检查时还不包括排序阶段和聚合计算阶段。

可以通过下面的例子来验证这一点。先删除配额 quota_qpm_10。然后，执行如下 SQL

语句，可以看到耗时：

```
SELECT
    RequestNum AS x,
    multiIf(x > 10000, 'high', (x < 10000) AND (x > 8000), 'mid', 'low') AS level
FROM clickhouse_tutorial.user_tag

17747932 rows in set. Elapsed: 0.274 sec. Processed 17.75 million rows, 70.99 MB
    (64.65 million rows/s., 258.62 MB/s.)
```

我们重新创建配额 quota_qpm_10，设置 MAX execution_time = 0.1（单位是秒），如下：

```
CREATE QUOTA quota_qpm_10
FOR INTERVAL 1 minute MAX queries = 10, errors = 1,
FOR INTERVAL 10 minute MAX execution_time = 0.1 TO root;
```

再次执行如下不带排序和聚合函数的 SQL 语句：

```
SELECT
    RequestNum AS x,
    multiIf(x > 10000, 'high', (x < 10000) AND (x > 8000), 'mid', 'low') AS level
FROM clickhouse_tutorial.user_tag

Query id: 4bbb4e4a-db32-43c4-bba7-2aa31868dfca

    ┌────x─┬─level─┐
    │   10 │ low   │
    │   59 │ low   │
    │ 1560 │ low   │
    │    4 │ low   │
...
    │    4 │ low   │
    │   15 │ low   │
    │   44 │ low   │
    └──────┴───────┘

✓ Progress: 10.83 million rows, 43.30 MB (51.78 million rows/s., 207.11 MB/s.)
    60%
10760295 rows in set. Elapsed: 0.209 sec. Processed 10.83 million rows, 43.30 MB
    (51.70 million rows/s., 206.81 MB/s.)

Received exception from server (version 22.4.1):
Code: 201. DB::Exception: Received from 127.0.0.1:9009. DB::Exception:
    Quota for user `root` for 600s has been exceeded: execution_time =
    0.100642/0.10000000000000001. Interval will end at 2022-03-27 18:40:00. Name
    of quota template: `quota_qpm_10`. (QUOTA_EXPIRED)
```

可以看到查询处理到 10.83 million rows 时的耗时是 0.100642 秒，超过了配额中设置的 0.1 秒，命中配额规则限制，所以终止查询，抛出 Code: 201. DB::Exception 异常。

查看 ClickHouse 服务端的查询日志，命中 Quota 限制规则查询日志如下：

```
2022.03.27 18:30:25.144729 [ 3864897 ] {} <Debug> TCP-Session: a5bb76b4-8c76-
    4383-bde8-cfca17853290 Creating query context from session context, user_id:
    094a7c28-29fd-abba-c886-1c569be7e784, parent context user: root
2022.03.27 18:30:25.144951 [ 3864897 ] {4bbb4e4a-db32-43c4-bba7-2aa31868dfca}
    <Debug> executeQuery: (from 127.0.0.1:55780, user: root) select RequestNum
    x, multiIf( x> 10000,'high', x<10000 and x>8000, 'mid', 'low' ) level from
    clickhouse_tutorial.user_tag
...
2022.03.27 18:30:25.353118 [ 3864897 ] {4bbb4e4a-db32-43c4-bba7-2aa31868dfca}
    <Error> executeQuery: Code: 201. DB::Exception: Quota for user `root` for
    600s has been exceeded: execution_time = 0.100642/0.10000000000000001.
    Interval will end at 2022-03-27 18:40:00. Name of quota template: `quota_
    qpm_10`. (QUOTA_EXPIRED) (version 22.4.1.1) (from 127.0.0.1:55780) (in
    query: select RequestNum x, multiIf( x> 10000,'high', x<10000 and x>8000,
    'mid', 'low' ) level from clickhouse_tutorial.user_tag), Stack trace (when
    copying this message, always include the lines below):
...
2022.03.27 18:30:25.353877 [ 3864897 ] {} <Debug> TCPHandler: Processed in
    0.209187 sec.
```

（4）查看配额详情

在系统表 system.quotas 查看配额 quota_qpm_10 详情：

```
SELECT *
FROM system.quotas
WHERE name = 'quota_qpm_10'
FORMAT Vertical


Query id: 010300eb-5e51-4ecf-89a7-0ad2839166d2


Row 1:
──────────────
name:            quota_qpm_10
id:              07476af8-13ab-cc04-bd77-d71831106c96
storage:         local directory
keys:            []
durations:       [60,600]
apply_to_all:    0
apply_to_list:   ['root']
apply_to_except: []

1 rows in set. Elapsed: 0.003 sec.
```

在系统表 system.quotas_usage 查看配额 quota_qpm_10 的使用详细信息：

```
SELECT *
FROM system.quotas_usage
WHERE quota_name = 'quota_qpm_10'
FORMAT Vertical


Query id: 0040cf19-8499-4a57-bdca-e5003d1f3471
```

```
Row 1:
──────────
quota_name:         quota_qpm_10
quota_key:
is_current:         0
start_time:         2022-03-27 18:40:00
end_time:           2022-03-27 18:50:00
duration:           600
queries:            0
max_queries:        NULL
query_selects:      0
max_query_selects:  NULL
query_inserts:      0
max_query_inserts:  NULL
errors:             0
max_errors:         NULL
result_rows:        0
max_result_rows:    NULL
result_bytes:       0
max_result_bytes:   NULL
read_rows:          0
max_read_rows:      NULL
read_bytes:         0
max_read_bytes:     NULL
execution_time:     0
max_execution_time: 0.1

Row 2:
──────────
quota_name:         quota_qpm_10
quota_key:
is_current:         0
start_time:         2022-03-27 18:44:00
end_time:           2022-03-27 18:45:00
duration:           60
queries:            0
max_queries:        10
query_selects:      0
max_query_selects:  NULL
query_inserts:      0
max_query_inserts:  NULL
errors:             0
max_errors:         1
result_rows:        0
max_result_rows:    NULL
result_bytes:       0
max_result_bytes:   NULL
read_rows:          0
max_read_rows:      NULL
read_bytes:         0
max_read_bytes:     NULL
```

```
execution_time:        0
max_execution_time: NULL

2 rows in set. Elapsed: 0.004 sec.
```

可以看到有两条记录，对应我们创建的两个 INTERVAL：

```
FOR INTERVAL 1 minute MAX queries = 10, errors = 1,
FOR INTERVAL 10 minute MAX execution_time = 0.000001 TO root;
```

6.5.6 创建配置文件

创建配置文件，分配给有关用户或角色。

1. 语法

```
CREATE SETTINGS PROFILE [IF NOT EXISTS | OR REPLACE] TO  profile_name [ON CLUSTER
    cluster_name1]
        [, name2 [ON CLUSTER cluster_name2] ...]
    [SETTINGS variable [= value] [MIN [=] min_value] [MAX [=] max_value]
        [READONLY|WRITABLE] | INHERIT 'profile_name'] [,...]
```

2. 功能说明

创建名为 profile_name 设置配置。如果是在集群上创建设置配置文件，则使用 ON CLUSTER 子句。

3. 实例讲解

创建一个 max_memory_usage_profile 设置配置，其中包含 max_memory_usage 设置的值 100000001 字节，以及最小值 90000000 字节、最大值 110000000 字节约束，并将其分配给用户 jack：

```
CREATE SETTINGS PROFILE max_memory_usage_profile
SETTINGS max_memory_usage = 100000001 MIN 90000000 MAX 110000000
TO jack
```

6.5.7 修改用户、角色、行策略、配额和配置

ALTER 用于修改用户、角色、行策略、配额、设置配置文件等，与对应的 CREATE 的创建语法、功能类似，故这里只给出语法，不再详细介绍。

1. 修改用户

修改用户的语法如下：

```
ALTER USER [IF EXISTS] name [ON CLUSTER cluster_name]
    [RENAME TO new_name]
    [IDENTIFIED [WITH {PLAINTEXT_PASSWORD|SHA256_PASSWORD|DOUBLE_SHA1_PASSWORD}]
        BY {'password'|'hash'}]
    [[ADD|DROP] HOST {LOCAL | NAME 'name' | REGEXP 'name_regexp' | IP 'address'
```

```
      | LIKE 'pattern'} [,...] | ANY | NONE]
   [DEFAULT ROLE role [,...] | ALL | ALL EXCEPT role [,...] ]
   [SETTINGS variable [= value] [MIN [=] min_value] [MAX [=] max_value]
      [READONLY|WRITABLE] | PROFILE 'profile_name'] [,...]
```

2. 修改角色

修改角色的语法如下：

```
ALTER ROLE [IF EXISTS] name [ON CLUSTER cluster_name]
   [RENAME TO new_name]
   [SETTINGS variable [= value] [MIN [=] min_value] [MAX [=] max_value]
      [READONLY|WRITABLE] | PROFILE 'profile_name'] [,...]
```

3. 修改行策略

修改行策略的语法如下：

```
ALTER [ROW] POLICY [IF EXISTS] name [ON CLUSTER cluster_name] ON [database.]
   table
   [RENAME TO new_name]
   [AS {PERMISSIVE | RESTRICTIVE}]
   [FOR SELECT]
   [USING {condition | NONE}][,...]
   [TO {role [,...] | ALL | ALL EXCEPT role [,...]}]
```

4. 修改配额

修改配额的语法如下：

```
ALTER QUOTA [IF EXISTS] name [ON CLUSTER cluster_name]
   [RENAME TO new_name]
   [KEYED BY {'none' | 'user name' | 'ip address' | 'client key' | 'client key
      or user name' | 'client key or ip address'}]
   [FOR [RANDOMIZED] INTERVAL number {SECOND | MINUTE | HOUR | DAY | WEEK |
      MONTH | QUARTER | YEAR}
      {MAX { {QUERIES | ERRORS | RESULT ROWS | RESULT BYTES | READ ROWS | READ
         BYTES | EXECUTION TIME} = number } [,...] |
      NO LIMITS | TRACKING ONLY} [,...]]
   [TO {role [,...] | ALL | ALL EXCEPT role [,...]}]
```

5. 修改配置

修改配置的语法如下：

```
ALTER SETTINGS PROFILE [IF EXISTS] name [ON CLUSTER cluster_name]
   [RENAME TO new_name]
[SETTINGS variable [= value] [MIN [=] min_value] [MAX [=] max_value]
   [READONLY|WRITABLE] | INHERIT 'profile_name'] [,...]
```

6.5.8 撤销授权

使用 REVOKE 指令撤销用户权限或角色。

1）撤销用户权限。

```
REVOKE [ON CLUSTER cluster_name] privilege[(column_name [,...])] [,...] ON {db.
    table|db.*|*.*|table|*} FROM {user | CURRENT_USER} [,...] | ALL | ALL EXCEPT
    {user | CURRENT_USER} [,...]
```

2）撤销用户的角色。

```
REVOKE [ON CLUSTER cluster_name] [ADMIN OPTION FOR] role [,...] FROM {user |
    role | CURRENT_USER} [,...] | ALL | ALL EXCEPT {user_name | role_name |
    CURRENT_USER} [,...]
```

3）局部撤销权限。

如果用户有 SELECT (x,y) 权限，则管理员可以执行 REVOKE SELECT(x,y) 命令撤销此权限。执行 REVOKE ALL PRIVILEGES 命令可撤销所有权限。

4）组合使用授权、撤销权限。

为用户 john 授予除了 accounts 数据库之外的对所有数据库的查询权限：

```
GRANT SELECT ON *.* TO john;
REVOKE SELECT ON accounts.* FROM john;
```

为用户 mira 授予对 accounts.staff 表中除了 salary 列之外其他所有列的查询权限：

```
GRANT SELECT ON accounts.staff TO mira;
REVOKE SELECT(wage) ON accounts.staff FROM mira;
```

6.6 PROJECTION 特性

ClickHouse 作为 ROLAP 典型代表之一，其纯列式存储单表查询性能几乎没有对手。但是，MergeTree 主键只支持一种排序规则，对查询性能的提升有局限。而有了 PROJECTION（投影），我们就可以针对查询主题，创建其他排序规则，实现预聚合优化（以空间换时间）。

投影名字起源于 Vertica，相当于传统意义上的物化视图。它借鉴 MOLAP 预聚合的思想，在数据写入的时候，根据投影定义的表达式，计算写入数据的聚合数据，同原始数据一并写入。聚合查询，如果可以直接查询聚合数据，可以大大减少计算开销。投影底层存储上属于 Part 目录下数据的扩充，可以理解为查询索引的一种形式。

6.6.1 新增高基维度投影

1. 新增 UserID 作为投影字段

我们创建的 clickhouse_tutorial.user_tag 表的联合索引排序键是 order by (WatchID, UserID, EventTime)，可以再选择 UserID 字段作为高基维度投影字段，执行如下 SQL 语句：

```
ALTER TABLE clickhouse_tutorial.user_tag ADD PROJECTION pUserID(SELECT * ORDER
    BY UserID);
```

2. 统计字段的基数值

SQL 实例如下：

```
SELECT
    uniqExact(UserID),
    uniqExact(RegionID),
    uniqExact(OS)
FROM clickhouse_tutorial.user_tag

Query id: 35fcdb0b-f530-4f8c-8aa5-6faf71276e31

0 rows in set. Elapsed: 0.002 sec.

Received exception from server (version 21.12.1):
Code: 584. DB::Exception: Received from localhost:9000. DB::Exception: No
    projection is used when allow_experimental_projection_optimization = 1 and
    force_optimize_projection = 1. (PROJECTION_NOT_USED)
```

注意，这里需要关掉强制使用 PROJECTION 的优化设置：

```
set force_optimize_projection = 0
```

重新执行上面的 SQL 语句，输出如下：

```
SELECT
    uniqExact(UserID),
    uniqExact(RegionID),
    uniqExact(OS)
FROM clickhouse_tutorial.user_tag

Query id: c3beca8c-b261-4e5f-bb6d-b78bbc233ef2

┌─uniqExact(UserID)─┬─uniqExact(RegionID)─┬─uniqExact(OS)─┐
│            119689 │                4727 │            68 │
└───────────────────┴─────────────────────┴───────────────┘

1 rows in set. Elapsed: 3.022 sec. Processed 1.70 billion rows, 22.05 GB (561.17
    million rows/s., 7.30 GB/s.)
```

这样我们就有了低基投影 OS、中基投影 RegionID、高基投影 UserID。

6.6.2 构建测试数据

为了方便测试性能，我们构造 10 亿行级别的测试数据。多次执行如下 INSERT 语句：

```
INSERT INTO clickhouse_tutorial.user_tag
(UserID,
WatchID,
EventTime,
Sex,
```

```
Age,
OS,
RegionID,
RequestNum,
EventDate)
select UserID,
    WatchID,
    EventTime,
    Sex,
    Age,
    OS,
    RegionID,
    RequestNum,
    EventDate
from clickhouse_tutorial.user_tag;
```

数据行如下:

```
SELECT count()
FROM clickhouse_tutorial.user_tag

Query id: 2bb042e1-9559-4ee4-979d-cc7466a23715

┌───── count() ─────┐
│    1696002516     │
└───────────────────┘
```

1 rows in set. Elapsed: 0.001 sec.

6.6.3 关闭投影优化开关测试

关闭投影优化:

```
SET allow_experimental_projection_optimization=0;
```

执行查询:

```
select * from clickhouse_tutorial.user_tag where UserID = 1389883949241360436;
```

59888 rows in set. Elapsed: 0.669 sec. Processed 1.70 billion rows, 13.67 GB (2.54
    billion rows/s., 20.44 GB/s.)

查看执行计划:

```
EXPLAIN actions = 1
SELECT *
FROM clickhouse_tutorial.user_tag
WHERE UserID = 1389883949241360436

Query id: b27ea9ba-4f0b-4db3-b315-f1e827529445
```

```
┌─explain────────────────────────────────────────────────────────────────┐
│ Expression ((Projection + Before ORDER BY))                             │
│ Actions: INPUT :: 0 -> UserID UInt64 : 0                               │
│          INPUT :: 1 -> WatchID UInt64 : 1                              │
│          INPUT :: 2 -> EventTime DateTime : 2                          │
│          INPUT :: 3 -> Sex UInt8 : 3                                   │
│          INPUT :: 4 -> Age UInt8 : 4                                   │
│          INPUT :: 5 -> OS UInt8 : 5                                    │
│          INPUT :: 6 -> RegionID UInt32 : 6                             │
│          INPUT :: 7 -> RequestNum UInt32 : 7                           │
│          INPUT :: 8 -> EventDate Date : 8                              │
│ Positions: 0 1 2 3 4 5 6 7 8                                           │
│   SettingQuotaAndLimits (Set limits and quota after reading from storage) │
│     ReadFromMergeTree                                                   │
│     ReadType: Default                                                   │
│     Parts: 47                                                          │
│     Granules: 207045                                                  │
└─────────────────────────────────────────────────────────────────────────┘
```

16 rows in set. Elapsed: 0.028 sec.

6.6.4　开启投影优化开关测试

开启投影优化:

SET allow_experimental_projection_optimization=1;

执行查询:

select * from clickhouse_tutorial.user_tag where UserID = 1389883949241360436;

59888 rows in set. Elapsed: 0.119 sec. Processed 442.37 thousand rows, 12.23 MB
    (3.72 million rows/s., 102.86 MB/s.)

查看执行计划:

EXPLAIN actions = 1
SELECT *
FROM clickhouse_tutorial.user_tag
WHERE UserID = 1389883949241360436

Query id: f2db2a78-d275-4d55-ae10-5fe1cdf43f8a

```
┌─explain────────────────────────────────────────────────────────────────┐
│ Expression ((Projection + Before ORDER BY))                            │
│ Actions: INPUT :: 0 -> UserID UInt64 : 0                              │
│          INPUT :: 1 -> WatchID UInt64 : 1                             │
│          INPUT :: 2 -> EventTime DateTime : 2                         │
│          INPUT :: 3 -> Sex UInt8 : 3                                  │
│          INPUT :: 4 -> Age UInt8 : 4                                  │
│          INPUT :: 5 -> OS UInt8 : 5                                   │
```

```
|          INPUT :: 6 -> RegionID UInt32 : 6                                |
|          INPUT :: 7 -> RequestNum UInt32 : 7                              |
|          INPUT :: 8 -> EventDate Date : 8                                 |
| Positions: 0 1 2 3 4 5 6 7 8                                              |
|   SettingQuotaAndLimits (Set limits and quota after reading from storage) |
|     ReadFromStorage (MergeTree(with Normal projection pUserID))           |
```

13 rows in set. Elapsed: 0.039 sec.

6.6.5 性能数据

数据表 user_tag 中的 UserID 是高基数字段，RegionID 是中基数字段，OS 是低基数字段，下面来验证一下投影的性能表现与字段基数大小的关系。

1. 高基数字段投影性能表现

UserID 是高基数字段，执行如下 SQL 语句：

```sql
SELECT *
FROM clickhouse_tutorial.user_tag
WHERE UserID = 1389883949241360436
```

分别关闭投影优化和开启投影优化，查询高基数字段 UserID 投影优化的性能数据对比，如表 6-9 所示。

表 6-9 高基数字段 UserID 投影优化的性能数据对比

对比项	关闭投影优化	开启投影优化	倍数
扫描数据行	1700000000	442370	3843
处理数据大小 /MB	13998.08	12.23	1145
响应时间 /s	0.669	0.119	6

2. 中基数字段投影性能表现

RegionID 是中基数字段，执行如下 SQL：

```sql
SELECT
    RegionID,
    count(1)
FROM clickhouse_tutorial.user_tag
GROUP BY RegionID
```

关闭投影优化：

```
4727 rows in set. Elapsed: 1.005 sec. Processed 1.70 billion rows, 6.78 GB (1.69
    billion rows/s., 6.75 GB/s.)
```

开启投影优化：

```
4727 rows in set. Elapsed: 0.020 sec. Processed 98.99 thousand rows, 2.42 MB (4.97
    million rows/s., 121.37 MB/s.)
```

分别关闭投影优化和开启投影优化，查询中基数字段 RegionID 投影优化的性能数据对比，如表 6-10 所示。

表 6-10 中基数字段 RegionID 投影优化的性能数据对比

对比项	关闭投影优化	开启投影优化	倍数
扫描数据行	1700000000	98990	17173
处理数据大小 /MB	6942.72	2.42	2869
响应时间 /s	1.005	0.02	50

3. 低基数字段投影性能表现

OS 是低基数字段，执行如下 SQL 语句：

```
SELECT
    OS,
    count(1)
FROM clickhouse_tutorial.user_tag
GROUP BY OS
```

关闭投影优化：

```
68 rows in set. Elapsed: 0.378 sec. Processed 1.70 billion rows, 1.70 GB (4.49
    billion rows/s., 4.49 GB/s.)
```

开启投影优化：

```
68 rows in set. Elapsed: 0.008 sec. Processed 2.43 thousand rows, 210.31 KB
    (309.74 thousand rows/s., 26.77 MB/s.)
```

分别关闭投影优化和开启投影优化，查询低基数字段 OS 投影优化的性能数据对比，如表 6-11 所示。

表 6-11 低基数字段 OS 投影优化的性能数据对比

对比项	关闭投影优化	开启投影优化	倍数
扫描数据行	1700000000	2430	699588
处理数据大小 /MB	1740.8	0.20538	8476
响应时间 /s	0.378	0.005	76

6.6.6 维度字段基数对投影性能的影响

可以看到由于 OS、RegionID、UserID 这 3 个字段的基数值不同，对投影性能带来了不同影响，如表 6-12 所示。

表 6-12 基数值大小对投影性能的影响

	OS	RegionID	UserID
基数值	68	4727	119689
扫描数据行倍数	699588	17173	3843
处理数据大小倍数	8476	2869	1145
响应时间倍数	76	50	6

可以看出，基数越大，投影性能提升越小；基数越小，投影性能提升越明显。从性能测试的数据上看，投影对查询性能有着百倍级别的提升。

但是，事物总有两面性。投影在高基维度的场景下，性能表现一般，而且投影还付出了额外的存储计算开销，此时就需要进行权衡（trade-off）了。所以，建议投影构建的时候不要使用高基维度字段。

6.7 EXPLAIN 命令

本节介绍如何使用 EXPLAIN 命令分析 SQL 语句的执行计划。

6.7.1 EXPLAIN 概述

执行计划是进行 SQL 查询调优的重要参考。在 ClickHouse 中，可以使用 EXPLAIN 语句查看 SQL 查询的执行计划。EXPLAIN 的语法如下：

```
EXPLAIN [AST | SYNTAX | PLAN | PIPELINE | TABLE OVERRIDE]
[setting = value, ...]
[
SELECT ... | tableFunction(...) [COLUMNS (...)]
[ORDER BY ...]
[PARTITION BY ...]
[PRIMARY KEY]
[SAMPLE BY ...]
[TTL ...]
]
[FORMAT ...]
```

例如，执行 EXPLAIN 命令查看如下 SQL 的执行计划：

```
EXPLAIN
SELECT sum(number)
FROM numbers(10)
UNION ALL
SELECT sum(number)
FROM numbers(10)
ORDER BY sum(number) DESC
FORMAT TSV

Query id: 6c7d7f0f-d875-4e55-b557-0088c3c6b563

Union
    Expression ((Projection + Before ORDER BY))
        Aggregating
            Expression (Before GROUP BY)
                SettingQuotaAndLimits (Set limits and quota after reading from
                    storage)
```

```
                    ReadFromStorage (SystemNumbers)
        Expression (Projection)
            Sorting (Sorting for ORDER BY)
                Expression (Before ORDER BY)
                    Aggregating
                        Expression (Before GROUP BY)
                            SettingQuotaAndLimits (Set limits and quota after reading
                                from storage)
                            ReadFromStorage (SystemNumbers)

13 rows in set. Elapsed: 0.002 sec.
```

6.7.2　EXPLAIN 语句类型

EXPLAIN 常用语句类型如下。

1）EXPLAIN AST：用于查看抽象语法树（Abstract Syntax Tree）。支持查看所有类型的语句，不只是 SELECT 语句。

2）EXPLAIN SYNTAX：查询经过 AST 层优化后的 SQL 语句。

3）EXPLAIN PLAN：用于查看执行计划，等价于直接使用 EXPLAIN。可以指定 5 个参数：

❑ header，是否打印计划中各个步骤的 header 说明。1 表示开启，0 表示关闭（默认值）。

❑ description，是否打印计划中各个步骤的描述。1 表示开启（默认值），0 表示关闭。

❑ indexes，是否显示索引使用情况。1 表示开启，0 表示关闭（默认值）。

❑ actions，是否打印计划中各个步骤的详细信息。1 表示开启，0 表示关闭（默认值）。

❑ json，是否以 JSON 格式打印执行计划的详细信息。1 表示开启，0 表示关闭（默认值）。

4）EXPLAIN PIPELINE：用于查看 Pipeline 计划，可以指定 3 个参数；

❑ header，是否打印计划中各个步骤的 header 说明。1 表示开启，0 表示关闭（默认值）。

❑ graph，是否用 DOT 纯文本图形语言描述管道图。1 表示开启，0 表示关闭（默认值）。

❑ compact，是否开启紧凑打印输出。1 表示开启（默认值），0 表示关闭。

5）EXPLAIN ESTIMATE：显示在处理查询时要从表中读取的行、标记和部分的估计数量。适用于 MergeTree 系列表引擎。

6.7.3　EXPLAIN AST

1. 命令说明

查看查询的抽象语法树（AST）。

2. 具体实例

（1）一个最简单的 SELECT 查询的 AST

```
EXPLAIN AST
SELECT 1
```

```
Query id: 6823b212-e89e-40ef-a6a1-2dc36ca7b1f6

┌─explain─────────────────────────────────────────┐
│ SelectWithUnionQuery (children 1)                │
│  ExpressionList (children 1)                     │
│   SelectQuery (children 1)                       │
│    ExpressionList (children 1)                   │
│     Literal UInt64_1                             │
└─────────────────────────────────────────────────┘

5 rows in set. Elapsed: 0.002 sec.
```

（2）一个 ALTER 查询的 AST

```
EXPLAIN AST
ALTER TABLE tutorial.hits_v1
    DELETE WHERE EventDate = toDate('2014-03-17')

Query id: b2452669-68b6-4e5d-8b1e-1a42652f8343

┌─explain─────────────────────────────────────────┐
│ AlterQuery tutorial hits_v1 (children 3)         │
│  ExpressionList (children 1)                     │
│   AlterCommand DELETE (children 1)               │
│    Function equals (children 1)                  │
│     ExpressionList (children 2)                  │
│      Identifier EventDate                        │
│      Function toDate (children 1)                │
│       ExpressionList (children 1)                │
│        Literal '2014-03-17'                      │
│  Identifier tutorial                             │
│  Identifier hits_v1                              │
└─────────────────────────────────────────────────┘

11 rows in set. Elapsed: 0.001 sec.
```

（3）一个带聚合计算的查询 AST

```
EXPLAIN AST
SELECT
    uniqExact(UserID) AS cnt,
    sum(RequestNum) / cnt AS rpu,
    EventDate
FROM tutorial.hits_v1 AS DELETE
WHERE JavaEnable = 1
GROUP BY EventDate
ORDER BY rpu DESC
LIMIT 3

Query id: 60c3c601-cc57-4a56-bf71-bed4cc7c56e5
```

```
┌─explain────────────────────────────────────────────────────────────┐
│ SelectWithUnionQuery (children 1)                                   │
│  ExpressionList (children 1)                                        │
│   SelectQuery (children 6)                                          │
│    ExpressionList (children 3)                                      │
│     Function uniqExact (alias cnt) (children 1)                     │
│      ExpressionList (children 1)                                    │
│       Identifier UserID                                             │
│     Function divide (alias rpu) (children 1)                        │
│      ExpressionList (children 2)                                    │
│       Function sum (children 1)                                     │
│        ExpressionList (children 1)                                  │
│         Identifier RequestNum                                       │
│       Identifier cnt                                                │
│     Identifier EventDate                                            │
│    TablesInSelectQuery (children 1)                                 │
│     TablesInSelectQueryElement (children 1)                         │
│      TableExpression (children 1)                                   │
│       TableIdentifier tutorial.hits_v1 (alias DELETE)              │
│    Function equals (children 1)                                     │
│     ExpressionList (children 2)                                     │
│      Identifier JavaEnable                                          │
│      Literal UInt64_1                                               │
│    ExpressionList (children 1)                                      │
│     Identifier EventDate                                            │
│    ExpressionList (children 1)                                      │
│     OrderByElement (children 1)                                     │
│      Identifier rpu                                                 │
│    Literal UInt64_3                                                 │
└─────────────────────────────────────────────────────────────────────┘

28 rows in set. Elapsed: 0.002 sec.
```

（4）JOIN 嵌套子查询的 AST

```
EXPLAIN AST
SELECT count()
FROM
(
    SELECT UserID
    FROM tutorial.hits_v1
    PREWHERE EventDate = '2014-03-18'
) AS t1
INNER JOIN
(
    SELECT UserID
    FROM tutorial.hits_v1
    PREWHERE EventDate = '2014-03-19'
) AS t2 ON t1.UserID = t2.UserID

Query id: c42553b2-77fc-4657-b83c-9fc767e58b8c
```

```
┌─explain─────────────────────────────────────────────────┐
│ SelectWithUnionQuery (children 1)                        │
│  ExpressionList (children 1)                             │
│   SelectQuery (children 2)                               │
│    ExpressionList (children 1)                           │
│     Function count (children 1)                          │
│      ExpressionList                                      │
│    TablesInSelectQuery (children 2)                      │
│     TablesInSelectQueryElement (children 1)              │
│      TableExpression (children 1)                        │
│       Subquery (alias t1) (children 1)                   │
│        SelectWithUnionQuery (children 1)                 │
│         ExpressionList (children 1)                      │
│          SelectQuery (children 3)                        │
│           ExpressionList (children 1)                    │
│            Identifier UserID                             │
│           TablesInSelectQuery (children 1)               │
│            TablesInSelectQueryElement (children 1)       │
│             TableExpression (children 1)                 │
│              TableIdentifier tutorial.hits_v1            │
│           Function equals (children 1)                   │
│            ExpressionList (children 2)                   │
│             Identifier EventDate                         │
│             Literal '2014-03-18'                         │
│     TablesInSelectQueryElement (children 2)              │
│      TableExpression (children 1)                        │
│       Subquery (alias t2) (children 1)                   │
│        SelectWithUnionQuery (children 1)                 │
│         ExpressionList (children 1)                      │
│          SelectQuery (children 3)                        │
│           ExpressionList (children 1)                    │
│            Identifier UserID                             │
│           TablesInSelectQuery (children 1)               │
│            TablesInSelectQueryElement (children 1)       │
│             TableExpression (children 1)                 │
│              TableIdentifier tutorial.hits_v1            │
│           Function equals (children 1)                   │
│            ExpressionList (children 2)                   │
│             Identifier EventDate                         │
│             Literal '2014-03-19'                         │
│      TableJoin (children 1)                              │
│       Function equals (children 1)                       │
│        ExpressionList (children 2)                       │
│         Identifier t1.UserID                             │
│         Identifier t2.UserID                             │
└─────────────────────────────────────────────────────────┘
```

44 rows in set. Elapsed: 0.001 sec.

（5）IN 嵌套子查询的 AST

EXPLAIN AST

```
SELECT count()
FROM
(
    SELECT UserID
    FROM tutorial.hits_v1
    PREWHERE (EventDate = '2014-03-18') AND (UserID IN (
        SELECT UserID
        FROM tutorial.hits_v1
        PREWHERE EventDate = '2014-03-19'
    ))
)

Query id: 5885eb3a-ddea-4cf4-a5cf-0bc38c02a02c
```

```
┌─explain──────────────────────────────────────────────────────┐
│ SelectWithUnionQuery (children 1)                             │
│  ExpressionList (children 1)                                  │
│   SelectQuery (children 2)                                    │
│    ExpressionList (children 1)                                │
│     Function count (children 1)                               │
│      ExpressionList                                           │
│    TablesInSelectQuery (children 1)                           │
│     TablesInSelectQueryElement (children 1)                   │
│      TableExpression (children 1)                             │
│       Subquery (children 1)                                   │
│        SelectWithUnionQuery (children 1)                      │
│         ExpressionList (children 1)                           │
│          SelectQuery (children 3)                             │
│           ExpressionList (children 1)                         │
│            Identifier UserID                                  │
│           TablesInSelectQuery (children 1)                    │
│            TablesInSelectQueryElement (children 1)            │
│             TableExpression (children 1)                      │
│              TableIdentifier tutorial.hits_v1                 │
│           Function and (children 1)                           │
│            ExpressionList (children 2)                        │
│             Function equals (children 1)                      │
│              ExpressionList (children 2)                      │
│               Identifier EventDate                            │
│               Literal '2014-03-18'                            │
│             Function in (children 1)                          │
│              ExpressionList (children 2)                      │
│               Identifier UserID                               │
│               Subquery (children 1)                           │
│                SelectWithUnionQuery (children 1)              │
│                 ExpressionList (children 1)                   │
│                  SelectQuery (children 3)                     │
│                   ExpressionList (children 1)                 │
│                    Identifier UserID                          │
│                   TablesInSelectQuery (children 1)            │
│                    TablesInSelectQueryElement (children 1)    │
```

```
|              TableExpression (children 1)              |
|              TableIdentifier tutorial.hits_v1          |
|         Function equals (children 1)                   |
|         ExpressionList (children 2)                    |
|              Identifier EventDate                      |
|              Literal '2014-03-19'                      |
```

42 rows in set. Elapsed: 0.001 sec.

6.7.4　EXPLAIN SYNTAX

1. 命令说明

查看 AST 语法优化后的查询 SQL。

2. 具体实例

（1）自动优化 PREWHERE

WHERE 自动优化成 PREWHERE 的例子如下：

```
EXPLAIN SYNTAX
SELECT
    UserID,
    WatchID
FROM tutorial.hits_v1
WHERE JavaEnable = 1
```

Query id: 81dd2b32-8256-4afe-b65d-8017c15daa8a

```
┌─explain─────────────────────────────────┐
│ SELECT                                   │
│     UserID,                              │
│     WatchID                              │
│ FROM tutorial.hits_v1                    │
│ PREWHERE JavaEnable = 1                  │
└──────────────────────────────────────────┘
```

5 rows in set. Elapsed: 0.002 sec.

（2）自动谓词下推优化

SQL 里面的过滤条件如下：

```
WHERE (JavaEnable = 1) AND (EventDate = '2014-03-18')
```

自动谓词下推优化成了分区 EventDate 的过滤条件在前面：

```
PREWHERE (EventDate = '2014-03-18') AND (JavaEnable = 1)
```

执行如下 EXPLAIN SYNTAX：

```
EXPLAIN SYNTAX
```

```
SELECT count(UserID) AS cnt
FROM
(
    SELECT
        UserID,
        WatchID
    FROM tutorial.hits_v1
    WHERE (JavaEnable = 1) AND (EventDate = '2014-03-18')
) AS t1
INNER JOIN
(
    SELECT
        UserID,
        WatchID
    FROM tutorial.hits_v1
    WHERE (EventDate = '2014-03-19') AND (JavaEnable = 1)
) AS t2 ON t1.UserID = t2.UserID

Query id: b3b1cc3e-61b8-4ae7-9130-bc1f82fbdb45
```

```
┌─explain──────────────────────────────────────────────────────┐
│ SELECT count(UserID) AS cnt                                   │
│ FROM                                                          │
│ (                                                            │
│     SELECT                                                   │
│         UserID,                                              │
│         WatchID                                              │
│     FROM tutorial.hits_v1                                   │
│     PREWHERE (EventDate = '2014-03-18') AND (JavaEnable = 1) │
│ ) AS t1                                                      │
│ ALL INNER JOIN                                              │
│ (                                                            │
│     SELECT UserID                                           │
│     FROM tutorial.hits_v1                                   │
│     PREWHERE EventDate = '2014-03-19'                       │
│     WHERE (EventDate = '2014-03-19') AND (JavaEnable = 1)   │
│ ) AS t2 ON UserID = t2.UserID                               │
└──────────────────────────────────────────────────────────────┘
```

16 rows in set. Elapsed: 0.006 sec.

6.7.5 EXPLAIN PLAN

1. 命令说明
查看 SQL 执行计划。可以配置 header、indexes、actions、json、description 等参数。

2. 具体实例
（1）一个最简单的 SQL 执行计划

```
EXPLAIN header = 1, indexes = 1, actions = 1, json = 0, description = 0
```

```
SELECT 1

Query id: d41efec8-c69e-41bd-bb44-0e2b6781b2f2
```

```
┌─explain─────────────────────────────────────────────────┐
│ Expression                                               │
│ Header: 1 UInt8                                          │
│ Actions: COLUMN Const(UInt8) -> 1 UInt8 : 0             │
│ Positions: 0                                            │
│   SettingQuotaAndLimits                                  │
│   Header: dummy UInt8                                    │
│     ReadFromStorage                                      │
│       Header: dummy UInt8                                │
└─────────────────────────────────────────────────────────┘
```

```
8 rows in set. Elapsed: 0.001 sec.
```

（2）一个简单的 SQL 查询执行计划

```
EXPLAIN header = 1, indexes = 1, actions = 1, json = 0, description = 0
SELECT
    UserID,
    WatchID
FROM tutorial.hits_v1
WHERE JavaEnable = 1

Query id: 1c3b84e0-87c0-44ef-9736-fcd203d1f9a5
```

```
┌─explain──────────────────────────────────────────────────────┐
│ Expression                                                    │
│ Header: UserID UInt64                                         │
│         WatchID UInt64                                        │
│ Actions: INPUT :: 0 -> WatchID UInt64 : 0                    │
│          INPUT :: 1 -> UserID UInt64 : 1                     │
│ Positions: 1 0                                               │
│   SettingQuotaAndLimits                                       │
│   Header: WatchID UInt64                                      │
│           UserID UInt64                                       │
│     ReadFromMergeTree                                         │
│     Header: WatchID UInt64                                    │
│             UserID UInt64                                     │
│     ReadType: Default                                         │
│     Parts: 1                                                  │
│     Granules: 1084                                           │
│     Indexes:                                                 │
│       MinMax                                                  │
│         Condition: true                                      │
│         Parts: 1/1                                           │
│         Granules: 1084/1084                                   │
│       Partition                                               │
│         Condition: true                                      │
```

```
|          Parts: 1/1                                          |
|          Granules: 1084/1084                                |
|        PrimaryKey                                           |
|          Condition: true                                    |
|          Parts: 1/1                                          |
|          Granules: 1084/1084                                |
```

28 rows in set. Elapsed: 0.003 sec.

（3）一个复杂的带有嵌套子查询 JOIN 的执行计划

```
EXPLAIN header = 1, indexes = 1, actions = 1, json = 0, description = 0
SELECT count(UserID) AS cnt
FROM
(
    SELECT
        UserID,
        WatchID
    FROM tutorial.hits_v1
    WHERE (JavaEnable = 1) AND (EventDate = '2014-03-18')
) AS t1
INNER JOIN
(
    SELECT
        UserID,
        WatchID
    FROM tutorial.hits_v1
    WHERE (EventDate = '2014-03-19') AND (JavaEnable = 1)
) AS t2 ON t1.UserID = t2.UserID
FORMAT TSV


Query id: 10bcac80-8e24-4c84-99f4-31a81961e978


Expression
Header: cnt UInt64
Actions: INPUT : 0 -> count(UserID) UInt64 : 0
        ALIAS count(UserID) :: 0 -> cnt UInt64 : 1
Positions: 1
    Aggregating
    Header: count(UserID) UInt64
    Keys:
    Aggregates:
        count(UserID)
            Function: count(UInt64) → UInt64
            Arguments: UserID
            Argument positions: 0
    Expression
    Header: UserID UInt64
    Actions: INPUT :: 0 -> UserID UInt64 : 0
    Positions: 0
        Join
        Header: UserID UInt64
```

```
Expression
Header: UserID UInt64
Actions: INPUT :: 0 -> UserID UInt64 : 0
Positions: 0
    Filter
    Header: UserID UInt64
    Filter column: and(equals(EventDate, \'2014-03-18\'),
        equals(JavaEnable, 1)) (removed)
    Actions: INPUT : 0 -> equals(EventDate, \'2014-03-18\') UInt8 : 0
            INPUT : 1 -> JavaEnable UInt8 : 1
            INPUT :: 2 -> UserID UInt64 : 2
            COLUMN Const(UInt8) -> 1 UInt8 : 3
            FUNCTION equals(JavaEnable :: 1, 1 :: 3) ->
                equals(JavaEnable, 1) UInt8 : 4
            FUNCTION and(equals(EventDate, \'2014-03-18\') :: 0,
                equals(JavaEnable, 1) :: 4) -> and(equals(EventDate,
                \'2014-03-18\'), equals(JavaEnable, 1)) UInt8 : 3
    Positions: 2 3
        SettingQuotaAndLimits
        Header: equals(EventDate, \'2014-03-18\') UInt8
            JavaEnable UInt8
            UserID UInt64
ReadFromMergeTree
Header: equals(EventDate, \'2014-03-18\') UInt8
            JavaEnable UInt8
            UserID UInt64
ReadType: Default
Parts: 1
Granules: 792
Indexes:
    MinMax
        Keys:
            EventDate
        Condition: and((EventDate in [16147, 16147]), (EventDate
            in [16147, 16147]))
        Parts: 1/1
        Granules: 1084/1084
    Partition
        Keys:
            toYYYYMM(EventDate)
        Condition: and((toYYYYMM(EventDate) in [201403, 201403]),
            (toYYYYMM(EventDate) in [201403, 201403]))
        Parts: 1/1
        Granules: 1084/1084
    PrimaryKey
        Keys:
            EventDate
        Condition: and((EventDate in [16147, 16147]), (EventDate
            in [16147, 16147]))
        Parts: 1/1
        Granules: 792/1084
Expression
Header: t2.UserID UInt64
```

```
Actions: INPUT : 0 -> UserID UInt64 : 0
         ALIAS UserID :: 0 -> t2.UserID UInt64 : 1
Positions: 1
    Filter
    Header: UserID UInt64
    Filter column: and(equals(EventDate, \'2014-03-19\'),
        equals(JavaEnable, 1)) (removed)
    Actions: INPUT : 0 -> equals(EventDate, \'2014-03-19\')
        UInt8 : 0
             INPUT : 1 -> JavaEnable UInt8 : 1
             INPUT :: 2 -> UserID UInt64 : 2
             COLUMN Const(UInt8) -> 1 UInt8 : 3
             FUNCTION equals(JavaEnable :: 1, 1 :: 3) ->
                 equals(JavaEnable, 1) UInt8 : 4
             FUNCTION and(equals(EventDate, \'2014-03-19\') :: 0,
                 equals(JavaEnable, 1) :: 4) -> and(equals(EventDate,
                 \'2014-03-19\'), equals(JavaEnable, 1)) UInt8 : 3
Positions: 2 3
    SettingQuotaAndLimits
    Header: equals(EventDate, \'2014-03-19\') UInt8
            JavaEnable UInt8
            UserID UInt64
    ReadFromMergeTree
    Header: equals(EventDate, \'2014-03-19\') UInt8
            JavaEnable UInt8
            UserID UInt64
    ReadType: Default
    Parts: 1
    Granules: 807
    Indexes:
        MinMax
            Keys:
                EventDate
        Condition: and((EventDate in [16148, 16148]), (EventDate
            in [16148, 16148]))
        Parts: 1/1
        Granules: 1084/1084
    Partition
        Keys:
            toYYYYMM(EventDate)
        Condition: and((toYYYYMM(EventDate) in [201403, 201403]),
            (toYYYYMM(EventDate) in [201403, 201403]))
        Parts: 1/1
        Granules: 1084/1084
    PrimaryKey
        Keys:
                EventDate
        Condition: and((EventDate in [16148, 16148]), (EventDate
            in [16148, 16148]))
        Parts: 1/1
        Granules: 807/1084

108 rows in set. Elapsed: 0.012 sec.
```

6.7.6　EXPLAIN PIPELINE

1. 命令说明

查看 SQL 执行流水线。通过执行该命令，可以获取 SQL 执行流程对应的 DOT 纯文本图形描述语言。支持指定 header、graph、compact 等参数。

2. 具体实例

例如，执行下面的 SQL 语句：

```
EXPLAIN PIPELINE header = 1, graph = 1, compact = 1
SELECT count(UserID) AS cnt
FROM
(
    SELECT
        UserID,
        WatchID
    FROM tutorial.hits_v1
    WHERE (JavaEnable = 1) AND (EventDate = '2014-03-18')
) AS t1
INNER JOIN
(
    SELECT
        UserID,
        WatchID
    FROM tutorial.hits_v1
    WHERE (EventDate = '2014-03-19') AND (JavaEnable = 1)
) AS t2 ON t1.UserID = t2.UserID
FORMAT TSV
```

可以生成查询 SQL 的执行流水线图的协议文本，输出如下：

```
digraph
{
    rankdir="LR";
    { node [shape = rect]
        n8 [label="FillingRightJoinSide"];
        n4 [label="JoiningTransform × 6"];
        n1 [label="MergeTreeThread × 12"];
        n7 [label="Resize × 2"];
    subgraph cluster_0 {
      label ="Aggregating";
      style=filled;
      color=lightgrey;
      node [style=filled,color=white];
      { rank = same;
      n11 [label="AggregatingTransform × 6"];
      n12 [label="Resize"];
      n10 [label="StrictResize"];
    }
```

```
    }
    ...
t2.UserID UInt64 UInt64(size = 0)"];
  n5 -> n6 [label="× 6
UserID UInt64 UInt64(size = 0)"];
}

105 rows in set. Elapsed: 0.011 sec.
```

3. SQL 查询流程可视化操作

如果安装了 graphviz dot 命令行环境，就可以把 *.dot 纯文本文件生成图片，然后可视化查看 SQL 查询管道流水线。把上面的 DOT 图形描述语言文本 digraph{...} 保存到一个文本文件 a.dot 中，然后执行如下命令（需要安装 graphviz 环境）：

```
dot -Tpng a.dot -o a.png
```

执行完上面的命令，渲染出来的 a.png 图片就是 SQL 查询管道图，如图 6-3 所示。

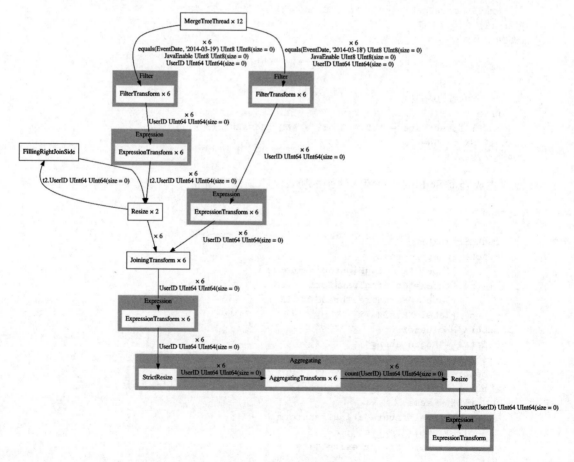

图 6-3 SQL 查询管道图

小贴士：DOT 纯文本图形描述语言

DOT 是一种纯文本图形描述语言。这是一种描述人类和计算机程序都可以阅读的图形的简单方法。

1. 环境安装

1）安装 Graphviz，在 Mac OS X 系统上可以使用 MacPorts 或 Homebrew 进行。

使用 MacPorts 安装 Graphviz：

```
sudo port install graphviz
```

MacPorts 提供了 Graphviz 和 Mac GUI Graphviz.app 的稳定版本和开发版本。这些可以通过 port graphviz、graphviz-devel、graphviz-gui 和 graphviz-gui-devel 获得。

使用 Homebrew 安装 Graphviz

```
brew install graphviz
```

如果遇到报错（通常可能是环境、网络、I/O 等问题），一般重试几次就会成功。

在其他操作系统（Linux、Windows 等）上安装 Graphviz 时，请参考 http://www.graphviz.org/download/。

2）编写 dot 脚本。创建文本文件并命名为 a.dot，编写 a.dot 脚本。关于 dot 语法，请参考 http://www.graphviz.org/pdf/dotguide.pdf 。

3）编译脚本输出图片。编译命令为 dot -Tpng a.dot -o a.png。其中，a 是文件名。这样就可以用脚本渲染出需要绘制的图片了。

2. 简单图形

执行如下命令：

```
graph graphname {
rankdir = TD;
    a -- b;
    b -- c;
    b -- d;
    d -- a;
}
```

结果如图 6-4 所示。

3. 图形布局

执行如下命令：

```
graph graphname {
    rankdir = LR; //LR: Rank Direction Left to Right; TD: Top to Down
    a -- b;
    b -- c;
    b -- d;
    d -- a;
}
```

结果如图 6-5 所示。

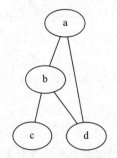

图 6-4　简单图形绘制结果

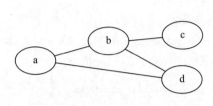

图 6-5　图形布局绘制结果

其中，

❑ rankdir = LR: 左右布局（Rank Direction Left to Right）。

❑ rankdir = TD: 上下布局（Rank Direction Top to Down）。

4. 简单有向图

执行如下命令：

```
digraph graphname{
    rankdir = LR;
    a -> b;
    b -> c;
    a -> c;
}
```

结果如图 6-6 所示。

5. 添加标记说明

执行如下命令：

```
digraph graphname {
    rankdir = TD;
    T [label = "Teacher"] // node T
    P [label = "Pupil"] // node P
    T -> P [label = "Instructions", fontcolor = darkgreen] // edge T->P
}
```

结果如图 6-7 所示。

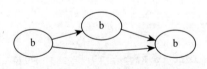

图 6-6　简单有向图绘制结果

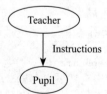

图 6-7　添加标记结果

更多内容请参考 https://www.tonyballantyne.com/graphs.html。

6.7.7 EXPLAIN ESTIMATE

1.命令说明

查看在处理查询时要从表中读取的数据行数 Rows、数据标记 Marks 和数据 Parts 等预估数量。这个命令在分析 SQL 查询性能的时候非常有用。

2.具体实例

SQL 实例如下:

```
EXPLAIN ESTIMATE
SELECT count(UserID) AS cnt
FROM
(
    SELECT
        UserID,
        WatchID
    FROM tutorial.hits_v1
    WHERE (JavaEnable = 1) AND (EventDate = '2014-03-18')
) AS t1
INNER JOIN
(
    SELECT
        UserID,
        WatchID
    FROM tutorial.hits_v1
    WHERE (EventDate = '2014-03-19') AND (JavaEnable = 1)
) AS t2 ON t1.UserID = t2.UserID
```

输出:

database	table	parts	rows	marks
tutorial	hits_v1	2	13086546	1599

6.8 本章小结

通过对本章的学习,我们对 ClickHouse SQL 有了系统化的掌握。我们知道了如何使用 SQL 来创建数据库、表、视图,新增数据库用户账户、角色等,并进行库表权限管理。同时,我们还知道了如何向 ClickHouse 表中插入数据,并对表中的数据进行查询。按照对 SQL 的解析执行顺序,我们还详细介绍了各种 SQL 查询子句的用法。为了加深对 SQL 查询原理的理解,本章还介绍了 SQL 发展简史、关系代数与关系演算相关的内容。最后,介绍了如何通过 EXPLAIN 语句,来查看 SQL 执行计划以及执行流程。

下一章我们将进入项目实战开发,介绍如何使用 Spring Boot 来连接 ClickHouse 服务器,并实现一个简单的 ClickHouse SQL 查询工具。

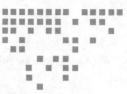

Chapter 7 第 7 章

基于 Spring Boot 开发 ClickHouse SQL 查询工具

在大数据实时分析引擎中，通常使用 JDBC 方式连接（而不是使用 ORM 框架），实现网关查询接口。这种方式的好处之一是可以直接执行 SQL，而这个 SQL 可以由前台业务根据灵活的规则动态拼接而成。

本章主要介绍了如何使用 Spring Boot 整合 ClickHouse 数据库开发后端，使用 React 整合 Arco Design 开发前端，最终整合集成前后端，从 0 到 1 实现一个简单的 ClickHouse 查询系统。

7.1 项目概述

本节简单介绍了项目的功能界面和用到的前后端技术栈。

7.1.1 功能界面

本项目实现一个 SQL 编辑器界面，使用 SQL 查询 ClickHouse 数据。其功能界面如图 7-1 所示。

图 7-1　SQL 功能界面

7.1.2　项目技术栈

本项目用到的后端技术栈如表 7-1 所示。

表 7-1　后端技术栈

技术栈	名称	简介
集成开发环境 IDE	IntelliJ IDEA	IDEA 是 Java/Kotlin 编程语言开发的集成环境。JetBrains 出品，开发人员以严谨著称的东欧程序员为主。在智能代码助手、代码自动提示、重构、JavaEE 支持、各类版本工具（git、svn 等）、JUnit、CVS 整合、代码分析、创新的 GUI 设计等方面表现卓越　官网：https://www.jetbrains.com/zh-cn/idea/
开发语言	Kotlin	Kotlin 是一个用于现代多平台应用的静态编程语言，由 JetBrains 开发。兼容 Java，安全、简洁，支持类型推断、高阶函数、闭包、扩展函数等现代编程语言特性　官网：https://kotlinlang.org/　GitHub：https://github.com/JetBrains/kotlin

（续）

技术栈	名称	简介
应用框架	Spring Boot	Spring Boot 基于 Spring 4.0 设计，不仅继承了 Spring 框架原有的优秀特性，还通过简化配置来进一步简化了 Spring 应用的整个搭建和开发过程。Spring Boot 通过集成大量的框架使得依赖包的版本冲突、引用的不稳定性等问题得到了很好地解决 官网：https://spring.io/projects/spring-boot GitHub：https://github.com/spring-projects/spring-boot
视图模板	Thymeleaf	Thymeleaf 是一款用于渲染 XML/XHTML/HTML5 内容的模板引擎。它与 JSP、Velocity、FreeMaker 等模板引擎类似，也可以轻易地与 Spring MVC 等 Web 框架集成。与其他模板引擎相比，Thymeleaf 最大的特点是，即使不启动 Web 应用，也可以直接在浏览器中打开并正确显示模板页面 官网：https://www.thymeleaf.org/ GitHub：https://github.com/thymeleaf/thymeleaf
数据库	ClickHouse	ClickHouse 是一个开源免费的大数据分析 DBMS，一款性能表现卓越的实时分析 OLAP 引擎 官网：https://clickhouse.com/ GitHub：https://github.com/ClickHouse/ClickHouse
数据库连接	clickhouse-jdbc	ClickHouse JDBC 驱动程序。JDBC 驱动程序构建在 Java 客户端之上，具有更多的 JDBC 兼容性依赖项和扩展。支持 Java 8 及更高版本。ClickHouse 的异步 Java 客户端（clickhouse-client）是一个异步、轻量级和低开销的 Java 库，用来访问 ClickHouse Server，支持 HTTP 协议、gRPC 协议、TCP/Native 协议等 GitHub：https://github.com/ClickHouse/clickhouse-jdbc
依赖管理	Maven	Maven 是一个项目管理及自动构建工具。Maven 的核心概念是项目对象模型（Project Object Model，POM），它包含了一个项目对象模型，一组标准集合，一个项目生命周期（Project Lifecycle），一个依赖管理系统（Dependency Management System），以及用来运行定义在生命周期阶段中插件目标的逻辑 官网：https://maven.apache.org/ GitHub：https://github.com/apache/maven

本项目用到的前端技术栈如表 7-2 所示。

表 7-2　前端技术栈

技术栈	名称	简介
集成开发环境 IDE	WebStorm	WebStorm 是 JetBrains 公司旗下一款 JavaScript 开发工具，被誉为 "Web 前端开发神器" "最强大的 HTML5 编辑器" "最智能的 JavaScript IDE" 等。与 IntelliJ IDEA 同源，继承了 IntelliJ IDEA 强大的 JS 部分的功能。提供 JavaScript、ECMAScript 6、TypeScript、CoffeeScript、Dart 和 Flow 代码辅助功能；帮助编写 HTML、CSS、Less、Sass 和 Stylus 代码；支持 Node.js 和主流框架，如 React、Angular、Vue.js、Meteor 等 官网：https://www.jetbrains.com/zh-cn/webstorm/

（续）

技术栈	名称	简介
开发语言	TypeScript	TypeScript 是微软开发的开源的编程语言，作者是安德斯·海尔斯伯格，C# 首席架构师。TypeScript 是 JavaScript 的一个超集，TypeScript 添加了可选的静态类型和基于类的面向对象编程 官网：https://www.typescriptlang.org/ GitHub：https://github.com/microsoft/TypeScript
UI 组件框架	React	React 是一个声明式、高效且灵活的用于构建用户界面的 JavaScript 库。使用 React 可以将一些简短、独立的代码片段组合成复杂的 UI 界面，这些代码片段被称作"组件"。React 通过构建管理自身状态的"组件"，然后对组件进行组合，以构成复杂的 UI。当数据变动时 React 能高效反应更新，并渲染合适的组件 官网：https://zh-hans.reactjs.org/ GitHub：https://github.com/facebook/react
UI 模板库	arco-design-pro	Arco Design 是一套 React UI 组件库，由字节跳动 GIP UED & 架构前端团队联合打造的一款开源企业级设计 UI 库。Arco Design 以务实浪漫，连接高效与美为愿景，遵从一致（Agreement）、韵律（Rhythm）、清晰（Clear）、开放（Open）的设计原则，帮助连接开发与设计之间的鸿沟，从开发者和设计师视角，以更系统化的思路解决业务问题，通过细致完善的设计资产，简单流畅的工具集和生态平台，快速提升工作的效率和愉悦程度 官网：https://arco.design/ GitHub React 组件库：https://github.com/arco-design/arco-design
本地模拟数据	mockjs	JS 模拟数据生成器。实现前后端分离开发，帮助前端开发进行后端 API 的模拟联调测试 官网：http://mockjs.com/ GitHub：https://github.com/nuysoft/Mock
HTTP 请求库	axios	Axios 是一个简单的基于 Promise 的 HTTP 客户端，用于浏览器和 node.js。Axios 在一个小包中提供了一个简单易用的库，具有非常可扩展的接口 官网：https://axios-http.com/ GitHub：https://github.com/axios/axios
代码编辑器	@monaco-editor/react	React Monaco Editor 包装器，用于与任何 React 应用程序轻松集成，而使用 Webpack（或任何其他模块捆绑器）配置文件 / 插件 GitHub：https://github.com/suren-atoyan/monaco-react
SQL 格式化库	sql-formatter	SQL Formatter 是一个用于格式化 SQL 语句的 JavaScript 库，支持如下 SQL 方言：sql（Standard SQL）、mariadb（MariaDB）、mysql（MySQL）、postgresql（PostgreSQL）、db2（IBM DB2）、plsql（Oracle PL/SQL）、n1ql（Couchbase N1QL）、redshift（Amazon Redshift）、spark（Spark）、tsql（SQL Server Transact-SQL） GitHub：https://github.com/zeroturnaround/sql-formatter
依赖管理	webpack	Webpack 是一个模块打包器，用来打包前端静态文件（JavaScript、CSS、图片等），以在浏览器中使用。模块可以是 CommonJS、AMD、ES6 模块、CSS、图像、JSON、CoffeeScript、LESS 等其他自定义的内容 官网：https://webpack.js.org/ GitHub：https://github.com/webpack/webpack

7.2 开发后端查询服务

本节主要介绍使用 Spring Boot + Kotlin 连接 ClickHouse 服务数据查询服务的开发。

7.2.1 创建 Spring Boot 工程

访问 https://start.spring.io/，使用 Spring Initializr 创建 Spring Boot 工程，选择 Maven 项目管理、Kotlin 编程语言、Spring Boot2.6.6 版本、Jar 打包方式、Java 8 版本，如图 7-2 所示。

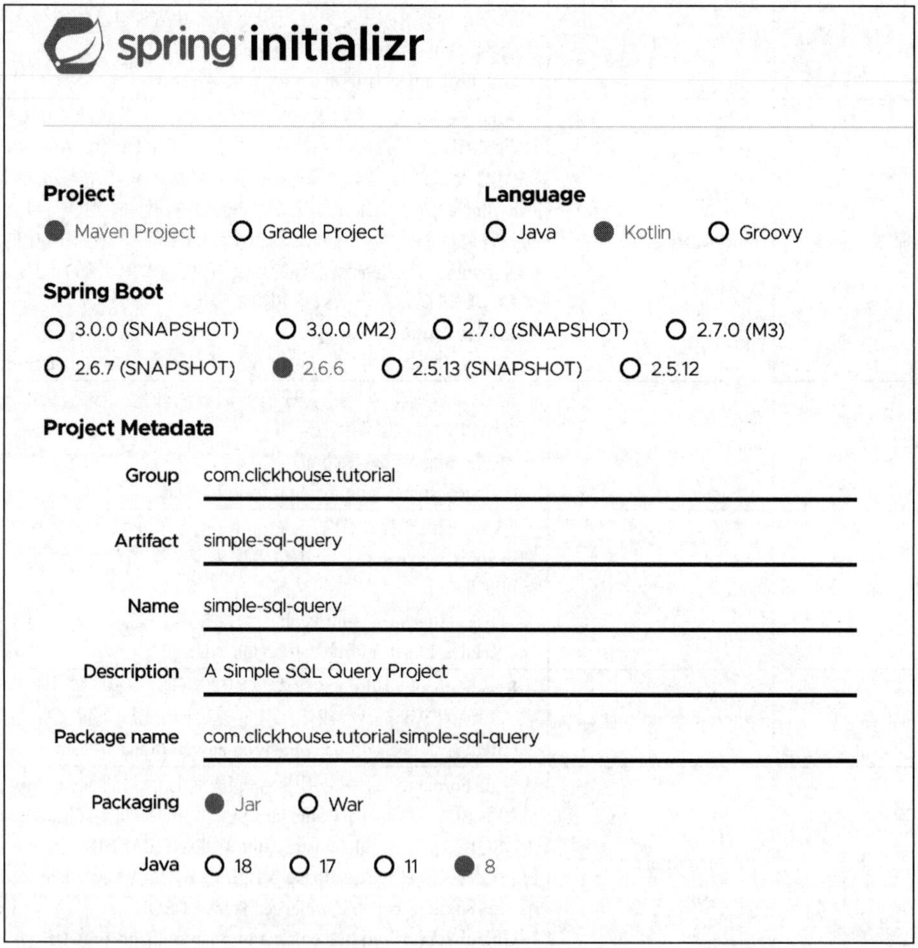

图 7-2　Spring Initializr

选择项目依赖：Spring Web、Thymeleaf，如图 7-3 所示。

生成模板项目 zip 包，下载到本地解压之后，可以看到工程目录结构如下：

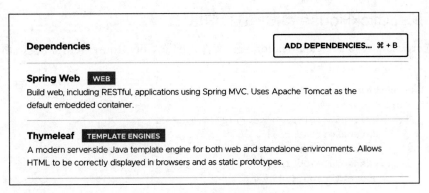

图 7-3　选择项目依赖

```
simple-sql-query
├── HELP.md
├── mvnw
├── mvnw.cmd
├── pom.xml
└── src
    ├── main
    │   ├── kotlin
    │   │   └── com
    │   │       └── clickhouse
    │   │           └── tutorial
    │   │               └── simplesqlquery
    │   │                   └── SimpleSqlQueryApplication.kt
    │   └── resources
    │       ├── application.properties
    │       ├── static
    │       └── templates
    └── test
        └── kotlin
            └── com
                └── clickhouse
                    └── tutorial
                        └── simplesqlquery
                            └── SimpleSqlQueryApplicationTests.kt

16 directories, 7 files
```

7.2.2　配置 ClickHouse JDBC 依赖

在 pom.xml 中添加 clickhouse-jdbc 依赖：

```xml
<!-- https://mvnrepository.com/artifact/com.clickhouse/clickhouse-jdbc -->
<dependency>
    <groupId>com.clickhouse</groupId>
    <artifactId>clickhouse-jdbc</artifactId>
    <version>0.3.2-patch7</version>
</dependency>
```

7.2.3 配置 ClickHouse 数据库连接信息

创建 src/main/resources/application.yml 文件，配置 ClickHouse 数据源信息如下：

```
spring:
    datasource:
        clickhouse:
            url: jdbc:clickhouse://127.0.0.1:8123
            database: tutorial
            username: default
            password: 7Dv7Ib0g
            socketTimeout: 60000
```

创建 ClickHouseDataSourceConfig.kt 配置类：

```
package com.clickhouse.tutorial.simplesqlquery

import org.springframework.boot.context.properties.ConfigurationProperties
import org.springframework.stereotype.Component


@Component
@ConfigurationProperties(prefix = "spring.datasource.clickhouse")
class ClickHouseDataSourceConfig {
var url: String = ""
var database: String = ""
    var username: String = ""
    var password: String = ""
    var socketTimeout: Int = 0
}
```

其中，url、database、username、password、socketTimeout 分别对应 application.yml 中 spring.datasource.clickhouse 的各配置项。

7.2.4 ClickHouse 客户端查询实现

新建 ClickHouseClient.kt 源代码文件，实现 ClickHouse 查询功能，代码如下：

```
//src/main/kotlin/com/clickhouse/tutorial/simplesqlquery/ClickHouseClient.kt

package com.clickhouse.tutorial.simplesqlquery

import com.alibaba.fastjson.JSON
import com.alibaba.fastjson.JSONObject
import com.clickhouse.jdbc.ClickHouseConnection
import com.clickhouse.jdbc.ClickHouseDataSource
import org.slf4j.LoggerFactory
import org.springframework.stereotype.Component
import java.sql.Connection
import java.sql.ResultSet
import java.sql.SQLException
```

```kotlin
import java.sql.Statement
import java.util.*
import javax.annotation.Resource

@Component
class ClickHouseClient {
    private val log = LoggerFactory.getLogger(ClickHouseClient::class.java)

    @Resource
    private lateinit var clickHouseDataSourceConfig: ClickHouseDataSourceConfig

    /**
     * 执行 SQL 查询
     */
    fun query(sql: String): MutableList<JSONObject> {
        log.info("ClickHouse 查询 SQL: $sql")
        val connection: Connection = getConn()
        try {
            val statement: Statement = connection.createStatement()
            val results: ResultSet = statement.executeQuery(sql)
            val rsmd = results.metaData
            val list: MutableList<JSONObject> = mutableListOf()
            while (results.next()) {
                val row = JSONObject()
                for (i in 1..rsmd.columnCount) {
                    row.put(rsmd.getColumnName(i), results.getString(rsmd.
                        getColumnName(i)))
                }
                list.add(row)
            }
            return list
        } catch (e: SQLException) {
            log.error("execute sql error, SQL={}", sql, e)
            throw IllegalStateException("execute sql error!SQL=${sql}")
        }
    }

    fun getConn(): Connection {
        val conn: ClickHouseConnection
        val properties = Properties()
        properties["user"] = clickHouseDataSourceConfig.username
        properties["password"] = clickHouseDataSourceConfig.password
        properties["database"] = clickHouseDataSourceConfig.database
        properties["socketTimeout"] = clickHouseDataSourceConfig.socketTimeout
        val clickHouseDataSource = ClickHouseDataSource(clickHouseDataSourceConf
            ig.url, properties)
        try {
            conn = clickHouseDataSource.connection
            return conn
        } catch (e: SQLException) {
```

```
        log.error("getConn properties={}, ERROR:", JSON.toJSONString
            (properties), e)
        throw IllegalStateException("get ClickHouseConnection error!")
    }
}

}
```

7.2.5 查询功能单元测试

在 SimpleSqlQueryApplicationTests.kt 文件中添加如下测试代码：

```
//src/test/kotlin/com/clickhouse/tutorial/simplesqlquery/
    SimpleSqlQueryApplicationTests.kt
package com.clickhouse.tutorial.simplesqlquery

import com.alibaba.fastjson.JSON
import org.junit.jupiter.api.Assertions.assertTrue
import org.junit.jupiter.api.Test
import org.springframework.boot.test.context.SpringBootTest
import javax.annotation.Resource

@SpringBootTest
class SimpleSqlQueryApplicationTests {
    @Resource
    lateinit var clickHouseClient: ClickHouseClient

    @Test
    fun testQuery() {
        val list = clickHouseClient.query("""
            select uniqExact(UserID) cnt, Age age
            from tutorial.hits_v1
            where EventDate = '2014-03-18'
            group by Age
            order by cnt desc
            limit 10;
        """.trimIndent())
        println(JSON.toJSONString(list))
        assertTrue(list.size > 0)
    }
}
```

运行上面的测试代码，可以看到测试成功。查看执行日志，输出如下查询结果：

```
2022-04-14 01:57:27.626  INFO 39362 --- [                main] c.c.t.simplesqlquery.
    ClickHouseClient   : ClickHouse 查询 SQL: select uniqExact(UserID) cnt, Age age
from tutorial.hits_v1
where EventDate = '2014-03-18'
group by Age
order by cnt desc
```

```
limit 10;
[{"cnt":"15965","age":"0"},{"cnt":"10648","age":"16"},{"cnt":"4152","age":
    "55"},{"cnt":"3556","age":"22"},{"cnt":"3398","age":"39"},{"cnt":"1214",
    "age":"26"}]
```

7.2.6　实现 SQL 查询 HTTP 接口

新建 SQLQueryController.kt，代码如下：

```
// src/main/kotlin/com/clickhouse/tutorial/simplesqlquery/SQLQueryController.kt
package com.clickhouse.tutorial.simplesqlquery

import com.alibaba.fastjson.JSONObject
import org.springframework.stereotype.Controller
import org.springframework.web.bind.annotation.*
import javax.annotation.Resource


@Controller
@RequestMapping("/sql")
class SQLQueryController {

    @Resource
    lateinit var clickHouseClient: ClickHouseClient

    @RequestMapping(path = ["/query"], method = [RequestMethod.POST])
    @ResponseBody
    fun query(@RequestBody query: QueryRequest): List<JSONObject> {
        val s = System.currentTimeMillis()
        val result = clickHouseClient.query(query.sql)
        val e = System.currentTimeMillis()
        val executeTime = JSONObject()
        executeTime.put("_EXECUTE_TIME", "${e - s}ms")
        result.add(executeTime)
        return result
    }

}

data class QueryRequest(var sql: String)
```

7.2.7　HTTP 接口测试

使用 Chrome 插件 YARC（Yet Another REST Client，https://yet-another-rest-client.com/）进行接口测试，URL 为 http://127.0.0.1:8080/sql/query，POST 请求体如下：

```
{"sql":"select uniqExact(UserID) cnt, Age age from tutorial.hits_v1 where
    EventDate = '2014-03-18' group by Age order by cnt desc limit 10;"}
```

单击请求按钮 Send Request，使用 YARC 进行接口测试，如图 7-4 所示。

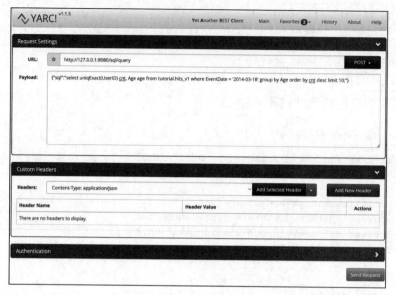

图 7-4　使用 YARC 进行接口测试

接口测试结果如图 7-5 所示。

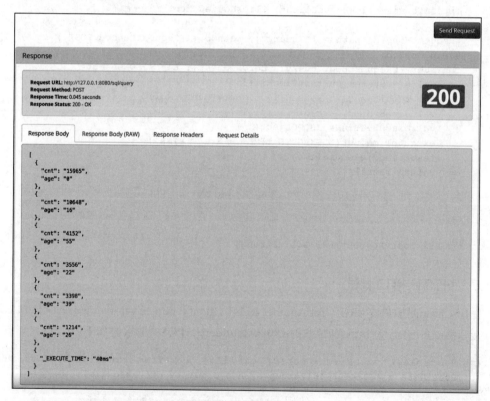

图 7-5　接口测试结果

7.3　开发前端 UI 界面

本节主要介绍如何使用前端框架 React + Acco Design UI 组件库 + Monaco Editor 开发一个页面 SQL 编辑器。

7.3.1　Node 环境准备

1. Node.js 环境

Node.js 是一个 JavaScript 运行时环境，基于 Chrome V8 JavaScript 引擎构建。安装 Node 环境的步骤非常简单，只需要到下载页面（https://nodejs.org/zh-cn/download/）下载对应操作系统的二进制安装包，单击安装即可。安装好之后，在终端命令行执行如下命令，查看当前 Node 版本：

```
$node -v
v17.8.0
```

2. npm 简介

npm 与 maven、gradle 类似，都是用来管理项目依赖的，只不过 maven、gradle 是用来管理 Java Jar 包的，而 npm 是用来管理 JS 库的。npm 的实现思路与 maven、gradle 的实现思路基本上是一样的：

1）有一个远程代码仓库（registry），在里面存放所有需要被共享的 JS 代码，每个 JS 文件都有自己唯一标识。

2）用户想使用某个 JS 文件的时候，只需引用对应的标识，JS 文件会被自动下载下来。

npm 内置在 Node.js 中，安装好 Node.js 环境后，npm 也就安装好了。不过需要注意的是，npm 的版本跟 Node 的版本是不一样的。例如：

```
$npm -v
8.5.5
```

7.3.2　Arco Design 简介

Arco Design 是一款开源企业级 ReactUI 组件库（https://github.com/arco-design），来自字节跳 UED 团队。Arco Design 试图建立一种工作模式：务实＝同理心，浪漫＝想象力。Arco Design 基于清晰、一致、韵律和开放的设计价值观，试图建立务实而浪漫的工作方式。

Arco Design 官网地址：https://arco.design/。

开发文档：https://arco.design/react/docs/start。

安装 arco-cli 脚手架

arco-cli 是 Arco Design 项目模版工具，运行以下命令安装：

```
$npm i -g arco-cli
```

安装好 arco 环境之后，执行如下命令查看版本号：

```
$arco -v
```

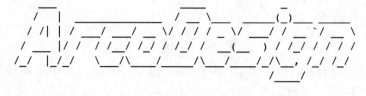

```
                                            v1.26.1
```

当前版本是 1.26.1，已是最新版本。

查看 arco 命令使用说明：

```
$arco -h
Usage: arco [commands] [options]

Options:
    -v, --version               // 查看当前版本
    -h, --help                  // 输出使用信息

Commands:
    env [options]               // 设置 CLI 的使用环境
    locale [options]            // 设置 CLI 语言偏好
    init [options] <projectName>  // 初始化物料项目
    generate [options]          // 初始化物料元数据
    publish                     // 发布到 NPM
    sync [options]              // 同步信息到物料市场
    preview [options]           // 以本地构建产物预览物料详情页
    login                       // 用户登录
    logout                      // 退出登录
    whoami                      // 查看当前用户信息
    group [options]             // 物料团队相关
    template [options]          // 物料模板相关
    block                       // 区块物料相关命令
    help [cmd]                  //display help for [cmd]
--------------------------------------------------------------------------------
// 如需查看某个子命令，可以使用子命令帮助，如：arco sync -h
Examples:
    $ arco sync --screenshot
    $ arco group --id 1
--------------------------------------------------------------------------------
```

7.3.3 创建 Arco React 工程

1. 创建一个 React 前端工程

1）创建一个名称为 simple-sql-query 的 React 前端工程，命令行如下：

```
$arco init simple-sql-query
```

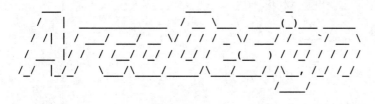

```
                                                            v1.26.1
```

```
? 请选择你希望使用的技术栈 (Use arrow keys)
❑ React
    Vue
```

2）这里，我们使用 React，选择之后进入下一步：

```
? 请选择你希望使用的技术栈 React
? 请选择所要创建项目的类型 (Use arrow keys)
业务组件
    区块
    页面
    组件库
    工具库
    Lerna Monorepo 项目
❑ Arco Pro 项目
```

3）选择 Arco Pro 项目，继续下一步：

```
? 请选择你希望使用的技术栈 React
? 请选择所要创建项目的类型 Arco Pro 项目
? 请选择你想要使用的开发框架
    Next (https://nextjs.org/)
    Vite (https://vitejs.dev/)
❑ Create React App (https://create-react-app.dev)
```

4）选择 Create React App，继续下一步：

```
? 请选择你希望使用的技术栈 React
? 请选择所要创建项目的类型 Arco Pro 项目
? 请选择你想要使用的开发框架 Create React App (https://create-react-app.dev)
? 请选择 Arco Pro 模板
    简单版 (只包含一个基础页面)
❑ 完整版 (包含所有页面)
```

5）选择完整版 (包含所有页面)，继续下一步，完成工程创建：

```
$arco init simple-sql-query
```

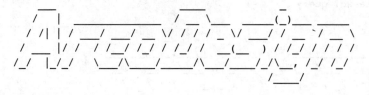

v1.26.1

? 请选择你希望使用的技术栈 **React**
? 请选择所要创建项目的类型 **Arco Pro** 项目
? 请选择你想要使用的开发框架 **Create React App (https://create-react-app.dev)**
? 请选择 **Arco Pro** 模板 完整版（包含所有页面）

正在初始化项目于 **/Users/bytedance/clickhouse_tutorial/simple-sql-query**
❑ 获取项目模板成功
❑ 模板内容复制完成
❑ 模板内容适配完成
❑ 项目依赖安装完成
****
    Read README.md for help information. Execute following command to start
    $ cd simple-sql-query
    $ yarn dev
****

6）快速开始项目：

```
// 初始化项目
npm install
// 开发模式启动项目
npm run dev
// 构建
npm run build
```

2. 查看 React 工程目录

Arco 脚手架创建好的工程目录如下：

```
simple-sql-query
├── README.md
├── build
├── config-overrides.js // 添加 react 中关于 webpack: override 的配置,
                         // 例如: addLessLoader、addWebpackModuleRule、
                         // addWebpackPlugin、addWebpackAlias 等。
├── node_modules
├── package-lock.json
├── package.json
├── public // 公共资源文件
│   └── index.html
├── react-app-env.d.ts
├── src
```

```
│     ├── assets // 静态资源
│     ├── components // 通用业务组件库，例如：导航、轮播图、分页器组件等
│     ├── context.tsx // 全局配置
│     ├── declaration.d.ts
│     ├── index.tsx // main 入口文件
│     ├── layout.tsx // 布局
│     ├── locale // 国际化语言包
│     ├── mock // 本地 mock 数据，公共组件模拟 api 返回数据
│     ├── pages // 页面模版
│     ├── react-app-env.d.ts
│     ├── routes.ts // 路由配置文件
│     ├── settings.json // arco 配置文件
│     ├── store // 数据对象文件夹
│     ├── style // 全局样式
│     └── utils // 工具库
├── tsconfig-base.json
├── tsconfig.json
└── yarn.lock
9941 directories, 70226 files
```

其中，

1）package.json 类似于 Maven 中 pom.xml 的功能。

2）package.json 记录当前项目所依赖模块的版本信息，更新模块时锁定模块的大版本号（版本号的第一位）。

3）另外，我们发现有一个 package-lock.json 文件，这个文件是用来锁定 npm install 安装时包的版本号的，需要上传到 git，以保证其他人在安装 npm 时依赖能保证一致。

4）package-lock.json 记录了 node_modules 目录下所有模块的具体来源和版本号，以及其他信息。

5）package-lock.json 会在 npm 更改 node_modules 目录树，或者更改 package.json 文件，执行 npm install 命令时自动生成。

6）build 目录是静态文件打包输出目录。

7）tsconfig.json 是项目使用 TypeScript 开发的配置文件，主要指定 TypeScript 编译选项 compilerOptions 配置。详细的编译选项配置请参考官网文档：https://www.typescriptlang.org/docs/handbook/compiler-options.html。

3. 新增 SQL 查询菜单页

1）在 pages 中新增一个 sql 文件夹，并在其中新增 index.tsx：

```
// src/pages/sql/index.tsx
import React from 'react';

export default function SQLQuery() {
    return <div>SQL 查询页 </div>;
}
```

2）在路由表中新增监控页的路由配置 key: 'tool'，如下：

```
// src/routes.ts
export const routes: Route[] = [
    ...
    {
    name: 'menu.tool',
    key: 'tool',
    children: [
        {
        name: 'menu.tool.sql',
        key: 'sql',

        }
    ],
    },
];
```

3）在语言包中新增菜单名，下面是中文、英文语言包。

```
// src/local/index.ts
const i18n = {
    'zh-CN': {
    'menu.tool': '工具箱',
    'menu.tool.sql': 'SQL 查询',
...
    },
    'en-US': {
      'menu.tool': 'Tool',
'menu.tool.sql': 'SQL Query',
...
}
};
export default i18n;
```

4）以上，我们就完成了一个菜单项的配置。现在刷新一下页面，就能看到新的菜单项。我们发现菜单项前面没有 Icon，那么就给工具箱菜单添加一个 IconTool。

在 layout.tsx 中的 getIconFromKey(key) 函数添加一个 case 'tool' 的逻辑：

```
function getIconFromKey(key) {
    switch (key) {
        case 'tool':
            return <IconTool className={styles.icon} />;
        case 'dashboard':
            return <IconDashboard className={styles.icon} />;
        ...
        default:
            return <div className={styles['icon-empty']} />;
    }
}
```

5）使用 npm run dev 命令启动工程。在 package.json 中配置这个启动脚本：

```
{
...
"scripts": {
    "start": "react-app-rewired start",
    "dev": "PORT=8888 react-app-rewired start",
    "build": "react-app-rewired build",
    ...
    }
```

指定本地端口号为 8888，浏览器访问 http://localhost:8888/，就能看到工具箱菜单项前面的 IconTool，如图 7-6 所示。

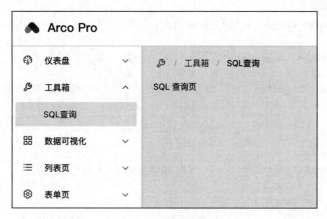

图 7-6　SQL 查询页

7.3.4　实现 SQL 编辑器

1. 添加 @monaco-editor/react 依赖

Monaco Editor 是一个著名的开源代码编辑器，它支持 VS Code，微软开源。库 @monaco-editor/react 封装了 React 使用 monaco-editor 的设置过程（例如，Webpack 配置、插件配置等），并提供一个干净的 API 来与任何 React 环境中的 Monaco 交互。使用如下命令安装：

```
npm install @monaco-editor/react
```

安装完成之后，package.json 里面的 dependencies 节点中多了依赖 "@monaco-editor/react": "^4.4.1"，如下所示：

```
"dependencies": {
    ...
"@monaco-editor/react": "^4.4.1",
}
```

2. 实现 SQLEditor 组件

在 src/components 目录下创建 Editor 文件夹，然后在 Editor 文件夹下面创建源码文件 SQLEditor.tsx，代码如下：

```tsx
// src/components/SQLEditor.tsx
import React from 'react'; // 使用 JSX 时必须要导入的 React 对象
import Editor from '@monaco-editor/react'; // 导入 Monaco Editor 组件对象

const sqlEditorStyle = { width: '100%', height: '600px', border: '1px solid
    #ccc' }; // 样式对象

function SQLEditor() {

    return (<div style={sqlEditorStyle}>
    <Editor
        defaultLanguage='sql' // 语言指定为 SQL
        defaultValue={sql}      // 编辑框中默认字符串
        theme={'light'}         // 编辑器主题，可取值 :"vs-dark"|"light"
    />
    </div>);
}

export default SQLEditor;       // 导出 SQLEditor 函数组件

const date = new Date();
const sql = `
----------------------------ClickHouse SQL Syntax----------------------------
-- [WITH expr_list|(subquery)]
-- SELECT [DISTINCT [ON (column1, column2, ...)]] expr_list
-- [FROM [db.]table | (subquery) | table_function] [FINAL]
-- [SAMPLE sample_coeff]
-- [ARRAY JOIN ...]
-- [GLOBAL] [ANY|ALL|ASOF] [INNER|LEFT|RIGHT|FULL|CROSS] [OUTER|SEMI|ANTI]
-- JOIN (subquery)|table (ON (expr_list) )|(USING (column_list) )
-- [PREWHERE expr]
-- [WHERE expr]
-- [GROUP BY expr_list] [WITH ROLLUP|WITH CUBE] [WITH TOTALS]
-- [HAVING expr]
-- [ORDER BY expr_list] [WITH FILL] [FROM expr] [TO expr] [STEP expr]
-- [LIMIT [offset_value, ]n BY columns]
-- [LIMIT [n, ]m] [WITH TIES]
-- [SETTINGS ...]
-- [UNION  ...]
-- [INTO OUTFILE filename [COMPRESSION type] ]
-- [FORMAT format]
--------------${date}----------------
```

```
select uniqExact(UserID) cnt, Age age
from tutorial.hits_v1
where EventDate = '2014-03-18'
group by Age
order by cnt desc
limit 10;
`;
```

3. 在 SQLQuery 页面引用 SQLEditor 组件

```
import React from 'react';
import SQLEditor from '@/components/Editor/SQLEditor'; // 导入组件

export default function SQLQuery() {
    return (<div>
        <h3>SQL 查询 </h3>
        <SQLEditor />   // 使用组件
    </div>);
}
```

我们注意到 @/components/Editor/SQLEditor 中前面的 @ 是路径别名，在 config-overrides.js 配置文件中定义：

```
const path = require('path');
const {
    override,
    addWebpackModuleRule,
    addWebpackPlugin,
    addWebpackAlias,
} = require('customize-cra');
const ArcoWebpackPlugin = require('@arco-plugins/webpack-react');
const addLessLoader = require('customize-cra-less-loader');
const setting = require('./src/settings.json');

module.exports = {
    webpack: override(
        ...
        addWebpackAlias({
            '@': path.resolve(__dirname, 'src'),
        })
    ),
};
```

4. 查看页面效果

访问 http://localhost:8888/sql，可以看到 SQL 编辑器效果，如图 7-7 所示。

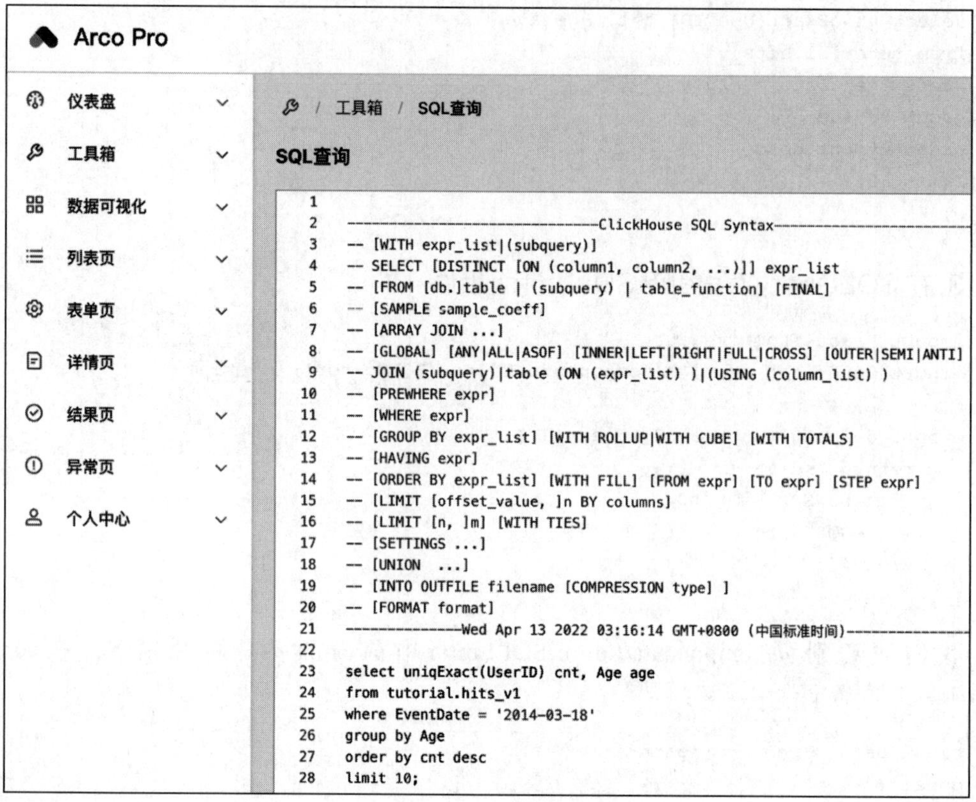

图 7-7 SQL 编辑器效果

7.3.5 SQL 查询功能实现

1. 添加执行查询按钮

导入 Button、Divider 组件：

```
import { Button, Divider } from '@arco-design/web-react';
```

在 SQLEditor 下面添加按钮：

```
export default function SQLQuery() {
    return (<div>
        <h3>SQL 查询 </h3>
        <SQLEditor />
        <Divider />
        <Button type='primary'>
            执行查询
        </Button>
    </div>);
```

2. 实现按钮单击事件函数

给按钮添加 onClick 事件函数：<Button onClick={() => handleSQLQuery()} ... >，需要特别注意的是，这里的箭头函数 handleSQLQuery()。实现 handleSQLQuery() 函数的代码如下：

```
/**
 * SQL 查询处理事件函数
 */
function handleSQLQuery() {
    // 获取 Monaco 实例
    const editorRef = loader.__getMonacoInstance().editor;
    const models = editorRef.getModels();
    const sqlModel = models[0];
    console.log(sqlModel.id);
    const sql = sqlModel.getValue();
    const data = {
        sql: sql
    };

    // 发送 post 查询请求
    axios
        .post(`/api/query`, data)
        .then((res) => {
            console.log(res.data);
        })
        .finally(() => {
            // do nothing
        });
}
```

其中，axios 是一个基于 Promise 的网络请求库，作用于 Node.js 和浏览器中。在服务端它使用原生 node.js http 模块，而在客户端（浏览端）则它使用 XMLHttpRequests。axios 的本质也是对原生 XHR 的封装，只不过它是 Promise 的实现版本，符合最新 ES 规范。

3. 本地 mock 查询接口数据

在使用前后端分离的开发模式时，前端为了验证数据效果，通常采用本地模拟数据来进行开发自测。例如，前端框架 mockjs 可以帮助我们完成这件事。

1）在 src/mock 目录下，新建 mock 脚本 sql-query.ts，代码如下：

```
// src/mock/sql-query.ts
import Mock from 'mockjs';
import { isSSR } from '@/utils/is';
import setupMock from '@/utils/setupMock';

if (!isSSR) {
    Mock.XHR.prototype.withCredentials = true;
```

```
setupMock({

setup: () => {
    // mock SQL 查询
    Mock.mock(new RegExp('/api/query'), () => {
        return Mock.mock([{ 'totalCount': 100 }, { '_EXECUTE_TIME': '64ms' }]);
    });
}

});
}
```

2）在 src/mock/index.ts 中导入 sql-query.ts，代码如下：

```
import Mock from 'mockjs';
import { isSSR } from '@/utils/is';

import './user';
import './message-box';
import './sql-query';

if (!isSSR) {
    Mock.setup({
        timeout: '500-1500',
    });
}
```

3）在 src/index.tsx 中导入 ./mock 目录：import './mock'。

4）刷新页面，再次单击"执行查询"按钮，可以看到浏览器 console 终端打印了请求响应数据，返回了我们模拟的数据：[{ 'totalCount': 100 }, { '_EXECUTE_TIME': '64ms' }]。

5）需要注意的是，mockjs 的实现原理是拦截 XHR 对象，属于 JS 拦截，所以浏览器并没有真实发出请求。其中，响应数据 .then((res) 中的 res 的类型是 AxiosResponse，它的数据结构如下：

```
export interface AxiosResponse<T = any, D = any>  {
    data: T;
    status: number;
    statusText: string;
    headers: AxiosResponseHeaders;
    config: AxiosRequestConfig<D>;
    request?: any;
}
```

其中，data 属性即返回数据。

7.3.6 格式化 SQL 实现

1. 添加格式化 SQL 按钮

添加"格式化 SQL"按钮，类型为 outline，代码如下：

```jsx
import { Button, Divider, Space } from '@arco-design/web-react';

<Space size='medium'>
    <Button onClick={() => handleSQLQuery()} type='primary'>
        执行查询
    </Button>
    <Button type='outline'>
        格式化 SQL
    </Button>
</Space>
```

添加"格式化SQL"按钮，如图7-8所示。

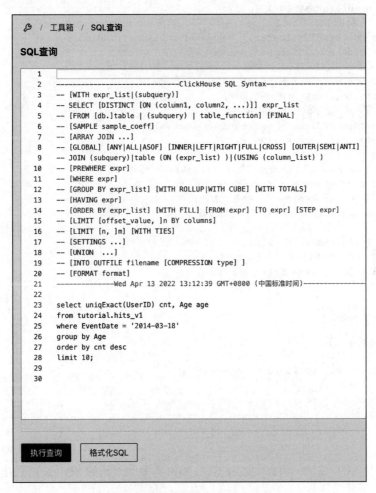

图 7-8 添加"格式化 SQL"按钮

2. 实现格式化 SQL 按钮单击事件函数

1）添加格式化 SQL 单击事件处理函数：

```
<Button  onClick={() => handleFormatSQL()} type='outline'>
```

2）实现 SQL 格式化功能，我们使用 sql-formatter 库，安装命令如下：

```
npm install sql-formatter
```

3）安装好之后，我们可以在 package.json 的 dependencies 中看到依赖："sql-formatter":
"^4.0.2"。handleFormatSQL() 函数实现如下：

```
/**
 * 格式化 SQL 函数
 */
function handleFormatSQL() {
    // 获取 Moncaco 实例
    const editorRef = loader.__getMonacoInstance().editor;
    const models = editorRef.getModels();
    // 获取当前 SQLEditor
    const currentModel = models[0];
    console.log(currentModel.id);
    // 获取当前 SQLEditor 中的值
    const currentValue = currentModel.getValue();
    console.log(currentValue);

    // 调用 format() 函数执行格式化 currentValue 操作
    const formattedSQL = format(currentValue, {
        language: 'sql', // 标准 SQL 语法格式化
        uppercase: true // 关键字转大写
    });
    console.log(formattedSQL);
    // 设置编辑器的内容为格式化之后的 SQL 值
    currentModel.setValue(formattedSQL);
}
```

3. 格式化效果测试

格式化之前的 SQL：

```
select uniqExact(UserID) cnt, Age age
from tutorial.hits_v1
where EventDate = '2014-03-18'
group by Age
order by cnt desc
limit 10;
```

单击格式化 SQL 按钮，可以发现在 SQL 编辑器中，上面的 SQL 被格式化为如下格式：

```
SELECT
    uniqExact(UserID) cnt,
    Age age
FROM
    tutorial.hits_v1
```

```
WHERE
    EventDate = '2014-03-18'
GROUP BY
    Age
ORDER BY
    cnt desc
LIMIT
    10;
```

7.3.7　实现 JSONEditor 来展示查询结果

1. 实现 JSONEditor 组件

在 src/components/Editor 目录下新建源码文件 JSONEditor.tsx，代码如下：

```tsx
// src/components/Editor/JSONEditor.tsx
import React from 'react'; // 导入 JSX 依赖 React
import Editor from '@monaco-editor/react'; // 导入 Monaco

const jsonEditorStyle = {
    width: '100%',
    height: '200px',
    border: '1px solid #ccc'
};

function JSONEditor() {
    return (
        <div style={jsonEditorStyle}>  // 编辑器的样式
            <Editor
                defaultLanguage='json'     // 设置编辑器的语言为 json
                defaultValue={'[{"totalCount":0},{"_EXECUTE_TIME":"64ms"}]'}
                // 默认值
                theme={'light'} // 编辑器主题
            />
        </div>
    );
}

export default JSONEditor;
```

2. 在 SQLQuery 页面引用 JSONEditor 组件

相关代码如下：

```tsx
// src/pages/sql/index.tsx
import JSONEditor from '@/components/Editor/JSONEditor'; // 导入 JSONEditor 组件

export default function SQLQuery() {
    return (
    <div>
```

```
            <h3>SQL 查询 </h3>
            <SQLEditor />
            <Divider />
            <Space size="medium">
                <Button onClick={() => handleSQLQuery()} type="primary">
                    执行查询
                </Button>
                <Button onClick={() => handleFormatSQL()} type="outline">
                    格式化 SQL
                </Button>
            </Space>
            <Divider/>

            <JSONEditor/>    // 使用 JSONEditor 组件
            ...
        </div>
    );
    ...
}
```

3. 把 SQL 查询结果展示到 JSONEditor 编辑器中

在 SQL 查询处理事件函数 handleSQLQuery() 中的查询请求响应处理代码块 post().
then{ (res)=>{}} 中添加结果展示逻辑：

```
// src/pages/sql/index.tsx/SQLQuery()/handleSQLQuery()
function handleSQLQuery() {
    // 获取 Monaco 实例
    const editorRef = loader.__getMonacoInstance().editor;
    const models = editorRef.getModels();
    const sqlModel = models[0];
    const jsonModel = models[1]; // 获取 JSONEditor 实例
    console.log(sqlModel.id);
    const sql = sqlModel.getValue();
    const data = {
        sql: sql,
    };

    // 发送 POST 查询请求
    axios
        .post(`/api/query`, data)
        .then((res) => {
            console.log(res.data);
            jsonModel.setValue(JSON.stringify(res.data)); // 设置 JSONeditor 中的值
                为响应数据
        })
        .finally(() => {
            // do nothing
        });
    }
}
```

4. 效果测试

执行查询，响应结果展示在 JSONEditor 中，如图 7-9 所示。

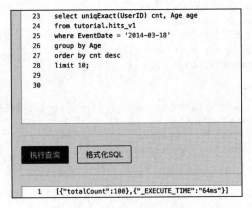

```
23   select uniqExact(UserID) cnt, Age age
24   from tutorial.hits_v1
25   where EventDate = '2014-03-18'
26   group by Age
27   order by cnt desc
28   limit 10;
29
30
```

执行查询   格式化SQL

```
1    [{"totalCount":100},{"_EXECUTE_TIME":"64ms"}]
```

图 7-9　SQL 执行结果

7.3.8　格式化 JSON 实现

1. 添加格式化 JSON 按钮

代码如下：

```
// src/pages/sql/index.tsx
export default function SQLQuery() {
    return (
        <div>
            ...
            <JSONEditor />
            <Divider />
            <Space size='large'>
                <Button type='outline'>
                    格式化 JSON
                </Button>
            </Space>
        </div>
    );
}
```

2. 实现格式化 JSON 按钮单击事件函数

添加格式化 JSON 按钮单击事件处理函数：onClick={() => formatJSON()}，代码如下：

```
<Button type='outline' onClick={() => formatJSON()}>
```

实现 formatJSON() 函数的代码如下：

```
function formatJSON() {
    // 获取 Moncaco 实例
```

```
    const editorRef = loader.__getMonacoInstance().editor;
    const models = editorRef.getModels();
    // 获取当前 JSONEditor，下标为 1
    const currentModel = models[1];
    console.log(currentModel.id);
    // 当前 JSONEditor 里面的值
    const currentValue = currentModel.getValue();
    console.log(currentValue);

    // 格式化 JSON
    const formattedJson = JSON.stringify(JSON.parse(currentValue), null, 2);
    console.log(formattedJson);
    // 设置格式化之后的 json 到 JSONEditor
    currentModel.setValue(formattedJson);
}
```

3. 效果测试

因为上面我们在前端本地模拟了接口返回 Mock.mock([{ 'totalCount': 100 }, { '_EXECUTE_TIME': '64ms' }])，所以可以直接进行如下测试。

1）单击"执行查询"按钮，输出结果如图 7-10 所示。

2）单击"格式化 JSON"按钮，输出结果如图 7-11 所示。

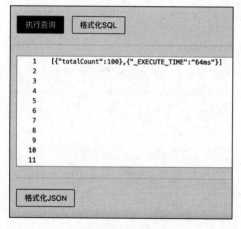

图 7-10 查询结果

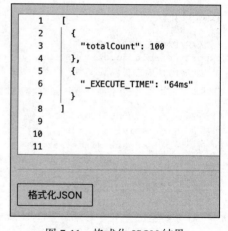

图 7-11 格式化 JSON 结果

7.4 系统集成部署

本节介绍如何把打包好的前端静态资源集成到后端工程中。

7.4.1 打包前端静态资源

在前端工程根目录下执行构建打包命令：

```
$npm run build
```

执行完成后，静态资源全部打包到了 build 目录下：

```
build
├── asset-manifest.json
├── index.html
└── static
    ├── css
    │   ├── 1197.59c680a2.chunk.css
    │   ...
    │   ├── main.4c6811c9.css
    │   └── main.4c6811c9.css.map
    ├── js
    │   ├── 1197.cf178077.chunk.js
    │   ...
    │   ├── main.e5ec3ad1.js
    │   ├── main.e5ec3ad1.js.LICENSE.txt
    │   └── main.e5ec3ad1.js.map
    └── media
        └── header-banner.fcb7b1aa6ce12d210c85.png
4 directories, 439 files
```

7.4.2　集成到后端工程

在实际生产环境中，通常将这些静态资源文件上传到 CDN。此处为了方便演示，把所有静态资源文件复制到 src/main/resources/static 后端工程资源目录，如图 7-12 所示。

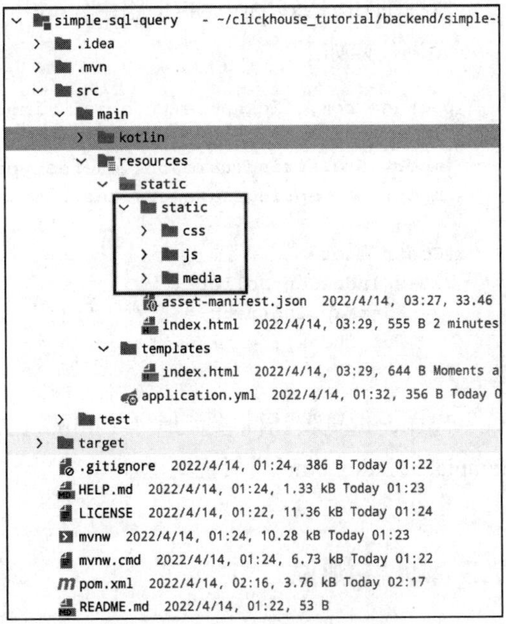

1. Thymeleaf 模板配置

在 application.yml 中添加如下配置（其实，默认就是这个配置，此处是为了显式说明）：

```
spring:
    thymeleaf:
        cache: false
        encoding: utf-8
        mode: HTML5
        prefix: classpath:/templates/
        suffix: .html
```

图 7-12　后端工程资源目录

2. 新建首页模板文件

在 src/main/resources/templates/ 文件下创建 Thymeleaf 模板文件 index.html：

```
// src/main/resources/templates/index.html
<!DOCTYPE html>
<html xmlns:th="http://www.thymeleaf.org"
      xmlns:layout="http://www.ultraq.net.nz/thymeleaf/layout">
<head>
    <meta charset='UTF-8'/>
    <link rel='shortcut icon' type='image/x-icon' href='https://unpkg.byted-
        static.com/latest/byted/arco-config/assets/favicon.ico'/>
    <meta name='viewport' content='width=device-width,initial-scale=1'/>
    <meta http-equiv='X-UA-Compatible' content='ie=edge'/>
    <title>A Simple SQL Query</title>
    <script defer='defer' src='/static/js/main.3470b815.js'></script>
    <link href='/static/css/main.4c6811c9.css' rel='stylesheet'/>
</head>
<body>
<div id='root'></div>
</body>
</html>
```

该文件是基于与前端打包生成的 index.hml 文件略作修改而来的，区别如下：

❑ 新增了 xmlns 中的 Thymeleaf 配置。

❑ 新增 HTML 标签结尾符 "/>"，因为 Thymeleaf 要求 HTML 标签都需要有结尾符。在实际开发过程中，上面的过程可以用自动化脚本来实现。

3. 添加 IndexController 路由代码

实例代码如下：

```
package com.clickhouse.tutorial.simplesqlquery

import org.springframework.stereotype.Controller
import org.springframework.web.bind.annotation.GetMapping

@Controller
class IndexController {
    @GetMapping(path = ["/", ""])
    fun index() = "index"
}
```

这样，浏览器访问首页地址（http://127.0.0.1:8080/）才可以映射到 src/main/resources/templates/index.html 模板视图上。

7.5 项目测试

本节进行前后端集成部署之后的项目测试。

1）启动 Spring Boot 应用，访问 http://127.0.0.1:8080/，单击左侧菜单"工具箱→ SQL 查询"，如图 7-13 所示。

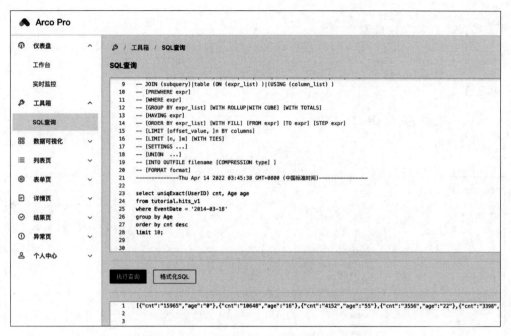

图 7-13　单击左侧菜单 "工具箱→SQL 查询"

2）输入如下 SQL 语句：

```
SELECT
    uniqExact(UserID) cnt,
    Age age
FROM
    tutorial.hits_v1
WHERE
    EventDate = '2014-03-18'
GROUP BY
    Age
ORDER BY
    cnt desc
LIMIT
    3;
```

3）执行查询，输出结果如图 7-14 所示。

输出真实的 ClickHouse 查询结果：

```
[
    {
        "cnt": "15965",
        "age": "0"
    },
    {
        "cnt": "10648",
```

```
        "age": "16"
    },
    {
        "cnt": "4152",
        "age": "55"
    },
    {
        "_EXECUTE_TIME": "32ms"
    }
]
```

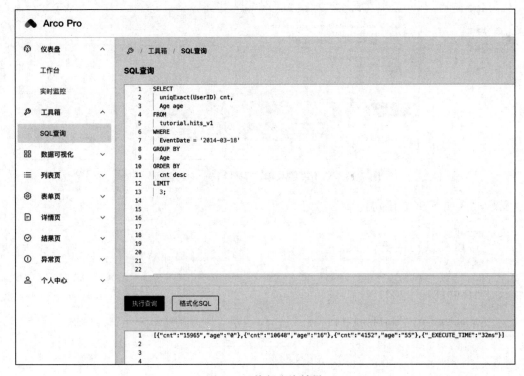

图 7-14   执行查询结果

7.6 本章小结

本章主要介绍了基于 Spring Boot 使用 ClickHouse 实时大数据分析引擎的方法，通过一个详细的项目实例代码详细介绍了具体的前后端开发过程。通过本章的学习，相信大家已经对 ClickHouse SQL 查询有了比较具体的认识了。

本章项目实例的源代码如下。

❑ 前端工程源码：https://github.com/clickhouse-tutorial/simple-sql-query/tree/master。

❑ 后端工程源码：https://github.com/clickhouse-tutorial/simple-sql-query-server。

基于 ClickHouse Bitmap 实现 DMP
用户画像标签圈人

根据 Digital Journal 的一份报告，DMP（Data Management Platform，数据管理平台）市场预计将以 15% 的复合年增长率增长，到 2023 年达到 30 亿美元。DMP 覆盖的业务场景涵盖电子商务、汽车、零售、房地产、旅游、酒店和金融产品。要使移动广告取得成功，品牌营销人员必须能够正确识别和定义其目标受众。

DMP 是一个大规模的数据存储计算系统，通过对不同用户群体打上不同的标签，进而区分出一组人群（称为受众细分）。DMP 之于数字广告就像引擎之于汽车，它们有助于在网站、电子邮件、移动应用程序上打造更好的个性化内容。在广告生态系统中，广告所针对的这些细分受众人群是由 DMP 创建和管理的。一个简单的小型 DMP 用户画像标签平台，通常使用一张用户标签大宽表，即每个标签对应一个字段，有几百个标签就够用了。所以对于大部分场景来说，宽表简单、实用。但是，针对千亿级甚至万亿级数据量（商家 × 会员 × 商品 × 类目 ×…），涉及几百个标签的圈选，如果使用宽表，查询性能可能就扛不住了。本章主要介绍如何使用 ClickHouse Bitmap 实现大规模数据（千亿、万亿级）DMP 用户画像标签圈人和人群画像洞察。

8.1 项目背景知识

8.1.1 数据管理平台

数据管理平台是对分散的多方数据进行整合，并纳入统一标准的标签体系，通过标签计算（主要包括交、并、差计算）圈选出人群，对人群进行画像洞察并投放推送到现有的互动营销环境里，实现营销活动，促进业务增长。

在电商领域，DMP 基于"人货场"方法论，整体建设标签体系和分类，基于个体特征、品类特征、渠道特征、私域特征等提供精细化标签，涵盖消费行为、兴趣偏好、地理位置等海量数据标签，可以为商家提供精细化人群圈选，识别高价值人群，进行人群画像洞察与偏好分析，以及投放用户链路追踪能力，以满足商家个性化精准营销需求。更多详细介绍可以参考 https://dmp.taobao.com/。

DMP 的核心功能包括如下内容。

1）数据整合及标准化能力：采用统一化的方式，将各方数据吸纳整合。

2）数据细分管理能力：创建出独一无二、有意义的用户细分群体，进行有效营销活动。

3）功能健全的数据标签体系：提供数据标签灵活性，便于营销活动的使用。

4）自助式的用户界面：基于网页 Web 界面或其他集成方案直接获取数据工具，实现细分人群画像分析报表。

5）相关渠道环境的连接：与相关渠道的集成，包含网站端、展示广告、电子邮件、搜索和视频，让营销者能找到、定位和提供细分群体相关高度的营销信息。

DMP 在数字营销中应用广泛，例如，通过 DMP 分析和了解受众，以了解他们的特定需求，进而对在线用户进行分层、画像洞察、数据分析和定位等。DMP 典型业务场景如下：

❑ 广告定位：创建细分受众人群，并通过个性化广告活动，定位特定用户（人群判定）。例如，向具有购买新车意愿的用户展示汽车广告。

❑ 用户分析：用户画像分析，例如需求、兴趣和行为偏好等。

❑ 人群扩展（Lookalike）：识别与当前用户有相似行为的新用户，进行广告营销活动。

❑ 业务洞察：通过数据分析，发现关于用户和服务的新洞察。

❑ 内容和产品推荐：使用 DMP 推荐为所有用户开发个性化体验。

❑ 扩大用户群：通过 DMP 分析发现新的用户群，提高知名度和品牌忠诚度。

8.1.2 客户数据平台

客户数据平台（Customer Data Platform，CDP）主要通过整合、处理和应用用户数据，将数据孤岛有效连接，构建从信息采集、分析到运营的一体化客户运营体验，从而实现数据资产价值最大化。其中，用户数据包括以下三种类型数据。

❑ 第一方数据：App 内行为数据、CRM 数据、其他自有渠道行为数据等。

❑ 第二方数据：媒体交互行为数据，如广告监测、网站分析、舆情等。

❑ 第三方数据：第三方数据供应商，如数据平台、运营商等。

CDP 整合集成了企业在每个渠道上与用户交互的第一方数据，从移动端 Web、POS 系统，到后端 ERP、支付服务，再到客服系统，甚至 CRM，企业拥有一个持续更新的用户全景画像，并基于这个画像灵活制定各种营销策略。

CDP 支持多维度数据，建立统一用户 ID（One ID），灵活定义标签，提供 360 度用户画像洞察分析。CDP 在适当时间为适当人员提供适当互动，以及为市场营销、销售、服务等各环节的每个用户接触点打造个性化体验。CDP 的三大特征总结如下。

1）数据能收进来（Link）：CDP 可以快速连接来自市场、销售、客服等各部门的各类数据源中存储的客户数据。不管是实名客户，还是匿名客户，都可以在 CDP 中根据业务定义得到合并。CDP 能为企业提供完整的、不断更新的客户画像，而不是流于表面的统计数据。

2）数据能流出去（Flow）：CDP 有能力快速对接企业内外部的各种数据源，包括广告投放、CRM、客服系统、网站、微信、App、大数据分析与 BI 等。只有数据流动起来，CDP 才能产生更大的价值。

3）业务驱动：CDP 是为业务人员驱动建立的，而不是 IT 人员。业务人员可以自行决定需要什么数据源、如何对用户打标签、把数据传递到哪些平台等。CDP 应该有极其简单的界面，供业务团队直接在 CDP 上进行操作，而不是依赖于 IT 部门。

CDP 中常用的数据类型包括如下内容。

❑ 用户行为事件：浏览活动、网站或应用程序中的操作、横幅点击等。

❑ 交易订单数据：从 ERP、CRM、电商系统中产生的各类交易信息，包括卡券、订单、购物车、退换货订单、POS 终端数据等。

❑ 商品等业务对象数据：这些数据不是客户数据，但会与分析息息相关，比如商品库存和价格等就是分析许多零售客户时必需的数据。

❑ 客户属性：年龄、性别、生日、首次购买日期、细分数据、客户预测。

❑ 活动评估数据：展示次数、点击次数、覆盖率、参与度等。

❑ 客户公司历史记录：来自客户服务交互的数据、NPS（Net Promoter Score，净推荐值）、聊天机器人的数据、社交媒体帖子、呼叫中心音频文件等。

此外，一些 CDP 还提供额外的功能，例如营销绩效测量分析、预测建模和内容营销等。CDP 的一个主要优势是，它能够从各种来源（在线和离线，具有各种格式和结构）收集数据，并将这些不同的数据转换为标准化形式。

8.1.3　客户关系管理

客户关系管理（Customer Relationship Management，CRM）是为企业提供全方位的管理视角，赋予企业更完善的客户交流能力，最大化客户的收益率。客户关系管理的核心是客户价值管理，通过"一对一"营销原则，满足不同价值客户的个性化需求，提高客户忠诚度和保有率，实现客户价值持续贡献，从而全面提升企业盈利能力。

根据管理侧重点不同，CRM 分为操作型 CRM 和分析型 CRM。操作型 CRM 支持商家管理会员用户日常作业流程的每个环节，而分析型 CRM 则偏重于会员用户数据分析。

CRM 是一个获取、保持和增加可获利客户的方法和过程。例如，AIPL 模型就是用户认知→兴趣→购买→忠诚的转化过程，对应到电商 App 操作流程就是展现→点击→收藏加购→成交→复购等的过程。

1999 年，Gartner 公司提出了 CRM 的概念。该公司在早前提出的 ERP 概念中，强调对供应链进行整体管理。而客户作为供应链中的一环，为什么要针对它单独提出 CRM 的概念呢？原因之一在于，在 ERP 的实际应用中，人们发现，由于 ERP 系统本身功能方面的局限性，以及 IT 技术发展阶段的局限性，ERP 系统并没有很好地实现对供应链下游（客户端）的管理，而且针对 3C 因素中的客户多样性，ERP 并没有给出良好的解决办法。另一方面，到 20 世纪 90 年代末期，互联网的应用越来越普及，CTI、客户信息处理技术（如数据仓库、商业智能、知识发现等技术）得到了长足的发展。所以，结合新经济的需求和新技术的发展，Gartner 公司提出了 CRM 概念。从 20 世纪 90 年代末期开始，CRM 市场一直处于一种爆炸性增长的状态。

小贴士：AIPL 模型

AIPL 模型是营销学经典的消费者关系理论，代表 Awareness（认知）、Interest（兴趣）、Purchase（购买）、Loyalty（忠诚）。全域数字化营销体系——以消费者为中心的精细化运营，可以使品牌与消费者的 AIPL 关系链路可视化、可量化及可优化。

- ❑ A（Awareness），品牌认知人群，代表对品牌有认知的消费者，包括浏览过某品牌商品、被品牌广告触达过、浏览或点击过广告的消费者。
- ❑ I（Interest），品牌兴趣人群，代表对品牌产生兴趣或有过互动行为的消费者，包括广告点击、浏览品牌 / 店铺主页、参与品牌互动、浏览产品详情页、品牌词搜索、领取试用、订阅 / 关注 / 入会、加购收藏的消费者。
- ❑ P（Purchase），品牌购买人群，指购买过品牌商品的消费者。
- ❑ L（Loyalty），品牌忠诚人群，包括复购（在一定时间内对某品牌商品购买多次）、正面评论、分享的消费者。

8.1.4 数据仓库

数据仓库（Data Warehouse，DW）是一个面向主题的、集成的、相对稳定的、反映历史变化的数据集合，用于决策支持（Decision Making Support) 系统，由 Bill Inmon 于 1991 年首次提出。

DW 的主要功能是将企业组织内部各种在线事务处理（OLTP）所累积的大量数据资料，通过数据仓库架构，做系统化分析整理，实现在线分析处理（OLAP）、数据挖掘（Data Mining）等，进而支持如决策支持系统（DSS）、主管资讯系统（EIS）等，帮助决策者从海量数据中快速有效地分析出有价值的信息，实现决策拟定和快速回应外在环境变动，帮助构建商业智能（BI）。其中，数据建模、数据分层、元数据和数据质量等，通常是数据仓库需要重点关注的核心主题。数据仓库的分析数据的维度一般分为日、周、月、季、年等。

8.1.5 数据统计分析术语

1. 事实

标签与指标，均属于数据统计分析范畴，而数据统计分析中的数据，不论是以何种手段获取和记录，终究离不开最底层的事实动作。事实信息一般带有4W1H1R（Who、Where、When、What、How、Result）的基本属性，且一条事实记录不会存在多个动作时间。

2. 维度

维度是从事实中抽取出来的实体对象，可以被其他事实引用。例如，在商家会员业务域进行会员人群圈选，那么店铺ID、商品ID等就可以作为维度数据。

3. 标签

1）标签是对象的属性，颗粒度到字段级"标签"是指从原始数据清洗加工而来的，能够为业务所用并产生价值的数据资源，一般都需要结构化到字段粒度，以保障服务化使用。

2）标签是合成性思维、聚合式思维，讲究的是化零为整，将多个分散的指标按照一定的原理进行综合加工，得出概括性的结果。

3）标签经常也被称为属性、特征、指标、参数等。

4）指标是半成品，标签是成品，标签是指标进一步产品化的结果。

5）标签面向数据应用端，解答的是"数据怎么用？""数据的价值是什么？"的问题。

6）标签是资源，是资产，是可定价、可售卖、可交易的一种数据产品。

7）标签是应用导向的，跟随业务需求的变化而变化，随时增加。

8）标签最擅长的应用是标注、刻画、分类和特征提取。

9）标签主要应用在客户分群、画像、触客、获客、黏客、续客、数据建模、数据可视化等。

10）标签的评价一般与使用者的感受、应用的结果有强关联关系，对于不同的人、不同的应用场景，标签能发挥的作用可能大相径庭。

4. 标签分类

标签分类是为应用服务的，可以按需添加。

1）按照标签的变化性，分为静态标签和动态标签。

2）按照标签的指代和评估指标的不同，可分为定性标签和定量标签。

3）按照标签资产分级分层的方式，可分为一级标签、二级标签、三级标签等，每一个层级的标签相当于一个业务维度的切面，符合MECE原则。

4）按照复杂程度，分为事实标签、规则标签和模型标签。事实标签通常是写实的，与指标有较高的重合度，比如性别、年龄等；规则标签一般由一些简单的规则来控制，符合某种规则时才生成相应的标签；模型标签一般需要通过某些机器学习算法来生成。

5. 指标

指标是用来定义、评价和描述特定事物的一种标准或方式，比如新增用户数、累计用户数、用户活跃率等是衡量用户发展情况的指标，月均收入、毛利率、净利率等是评价企业经营状况的指标。指标是可量化的，是用数值表示的字段，面向业务管理，需要提前规划，擅长的应用是监测、分析、评价和建模。

指标通常由两部分构成，即名称和取值：名称是指标的外在标识符号，取值是指标的具体内容。指标名称是对事物质与量两方面特点的命名；指标取值是指标在具体时间、地域、条件下的数量表现。

1）指标是说明总体综合数量特征的概念，所有指标都能用数值来表示，一个完整的统计指标，一定要讲时间、地点、范围。

2）指标的评价较易量化，通常有一定的标准和尺度。

3）指标是生产性思维、拆解式思维，讲究的是化整为零，将事物分解开来进行多角度的描述，得到很多的指标。

4）指标最擅长的应用是监测、分析、评价和建模。

5）指标是业务管理导向的，需要提前规划，应用场景很多，如战略目标、市场定位、业务监测、业绩考核、任务分解、数据分析、数据建模、BI 应用等。

6. 指标分类

指标有很多种分类方式，比如：

1）按照指标计算逻辑，分为原子指标、派生指标、组合指标三种类型。

2）按照对事件描述内容的不同，分为过程性指标和结果性指标。

3）按照描述对象的不同，分为用户类指标、事件类指标等。

4）按照指标的变化频率，分为静态指标和动态指标。

5）按照领域，分为用户类指标、收入类指标、行为类指标等。

6）按照重要程度，分为主要指标和次要指标等。

7）按照职能，分为观测指标、管控指标和挑战指标。

7. 指标与标签的简单对比

标签是大数据领域的通用语言，在数字化营销 DMP、CDP、CRM 等领域应用广泛。

标签是对指标深度加工的结果，比指标更有深度、更凝练。标签注重人物特征和实体对象的描述，注重与具体业务场景的结合，侧重生活化、口语化和符号化。标签源于指标，却高于指标。

指标更理性，标签更感性；标签比指标更有趣、更形象化、更人格化，更有画面感。

指标比标签更讲求精确性、合理性、全面性和体系化。

8.2 项目技术方案

本节详细介绍如何基于 ClickHouse Bitmap 来实现一个用户画像平台。

8.2.1 创建用户标签宽表

用户画像系统中有一个很重要的功能就是基于标签圈人。刻画用户的标签越多,用户画像就越立体。例如,根据年龄、城市线级、家庭可支配收入等基础属性特征,将消费者分为不同的特征人群。

标签取值类型可以有字符串型、整型、浮点型。如果从值的分布密度角度来看,其又可分为离散枚举和连续数值型标签。但实际上,连续取值型的标签值基数终归也是可枚举的,如果基数超级大,就需要进行拆分处理了,例如划分区间。

创建用户标签宽表(并插入了测试数据)的实例如下:

```
-- 用户标签宽表
create table tutorial.user_tag
(
    user_id     UInt64,
    java_enable UInt8,
    os          UInt8,
    region_id   UInt32,
    date        Date
) engine = MergeTree
    partition by date
    order by (user_id)
as
select UserID,
       JavaEnable,
       OS,
       RegionID,
       EventDate
from tutorial.hits_v1
group by UserID, JavaEnable, OS, RegionID, EventDate
;
```

8.2.2 创建 Bitmap 圈选表

为了简单、清晰地说明构建原理,这里给出核心的 tag_code、tag_value 的构建 SQL 实例,关于 row_key 和 dim_map,以及 tag_value_string、tag_value_long、tag_value_double 三种标签取值类型的数据构建填充,可以用一套元数据管理加上专门的系统化构建流程来实现。

创建 Bitmap 圈选表(并插入了测试数据)的实例如下:

```
-- 基于用户标签宽表,建立用户标签 bitmap 表
create table tutorial.user_tag_bitmap
(
```

```
        tag_code        String,
        tag_value       String,
        user_id_bitmap AggregateFunction(groupBitmap(), UInt64),
        date            Date
) engine = MergeTree
        partition by date
        order by (tag_code, tag_value)
        SETTINGS index_granularity = 64
as
select 'java_enable'          as tag_code,
        java_enable           as tag_value,
        groupBitmapState(user_id) as user_id_bitmap,
        date                  as date
from tutorial.user_tag
group by tag_code, tag_value, date
union all
select 'os'                   as tag_code,
        os                    as tag_value,
        groupBitmapState(user_id) as user_id_bitmap,
        date                  as date
from tutorial.user_tag
group by tag_code, tag_value, date
union all
select 'region_id'            as tag_code,
        region_id             as tag_value,
        groupBitmapState(user_id) as user_id_bitmap,
        date                  as date
from tutorial.user_tag
group by tag_code, tag_value, date
;
```

其中，

1）AggregateFunction(groupBitmap(), UInt64)，表示使用聚合函数声明了 Bitmap 数据类型字段 user_id_bitmap。

2）groupBitmapState(user_id)，表示对宽表数据字段 user_id 进行聚合分组，并将数据填充到 user_id_bitmap 字段中。

8.2.3　将用户标签宽表转为 Bitmap 表

将多个任意维度用户标签表构建成 Bitmap 标签圈选底表原理的示意图，如图 8-1 所示。Bitmap 圈选底表构建原理说明如下。

1）row_key 字段是用来做第 1 索引排序键的，为了通用，这里设计成 String 数据类型。在不同维度标签构建 Bitmap 圈选底表的时候，建议选择区分度大的查询维度 ID 作为 row_key 的值，这样可以通过 ClickHouse 稀疏索引原理大大减少 scan 数据行，极大提升查询性能。

user_id	t1
101	1
102	1
103	1

shop_id	user_id	t2
170001	101	2.2
170001	102	2.2

cate_id	shop_id	user_id	t3
9	170001	103	'a'
10	170001	104	'a'

构建 Bitmap 表

row_key 【索引排序键 1】	dim_map	tag_code 【索引排序键 2】	tag_value_string 【索引排序键 3】	tag_value_long 【索引排序键 4】	tag_value_double 【索引排序键 5】	user_id_bitmap AggregateFunction (groupBitmap(),UInt64)
−1	{}	t1	''	2	0.0	101,102,103
170001	{"shop_id": 170001}	t2	''	0	2.2	101,102
170001	{"shop_id": 170001, "cate_id":9}	t3	'a'	0	0.0	103,104

图 8-1　Bitmap 标签圈选底表构建原理

2）dim_map 字段是用来存储任意组合维度标签的维度字段信息的，字段数据类型是 Map(String,String)。这样在第一层 row_key 过滤条件完成数据范围裁剪之后，再通过 dim_map['key']='xxx' 进行维度过滤，即可实现任意维度标签交并差计算，同时兼顾了超大数据量的查询性能。

3）tag_code 字段是标签 Code，String 类型，作为第 2 索引排序键。

4）tag_value_string 字段是标签 String 类型的取值内容，默认值为空字符串，作为第 3 索引排序键。

5）tag_value_long 字段是标签 Int64 类型的取值内容，默认值为 0，作为第 4 索引排序键。

6）tag_value_double 字段是标签 Float64 类型的取值内容，默认值为 0.0，作为第 5 索引排序键。

另外，关于标签取值基数问题，需要注意的是，如果标签选项值为连续型而且取值基数比较大，那么就需要提前切分好区间，以保证标签数据行的量级可控。考虑具体的业务场景，可以采用不同的数据拆分策略（分片、分表、分区等）、集群多副本等，从而实现系统的高性能、高可用。

8.2.4　人群数量计算

1）单个标签圈人人数预估：

```
SELECT bitmapCardinality(user_id_bitmap) AS cnt
FROM tutorial.user_tag_bitmap
```

```
WHERE (date = toDate('2014-03-23')) AND (tag_code = 'java_enable') AND (tag_
value = '1')

Query id: 50de5748-1f1c-4694-85e5-82b19f88f599

    ┌──cnt─┐
    │ 19652 │
    └──────┘

1 rows in set. Elapsed: 0.121 sec.
```

2）多个标签圈人人数预估：

```
SELECT bitmapAndCardinality(c1, c2) AS cnt
FROM
(
    SELECT
        1 AS join_key,
        groupBitmapMergeState(user_id_bitmap) AS c1
    FROM tutorial.user_tag_bitmap
    WHERE (date = toDate('2014-03-23')) AND (tag_code = 'java_enable') AND (tag_
        value = '1')
) AS t1
INNER JOIN
(
    SELECT
        1 AS join_key,
        groupBitmapMergeState(user_id_bitmap) AS c2
    FROM tutorial.user_tag_bitmap
    WHERE (date = toDate('2014-03-23')) AND (tag_code = 'os') AND (tag_value =
        '101')
) AS t2 ON t1.join_key = t2.join_key

Query id: 5b96c906-7e78-4a3d-8462-14b56ebebcf2

    ┌─cnt─┐
    │  79 │
    └─────┘

1 rows in set. Elapsed: 0.215 sec.
```

如果是任意多个标签的嵌套组合交并差计算，可以通过一套圈选 DSL 表达式模型实现一个 SQL 解析器来完成。

8.2.5 实时人群圈选

1）单个标签人群圈选：

```
SELECT bitmapToArray(user_id_bitmap) AS ids
FROM tutorial.user_tag_bitmap
```

```
WHERE (date = toDate('2014-03-23')) AND (tag_code = 'os') AND (tag_value =
    '101')

Query id: 76ee43a0-da43-4f68-b1c1-2e8348cc90e3

ids: [90983155573407327,...,17076447884779015235]

1 rows in set. Elapsed: 0.093 sec.
```

2）多个标签人群圈选：

```
SELECT bitmapToArray(bitmapAnd(c1, c2)) AS ids
FROM
(
    SELECT
        1 AS join_key,
        groupBitmapMergeState(user_id_bitmap) AS c1
    FROM tutorial.user_tag_bitmap
    WHERE (date = toDate('2014-03-23')) AND (tag_code = 'java_enable') AND (tag_
        value = '1')
) AS t1
INNER JOIN
(
    SELECT
        1 AS join_key,
        groupBitmapMergeState(user_id_bitmap) AS c2
    FROM tutorial.user_tag_bitmap
    WHERE (date = toDate('2014-03-23')) AND (tag_code = 'os') AND (tag_value =
        '101')
) AS t2 ON t1.join_key = t2.join_key

Query id: ee0adcae-f05c-45fc-af5c-b4a652939d84

ids: [1316794756100545979,...,17076447884779015235]

1 rows in set. Elapsed: 0.193 sec.
```

8.2.6　圈选人群包存储

使用 ClickHouse 提供的 INTO OUTFILE 功能，可以直接把圈选出来的人群包写入文件中。圈选出人群结果，并写入文件：

```
SELECT arrayJoin(bitmapToArray(bitmapAnd(c1, c2)))
FROM
(
    SELECT
        1 AS join_key,
        groupBitmapMergeState(user_id_bitmap) AS c1
    FROM tutorial.user_tag_bitmap
```

```
    WHERE (date = toDate('2014-03-23')) AND (tag_code = 'java_enable') AND (tag_
        value = '1')
) AS t1
INNER JOIN
(
    SELECT
        1 AS join_key,
        groupBitmapMergeState(user_id_bitmap) AS c2
    FROM tutorial.user_tag_bitmap
    WHERE (date = toDate('2014-03-23')) AND (tag_code = 'os') AND (tag_value =
        '101')
) AS t2 ON t1.join_key = t2.join_key
INTO OUTFILE '/Users/bytedance/clickhouse_tutorial/c1.csv'

Query id: 688ce22c-2f33-4f85-9fbe-df42fb934da2

79 rows in set. Elapsed: 0.193 sec.
```

执行完成之后，在本地文件目录 /Users/bytedance/clickhouse_tutorial/ 中查看写入的人群 ID 列表如下：

```
$cat c1.csv
131679475610054597
166399547224298822
240614154074626024
330275328979583915
336244917030124408
389381609353304024
......
```

8.2.7 人群画像洞察

人群画像洞察本质上是 Bitmap 交运算，即人群用户 ID 数据与洞察维度标签上的标签值分布求交集。例如，Bitmap 实时洞察 SQL 语句如下：

```
SELECT
    t.tag_value AS v,
    bitmapAndCardinality(groupBitmapMergeState(t.a), groupBitmapMergeState(c.b))
        AS cnt
FROM
(
    SELECT
        1 AS join_key1,
        tag_value,
        user_id_bitmap AS a
    FROM tutorial.user_tag_bitmap
    WHERE (date = toDate('2014-03-23')) AND (tag_code = 'os')
) AS t
INNER JOIN
```

```
(
    SELECT
        1 AS join_key2,
        bitmapAnd(x1, x2) AS b
    FROM
    (
        SELECT
            1 AS j1,
            user_id_bitmap AS x1
        FROM tutorial.user_tag_bitmap
        WHERE (date = toDate('2014-03-23')) AND (tag_code = 'java_enable') AND
            (tag_value = '1')
    ) AS t1
    INNER JOIN
    (
        SELECT
            1 AS j2,
            user_id_bitmap AS x2
        FROM tutorial.user_tag_bitmap
        WHERE (date = toDate('2014-03-23')) AND (tag_code = 'region_id') AND (tag_
            value = '196')
    ) AS t2 ON j1 = j2
) AS c ON join_key1 = join_key2
GROUP BY t.tag_value
ORDER BY cnt DESC
LIMIT 10

Query id: 9085a53b-c17f-43eb-951b-7c1e69e86007

┌─ v ──┬─ cnt ─┐
│ 56   │ 777   │
│ 3    │ 183   │
│ 42   │ 103   │
│ 79   │ 97    │
│ 156  │ 46    │
│ 1    │ 43    │
│ 8    │ 34    │
│ 187  │ 21    │
│ 72   │ 16    │
│ 227  │ 15    │
└──────┴───────┘

10 rows in set. Elapsed: 1.107 sec.
```

小贴士：人群画像洞察性能最佳实践

人群画像 Bitmap 实时洞察，如果遇到基数比较大的人群（例如，千万甚至亿级），在进行大标签数据维度上的洞察时，实时的洞察性能可能会存在问题，这时需要注意性能优化的工作。在实际生产环境中，为了降低实时洞察对 ClickHouse 集群的压力，人群画像洞察会采用离线（*T*-1 创建的人群画像数据采用离线计算）+ 实时（当天创建的人群采用实时计算）结合的方式来实现高性能。

8.3 本章小结

本章主要介绍了 DMP 的基本概念、事实、维度、指标与标签的基本知识，以及如何使用 ClickHouse Bitmap 来实现一个支持任意维度用户标签的人群圈选与支持人群画像洞察的用户画像平台，并详细介绍了具体的实现原理和 SQL 实例。相信大家通过对本章的学习，对 ClickHouse 的具体使用有了更加深入的了解和认识。

基于 ZooKeeper 搭建 ClickHouse 分布式集群

众所周知，ClickHouse 是一款单机性能强悍的数据库，但正所谓"双拳难敌四手，好汉架不住人多"，如果不支持横向扩展的话，那么 ClickHouse 相比其他分布式的 MPP 数据库就没有什么优势了，所以理所当然地，ClickHouse 引入了分布式集群的工作模式。

本章介绍如何使用 ZooKeeper 设置 ClickHouse 集群，将以清晰、简单的步骤展示如何创建具有多个节点的 ClickHouse 集群。

9.1 方案概述

对于大多数分布式软件而言，数据的一致性问题是其必须要考虑的内容。ZooKeeper 是一个最常见也是使用最广泛的解决数据一致性问题的工具，ClickHouse 在其分布式方案的设计中也引入了 ZooKeeper，并强依赖于此。

ClickHouse 既然要支持分布式集群，那么就需要考虑数据的一致性问题，在这种情况下，考虑使用 ZooKeeper 也就不足为奇了，尽管它可能不是最优的解决方案，但至少让 ClickHouse 具备了横向扩展的能力。

接下来我们就来详细介绍如何从 0 到 1 搭建一个由 6 个容器节点（3 分片 × 2 副本）组成的 ClickHouse 分布式集群的全部操作。ClickHouse 集群搭建流程大概如下：

1）ZooKeeper 集群环境准备；

2）ClickHouse 集群环境准备；

3）创建库表；

4）数据写入；

5）数据查询。

9.2 ZooKeeper 集群环境准备

本节介绍如何从 0 到 1 搭建一个 ZooKeeper 集群。

9.2.1 ZooKeeper 简介

在分布式场景中，ZooKeeper 的应用非常广泛，比如数据发布和订阅、命名服务、配置中心、注册中心、分布式锁等。ZooKeeper 提供了一个类似于 Linux 文件系统的数据模型，以及基于 Watcher 机制的分布式事件通知，这些特性都依赖 ZooKeeper 的高容错数据一致性协议。ZooKeeper 通过 Zab 协议来保证分布式事务的最终一致性。Zab（ZooKeeper atomic broadcast，ZooKeeper 原子广播协议）支持崩溃恢复，基于该协议，ZooKeeper 实现了一种主备模式的系统架构来保持集群中各个副本之间的数据一致性。

在 ZooKeeper 集群中，所有客户端的请求都是写入 Leader 进程中的，由 Leader 同步到其他节点，即 Follower。在集群数据同步的过程中，如果出现 Follower 节点崩溃或者 Leader 进程崩溃时，都会通过 Zab 协议来保证数据一致性。ZooKeeper 在 ClickHouse 分布式集群中，主要用在副本表数据的同步（ReplicatedMergeTree 引擎）以及分布式表的操作上，但 ZooKeeper 不参与任何实质性的数据传输。

9.2.2 使用 Docker 安装 ZooKeeper

1. 拉取 ZooKeeper 镜像

首先，使用 docker 命令拉取 ZooKeeper 镜像：

```
$docker pull zookeeper
Using default tag: latest
latest: Pulling from library/zookeeper
461246efe0a7: Pull complete
e693ef00b582: Pull complete
75f2c7b97846: Pull complete
1f5a2a251760: Pull complete
454d5cf55c37: Pull complete
060d72baf2bb: Pull complete
5d8321e9c98b: Pull complete
3d3ec3921a63: Pull complete
Digest: sha256:cbe1fe4200e60719b18f7f5c4ab99dbb01d54f668603d89915ae0e78deffbe77
Status: Downloaded newer image for zookeeper:latest
docker.io/library/zookeeper:latest
```

2. 查看 Docker 镜像列表

使用 docker images 命令查看镜像列表：

```
$docker images
REPOSITORY                        TAG        IMAGE ID         CREATED          SIZE
zookeeper                         latest     979f6ccbba92     8 days ago       279MB
clickhouse/clickhouse-server      latest     41971f2cbb58     5 months ago     852MB
clickhouse/clickhouse-client      latest     8208fbe345cd     5 months ago     805MB
docker/getting-started            latest     3ba8f2ff0727     16 months ago    27.9MB
```

可以看到 ZooKeeper 的镜像 ID 为 979f6ccbba92。

3. 查看 ZooKeeper 镜像详情

使用 docker inspect ${IMAGE ID} 命令查看具体的镜像详情：

```
$docker inspect 979f6ccbba92
[
    {
        "Id": "sha256:979f6ccbba92c52b2a90e310a1f68239b23299eb8c634c83fea9e4349d
            7e50a5",
        "RepoTags": [
            "zookeeper:latest"
        ],
        "RepoDigests": [
            "zookeeper@sha256:cbe1fe4200e60719b18f7f5c4ab99dbb01d54f668603d89915
                ae0e78deffbe77"
        ],
        "Parent": "",
        "Comment": "",
        "Created": "2022-07-12T18:17:19.603539036Z",
        "Container": "e5ad7fe23a2a3c126a60d02000ed873fa447afaded22830063198dadd4
            fb9c0b",
        "ContainerConfig": {
            "Hostname": "e5ad7fe23a2a",
            "Domainname": "",
            "User": "",
            "AttachStdin": false,
            "AttachStdout": false,
            "AttachStderr": false,
            "ExposedPorts": {
                "2181/tcp": {},
                "2888/tcp": {},
                "3888/tcp": {},
                "8080/tcp": {}
            },
            "Tty": false,
            "OpenStdin": false,
            "StdinOnce": false,
            "Env": [
                "PATH=/usr/local/openjdk-11/bin:/usr/local/sbin:/usr/local/bin:/
```

```
        usr/sbin:/usr/bin:/sbin:/bin:/apache-zookeeper-3.8.0-bin/
            bin",
    "JAVA_HOME=/usr/local/openjdk-11",
    "LANG=C.UTF-8",
    "JAVA_VERSION=11.0.15",
    "ZOO_CONF_DIR=/conf",
    "ZOO_DATA_DIR=/data",
    "ZOO_DATA_LOG_DIR=/datalog",
    "ZOO_LOG_DIR=/logs",
    "ZOO_TICK_TIME=2000",
    "ZOO_INIT_LIMIT=5",
    "ZOO_SYNC_LIMIT=2",
    "ZOO_AUTOPURGE_PURGEINTERVAL=0",
    "ZOO_AUTOPURGE_SNAPRETAINCOUNT=3",
    "ZOO_MAX_CLIENT_CNXNS=60",
    "ZOO_STANDALONE_ENABLED=true",
    "ZOO_ADMINSERVER_ENABLED=true",
    "ZOOCFGDIR=/conf"
],
"Cmd": [
    "/bin/sh",
    "-c",
    "#(nop) ",
    "CMD [\"zkServer.sh\" \"start-foreground\"]"
],
...
    }
]
```

9.2.3 配置 ZooKeeper 集群

本节介绍在单台宿主机（192.168.3.48）环境，使用 Docker Compose 来启动三个 ZooKeeper 容器。这里涉及一个问题，就是 Docker 容器之间通信的问题，理解这个网络通信原理很重要。

1. Docker 网络模式说明

Docker 有三种网络模式，bridge、host、none。当创建容器的时候，如果不指定网络模式，则默认是 bridge。

Docker 安装时会自动在 host 上创建三个网络，我们可以使用 docker network ls 命令查看：

```
$docker network ls
NETWORK ID      NAME      DRIVER     SCOPE
ea97c0e61653    bridge    bridge     local
b7d53e7e0ecb    host      host       local
52b77f1dd27d    none      null       local
```

Docker 网络模式说明如下。

❑ bridge：为每一个容器分配 IP，并将容器连接到一个 docker0 虚拟网桥，通过 docker0 网桥与宿主机通信。也就是说，在 bridge 模式下，你不能用宿主机的 IP+ 容器映射端口来进行 Docker 容器之间的通信。

❑ host：顾名思义就是共用主机的网络，它的网络命名空间和主机是同一个，可以通过 --network=host 指定使用 host 网络。容器不会虚拟自己的网卡，配置自己的 IP，而是直接使用宿主机的 Namespace、IP 和端口。这样一来，Docker 容器之间就可以用宿主机的 IP+ 容器映射端口进行通信。

❑ none：在容器创建时，不指定任何网络模式，而是由用户自己在适当的时候去指定。手动使用 none 模式来实现两个容器之间的互通。

2. 自定义 ZooKeeper 网络 zoonet

1）使用 docker network create 命令自定义一个名为 zoonet 的 bridge 网络：

```
$docker network create --driver bridge --subnet=172.18.0.0/16 --gateway=172.18.0.1
    zoonet
7864ebed980306d96970aea65cc766eb8869369a593d73411fee8f5dcfe75543
```

其中，

❑ subnet 代表 zoonet 所在网段，是纯逻辑资源，是一批 IP 地址的集合，每一个 IP 背后都代表着一个实体。子网掩码定义了不同子网（subnet）。

❑ gateway 是 zoonet 的默认网关 IP。跨子网通信需要默认网关的转发。

2）查看网络列表：

```
$docker network ls
NETWORK ID      NAME        DRIVER      SCOPE
ea97c0e61653    bridge      bridge      local
b7d53e7e0ecb    host        host        local
52b77f1dd27d    none        null        local
7864ebed9803    zoonet      bridge      local
```

3）查看 zoonet 网络详情。

可以看到 zoonet 的 NETWORK ID 为 7864ebed9803，使用 docker network inspect 命令查看 zoonet 网络的详情如下：

```
$docker network inspect 7864ebed9803
[
    {
        "Name": "zoonet",
        "Id": "7864ebed980306d96970aea65cc766eb8869369a593d73411fee8f5dcfe75543",
        "Created": "2022-07-21T17:43:01.736676975Z",
        "Scope": "local",
        "Driver": "bridge",
        "EnableIPv6": false,
```

```
    "IPAM": {
        "Driver": "default",
        "Options": {},
        "Config": [
            {
                "Subnet": "172.18.0.0/16",
                "Gateway": "172.18.0.1"
            }
        ]
    },
    "Internal": false,
    "Attachable": false,
    "Ingress": false,
    "ConfigFrom": {
        "Network": ""
    },
    "ConfigOnly": false,
    "Containers": {},
    "Options": {},
    "Labels": {}
    }
]
```

3. 新建三个 ZooKeeper 容器节点挂载目录

在机器上创建如下三个文件夹目录：

```
/Users/data/zookeeper/node1
/Users/data/zookeeper/node3
/Users/data/zookeeper/node2
```

这三个文件夹目录作为接下来三个 ZooKeeper 容器节点的 volumes 挂载目录。

9.2.4　创建 ZooKeeper 集群的 docker-compose.yaml 配置文件

我们直接在目录下面创建 docker-compose.yaml 文件，完整文件内容如下：

```
version: '3.1'

services:
    zoo1:
        image: zookeeper
        restart: always
        privileged: true
        hostname: zoo1
        ports:
        - 2181:2181
    volumes: # 挂载数据
        - /Users/data/zookeeper/node1/data:/data
        - /Users/data/zookeeper/node1/datalog:/datalog
```

```
    environment:
        ZOO_MY_ID: 1
        ZOO_SERVERS: server.1=0.0.0.0:2888:3888;2181 server.2=zoo2:2888:3888;2181
            server.3=zoo3:2888:3888;2181
    networks:
    default:
    ipv4_address: 172.18.0.14

zoo2:
    image: zookeeper
    restart: always
    privileged: true
    hostname: zoo2
    ports:
        - 2182:2181
    volumes: # 挂载数据
        - /Users/data/zookeeper/node2/data:/data
        - /Users/data/zookeeper/node2/datalog:/datalog
    environment:
        ZOO_MY_ID: 2
        ZOO_SERVERS: server.1=zoo1:2888:3888;2181 server.2= 0.0.0.0:2888:3888;
            2181 server.3=zoo3:2888:3888;2181
    networks:
    default:
    ipv4_address: 172.18.0.15

zoo3:
    image: zookeeper
    restart: always
    privileged: true
    hostname: zoo3
    ports:
        - 2183:2181
    volumes: # 挂载数据
        - /Users/data/zookeeper/node3/data:/data
        - /Users/data/zookeeper/node3/datalog:/datalog
    environment:
        ZOO_MY_ID: 3
        ZOO_SERVERS: server.1=zoo1:2888:3888;2181 server.2=zoo2:2888:3888;2181
            server.3=0.0.0.0:2888:3888;2181
    networks:
        default:
            ipv4_address: 172.18.0.16

networks: # 自定义网络 :"Subnet": "172.18.0.0/16","Gateway": "172.18.0.1"
    default:
        external:
            name: zoonet
```

需要注意的是，yaml 文件中不能有 tab，只能有空格。其中，docker-compose.yaml 中的 version: '3.1' 是 Compose 文件格式的版本号。这里是需要与 Docker 引擎版本对应的。

小贴士：Compose 文件格式版本与 Docker 引擎版本对应关系

Compose 文件格式有多个版本：1、2、2. x 和 3. x。Compose 文件版本与 Docker 引擎版本的对应关系如表 9-1 所示。

表 9-1 Compose 文件版本与 Docker 版本对应关系

Compose 文件版本	Docker 引擎版本	Compose 文件版本	Docker 引擎版本
3.8	19.03.0+	3.1	1.13.1+
3.7	18.06.0+	3	1.13.0+
3.6	18.02.0+	2.4	17.12.0+
3.5	17.12.0+	2.3	17.06.0+
3.4	17.09.0+	2.2	1.13.0+
3.3	17.06.0+	2.1	1.12.0+
3.2	17.04.0+	2	1.10.0+

使用 docker version 命令，可以看到 Docker 引擎的版本号。例如：

```
$docker version
Client:
    Cloud integration: v1.0.22
    Version:          20.10.12
    API version:      1.41
    Go version:       go1.16.12
    Git commit:       e91ed57
    Built:            Mon Dec 13 11:46:56 2021
    OS/Arch:          darwin/amd64
    Context:          default
    Experimental:     true

Server: Docker Desktop 4.5.0 (74594)
    Engine:
    Version:          20.10.12
    API version:      1.41 (minimum version 1.12)
    Go version:       go1.16.12
    Git commit:       459d0df
    Built:            Mon Dec 13 11:43:56 2021
    OS/Arch:          linux/amd64
    Experimental:     false
containerd:
    Version:          1.4.12
    GitCommit:        7b11cfaabd73bb80907dd23182b9347b4245eb5d
runc:
    Version:          1.0.2
    GitCommit:        v1.0.2-0-g52b36a2
    docker-init:
    Version:          0.19.0
    GitCommit:        de40ad0
```

1. 启动 ZooKeeper 集群

执行如下命令启动我们配置好的 ZooKeeper 集群：

```
$docker-compose -f docker-compose.yml up
```

ZooKeeper 集群启动日志如下：

```
$docker-compose -f docker-compose.yml up
zookeeper_zoo2_1 is up-to-date
zookeeper_zoo3_1 is up-to-date
Starting zookeeper_zoo1_1 ... done
Attaching to zookeeper_zoo2_1, zookeeper_zoo3_1, zookeeper_zoo1_1
zoo2_1  | ZooKeeper JMX enabled by default
zoo2_1  | Using config: /conf/zoo.cfg
zoo2_1  | 2022-07-21 18:25:03,551 [myid:] - INFO  [main:o.
    a.z.s.q.QuorumPeerConfig@177] - Reading configuration from: /conf/zoo.cfg
...
[main:o.a.z.s.DatadirCleanupManager@78] - autopurge.snapRetainCount set to 3
zoo2_1  | 2022-07-21 18:25:03,573 [myid:2] - INFO  [main:o.
    a.z.s.DatadirCleanupManager@79] - autopurge.purgeInterval set to 0
zoo2_1  | 2022-07-21 18:25:03,573 [myid:2] - INFO  [main:o.a.z.s.DatadirCleanupM
    anager@101] - Purge task is not scheduled.
...
Peer state changed: following - broadcast
zoo3_1  | ZooKeeper JMX enabled by default
zoo3_1  | Using config: /conf/zoo.cfg
zoo3_1  | 2022-07-21 18:25:03,384 [myid:] - INFO
...
[QuorumPeer[myid=1](plain=0.0.0.0:2181)(secure=disabled):o.
    a.z.s.q.QuorumPeer@917] - Peer state changed: following - broadcast
```

可以看到集群的三个节点分别完成启动。另外，可以加上 -d 参数，指定后台执行。即：

```
$docker-compose -f docker-compose.yml up -d
```

2. 查看 ZooKeeper 集群节点状态

使用 docker ps 命令查看已启动的容器列表：

```
$docker ps
CONTAINER ID    IMAGE        COMMAND                CREATED           STATUS
    PORTS        NAMES
89d6073b5bb2    zookeeper    "/docker-entrypoint.…"    14 minutes ago    Up 14
    minutes    2888/tcp, 3888/tcp, 8080/tcp, 0.0.0.0:2183->2181/tcp    zookeeper_
    zoo3_1
c2de2dc1f646    zookeeper    "/docker-entrypoint.…"    14 minutes ago    Up 14
    minutes    2888/tcp, 3888/tcp, 8080/tcp, 0.0.0.0:2182->2181/tcp    zookeeper_
    zoo2_1
e85360ef7770    zookeeper    "/docker-entrypoint.…"    14 minutes ago    Up 13
    minutes    2888/tcp, 3888/tcp, 0.0.0.0:2181->2181/tcp, 8080/tcp    zookeeper_
    zoo1_1
```

3. 进入 ZooKeeper 集群容器节点

使用 docker exec -it ${CONTAINER ID} bash 命令进入某个具体容器内部 bash 命令行环境。例如，我们进入 zookeeper_zoo1_1（CONTAINER ID=e85360ef7770）：

```
$docker exec -it e85360ef7770 bash
root@zoo1:/apache-zookeeper-3.8.0-bin#
```

默认进入 /apache-zookeeper-3.8.0-bin 目录。

我们可以执行 ls -R / 查看该容器的整体目录树。

执行下面的命令可以看到 ZooKeeper bin 目录下面的可执行脚本：

```
/apache-zookeeper-3.8.0-bin# ls -l bin|awk '{print $9}'
README.txt
zkCleanup.sh
zkCli.cmd
zkCli.sh
zkEnv.cmd
zkEnv.sh
zkServer-initialize.sh
zkServer.cmd
zkServer.sh
zkSnapShotToolkit.cmd
zkSnapShotToolkit.sh
zkSnapshotComparer.cmd
zkSnapshotComparer.sh
zkTxnLogToolkit.cmd
zkTxnLogToolkit.sh
```

4. ZooKeeper 客户端连接到服务器

使用 ./bin/zkCli.sh 客户端工具连接到服务器上：

```
root@zoo1:/apache-zookeeper-3.8.0-bin# ./bin/zkCli.sh
Connecting to localhost:2181
2022-07-21 18:50:30,943 [myid:] - INFO  [main:o.a.z.Environment@98] - Client
    environment:zookeeper.version=3.8.0-5a02a05eddb59aee6ac762f7ea82e92a68eb9c
    0f, built on 2022-02-25 08:49 UTC
2022-07-21 18:50:30,945 [myid:] - INFO  [main:o.a.z.Environment@98] - Client
    environment:host.name=zoo1
2022-07-21 18:50:30,945 [myid:] - INFO  [main:o.a.z.Environment@98] - Client
    environment:java.version=11.0.15
...
2022-07-21 18:50:31,019 [myid:localhost:2181] - INFO  [main-
    SendThread(localhost:2181):o.a.z.ClientCnxn$SendThread@1444] - Session
    establishment complete on server localhost/127.0.0.1:2181, session id =
    0x100004ca7840000, negotiated timeout = 30000

WATCHER::
```

```
WatchedEvent state:SyncConnected type:None path:null
[zk: localhost:2181(CONNECTED) 0]
```

执行 ls -R / 命令查看根路径的所有子节点：

```
[zk: localhost:2181(CONNECTED) 2] ls -R /
/
/zookeeper
/zookeeper/config
/zookeeper/quota
```

使用 getAllChildrenNumber 获取所有子节点数量：

```
[zk: localhost:2181(CONNECTED) 8] getAllChildrenNumber /zookeeper2
```

执行 get ${ 节点路径 } 获取指定路径下的数据：

```
[zk: localhost:2181(CONNECTED) 4] get /zookeeper/config
server.1=0.0.0.0:2888:3888:participant;0.0.0.0:2181
server.2=zoo2:2888:3888:participant;0.0.0.0:2181
server.3=zoo3:2888:3888:participant;0.0.0.0:2181
version=0
```

5. 进入 zoo2 节点上

登录 Docker 容器实例：

```
$docker exec -it c2de2dc1f646 bash
```

ZooKeeper 客户端连接服务器：

```
root@zoo2:/apache-zookeeper-3.8.0-bin# ./bin/zkCli.sh
Connecting to localhost:2181
...
2022-07-21 18:59:41,826 [myid:localhost:2181] - INFO  [main-
    SendThread(localhost:2181):o.a.z.ClientCnxn$SendThread@1444] - Session
    establishment complete on server localhost/127.0.0.1:2181, session id =
    0x200004be3490000, negotiated timeout = 30000

WATCHER::

WatchedEvent state:SyncConnected type:None path: null
```

查看 ZooKeeper 服务器数据：

```
[zk: localhost:2181(CONNECTED) 0] ls -R /
/
/zookeeper
/zookeeper/config
/zookeeper/quota
[zk: localhost:2181(CONNECTED) 1] get /zookeeper/config
server.1=zoo1:2888:3888:participant;0.0.0.0:2181
```

```
server.2=0.0.0.0:2888:3888:participant;0.0.0.0:2181
server.3=zoo3:2888:3888:participant;0.0.0.0:2181
version=0
```

6. 在容器 zoo2 上创建新路径节点

使用 create 命令创建新的路径节点 /zk_test：

```
[zk: localhost:2181(CONNECTED) 3] create /zk_test
Created /zk_test
```

在容器 zoo2 上查看 ZooKeeper 的所有节点：

```
[zk: localhost:2181(CONNECTED) 4] ls -R /
/
/zk_test
/zookeeper
/zookeeper/config
/zookeeper/quota
```

可以看到多出来一个 /zk_test 目录。

7. 查看路径节点详情

使用 stat 命令查看路径节点详情：

```
[zk: localhost:2181(CONNECTED) 5] stat /zk_test
cZxid = 0x100000003
ctime = Thu Jul 21 19:04:06 UTC 2022
mZxid = 0x100000003
mtime = Thu Jul 21 19:04:06 UTC 2022
pZxid = 0x100000003
cversion = 0
dataVersion = 0
aclVersion = 0
ephemeralOwner = 0x0
dataLength = 0
numChildren = 0
```

8. 到 zoo3 容器内查看节点集群同步情况

```
$docker exec -it 89d6073b5bb2 bash
root@zoo3:/apache-zookeeper-3.8.0-bin#
root@zoo3:/apache-zookeeper-3.8.0-bin# ./bin/zkCli.sh
Connecting to localhost:2181
2022-07-21 19:09:25,885 [myid:] - INFO  [main:o.a.z.Environment@98] - Client
    environment:zookeeper.version=3.8.0-5a02a05eddb59aee6ac762f7ea82e92a68eb9c
    0f, built on 2022-02-25 08:49 UTC
2022-07-21 19:09:25,887 [myid:] - INFO  [main:o.a.z.Environment@98] - Client
    environment:host.name=zoo3
...
```

```
WATCHER::

WatchedEvent state:SyncConnected type:None path:null
[zk: localhost:2181(CONNECTED) 0]
```

查看 zoo3 上所有路径节点：

```
[zk: localhost:2181(CONNECTED) 0] ls -R /
/
/zk_test
/zookeeper
/zookeeper/config
/zookeeper/quota
```

查看 /zk_test 路径节点状态：

```
[zk: localhost:2181(CONNECTED) 2] stat /zk_test
cZxid = 0x100000003
ctime = Thu Jul 21 19:04:06 UTC 2022
mZxid = 0x100000003
mtime = Thu Jul 21 19:04:06 UTC 2022
pZxid = 0x100000003
cversion = 0
dataVersion = 0
aclVersion = 0
ephemeralOwner = 0x0
dataLength = 0
numChildren = 0
```

可以看到，ZooKeeper 集群已经完成数据同步。

小贴士：Docker Compose

Docker Compose 是一个用于定义和运行多容器 Docker 应用程序的工具。你可以使用 YAML 文件来配置应用程序的服务，然后使用 docker-compose 命令从配置中创建并启动所有服务。使用如下命令查看 Docker Compose 版本号：

```
$docker-compose --version
docker-compose version 1.29.2, build 5becea4c
```

使用如下命令查看 Docker Compoese 使用说明：

```
$docker-compose help
Define and run multi-container applications with Docker.

Usage:
docker-compose [-f <arg>...] [--profile <name>...] [options] [--] [COMMAND]
    [ARGS...]
docker-compose -h|--help

Options:
```

```
    -f, --file FILE                 Specify an alternate compose file
                                    (default: docker-compose.yml)
    -p, --project-name NAME         Specify an alternate project name
                                    (default: directory name)
    --profile NAME                  Specify a profile to enable
    -c, --context NAME              Specify a context name
    --verbose                       Show more output
    --log-level LEVEL               Set log level (DEBUG, INFO, WARNING, ERROR,
        CRITICAL)
    --ansi (never|always|auto)  Control when to print ANSI control characters
    --no-ansi                       Do not print ANSI control characters (DEPRECATED)
    -v, --version                   Print version and exit
    -H, --host HOST                 Daemon socket to connect to

    --tls                           Use TLS; implied by --tlsverify
    --tlscacert CA_PATH             Trust certs signed only by this CA
    --tlscert CLIENT_CERT_PATH  Path to TLS certificate file
    --tlskey TLS_KEY_PATH           Path to TLS key file
    --tlsverify                     Use TLS and verify the remote
    --skip-hostname-check           Don't check the daemon's hostname against the
                                    name specified in the client certificate
    --project-directory PATH        Specify an alternate working directory
                                    (default: the path of the Compose file)
    --compatibility                 If set, Compose will attempt to convert keys
                                    in v3 files to their non-Swarm equivalent (DEPRECATED)
    --env-file PATH                 Specify an alternate environment file

Commands:
    build              Build or rebuild services
    config             Validate and view the Compose file
    create             Create services
    down               Stop and remove resources
    events             Receive real time events from containers
    exec               Execute a command in a running container
    help               Get help on a command
    images             List images
    kill               Kill containers
    logs               View output from containers
    pause              Pause services
    port               Print the public port for a port binding
    ps                 List containers
    pull               Pull service images
    push               Push service images
    restart            Restart services
    rm                 Remove stopped containers
    run                Run a one-off command
    scale              Set number of containers for a service
    start              Start services
    stop               Stop services
    top                Display the running processes
```

```
unpause              Unpause services
up                   Create and start containers
version              Show version information and quit

Docker Compose is now in the Docker CLI, try `docker compose` help
```

更多内容请参考 https://docs.docker.com/compose/。

9. ZooKeeper 本地客户端连接到集群

我们在 docker-compose.yml 中指定了本机端口到容器端口的映射：

```
version: '3.1'

services:
    zoo1:
        image: zookeeper
        restart: always
        privileged: true
        hostname: zoo1
        ports:
        - 2181:2181
    ...
networks:
        default:
            ipv4_address: 172.18.0.14

    zoo2:
        image: zookeeper
        restart: always
        privileged: true
        hostname: zoo2
        ports:
        - 2182:2181
    ...
        networks:
        default:
            ipv4_address: 172.18.0.15

    zoo3:
        image: zookeeper
        restart: always
        privileged: true
        hostname: zoo3
        ports:
        - 2183:2181
    ...
        networks:
        default:
            ipv4_address: 172.18.0.16
```

```
networks: # 自定义网络 :"Subnet": "172.18.0.0/16","Gateway": "172.18.0.1"
    default:
        external:
            name: zoonet
```

ZooKeeper 容器 IP 端口映射关系如表 9-2 所示。

表 9-2 ZooKeeper 容器 IP 端口映射关系

容器	本机 IP: 端口	容器 IP: 端口
zoo1	192.168.3.48:2181	172.18.0.14:2181
zoo2	192.168.3.48:2182	172.18.0.15:2181
zoo3	192.168.3.48:2183	172.18.0.16:2181

使用本地 ZooKeeper 客户端连接到 Docker 容器的 ZooKeeper 集群服务器上:

```
$zkCli.sh -server 192.168.3.48:2181,192.168.3.48:2182,192.168.3.48:2183
```

输出如下:

```
$zkCli.sh -server 192.168.3.48:2181,192.168.3.48:2182,192.168.3.48:2183
Connecting to 192.168.3.48:2181,192.168.3.48:2182,192.168.3.48:2183
2022-07-22 03:32:20,342 [myid:] - INFO   [main:o.a.z.Environment@98] - Client
    environment:zookeeper.version=3.8.0-5a02a05eddb59aee6ac762f7ea82e92a68eb9c
    0f, built on 2022-02-25 08:49 UTC
2022-07-22 03:32:20,344 [myid:] - INFO   [main:o.a.z.Environment@98] - Client
    environment:host.name=192.168.3.48
2022-07-22 03:32:20,345 [myid:] - INFO   [main:o.a.z.Environment@98] - Client
    environment:java.version=1.8.0_291
...
WATCHER::

WatchedEvent state:SyncConnected type:None path:null
```

查看 ZooKeeper 上目录节点内容:

```
[zk: 192.168.3.48:2181,192.168.3.48:2182,192.168.3.48:2183(CONNECTED) 0] ls -R /
/
/zk_test
/zookeeper
/zookeeper/config
/zookeeper/quota
[zk: 192.168.3.48:2181,192.168.3.48:2182,192.168.3.48:2183(CONNECTED) 1] stat /
    zk_test
cZxid = 0x100000003
ctime = Fri Jul 22 03:04:06 CST 2022
mZxid = 0x100000003
mtime = Fri Jul 22 03:04:06 CST 2022
pZxid = 0x100000003
cversion = 0
dataVersion = 0
```

```
aclVersion = 0
ephemeralOwner = 0x0
dataLength = 0
numChildren = 0
```

10. 使用 Docker Desktop 直接进入容器

可以在 Docker 桌面版的 Containers/Apps 菜单目录下面看到 Docker 中的 ZooKeeper 集群，如图 9-1 所示。

图 9-1　Containers/Apps 容器实例列表

点击 zoo1 节点后面的 CLI 按钮，可以直接进入该节点容器内部的 bash 环境，与上面的终端命令行效果类似：

```
Last login: Fri Jul 22 15:32:07 on ttys022
bytedance$docker exec -it e85360ef777072a45119d28687bbd3f9f6482ecf6a6cff1a05c88f
    15a87be073 /bin/sh
# ls -l
total 40
-rw-r--r-- 1 zookeeper zookeeper 11358 Feb 25 08:47 LICENSE.txt
-rw-r--r-- 1 zookeeper zookeeper  2084 Feb 25 08:47 NOTICE.txt
-rw-r--r-- 1 zookeeper zookeeper  2335 Feb 25 08:47 README.md
-rw-r--r-- 1 zookeeper zookeeper  3570 Feb 25 08:47 README_packaging.md
drwxr-xr-x 2 zookeeper zookeeper  4096 Feb 25 08:47 bin
drwxr-xr-x 2 zookeeper zookeeper  4096 Jul 12 18:17 conf
drwxr-xr-x 5 zookeeper zookeeper  4096 Feb 25 08:48 docs
drwxr-xr-x 2 zookeeper zookeeper  4096 Jul 12 18:17 lib
```

9.3　ClickHouse 集群环境准备

本节介绍如何使用 Docker 搭建 ClickHouse 集群。

9.3.1 使用 Docker 创建 ClickHouse 集群

1. 创建挂载目录

在 /Users/data/docker 目录下面创建 Docker ClickHouse 挂载目录：

```
mkdir -p clickhouse1/{data,logs}
```

创建好的挂载目录如下：

```
/Users/data/docker/clickhouse1/data
/Users/data/docker/clickhouse1/logs
```

2. 在挂载目录添加配置文件

1）首先，在 Docker Hub 上找到 ClickHouse Server 官方镜像（https://hub.docker.com/r/clickhouse/clickhouse-server），文档中有详细介绍 Docker ClickHouse Server 镜像的使用方法。

使用 docker pull 命令拉取 ClickHouse Server 镜像包的命令如下：

```
$docker pull clickhouse/clickhouse-server
```

执行日志：

```
Using default tag: latest
latest: Pulling from clickhouse/clickhouse-server
Digest: sha256:ef07e9bdc639b7d3eebc7d456b7bf5f71810423c3f3705302f6f891fb4e24d41
Status: Image is up to date for clickhouse/clickhouse-server:latestdocker.io/
    clickhouse/clickhouse-server:latest
```

启动 ClickHouse Server 实例：

```
$docker run -d --name ch1 --ulimit nofile=262144:262144 clickhouse/clickhouse-
    server
6a20289f7f447e138a9582650bec7245ecf134e86711585967134c03dfa7075b
```

其中，输出的这一长串字符串是容器实例 ID。使用 docker inspect 命令查看详情中可以看到这个 ID。

使用 docker ps 命令查看容器实例列表，可以看到 ch1 容器实例：

```
$docker ps
CONTAINER ID    IMAGE                     COMMAND              CREATED
   STATUS                 PORTS                  NAMES
6a20289f7f44    clickhouse/clickhouse-server    "/entrypoint.sh"           About a
    minute ago   Up About a minute   8123/tcp, 9000/tcp, 9009/tcp    ch1
```

还可以到 Docker Desktop 查看 ClickHouse Server 实例启动日志：

```
Processing configuration file '/etc/clickhouse-server/config.xml'.
Merging configuration file '/etc/clickhouse-server/config.d/docker_related_
    config.xml'.
```

```
Logging trace to /var/log/clickhouse-server/clickhouse-server.log
Logging errors to /var/log/clickhouse-server/clickhouse-server.err.log
Processing configuration file '/etc/clickhouse-server/config.xml'.
Merging configuration file '/etc/clickhouse-server/config.d/docker_related_
    config.xml'.
Saved preprocessed configuration to '/var/lib/clickhouse/preprocessed_configs/
    config.xml'.
Processing configuration file '/etc/clickhouse-server/users.xml'.
Saved preprocessed configuration to '/var/lib/clickhouse/preprocessed_configs/
    users.xml'.
```

2）使用 docker inspect 命令查看 ch1 容器实例详情：

```
$docker inspect 6a20289f7f44
[
    {
        "Id": "6a20289f7f447e138a9582650bec7245ecf134e86711585967134c03dfa707
            5b",
        "Created": "2022-07-22T08:03:17.0749457Z",
        "Path":"/entrypoint.sh",
        "Args": [],
        "State": {
            "Status": "running",
            "Running": true,
            "Paused": false,
            "Restarting": false,
            "OOMKilled": false,
            "Dead": false,
            "Pid": 3848,
            "ExitCode": 0,
            "Error": "",
            "StartedAt": "2022-07-22T08:03:17.5616606Z",
            "FinishedAt": "0001-01-01T00:00:00Z"
        },
        ...
        "Config": {
            "Hostname": "6a20289f7f44",
            "Domainname": "",
            "User": "",
            "AttachStdin": false,
            "AttachStdout": false,
            "AttachStderr": false,
            "ExposedPorts": {
                "8123/tcp": {},
                "9000/tcp": {},
                "9009/tcp": {}
            },
            "Tty": false,
            "OpenStdin": false,
            "StdinOnce": false,
            "Env": [
```

```
            "PATH=/usr/local/sbin:/usr/local/bin:/usr/sbin:/usr/bin:/sbin:/
                bin",
            "LANG=en_US.UTF-8",
            "LANGUAGE=en_US:en",
            "LC_ALL=en_US.UTF-8",
            "TZ=UTC",
            "CLICKHOUSE_CONFIG=/etc/clickhouse-server/config.xml"
        ],
        "Cmd": null,
        "Image": "clickhouse/clickhouse-server",
        "Volumes": {
            "/var/lib/clickhouse": {}
        },
        "WorkingDir": "",
        "Entrypoint": [
            "/entrypoint.sh"
        ],
        "OnBuild": null,
        "Labels": {
            "build-url": "https://github.com/ClickHouse/ClickHouse/actions/
                runs/2713536784",
            "com.clickhouse.build.githash": "f4f05ec786a8b8966dd0ea2a2d7e39a
                8c7db24f4"
        }
    },
    "NetworkSettings": {
        "Bridge": "",
        "SandboxID": "848415ae939d5e024f2c6be36d5ef239ad3fa1245aa52609146a73
            325ff2c74e",
        "HairpinMode": false,
        "LinkLocalIPv6Address": "",
        "LinkLocalIPv6PrefixLen": 0,
        "Ports": {
            "8123/tcp": null,
            "9000/tcp": null,
            "9009/tcp": null
        },
        "SandboxKey": "/var/run/docker/netns/848415ae939d",
        "SecondaryIPAddresses": null,
        "SecondaryIPv6Addresses": null,
        "EndpointID": "d68f15c7baea5ef19ff869320502985116d07b8676dccbcb64418
            edab4cc6dfa",
        "Gateway": "172.17.0.1",
        "GlobalIPv6Address": "",
        "GlobalIPv6PrefixLen": 0,
        "IPAddress": "172.17.0.2",
        "IPPrefixLen": 16,
        "IPv6Gateway": "",
        "MacAddress": "02:42:ac:11:00:02",
        "Networks": {
```

```
            "bridge": {
                "IPAMConfig": null,
                "Links": null,
                "Aliasesv": null,
                "NetworkID": "ea97c0e6165321d33a0951c964b9ffe411cc6b78052b50
                    f53ff74b9af996bed7",
                "EndpointID": "d68f15c7baea5ef19ff869320502985116d07b8676dcc
                    bcb64418edab4cc6dfa",
                "Gateway": "172.17.0.1",
                "IPAddress": "172.17.0.2",
                "IPPrefixLen": 16,
                "IPv6Gateway": "",
                "GlobalIPv6Address": "",
                "GlobalIPv6PrefixLen": 0,
                "MacAddress": "02:42:ac:11:00:02",
                "DriverOpts": null
            }
        }
    }
}
]
```

从上面的详情信息中，我们可以看到 config.xml、NetworkSettings 等核心配置信息。

3）使用 docker exec 命令进入容器内部：

```
$docker exec -it 6a20289f7f447e138a9582650bec7245ecf134e86711585967134c03dfa707
    5b /bin/sh
# ls -l /
total 64
lrwxrwxrwx    1 root root    7 May 31 15:43 bin -> usr/bin
drwxr-xr-x    2 root root 4096 Apr 15  2020 boot
drwxr-xr-x    5 root root  340 Jul 22 08:03 dev
drwxr-xr-x    2 root root 4096 Jul 21 17:23 docker-entrypoint-initdb.d
-rwxrwxr-x    1 root root 6173 Jul 21 17:22 entrypoint.sh
drwxr-xr-x    1 root root 4096 Jul 22 08:03 etc
drwxr-xr-x    2 root root 4096 Apr 15  2020 home
lrwxrwxrwx    1 root root    7 May 31 15:43 lib -> usr/lib
lrwxrwxrwx    1 root root    9 May 31 15:43 lib32 -> usr/lib32
lrwxrwxrwx    1 root root    9 May 31 15:43 lib64 -> usr/lib64
lrwxrwxrwx    1 root root   10 May 31 15:43 libx32 -> usr/libx32
drwxr-xr-x    2 root root 4096 May 31 15:43 media
drwxr-xr-x    2 root root 4096 May 31 15:43 mnt
drwxr-xr-x    2 root root 4096 May 31 15:43 opt
dr-xr-xr-x  217 root root    0 Jul 22 08:03 proc
drwx------    2 root root 4096 May 31 15:46 root
drwxr-xr-x    1 root root 4096 Jul 21 17:23 run
lrwxrwxrwx    1 root root    8 May 31 15:43 sbin -> usr/sbin
drwxr-xr-x    2 root root 4096 May 31 15:43 srv
dr-xr-xr-x   13 root root    0 Jul 22 08:03 sys
drwxrwxrwt    2 root root 4096 May 31 15:46 tmp
```

```
drwxr-xr-x  1 root root 4096 May 31 15:43 usr
drwxr-xr-x  1 root root 4096 May 31 15:46 var
```

4）查看 ClickHouse Server 配置文件。

```
# ls -R /etc/clickhouse-server
/etc/clickhouse-server:
config.d  config.xml  users.d  users.xml

/etc/clickhouse-server/config.d:
docker_related_config.xml

/etc/clickhouse-server/users.d:
```

5）复制配置文件到挂载目录。使用docker cp命令，复制容器 ch1:/etc/clickhouse-server 配置文件到挂载目录 /Users/data/docker/clickhouse1/：

```
$docker cp ch1:/etc/clickhouse-server/ /Users/data/docker/clickhouse1/
```

此时，挂载目录的文件树如下：

```
.
├── clickhouse-server
│   ├── config.d
│   │   └── docker_related_config.xml
│   ├── config.xml
│   ├── users.d
│   └── users.xml
├── data
└── logs

5 directories, 3 files
```

6）停止并删除 ch1 容器：

```
$docker stop ch1 && docker rm ch1
```

3. 配置用户名密码

在上面复制的 ClickHouse Server 配置文件 userx.xml 中，默认的用户名是 default，无密码。

```xml
<?xml version="1.0"?>
<clickhouse>
    <profiles>
        <default>
            <load_balancing>random</load_balancing>
        </default>
        <readonly>
            <readonly>1</readonly>
        </readonly>
```

```
</profiles>
<users>
    <default>
        <!-- See also the files in users.d directory where the password can
        be overridden.

        Password could be specified in plaintext or in SHA256 (in hex
            format).

        If you want to specify password in plaintext (not recommended),
            place it in 'password' element.
        Example: <password>qwerty</password>.
        Password could be empty.

        If you want to specify SHA256, place it in 'password_sha256_
            hex' element.
        Example: <password_sha256_hex>65e84be33532fb784c48129675f9eff3a
            682b27168c0ea744b2cf58ee02337c5</password_sha256_hex>
        Restrictions of SHA256: impossibility to connect to ClickHouse
            using MySQL JS client (as of July 2019).

        If you want to specify double SHA1, place it in 'password_
            double_sha1_hex' element.
        Example: <password_double_sha1_hex>e395796d6546b1b65db9d665cd43
            f0e858dd4303</password_double_sha1_hex>

        If you want to specify a previously defined LDAP server (see
            'ldap_servers' in the main config) for authentication,
         place its name in 'server' element inside 'ldap' element.
        Example: <ldap><server>my_ldap_server</server></ldap>

        If you want to authenticate the user via Kerberos (assuming
            Kerberos is enabled, see 'kerberos' in the main config),
         place 'kerberos' element instead of 'password' (and similar)
            elements.
        The name part of the canonical principal name of the initiator
            must match the user name for authentication to succeed.
        You can also place 'realm' element inside 'kerberos' element to
            further restrict authentication to only those requests
         whose initiator's realm matches it.
        Example: <kerberos />
        Example: <kerberos><realm>EXAMPLE.COM</realm></kerberos>

        How to generate decent password:
        Execute: PASSWORD=$(base64 < /dev/urandom | head -c8); echo
            "$PASSWORD"; echo -n "$PASSWORD" | sha256sum | tr -d '-'
        In first line will be password and in second - corresponding
            SHA256.

        How to generate double SHA1:
```

```
            Execute: PASSWORD=$(base64 < /dev/urandom | head -c8); echo
               "$PASSWORD"; echo -n "$PASSWORD" | sha1sum | tr -d '-' |
               xxd -r -p | sha1sum | tr -d '-'
            In first line will be password and in second - corresponding
               double SHA1.
        -->
        <password></password>
        ...
</clickhouse>
```

接下来，我们来准备一个 SHA256 加密的密码。其实，上面的配置文件注释内容里已经告诉我们具体怎么做了。不过，这里是随机生成明文密码。执行如下命令：

```
$PASSWORD=$(base64 < /dev/urandom | head -c8); echo "$PASSWORD"; echo -n
    "$PASSWORD" | sha256sum | tr -d '-'
LRfmQJMW
0777b24c165ddeddf1ae85c35ddd16158ebf11ba7a531f2e094c197cc190d99c
```

其中，LRfmQJMW 是明文密码，在连接客户端时使用此密码登录。0777b24c165ddedd
f1ae85c35ddd16158ebf11ba7a531f2e094c197cc190d99c 是加密之后的密码。

我们可以指定明文密码，例如 123456。使用如下命令行生成对应的 SHA256 加密之后的密码：

```
$echo -n 123456 | openssl dgst -sha256
8d969eef6ecad3c29a3a629280e686cf0c3f5d5a86aff3ca12020c923adc6c92
```

修改挂载目录中的 user.xml 文件，配置用户 default 的密码。注释掉配置行，添加 <password_sha256_hex> 配置行：

```
<password_sha256_hex>8d969eef6ecad3c29a3a629280e686cf0c3f5d5a86aff3ca12020c923ad
    c6c92</password_sha256_hex>
```

9.3.2　配置 ClickHouse 分布式集群

ClickHouse 集群是同构集群。分布式表实际上是对 ClickHouse 集群本地表的一种"视图"。本节介绍如何集成 ZooKeeper 集群配置 ClickHouse 分布式集群。

1. 新建 metrika.xml 文件

在 /Users/data/docker/clickhouse1/clickhouse-server/confid.d 目录下面新建 metrika.xml 文件（metrika.xml 是集群分片副本的配置文件），配置一个具有 3 个分片，每个分片有 2 个副本的 ClickHouse 集群配置。完整的 metrika.xml 配置文件内容如下：

```
<!-- 所有实例均使用这个集群配置，不用个性化 -->
<clickhouse>
    <!-- 集群配置 -->
    <clickhouse_remote_servers> <!-- clickhouse_remote_servers 标签名，用于替换
        config.xml 中的 remote_servers 标签-->
        <cluster_shard> <!-- 集群名称 -->
```

```xml
<!-- 数据分片 1  -->
<shard>
    <internal_replication>true</internal_replication>
    <replica>
        <host>ch1</host>
        <port>9000</port>
        <user>default</user>
        <password>123456</password>
    </replica>
    <replica>
        <host>ch2</host>
        <port>9000</port>
        <user>default</user>
        <password>123456</password>
    </replica>
</shard>

<!-- 数据分片 2  -->
<shard>
    <internal_replication>true</internal_replication>
    <replica>
        <host>ch3</host>
        <port>9000</port>
        <user>default</user>
        <password>123456</password>
    </replica>
    <replica>
        <host>ch4</host>
        <port>9000</port>
        <user>default</user>
        <password>123456</password>
    </replica>
</shard>

<!-- 数据分片 3  -->
<shard>
    <internal_replication>true</internal_replication>
    <replica>
        <host>ch5</host>
        <port>9000</port>
        <user>default</user>
        <password>123456</password>
    </replica>
    <replica>
        <host>ch6</host>
        <port>9000</port>
        <user>default</user>
        <password>123456</password>
    </replica>
</shard>
```

```xml
        </cluster_shard>
    </clickhouse_remote_servers>

    <!-- zookeeper_servers 所有实例配置都一样，这里 ZooKeeper 根据实际情况更改 -->
    <zookeeper-servers>
        <node index="1">
            <host>192.168.3.48</host>
            <port>2181</port>
        </node>
        <node index="2">
            <host>192.168.3.48</host>
            <port>2182</port>
        </node>
        <node index="3">
            <host>192.168.3.48</host>
            <port>2183</port>
        </node>
    </zookeeper-servers>

    <!-- marcos 宏配置 -->
    <macros>
        <layer>01</layer>
        <shard>01</shard>
        <replica>ch1</replica>
    </macros>

    <networks>
        <ip>::/0</ip>
    </networks>

    <!-- 数据压缩算法 -->
    <clickhouse_compression>
        <case>
            <min_part_size>10000000000</min_part_size>
            <min_part_size_ratio>0.01</min_part_size_ratio>
            <method>lz4</method>
        </case>
    </clickhouse_compression>
</clickhouse>
```

部分参数说明如下。

❑ replica 中的 host 是在下面将要讲到的 docker-compose.yaml 中配置的。注意端口号是 9000，user 和 password 就是前面配置的用户名 default 和明文密码 123456。

❑ marcos 是宏配置，每个容器节点实例配置不一样，例如 ch1 节点使用分层 layer=01，分片 shard=01，副本 replica=ch1，{layer}-{shard} 是分片标识。后面创建分布式 ReplicatedMergeTree 表的时候会用到这个参数。该参数值会初始化到 system.micors 系统表里。

❏ internal_replication 配置为 true，这个参数是控制写入数据到分布式表时，是否写入分片的所有副本中。如果底层是复制表，且这个值配置为 true，则表示分布式表不会写入所有副本，而是仅写入一个副本。internal_replication=true 这个配置，对应 Distributed + ReplicateMergeTree 分布式表数据存储方案。在使用这种方案时，向 Distributed 表写入数据。Distributed 表在每个分片中仅仅选择一个合适的副本并对其写入数据。分片内多个副本之间的数据复制会由 ReplicatedMergeTree 自己处理，不再由 Distributed 负责。

2. 配置 config.xml

在 ClickHouse 全局配置文件 config.xml 中添加如下配置：

```
<!--incl 引用 metrika.xml 中的 clickhouse_remote_servers 节点配置 -->
<remote_servers incl="clickhouse_remote_servers" optional="false"></remote_
    servers>
<!-- 时区设置 -->
<timezone>Asia/Shanghai</timezone>
<!-- 使用 :: 通配符，支持来自任何地方的 IPv4 和 IPv6 连接 -->
<listen_host>::</listen_host>
<!-- 包含 metrika.xml 集群配置文件 -->
<include_from>/etc/clickhouse-server/config.d/metrika.xml</include_from>
<!-- ZooKeeper is used to store metadata about replicas, when using Replicated
    tables.
        Optional. If you don't use replicated tables, you could omit that.
        See https://clickhouse.com/docs/en/engines/table-engines/mergetree-
            family/ replication/
 -->
<!--incl 引用 metrika.xml 中的 zookeeper-servers 节点配置 -->
<zookeeper incl="zookeeper-servers" optional="false"></zookeeper>
```

注意，如果不加 <listen_host>::</listen_host> 配置，Docker 容器启动会报错，这个报错可以在 /Users/data/docker/clickhouse1/logs/clickhouse-server.err.log 日志中看到：

```
2022.07.22 22:30:39.921126 [ 1 ] {} <Warning> Application: Listen [::]:8123
    failed: Poco::Exception. Code: 1000, e.code() = 0, DNS error: EAI: Address
    family for hostname not supported (version 22.7.1.2484 (official build)). If
    it is an IPv6 or IPv4 address and your host has disabled IPv6 or IPv4, then
    consider to specify not disabled IPv4 or IPv6 address to listen in <listen_
    host> element of configuration file. Example for disabled IPv6: <listen_
    host>0.0.0.0</listen_host> . Example for disabled IPv4: <listen_host>::</
    listen_host>
...
```

3. 通过复制 ch1 挂载文件夹来创建 ch2-ch6 的挂载目录

使用 cp -r 命令复制 clickhouse1 文件夹，分别重命名为 clickhouse2、clickhouse3，并挂载到 /Users/data/docker 目录下面，命令如下：

```
cp -r clickhouse1 clickhouse2
cp -r clickhouse1 clickhouse3
cp -r clickhouse1 clickhouse4
cp -r clickhouse1 clickhouse5
cp -r clickhouse1 clickhouse6
```

执行完成之后，/Users/data/docker 目录树如下：

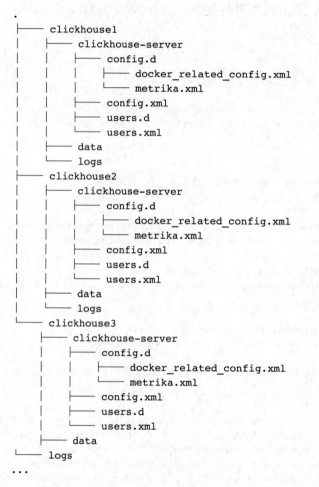

```
.
├── clickhouse1
│   ├── clickhouse-server
│   │   ├── config.d
│   │   │   ├── docker_related_config.xml
│   │   │   └── metrika.xml
│   │   ├── config.xml
│   │   ├── users.d
│   │   └── users.xml
│   ├── data
│   └── logs
├── clickhouse2
│   ├── clickhouse-server
│   │   ├── config.d
│   │   │   ├── docker_related_config.xml
│   │   │   └── metrika.xml
│   │   ├── config.xml
│   │   ├── users.d
│   │   └── users.xml
│   ├── data
│   └── logs
└── clickhouse3
    ├── clickhouse-server
    │   ├── config.d
    │   │   ├── docker_related_config.xml
    │   │   └── metrika.xml
    │   ├── config.xml
    │   ├── users.d
    │   └── users.xml
    ├── data
    └── logs
...
```

4. 自定义 ClickHouse 集群网络 chnet

1）使用 docker network create 命令自定义一个名为 chnet 的 bridge 网络：

```
$docker network create --driver bridge --subnet=182.18.0.0/16 --gateway=182.18.0.1
    chnet
75db362e900eb37174f9c6b2b1fddc1da1821a51006281704ebb5db723dc1724
```

2）查看网络列表：

```
$docker network ls
```

```
NETWORK ID      NAME       DRIVER     SCOPE
ea97c0e61653    bridge     bridge     local
75db362e900e    chnet      bridge     local
b7d53e7e0ecb    host       host       local
52b77f1dd27d    none       null       local
7864ebed9803    zoonet     bridge     local
```

3）查看 chnet 网络详情。

可以看到 chnet 的 NETWORK ID 为 75db362e900e，使用 docker network inspect 命令查看 chnet 网络的详情如下：

```
$docker network inspect 75db362e900e
[
    {
        "Name": "chnet",
        "Id": "75db362e900eb37174f9c6b2b1fddc1da1821a51006281704ebb5db723dc1724",
        "Created": "2022-07-22T14:10:09.1375403Z",
        "Scope": "local",
        "Driver": "bridge",
        "EnableIPv6": false,
        "IPAM": {
            "Driver": "default",
            "Options": {},
            "Config": [
                {
                    "Subnet": "182.18.0.0/16",
                    "Gateway": "182.18.0.1"
                }
            ]
        },
        "Internal": false,
        "Attachable": false,
        "Ingress": false,
        "ConfigFrom": {
            "Network": ""
        },
        "ConfigOnly": false,
        "Containers": {},
        "Options": {},
        "Labels": {}
    }
]
```

9.3.3　新建 docker-compose.yaml 配置文件

可以在 /Users/data/docker 目录下面，新建 ClickHouse 集群 Docker Compose 配置文件 docker-compose.yml，配置 ch1、ch2、ch3 三个容器节点，分别挂载到 /Users/data/docker/clickhouse1，/Users/data/docker/clickhouse2，/Users/data/docker/clickhouse3 目录上。ClickHouse

集群使用 chnet 网络（bridge 模式）。

各个容器节点 IP 与端口的映射关系如表 9-3 所示。

表 9-3 ClickHouse 集群容器节点 IP 与端口的映射关系

容器名称	容器虚拟机端口	宿主机端口	容器虚拟机 IP	宿主机 IP
ch1 分片 1	9000	19101	182.18.0.11	192.168.3.48
	8123	19102		
	9009	19103		
ch2 分片 1 副本 1	9000	19201	182.18.0.12	192.168.3.48
	8123	19202		
	9009	19203		
ch3 分片 2	9000	19301	182.18.0.13	192.168.3.48
	8123	19302		
	9009	19303		
ch4 分片 2 副本 1	9000	19401	182.18.0.14	192.168.3.48
	8123	19402		
	9009	19403		
ch5 分片 3	9000	19501	182.18.0.15	192.168.3.48
	8123	19502		
	9009	19503		
ch6 分片 3 副本 1	9000	19601	182.18.0.16	192.168.3.48
	8123	19602		
	9009	19603		

ClickHouse 集群的 docker-compose.yml 配置文件的完整内容如下：

```
version: '3.1'
services:
ch1:
    image: clickhouse/clickhouse-server
    restart: always
    container_name: ch1
    hostname: ch1
    ports:
        - 19101:9000
        - 19102:8123
        - 19103:9009
    volumes:
        - /etc/localtime:/etc/localtime
        - /Users/data/docker/clickhouse1/data:/var/lib/clickhouse
        - /Users/data/docker/clickhouse1/clickhouse-server/:/etc/clickhouse-
          server/
        - /Users/data/docker/clickhouse1/logs:/var/log/clickhouse-server/
        networks:
          default:
            ipv4_address: 182.18.0.11
```

```
  ch2:
      image: clickhouse/clickhouse-server
      restart: always
      container_name: ch2
      hostname: ch2
      ports:
          - 19201:9000
          - 19202:8123
          - 19203:9009
      volumes:
          - /etc/localtime:/etc/localtime
          - /Users/data/docker/clickhouse2/data:/var/lib/clickhouse
- /Users/data/docker/clickhouse2/clickhouse-server/:/etc/clickhouse-server/
- /Users/data/docker/clickhouse2/logs:/var/log/clickhouse-server/
      networks:
          default:
              ipv4_address: 182.18.0.12
  ch3:
      image: clickhouse/clickhouse-server
      restart: always
      container_name: ch3
      hostname: ch3
      ports:
          - 19301:9000
          - 19302:8123
          - 19303:9009
      volumes:
          - /etc/localtime:/etc/localtime
          - /Users/data/docker/clickhouse3/data:/var/lib/clickhouse
- /Users/data/docker/clickhouse3/clickhouse-server/:/etc/clickhouse-server/
- /Users/data/docker/clickhouse3/logs:/var/log/clickhouse-server/
      networks:
          default:
              ipv4_address: 182.18.0.13
  ch4:
      image: clickhouse/clickhouse-server
      restart: always
      container_name: ch4
      hostname: ch4
      ports:
          - 19401:9000
          - 19402:8123
          - 19403:9009
      volumes:
          - /etc/localtime:/etc/localtime
          - /Users/data/docker/clickhouse4/data:/var/lib/clickhouse
- /Users/data/docker/clickhouse4/clickhouse-server/:/etc/clickhouse-server/
- /Users/data/docker/clickhouse4/logs:/var/log/clickhouse-server/
      networks:
          default:
```

```
                    ipv4_address: 182.18.0.14
    ch5:
        image: clickhouse/clickhouse-server
        restart: always
        container_name: ch5
        hostname: ch5
        ports:
          - 19501:9000
          - 19502:8123
          - 19503:9009
        volumes:
            - /etc/localtime:/etc/localtime
            - /Users/data/docker/clickhouse5/data:/var/lib/clickhouse
- /Users/data/docker/clickhouse5/clickhouse-server/:/etc/clickhouse-server/
- /Users/data/docker/clickhouse5/logs:/var/log/clickhouse-server/
        networks:
          default:
            ipv4_address: 182.18.0.15
    ch6:
        image: clickhouse/clickhouse-server
        restart: always
        container_name: ch6
        hostname: ch6
        ports:
          - 19601:9000
          - 19602:8123
          - 19603:9009
        volumes:
            - /etc/localtime:/etc/localtime
            - /Users/data/docker/clickhouse6/data:/var/lib/clickhouse
- /Users/data/docker/clickhouse6/clickhouse-server/:/etc/clickhouse-server/
- /Users/data/docker/clickhouse6/logs:/var/log/clickhouse-server/
        networks:
            default:
                ipv4_address: 182.18.0.16

networks:
    default:
        external:
            name: chnet
```

9.3.4 启动 ClickHouse 集群所有容器节点

进入 docker-compose.yml 文件所在的目录，执行如下命令启动 ClickHouse 集群所有容器节点（可以添加 -d 参数在后台执行，此处为了看详细启动日志，故不加）：

```
$docker-compose up
```

启动日志如下：

```
$docker-compose up
Creating ch3 ...
Creating ch4 ...
Creating ch1 ...
Creating ch6 ...
Creating ch5 ...
Creating ch2 ...
Attaching to ch5, ch2, ch4, ch3, ch6, ch1
ch5    | Processing configuration file '/etc/clickhouse-server/config.xml'.
ch5    | Merging configuration file '/etc/clickhouse-server/config.d/docker_
   related_config.xml'.
ch2    | Processing configuration file '/etc/clickhouse-server/config.xml'.
ch5    | Merging configuration file '/etc/clickhouse-server/config.d/metrika.
   xml'.
...
ch6    | Processing configuration file '/etc/clickhouse-server/users.xml'.
ch3    | Processing configuration file '/etc/clickhouse-server/users.xml'.
ch4    | Processing configuration file '/etc/clickhouse-server/users.xml'.
ch5    | Processing configuration file '/etc/clickhouse-server/users.xml'.
ch3    | Saved preprocessed configuration to '/var/lib/clickhouse/preprocessed_
   configs/users.xml'.
ch1    | Processing configuration file '/etc/clickhouse-server/users.xml'.
ch6    | Saved preprocessed configuration to '/var/lib/clickhouse/preprocessed_
   configs/users.xml'.
ch4    | Saved preprocessed configuration to '/var/lib/clickhouse/preprocessed_
   configs/users.xml'.
ch2    | Processing configuration file '/etc/clickhouse-server/users.xml'.
ch5    | Saved preprocessed configuration to '/var/lib/clickhouse/preprocessed_
   configs/users.xml'.
ch1    | Saved preprocessed configuration to '/var/lib/clickhouse/preprocessed_
   configs/users.xml'.
ch2    | Saved preprocessed configuration to '/var/lib/clickhouse/preprocessed_
   configs/users.xml'.
```

9.3.5 查看 ClickHouse 集群节点状态

1. 查看实例状态

首先，我们可以在 Docker Desktop 的 Containers/Apps 菜单下看到 ch1、ch2、ch3 容器的运行状态，如图 9-2 所示。

当然，我们也可以在终端执行 docker ps 命令查看容器实例列表：

```
$docker ps
CONTAINER ID    IMAGE                       COMMAND          CREATED
   STATUS          PORTS                    NAMES
e50b2d9f2357    clickhouse/clickhouse-server    "/entrypoint.sh"        5 minutes
   ago   Up 5 minutes    0.0.0.0:19108->8123/tcp, 0.0.0.0:19107->9000/tcp,
   0.0.0.0:19109->9009/tcp    ch3
ef132e898739    clickhouse/clickhouse-server    "/entrypoint.sh"        5 minutes
```

```
    ago    Up 5 minutes    0.0.0.0:19105->8123/tcp, 0.0.0.0:19104->9000/tcp,
    0.0.0.0:19106->9009/tcp    ch2
a7bd0d3af84e    clickhouse/clickhouse-server    "/entrypoint.sh"        5 minutes
    ago    Up 5 minutes    0.0.0.0:19102->8123/tcp, 0.0.0.0:19101->9000/tcp,
    0.0.0.0:19103->9009/tcp    ch1
89d6073b5bb2    zookeeper                       "/docker-entrypoint.…"    20 hours
    ago    Up 20 hours    2888/tcp, 3888/tcp, 8080/tcp, 0.0.0.0:2183->2181/tcp
    zookeeper_zoo3_1
c2de2dc1f646    zookeeper                       "/docker-entrypoint.…"    20 hours
    ago    Up 20 hours    2888/tcp, 3888/tcp, 8080/tcp, 0.0.0.0:2182->2181/tcp
    zookeeper_zoo2_1
e85360ef7770    zookeeper                       "/docker-entrypoint.…"    20 hours
    ago    Up 20 hours    2888/tcp, 3888/tcp, 0.0.0.0:2181->2181/tcp, 8080/tcp
    zookeeper_zoo1_1
```

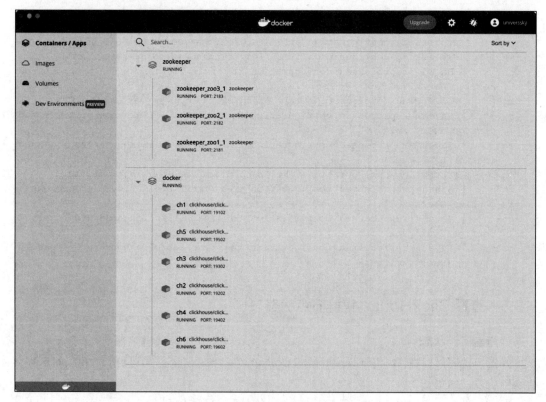

图 9-2   ch1、ch2、ch3 容器的运行状态

2. 进入容器 ch1 实例节点

容器 ch1 的 CONTAINER ID 为 a7bd0d3af84e，执行 docker inspect ${ 容器 ID} 命令查
看容器实例 ID：

```
$docker inspect a7bd0d3af84e
```

```
[
    {
        "Id": "a7bd0d3af84e5fddb9cc094c6a8ce1f98e446abe0376e408dfb9daca79925867",
        "Created": "2022-07-22T14:30:33.5693187Z",
...
```

在终端执行 docker exec -it$ { 容器实例 ID} 命令，登录到容器实例节点：

```
$docker exec -it a7bd0d3af84e5fddb9cc094c6a8ce1f98e446abe0376e408dfb9daca79925867
   /bin/sh
```

在容器实例内部，使用用户名 default、密码 123456，登录到 ClickHouse Server。可以指定默认端口号 9000 登录：

```
# clickhouse-client -h 127.0.0.1 --port 9000 -u default --password 123456
ClickHouse client version 22.7.1.2484 (official build).
Connecting to 127.0.0.1:9000 as user default.
Connected to ClickHouse server version 22.7.1 revision 54457.

Warnings:
    * Linux threads max count is too low. Check /proc/sys/kernel/threads-max
    * Available memory at server startup is too low (2GiB).

a5141c8f82f4 :) show databases

SHOW DATABASES

Query id: ecea552f-78a2-4a66-85c1-90c253835a44
```

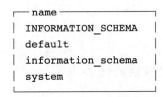

```
4 rows in set. Elapsed: 0.007 sec.
```

也可以不指定，默认连到本地 IP 和 9000 端口：

```
# clickhouse-client -u default --password 123456
ClickHouse client version 22.7.1.2484 (official build).
Connecting to localhost:9000 as user default.
Connected to ClickHouse server version 22.7.1 revision 54457.

Warnings:
    * Linux threads max count is too low. Check /proc/sys/kernel/threads-max
    * Available memory at server startup is too low (2GiB).
```

3. 本机客户端连接容器 ClickHouse Server

笔者本机是 macOS，故使用 clickhouse client 命令来连接 Docker 容器上的 ClickHouse Server，使用 docker-compose.yml 配置文件中 ch1 节点的端口映射配置 ports: 19101:9000（本机端口 19101 映射到 Docker 容器内部端口 9000）：

```
$clickhouse client -h 192.168.3.48 --port 19101 -u default --password 123456
ClickHouse client version 22.4.1.1.
Connecting to 192.168.3.48:19101 as user default.
Connected to ClickHouse server version 22.7.1 revision 54457.

ClickHouse client version is older than ClickHouse server. It may lack support
    for new features.

Warnings:
    * Linux threads max count is too low. Check /proc/sys/kernel/threads-max
    * Available memory at server startup is too low (2GiB).

c747c7cd654d :) show databases

SHOW DATABASES

Query id: f503404d-d1e3-42ec-8b4d-da4c06302b7d

    ┌─name───────────────┐
    │ INFORMATION_SCHEMA │
    │ default            │
    │ information_schema │
    │ system             │
    └────────────────────┘

4 rows in set. Elapsed: 0.010 sec.
```

9.3.6 查看 ZooKeeper 集群上的 ClickHouse 元数据路径节点

1. 登录到 ZooKeeper 集群中的 zoo1 节点实例

```
$docker exec -it e85360ef777072a45119d28687bbd3f9f6482ecf6a6cff1a05c88f15a87
    be073 /bin/sh
```

2. 使用 zkCli 客户端连接到当前容器实例的 ZooKeeper 服务

```
# zkCli.sh
Connecting to localhost:2181
2022-07-22 15:55:14,438 [myid:] - INFO  [main:o.a.z.Environment@98] - Client
    environment:zookeeper.version=3.8.0-5a02a05eddb59aee6ac762f7ea82e92a68eb9c
    0f, built on 2022-02-25 08:49 UTC
...
```

3. 查看 ClickHouse 集群的 ZooKeeper 数据路径节点

```
[zk: localhost:2181(CONNECTED) 0] ls -R /
/
/clickhouse
/zk_test
/zookeeper
/clickhouse/task_queue
/clickhouse/task_queue/ddl
/zookeeper/config
/zookeeper/quota
```

可以看到，ClickHouse 集群的数据节点包括 /clickhouse、/clickhouse/task_queue、/clickhouse/task_queue/ddl。

4. 在 ClickHouse Server 实例的 system 表中查看 ZooKeeper 节点

使用 ClickHouse Client 登录到 ClickHouse Server：

```
$docker exec -it c747c7cd654d1d7ca1008c9b61ba5590e6a484db4bd4184ee11dbb806eb363
    7e /bin/sh
# clickhouse-client -u default --password 123456
ClickHouse client version 22.7.1.2484 (official build).
Connecting to localhost:9000 as user default.
Connected to ClickHouse server version 22.7.1 revision 54457.

Warnings:
 * Linux threads max count is too low. Check /proc/sys/kernel/threads-max
 * Available memory at server startup is too low (2GiB).
```

执行如下 SQL 语句，可以查看 ZooKeeper 路径节点信息：

```
SELECT *
FROM system.zookeeper
WHERE path = '/'

Query id: fdb5c2b8-a1b1-41f3-a8fe-f67a58f2ecca
```

```
┌─name───────┬─value──┬─path─┐
│ zookeeper  │        │  /   │
│ clickhouse │        │  /   │
│ zk_test    │        │  /   │
└────────────┴────────┴──────┘
```

```
3 rows in set. Elapsed: 0.014 sec.
```

9.3.7　停止容器运行

在 docker-compose.yml 文件所在的目录执行 docker-compose stop 命令停止容器的运行：

```
$docker-compose stop
Stopping ch3 ...
Stopping ch2 ...
Stopping ch1 ...
```

至此，我们就搭建好一个完整的 ClickHouse 分布式集群了。

9.3.8　到 ClickHouse 系统表中查看 ClickHouse 集群信息

1. 登录到容器 ClickHouse Server 上
执行下面的命令登录到 ClickHouse Server 实例 Docker 容器：

```
$docker exec -it a8e147a6180905a4523355d3197b4b36186494921fb01b27f1a035846a4
    8d171 /bin/sh
```

2. ClickHouse 客户端登录
在 Docker 容器实例终端执行 clickhouse-client 命令连接 ClickHouse 服务器：

```
# clickhouse-client -h 127.0.0.1 --port 9000 -u default --password 123456
ClickHouse client version 22.7.1.2484 (official build).
Connecting to 127.0.0.1:9000 as user default.
Connected to ClickHouse server version 22.7.1 revision 54457.

Warnings:
 * Linux threads max count is too low. Check /proc/sys/kernel/threads-max
 * Available memory at server startup is too low (2GiB).
```

3. 查看数据库列表
使用 show 命令查看数据库列表：

```
a8e147a61809 :) show databases

SHOW DATABASES

Query id: 47019d23-69a5-4503-a906-fa1629cb417f

┌─name───────────────┐
│ INFORMATION_SCHEMA │
│ default            │
│ information_schema │
│ system             │
└────────────────────┘

4 rows in set. Elapsed: 0.007 sec.
```

4. 查看 ClickHouse 集群信息
ClickHouse 系统表 system.clusters 中记录了我们上面配置的 ClickHouse 集群信息。执

行如下 SQL 语句：

```
SELECT
    cluster,
    shard_num,
    shard_weight,
    replica_num,
    host_name,
    host_address,
    port,
    user
FROM system.clusters

Query id: 3e8fb5b3-ff0d-40e1-8c6c-dbb5bc7d8f79

┌─cluster───────┬─shard_num─────┬─shard_weight──┬─replica_num───┐
  host_name───────┬─host_address─────┬──port────────┬─user─────────┐
│ cluster_shard │       1       │       1       │       1       │
    ch1           182.18.0.11      19101           default
│ cluster_shard │       1       │       1       │       2       │
    ch2           182.18.0.12      19201           default
│ cluster_shard │       2       │       1       │       1       │
    ch3           182.18.0.13      19301           default
│ cluster_shard │       2       │       1       │       2       │
    ch4           182.18.0.14      19401           default
│ cluster_shard │       3       │       1       │       1       │
    ch5           182.18.0.15      19501           default
│ cluster_shard │       3       │       1       │       2       │
    ch6           182.18.0.16      19601           default
└───────────────┴───────────────┴───────────────┴───────────────┘

6 rows in set. Elapsed: 0.010 sec.
```

可以看到，集群名为 cluster_shard，其中 host_name、host_address、port 等信息就是我们在 metrika.xml 和 docker-compose.yml 中配置的内容。另外，还可以看到集群 cluster_shard 中的 shard_num、replica_num、shard_weight 等分片号与副本号的信息。

9.4　创建库表

本节介绍如何在上面搭建的 ClickHouse 分布式集群上创建分布式数据库。

9.4.1　登录到 ClickHouse 集群 ch1 容器实例节点

首先，进入 Docker 容器终端的命令是：

```
dockerexec -it CONTAINER_ID /bin/sh
```

我们执行如下命令即可登录 Docker 容器实例终端：

```
$docker exec -it 168f4d2872fc26d77b660417dc7254f792ad7f68f5806c3d771978f18a464264
    /bin/sh
#
# clickhouse-client -u default --password 123456
ClickHouse client version 22.7.1.2484 (official build).
Connecting to localhost:9000 as user default.
Connected to ClickHouse server version 22.7.1 revision 54457.

Warnings:
 * Linux threads max count is too low. Check /proc/sys/kernel/threads-max
 * Available memory at server startup is too low (2GiB).
```

9.4.2 使用 on cluster 创建分布式集群上的数据库

执行如下 SQL 语句，在 ClickHouse 分布式集群 cluster_shard 上面创建一个数据库 my_distributed_db。

```
ch1 :) create database my_distributed_db on cluster cluster_shard;

CREATE DATABASE my_distributed_db ON CLUSTER cluster_shard

Query id: 410e1d09-9f5d-4325-94f1-2d2fab7b8525
```

host	port	status	error	num_hosts_remaining	num_hosts_active
ch5	9000	0		5	0
ch1	9000	0		4	0
ch3	9000	0		3	0
ch6	9000	0		2	0
ch4	9000	0		1	0
ch2	9000	0		0	0

```
6 rows in set. Elapsed: 0.216 sec.
```

然后，登录到 ch2~ch6 容器实例上，可以看到每个节点上都创建好了数据库 my_distributed_db。下面是登录到 ch2 容器节点上的操作指令。

```
$docker exec -it 0958e68b28c3294dca9c38cf4e0e8f2ee17919f3f6d84a0507ecac63516
    3d160 /bin/sh
# clickhouse-client -u default --password 123456
ClickHouse client version 22.7.1.2484 (official build).
Connecting to localhost:9000 as user default.
Connected to ClickHouse server version 22.7.1 revision 54457.

Warnings:
 * Linux threads max count is too low. Check /proc/sys/kernel/threads-max
 * Available memory at server startup is too low (2GiB).
```

```
ch2 :) show databases

SHOW DATABASES

Query id: c79a3e7c-abd4-4bc9-9c0f-a7053e961217

    ┌─name───────────────────┐
    │ INFORMATION_SCHEMA      │
    │ default                 │
    │ information_schema      │
    │ my_distributed_db       │
    │ system                  │
    │ test_distributed_db     │
    └─────────────────────────┘

6 rows in set. Elapsed: 0.008 sec.
```

9.4.3 查看 ZooKeeper 上分布式 DDL 路径节点数据

1. 登录 ZooKeeper 容器节点

使用如下命令登录到 ZooKeeper 服务器终端：

```
$docker exec -it e85360ef777072a45119d28687bbd3f9f6482ecf6a6cff1a05c88f15a87
  be073 /bin/sh
```

2. 客户端连接到 ZooKeeper 服务器

使用 zkCli.sh 命令连接 ZooKeeper 服务：

```
# zkCli.sh
Connecting to localhost:2181
2022-07-22 19:31:42,818 [myid:] - INFO  [main:o.a.z.Environment@98] - Client
  environment:zookeeper.version=3.8.0-5a02a05eddb59aee6ac762f7ea82e92a68eb9c
  0f, built on 2022-02-25 08:49 UTC
2022-07-22 19:31:42,820 [myid:] - INFO  [main:o.a.z.Environment@98] - Client
  environment:host.name=zoo1
...
2022-07-22 19:31:42,889 [myid:localhost:2181] - INFO  [main-
  SendThread(localhost:2181):o.a.z.ClientCnxn$SendThread@1444] - Session
  establishment complete on server localhost/127.0.0.1:2181, session id =
  0x100000030ad0003, negotiated timeout = 30000
WATCHER::
WatchedEvent state:SyncConnected type:None path:null
```

3. 查看 zoo1 上数据

使用 ls -R 命令查看 ZooKeeper 服务节点数据：

```
[zk: localhost:2181(CONNECTED) 1] ls -R /
/
```

```
/clickhouse
/zk_test
/zookeeper
/clickhouse/task_queue
/clickhouse/task_queue/ddl
/clickhouse/task_queue/ddl/query-0000000000
/clickhouse/task_queue/ddl/query-0000000001
/clickhouse/task_queue/ddl/query-0000000002
/clickhouse/task_queue/ddl/query-0000000003
/clickhouse/task_queue/ddl/query-0000000004
/clickhouse/task_queue/ddl/query-0000000005
/clickhouse/task_queue/ddl/query-0000000000/active
/clickhouse/task_queue/ddl/query-0000000000/finished
/clickhouse/task_queue/ddl/query-0000000001/active
/clickhouse/task_queue/ddl/query-0000000001/finished
/clickhouse/task_queue/ddl/query-0000000002/active
/clickhouse/task_queue/ddl/query-0000000002/finished
/clickhouse/task_queue/ddl/query-0000000003/active
/clickhouse/task_queue/ddl/query-0000000003/finished
...
/clickhouse/task_queue/ddl/query-0000000005/finished/ch5:9000
/clickhouse/task_queue/ddl/query-0000000005/finished/ch6:9000
/zookeeper/config
/zookeeper/quota
```

可以看到 /clickhouse/task_queue/ddl/ 目录下面 ch1~ch6 容器的 DDL 执行数据节点。

4. 查看 DDL 执行详情

使用 get ${PATH} 命令查看路径节点数据详情。

1）查看 query-0000000003 的执行日志：

```
[zk: localhost:2181(CONNECTED) 2] get /clickhouse/task_queue/ddl/query-0000000003

version: 2
query: CREATE  DATABASE  my_distributed_db  UUID  \'9b62d60b-e6ec-41e1-843a-
    61bb05085418\' ON CLUSTER cluster_shard
hosts: ['ch1:9000','ch2:9000','ch3:9000','ch4:9000','ch5:9000','ch6:9000']
initiator: ch1:9000
settings: load_balancing = 'random'
```

可以看到 ddl 语句和 hosts 信息：

```
ON CLUSTER cluster_shard hosts:['ch1:9000','ch2:9000','ch3:9000','ch4:9000','ch5
    :9000','ch6:9000']
```

ddl 发起者（initiator）是 ch1:9000。

副本选择负载均衡算法是随机算法，即 load_balancing="random"。

2）查看 query-0000000005 的执行日志：

```
[zk: localhost:2181(CONNECTED) 13] get /clickhouse/task_queue/ddl/
    query-0000000005
version: 2
query: CREATE DATABASE my_distributed_db UUID \'0159bb04-94d9-456b-ab55-
    b95349cfec02\' ON CLUSTER cluster_shard
hosts: ['ch1:9000','ch2:9000','ch3:9000','ch4:9000','ch5:9000','ch6:9000']
initiator: ch1:9000
settings: load_balancing = 'random'
```

数据类似，不过 UUID 不同。

3）查看 query-0000000003/finished/ch1:9000 执行结束中的数据：

```
[zk: localhost:2181(CONNECTED) 5] get /clickhouse/task_queue/ddl/
    query-0000000003/finished/ch1:9000
0
```

0 表示任务正常完成。

5. 分布式 DDL 执行流程

分布式 DDL 执行流程大致如下：

1）ch1 节点执行 ddl on cluster 操作，ch1 是为 initiator 节点，同时负责监控任务执行进度。

2）ch1 节点创建 DDLLogEntry 日志，并推送给 ZooKeeper。

3）ch2 ～ ch6 节点分别各自监听 /ddl/query 日志推送，拉取日志。

4）判断各自的 host 是否在 DDLLogEntry 的 hosts 列表中。如果包含，执行 DDL，执行完毕之后，将状态 0 写入各自的（以 ch2 为例）/clickhouse/task_queue/ddl/query-0000000004/finished/ch2:9000 节点。如果不包含，则忽略该日志推送。

5）ch1 确认最终执行进度。等待所有 host 执行完毕。默认阻塞等待 180 秒，如果等待时间大于 180 秒（这个等待时间由 distributed_ddl_task_timeout 参数控制），则转入后台线程继续等待。

另外，这里提供一个比较好的了解分布式 DDL 执行流程的方法——通过查看 ClickHouse 集群节点和 ZooKeeper 集群节点的服务器执行日志进行了解。

可以到 ClickHouse 集群各个节点挂载目录下面的 logs/clickhouse-server.log 日志文件中，通过搜索日志关键词"CREATE DATABASE my_distributed_db"来查看分布式 DDL 的执行流程日志。

例如，ch1 的 DDL 执行相关日志如下：

```
2022.07.23 03:39:24.576572 [ 48 ] {} <Debug> TCP-Session: aaffa6e3-521b-463c-
    97df-400ceb2c34ce Creating query context from session context, user_id:
    94309d50-4f52-5250-31bd-74fecac179db, parent context user: default
2022.07.23 03:39:24.585416 [ 48 ] {410e1d09-9f5d-4325-94f1-2d2fab7b8525} <Debug>
```

```
executeQuery: (from 127.0.0.1:47402) create database my_distributed_db on
cluster cluster_shard; (stage: Complete)
2022.07.23 03:39:24.585957 [ 48 ] {410e1d09-9f5d-4325-94f1-2d2fab7b8525} <Trace>
ContextAccess (default): Access granted: CREATE DATABASE ON my_distributed_
db.*
2022.07.23 03:39:24.603396 [ 240 ] {} <Debug> DDLWorker: Scheduling tasks
2022.07.23 03:39:24.603579 [ 241 ] {} <Debug> DDLWorker: Cleaning queue
2022.07.23 03:39:24.648298 [ 240 ] {} <Trace> DDLWorker: scheduleTasks:
    initialized=true, size_before_filtering=6, queue_size=6,
    entries=query-0000000000..query-0000000005, first_failed_task_name=none,
    current_tasks_size=1, last_current_task=query-0000000004, last_skipped_
    entry_name=query-0000000002
...
{f34f4f64-cab9-46e5-b793-3a8c4ee8a61f} <Debug> DDLWorker: Executed query: CREATE
    DATABASE my_distributed_db UUID '0159bb04-94d9-456b-ab55-b95349cfec02'
```

ch2 节点的 DDL 执行相关日志如下：

```
022.07.23 03:39:24.603182 [ 241 ] {} <Debug> DDLWorker: Scheduling tasks
2022.07.23 03:39:24.603471 [ 240 ] {} <Debug> DDLWorker: Cleaning queue
2022.07.23 03:39:24.647048 [ 241 ] {} <Trace> DDLWorker: scheduleTasks:
    initialized=true, size_before_filtering=6, queue_size=6,
    entries=query-0000000000..query-0000000005, first_failed_task_name=none,
    current_tasks_size=1, last_current_task=query-0000000004, last_skipped_
    entry_name=query-0000000002
...
{f3a90568-8a51-46a1-a57c-bbeab052d072} <Debug> DDLWorker: Executed query: CREATE
    DATABASE my_distributed_db UUID '0159bb04-94d9-456b-ab55-b95349cfec02'
2022.07.23 03:39:24.745429 [ 241 ] {f3a90568-8a51-46a1-a57c-bbeab052d072} <Debug>
    MemoryTracker: Peak memory usage (for query): 0.00 B.
2022.07.23 03:39:24.759857 [ 241 ] {} <Debug> DDLWorker: Waiting for queue
    updates
```

然后，可以按照如下方法查看 ZooKeeper 服务器日志。ZooKeeper 集群挂载目录树如下：

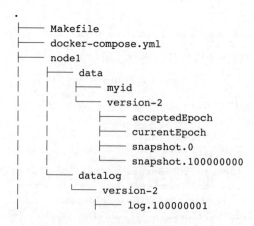

```
.
├── Makefile
├── docker-compose.yml
├── node1
│   ├── data
│   │   ├── myid
│   │   └── version-2
│   │       ├── acceptedEpoch
│   │       ├── currentEpoch
│   │       ├── snapshot.0
│   │       └── snapshot.100000000
│   └── datalog
│       └── version-2
│           ├── log.100000001
```

```
|                    ├──── log.200000001
|                    ├──── log.300000001
|                    ├──── log.400000001
|                    └──── log.400000001.log
...
15 directories, 35 files
```

上面的 log.100000001 就是 ZooKeeper 服务器日志，这些日志是二进制格式的，需要使用专门的工具进行反序列化来查看。ZooKeeper 安装包 bin 目录下已经提供了日志解析工具，这个脚本是 apache-zookeeper-3.8.0-bin/bin/zkTxnLogToolkit.sh。为了方便查看，我们可以放到 Makefile 中，脚本如下：

```
node1_log:
/Users/bytedance/soft/apache-zookeeper-3.8.0-bin/bin/zkTxnLogToolkit.sh -d /
    Users/data/zookeeper/node1/datalog/version-2/log.400000001 > /Users/data/
    zookeeper/node1/datalog/version-2/log.400000001.log


node2_log:
/Users/bytedance/soft/apache-zookeeper-3.8.0-bin/bin/zkTxnLogToolkit.sh -d /
    Users/data/zookeeper/node2/datalog/version-2/log.400000001 > /Users/data/
    zookeeper/node2/datalog/version-2/log.400000001.log


node3_log:
/Users/bytedance/soft/apache-zookeeper-3.8.0-bin/bin/zkTxnLogToolkit.sh -d /
    Users/data/zookeeper/node3/datalog/version-2/log.400000001 > /Users/data/
    zookeeper/node3/datalog/version-2/log.400000001.log
```

执行完 ZooKeeper 日志解析脚本之后，可以看到 /Users/data/zookeeper/node1/datalog/version-2/log.400000001.log 日志文本中的分布式 DDL 执行关键日志如下：

```
22-7-23 上午 03 时 39 分 24 秒 session 0x200000030ac0006 cxid 0x41 zxid 0x400000072
    create /clickhouse/task_queue/ddl/query-0000000005,version: 2
query: CREATE DATABASE my_distributed_db UUID \'0159bb04-94d9-456b-ab55-
    b95349cfec02\' ON CLUSTER cluster_shard
hosts: ['ch1:9000','ch2:9000','ch3:9000','ch4:9000','ch5:9000','ch6:9000']
initiator: ch1:9000
settings: load_balancing = 'random'
,[31,s{'world,'anyone}
],false,6
22-7-23 上午 03 时 39 分 24 秒 session 0x200000030ac0006 cxid 0x42 zxid 0x400000073
    multi create:2/clickhouse/task_queue/ddl/query-0000000005/active world
    anyone;create:4/clickhouse/task_queue/ddl/query-0000000005/finished world
    anyone
22-7-23 上午 03 时 39 分 24 秒 session 0x300000030c80001 cxid 0x24 zxid 0x400000074
    create /clickhouse/task_queue/ddl/query-0000000005/active/ch6:9000,,
    [31,s{'world,'anyone}
],true,1
22-7-23 上午 03 时 39 分 24 秒 session 0x100000030ad0004 cxid 0x23 zxid 0x400000075
    create /clickhouse/task_queue/ddl/query-0000000005/active/ch4:9000,,
```

```
   [31,s{'world,'anyone}
],true,2
...
22-7-23 上午 03 时 39 分 24 秒 session 0x200000030ac0005 cxid 0x26 zxid 0x40000007f
multi delete:;/clickhouse/task_queue/ddl/query-0000000005/active/
ch3:9000;create:=/clickhouse/task_queue/ddl/query-0000000005/finished/
ch3:9000 0 world anyone
```

小贴士：ClickHouse 集群副本负载均衡算法

若 ClickHouse 集群中是一个分片多个副本的结构，那么分布式表需要选择副本。ClickHouse 通过负载均衡算法从众多副本中选择一个，这个算法也是 ClickHouse 分布式表查询时选择副本的路由规则。

ClickHouse 副本负载均衡算法由 load_balancing 参数控制，主要包括 random（默认）、nearest_hostname、in_order、first_or_random 四种算法。

1）random 选择算法。该算法是默认的路由选择算法，其原理是优先选择副本节点中 error_count 最少的那个副本节点，如果多个副本的错误数相同，那么随机选择一个副本。

2）nearest_hostname 选择算法。该算法优先选择 error_count 最少的副本节点，如果多个副本错误数相同，那么选择与接收请求的主机的主机名称最相近的副本节点。

3）in_order 选择算法。该算法优先选择 error_count 最少的副本节点，如果多个副本的错误数相同，那么按照集群配置中配置的副本顺序选择。

4）first_or_random 选择算法。该算法优先选择 error_count 最少的副本节点，如果多个副本的错误数相同，那么首先选择集群配置中配置的第一个副本节点，如果第一个副本节点不可用，那么随机选择一个其他副本节点。

9.4.4 创建分布式表

上面我们已经完成分布式数据库的创建，本节介绍如何在 ClickHouse 集群上创建分布式表。

1. 分布式表引擎概述

当数据量剧增的时候，ClickHouse 会使用"分而治之"的思想，采用分片（shard）机制进行横向扩展，来进行大数据量的存储。另外，多个分片通过并行读写的方式，在高性能查询方面表现很好。

然后，在进行整个集群分片数据统一的查询时，因为涉及多个分片的本地表，ClickHouse 通过分布式表的方式来提供统一的入口，分布式表引擎的思想与"分库分表"类似。分布式存储要保证高可用，就必须有数据冗余。ClickHouse 通过副本机制来解决高可用问题。同时，副本也提供负载均衡机制，解决了高性能问题。

ClickHouse 依靠 ReplicatedMergeTree 引擎族与 ZooKeeper 实现了复制表机制，成为其

高可用的基础。ReplicatedMergeTree 引擎和 MergeTree 的不同之处在于它会删除排序键值相同的重复项。ClickHouse 依靠分布式表引擎实现了分布式表机制，分布式表引擎查询会在所有分片（本地表）上建立视图，在接收到查询请求后路由本地表进行查询，并对结果进行汇总，最终返回给用户。

在多副本 ClickHouse 分布式集群中，通常需要使用分布式表写入或读取数据。分布式表引擎自身不存储任何数据，但它能够作为分布式表的一层透明代理，在集群内部自动开展数据的写入、分发、查询、路由等工作。

ClickHouse 分布式表包括逻辑表（表名通常以 _all 结尾，不存储物理数据）和物理表（表名通常以 _local 结尾，存储物理数据），逻辑表主要用于查询路由，物理表用于实际存储数据。

分布式表实现副本数据同步有两种方案：

1）Distributed + MergeTree

2）Distributed + ReplicateMergeTree

两种方案对比分析如下。

❑ 方案 1：internal_replication = false。使用 Distributed + MergeTree 实现副本数据同步。数据内容完全一致，数据存储格式不完全一致，数据同步不依赖 ZooKeeper，副本的数据可能会不一致，单点写入压力较大。

❑ 方案 2：internal_replication = true。使用 Distributed + ReplicateMergeTree 实现副本数据同步。分布式数据内容完全一致，数据存储格式完全一致。数据同步需要依赖 ZooKeeper，所以 ZooKeeper 会成为系统瓶颈。在执行 INSERT 和 ALTER 查询的时候，ReplicatedMergeTree 需要借助 ZooKeeper 的分布式协同能力，以实现多个副本之间的同步。但是在查询副本的时候，并不需要使用 ZooKeeper。

如果是对多副本的数据一致性有较严格的要求的业务场景，推荐采用方案 2。需要注意的是，方案 2 需要保障 ZooKeeper 的高性能和高可用。

上面我们在 ClickHouse 集群已经配置了 internal_replication = true，即采用 Distributed + ReplicateMergeTree 的方案，其数据同步流转逻辑如图 9-3 所示。

接下来，我们就来介绍如何使用 Distributed+ ReplicatedMergeTree 方案来构建 ClickHouse 的分布式表。

2. 创建集群本地物理表

（1）创建物理表

下面我们在集群 cluster_shard 中各个分片节点的数据库 my_distributed_db 上面分别创建一张分片本地物理表 t1_local，使用 ReplicatedMergeTree 表引擎。DDL SQL 实例如下：

```
CREATE TABLE my_distributed_db.t1_local ON CLUSTER cluster_shard
(
    `ID` String COMMENT 'ID',
```

```
    `EventName` String COMMENT 'EventName',
    `EventTime` DateTime COMMENT 'EventTime'
)
ENGINE = ReplicatedMergeTree('/clickhouse/tables/{layer}-{shard}/my_distributed_
    db/t1_local', '{replica}')
PARTITION BY toYYYYMMDD(EventTime)
ORDER BY EventTime
```

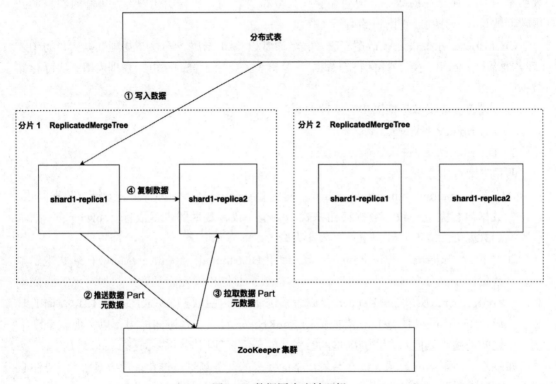

图 9-3　数据同步流转逻辑

SQL 说明：使用 ON CLUSTER cluster_shard 语法，这样上面的 SQL 语句只需要在集群其中一个节点上执行一次，就可以在集群所有节点实例上创建同样的本地表。

ReplicatedMergeTree 引擎构建函数接收两个参数：

❑ zoo_path，ZooKeeper 中该表的路径。

❑ replica_name，ZooKeeper 中该表的副本名称。

如上例所示，这些参数可以包含宏替换的占位符，即大括号的部分。它们会被替换为配置文件里 macros 那部分配置的值。例如，ch1 容器实例中的配置：

```
<macros>
    <layer>01</layer>
    <shard>01</shard>
    <replica>ch1</replica>
```

```
</macros>
```

这个配置值也可以在系统表 system.macros 中查询到：

```
SELECT *
FROM system.macros

Query id: 419a5c14-c8d6-4cc3-803f-81884478c976

    ┌─macro───┬─substitution─┐
    │ layer   │ 01           │
    │ replica │ ch1          │
    │ shard   │ 01           │
    └─────────┴──────────────┘

3 rows in set. Elapsed: 0.008 sec.
```

上面的 SQL 语句执行结果如下：

```
Query id: 7344bc3b-03ad-4acf-b688-03b8ed2723f0
```

host	port	status	error	num_hosts_remaining	num_hosts_active
ch1	9000	0		5	3
ch6	9000	0		4	3
ch4	9000	0		3	3

host	port	status	error	num_hosts_remaining	num_hosts_active
ch5	9000	0		2	0
ch3	9000	0		1	0
ch2	9000	0		0	0

```
6 rows in set. Elapsed: 1.689 sec.
```

（2）查看集群物理表创建结果

登录 ch1 ClickHouse Server 节点，查看 my_distributed_db.t1_local 表信息。

1）首先，进入 Docker 容器 ch1 实例：

```
$docker exec -it 168f4d2872fc26d77b660417dc7254f792ad7f68f5806c3d771978f18a464264
    /bin/sh
```

2）连接 ClickHouse Server：

```
# clickhouse-client -u default --password 123456
ClickHouse client version 22.7.1.2484 (official build).
Connecting to localhost:9000 as user default.
Connected to ClickHouse server version 22.7.1 revision 54457.
```

3）切换到 my_distributed_db 数据库：

```
ch1 :) use my_distributed_db
```

```
USE my_distributed_db
Query id: 19caa535-33b9-4971-a662-eef2ba005847
Ok.
0 rows in set. Elapsed: 0.041 sec.
```

4）查看表信息：

```
ch1 :) show tables
SHOW TABLES
Query id: 59cf5395-b16b-4e99-b42b-a0133a0e750b
┌─name─────┐
│ t1_local │
└──────────┘

1 row in set. Elapsed: 0.025 sec.
ch1 :) desc t1_local
DESCRIBE TABLE t1_local
Query id: 790cff12-3501-4778-9265-85ff944641a3
```

name	type	default_type	default_expression
comment	codec_expression	ttl_expression	
ID	String		
ID			
EventName	String		
EventName			
EventTime	DateTime		
EventTime			

```
3 rows in set. Elapsed: 0.013 sec.
```

登录 ch2 ClickHouse Server 节点，查看 my_distributed_db.t1_local 表信息。

1）进入 Docker 容器 ch2 实例：

```
$docker exec -it 0958e68b28c3294dca9c38cf4e0e8f2ee17919f3f6d84a0507ecac63516
    3d160 /bin/sh
```

2）连接 ClickHouse Server：

```
# clickhouse-client -u default --password 123456
ClickHouse client version 22.7.1.2484 (official build).
Connecting to localhost:9000 as user default.
Connected to ClickHouse server version 22.7.1 revision 54457.
```

3）切换到 my_distributed_db 数据库：

```
ch2 :) use my_distributed_db
USE my_distributed_db
Query id: 2787b41e-9233-4a8b-830e-ef0b4034c2ee
Ok.
0 rows in set. Elapsed: 0.026 sec.
```

4）查看表信息：

```
ch2 :) show tables
SHOW TABLES
Query id: 86bb0099-8bda-49a7-991b-a546160f09a7
┌─name─────┐
│ t1_local │
└──────────┘

1 row in set. Elapsed: 0.032 sec.
ch2 :) desc t1_local
DESCRIBE TABLE t1_local
Query id: 84600454-1535-4ec3-b6ea-3022278a8dab

┌─name──────┬─type─────┬─default_type─┬─default_expression─┐
│ comment   │ codec_expression─┤ ttl_expression │        │
│ ID        │ String   │              │                    │
│ ID        │          │              │                    │
│ EventName │ String   │              │                    │
│ EventName │          │              │                    │
│ EventTime │ DateTime │              │                    │
│ EventTime │          │              │                    │
└───────────┴──────────┴──────────────┴────────────────────┘


3 rows in set. Elapsed: 0.024 sec.
```

可以看到 ch2 节点上也成功创建了本地表 t1_local。ch3~ch6 节点与此类似。

（3）查看 ZooKeeper 上 DDL 执行日志数据

我们再来看一下分布式表创建过程中，ZooKeeper 做了哪些工作。通过执行日志查看系统运行流程是非常实用的方法。我们首先执行如下命令把 ZooKeeper 二进制格式的日志文件解析成文本格式：

```
/Users/bytedance/soft/apache-zookeeper-3.8.0-bin/bin/zkTxnLogToolkit.sh -d
    /Users/data/zookeeper/node1/datalog/version-2/log.b00000019 > /Users/data/
    zookeeper/node1/datalog/version-2/log.b00000019.log
```

在日志文本 log.b00000019.log 中，可以看到创建 my_distributed_db.t1_local 本地表的核心日志流程如下：

```
22-7-23 下午06时22分44秒 session 0x30000009d7e0000 cxid 0x18 zxid 0xb0000001c
    create /clickhouse/task_queue/ddl/query-0000000006,version: 2
query: CREATE TABLE my_distributed_db.t1_local UUID \'63b96ffd-4e6b-4b0e-
    a29c-73d6bcf9b2d4\' ON CLUSTER cluster_shard (`ID` String COMMENT \'ID\',
    `EventName` String COMMENT \'EventName\', `EventTime` DateTime COMMENT
    \'EventTime\') ENGINE = ReplicatedMergeTree(\'/clickhouse/tables/
    {layer}-{shard}/my_distributed_db/t1_local\', \'{replica}\') PARTITION BY
    toYYYYMMDD(EventTime) ORDER BY EventTime
hosts: ['ch1:9000','ch2:9000','ch3:9000','ch4:9000','ch5:9000','ch6:9000']
initiator: ch1:9000
```

```
settings: load_balancing = 'random'
,[31,s{'world,'anyone}
],false,7
...
22-7-23 下午 06 时 22 分 46 秒 session 0x20000009d300001 cxid 0x4a zxid 0xb000000a5
    setData /clickhouse/tables/03-03/my_distributed_db/t1_local/replicas/ch3/
    log_pointer,0,1
22-7-23 下午 06 时 22 分 46 秒 session 0x20000009d300001 cxid 0x53 zxid 0xb000000a6
    multi delete:;/clickhouse/task_queue/ddl/query-0000000006/active/
    ch3:9000;create:=/clickhouse/task_queue/ddl/query-0000000006/finished/
    ch3:9000 0
world anyone
22-7-23 下午 06 时 22 分 46 秒 session 0x20000009d300002 cxid 0x55 zxid 0xb000000a7
    multi delete:;/clickhouse/task_queue/ddl/query-0000000006/active/
    ch2:9000;create:=/clickhouse/task_queue/ddl/query-0000000006/finished/
    ch2:9000 0
world anyone
...
```

（4）查看 ZooKeeper 服务器数据

1）登录 zoo1 容器实例：

```
$docker exec -it 9d4852d466fbfd88e33d108bf33bc0176d4438ab76570308c7f83f2875380560
    /bin/sh
```

2）ZooKeeper 客户端连接服务器：

```
# zkCli.sh
Connecting to localhost:2181
2022-07-23 10:56:59,971 [myid:] - INFO   [main:o.a.z.Environment@98] - Client
    environment:zookeeper.version=3.8.0-5a02a05eddb59aee6ac762f7ea82e92a68eb9c
    0f, built on 2022-02-25 08:49 UTC
2022-07-23 10:56:59,978 [myid:] - INFO   [main:o.a.z.Environment@98] - Client
    environment:host.name=zoo1
```

3）查看 DDL 节点数据：

```
zk: localhost:2181(CONNECTED) 6] ls -R /
/
/clickhouse
/clickhouse/tables
/clickhouse/task_queue
/clickhouse/tables/01-01
...
/clickhouse/tables/06-06/my_distributed_db
/clickhouse/tables/06-06/my_distributed_db/t1_local
/clickhouse/tables/06-06/my_distributed_db/t1_local/alter_partition_version
/clickhouse/tables/06-06/my_distributed_db/t1_local/block_numbers
...
/clickhouse/tables/06-06/my_distributed_db/t1_local/zero_copy_hdfs/shared
/clickhouse/tables/06-06/my_distributed_db/t1_local/zero_copy_s3/shared
```

4）查看 t1_local 元数据：

```
[zk: localhost:2181(CONNECTED) 2] get /clickhouse/tables/01-01/my_distributed_
    db/t1_local/metadata
metadata format version: 1
date column:
sampling expression:
index granularity: 8192
mode: 0
sign column:
primary key: EventTime
data format version: 1
partition key: toYYYYMMDD(EventTime)
granularity bytes: 10485760
```

9.4.5　创建集群分布式逻辑表

上一小节，我们已经完成了分片本地物理表 my_distributed_db.t1_local 的创建。本节我们在集群的各个分片数据库上分别创建一张使用分布式表引擎的逻辑表 my_distributed_db.t1_all。

1. 语法
创建分布式表的语法如下：

```
CREATE TABLE [IF NOT EXISTS] [db.]table_name [ON CLUSTER cluster]
(
name1 [type1] [DEFAULT|MATERIALIZED|ALIAS expr1],
name2 [type2] [DEFAULT|MATERIALIZED|ALIAS expr2],
...
) ENGINE = Distributed(cluster, database, table[, sharding_key[, policy_name]])
[SETTINGS name=value, ...]
```

语法说明如下：
❑ cluster，ClickHouse 服务器集群配置文件中的集群名称。
❑ database，远程数据库的名称。
❑ table，远程表的名称。
❑ sharding_key，数据分片键（可选）。例如，sharding_key=rand() 表示数据写入时会根据 rand() 随机函数的值来决定写入哪一个分片。不过，根据实际业务场景，恰当设计分片键，使得整个集群分片节点上数据分布均匀，可以最大化利用集群分布式并行计算能力，避免"短板效应"。
❑ policy_name，策略名称（可选）。

2. 创建分布式表 SQL 实例
在 ClickHouse 集群 cluster_shard 的每个分片节点数据库上分别各自创建一张 my_

distributed_db.t1_all 分布式表，分片键采用随机函数 rand()。创建分布式表 SQL 如下：

```
CREATE TABLE my_distributed_db.t1_all ON CLUSTER cluster_shard
ENGINE = Distributed('cluster_shard', 'my_distributed_db', 't1_local', rand())
```

需要注意的是，集群各个分片上的 t1_all 表结构完全一致，t1_all 的表结构与物理表 t1_local 表结构也完全一致。这样冗余相同逻辑表的策略，可以保证从集群中任意一个分片节点都可以发起分布式查询。

执行结果如下：

```
Query id: 2b06e48d-9ee1-40eb-ba08-28a9d35dd5f3
```

host	port	status	error	num_hosts_remaining	num_hosts_active
ch1	9000	0		5	4
ch2	9000	0		4	4

host	port	status	error	num_hosts_remaining	num_hosts_active
ch5	9000	0		3	0
ch3	9000	0		2	0
ch4	9000	0		1	0

host	port	status	error	num_hosts_remaining	num_hosts_active
ch6	9000	0		0	0

```
6 rows in set. Elapsed: 1.090 sec.
```

9.5 数据写入

在前面章节，我们已经完成了 ClickHouse 集群环境的搭建和分布式数据库表的创建。接下来就是向表中写入数据和读取数据的流程了。本节主要介绍 ClickHouse 分布式库表数据写入的方法和实现原理。

9.5.1 写数据方案

本节介绍向 ClickHouse 分布式集群的分布式表中写数据的方法和数据分片等相关概念。

1. 分布式表写数据方案

向 ClickHouse 集群分布式表中写入数据的方案通常有两种：一种是直接写本地表，一种是通过分布式表引擎写分布式表。

方案 1：直接写本地表。在应用层先通过一定的数据分片规则，提前将数据均匀分片，然后直接在每个分片上执行写入数据 Part，将特定表数据写入特定集群分片。当然，分布式查询仍然是查询分布式逻辑表。这是最灵活的解决方案，用户可以自定义分片方案，对

于复杂业务特性的需求,它可能是非常重要的,也是最佳的解决方案,因为数据可以完全
独立地写入不同的分片。

方案2:通过分布式表引擎写分布式表,在分布式表上执行 INSERT 操作(例如,使用
ClickHouse JDBC)。在这种情况下,分布式表会跨服务器分发插入数据。适用于小数据量
(百万级)的情况。大数据量(百亿级)对集群资源有较多占用,不适合采用此方案。

如果只是百万级数据量,直接写本地表与通过分布式表引擎写入数据的性能可能并没
有太大差别。但是,如果是百亿、千亿甚至万亿级数据量,写分布式表在性能上可能会出
现问题(不仅仅是写入性能差,还会影响到整个集群的查询性能)。

关于大数据量写分布式表的性能问题需要注意以下几点。

1)写分布式表会大量消耗集群 CPU 和磁盘等资源。

2)分布式表接收到数据后会将数据拆分成多个 Part,并转发到其他服务器,引起服务
器间网络流量增加、服务器合并的工作量增加,导致写入速度变慢,并且增加了太多数据
Part 的可能性。

3)数据的一致性问题,先在分布式表所在的机器进行落盘,然后异步发送到本地表所
在机器进行存储,中间没有一致性的校验,而且如果机器宕机,会存在数据丢失风险。

4)数据写入默认是异步的,短时间内可能造成不一致。

5)对 ZooKeeper 集群带来较大性能压力。

2. 分片与权重

为了写入分布式表,必须要配置分片键。每个分片都可以在配置文件中定义权重
(weight),分片权重影响数据在分片中的倾斜程度,一个分片权重值越大,那么它被写入的
数据越多。在配置 ClickHouse 集群时,需要设置权重,数据依据分片权重按比例分发到分
片上。默认情况下,权重等于1,表示数据等比例分发到各个分片上。

例如,如果有两个分片,第一个分片的权重是9,第二个分片的权重是10,那么所有
分片权重之和 sum_weight = 9 + 10 = 19。分片键的取值为 shard_value,此时,定义一个槽
位值 slot = shard_value % sum_weight,则分布式表引擎选择将一行数据发送到哪个分片的
方法就是,首先计算该行数据的 slot 值,然后根据权重区间范围判断数据落入哪个分片:
余数在 [0,9) 中的行发给第一个分片,余数在 [9,19) 中的行发给第二个分片。

在实际生产应用中,ClickHouse 集群通常采用读写分离模式:读分布式表、写本地表。

这里进一步说明数据分片的规则。分片键要求返回一个整型类型的取值,包括 Int 和
UInt 类型。关于分片键的选择通常有 3 种情况。

1)分片键可以是一个具体的整型字段,例如,按照用户 ID 划分:

```
Distributed(cluster,database,table,userid)
```

2)分片键也可以是返回整型的表达式,例如,按照随机数划分:

```
Distributed(cluster,database,table,rand())
```

3）还可以按照用户 ID 的散列值划分：

```
Distributed(cluster,database,table,intHash64(userid))
```

如果不声明分片键，那么分布式表只能包含一个分片，这就意味着只能映射一张表，而一个分布式表只包含一个分片的时候也就失去了分布式的意义。在实际生产环境中，恰当、合理地设置分片键，对整个集群的读写性能有着核心的影响。

3. 选择函数

选择函数用于判断一行待写入的数据应该被写到哪个分片中，判断过程大致分成两个步骤。

1）计算 slot 取值，计算公式如下：

$$slot = shard\_value \% sum\_weight$$

其中，shard_value 为分片键的取值，sum_weight 为所有分片的权重之和。

2）根据槽位 slot 值路由到对应的数据分片。如果某行数据分片键值 shard_value = 10，sum_weight = 30，那么 slot = 10。该行数据属于 [10,20) 区间，所以这行数据会被对应到第二个分片。数据分片过程的实现原理如图 9-4 所示。

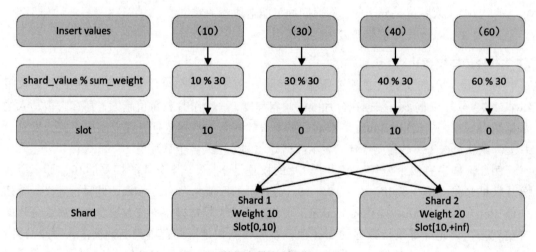

图 9-4 数据分片过程的实现原理

9.5.2 写数据具体操作

1. 写入分布式表数据

我们在分布式表 my_distributed_db.t1_all 中写入 6 条数据，SQL 语句如下：

```
ch1 :) insert into my_distributed_db.t1_all
    values ('1', 'A1', now()),
        ('2', 'A2', now()),
```

```
('3', 'A3', now()),
('4', 'A4', now()),
('5', 'A5', now()),
('6', 'A6', now());
```

2. 查询数据写入结果

首先，我们查询分布式表 t1_all，可以看到共有 6 条记录：

```
SELECT *
FROM my_distributed_db.t1_all

Query id: ce04c848-7fcc-4002-b2b1-b614a790dfcf

┌─ID─┬─EventName─┬─────────────EventTime─┐
│  1 │ A1        │   2022-07-24 02:32:50 │
│  6 │ A6        │   2022-07-24 02:32:50 │
└────┴───────────┴───────────────────────┘

┌─ID─┬─EventName─┬─────────────EventTime─┐
│  2 │ A2        │   2022-07-24 02:32:50 │
│  3 │ A3        │   2022-07-24 02:32:50 │
│  4 │ A4        │   2022-07-24 02:32:50 │
│  5 │ A5        │   2022-07-24 02:32:50 │
└────┴───────────┴───────────────────────┘

6 rows in set. Elapsed: 0.041 sec.
```

3. 查看本地表数据

登录 ch1 容器节点查询数据：

```
ch1 :) select * from my_distributed_db.t1_local;

SELECT *
FROM my_distributed_db.t1_local

Query id: 7b78fed1-7be2-419b-aa5f-9dd042757944

┌─ID─┬─EventName─┬─────────────EventTime─┐
│  1 │ A1        │   2022-07-24 02:32:50 │
│  6 │ A6        │   2022-07-24 02:32:50 │
└────┴───────────┴───────────────────────┘

2 rows in set. Elapsed: 0.259 sec.
```

可以看到，总共有 6 条数据，ch1 的本地表被随机写入了 A1、A6 两条数据。

9.6　数据查询

本节介绍分布式表数据的查询方法和原理分析。

9.6.1 分布式查询原理

与分布式数据写入不同，ClickHouse 集群分布式表数据查询，只能通过分布式表引擎实现。分布式表的查询类似于分库分表中间件查询，逻辑也很类似。

ClickHouse 分布式查询原理如下。

1）当用户发起一次分布式查询，首先通过集群分片负载均衡 SLB，把请求路由到集群中一个具体的分片上。

2）路由到集群中某个具体分片上之后，通过分片内副本负载均衡算法（默认为 random 算法），选择一个副本作为查询发起者。

3）被选中的查询副本会将分布式查询语句转换为各个分片的本地查询语句，然后将本地查询语句发送到各个分片节点并执行查询。需要注意的是，读取本地数据和读取远程数据是并行的。

4）依次查询每个分片的数据。

5）将各个分片返回的结果进行合并，最终返回给用户。

可以看出，分布式查询过程并不需要 ZooKeeper 的参与。

ClickHouse 分布式表实际上是一种逻辑视图，分布式表会映射到 ClickHouse 集群分片本地物理表。在分布式表中执行 SELECT 查询会使用集群所有分片的资源。

9.6.2 分布式查询过程分析

接下来，我们来分析一下分布式表查询 SQL 语句的执行过程。

首先，使用 EXPLAIN 命令来看一下 SQL 执行计划：

```
EXPLAIN
SELECT *
FROM my_distributed_db.t1_all

Query id: 643d3b84-8420-4dba-916b-7bfef1ac9f07

┌─explain────────────────────────────────────────────┐
│ Union                                               │
│   Expression ((Projection + Before ORDER BY))       │
│     ReadFromMergeTree (my_distributed_db.t1_local)  │
│   ReadFromRemote (Read from remote replica)         │
└─────────────────────────────────────────────────────┘

4 rows in set. Elapsed: 0.016 sec.
```

可以看到这里有两个核心步骤。

❑ 读本地表数据：ReadFromMergeTree (my_distributed_db.t1_local)。

❑ 读远程副本表数据：ReadFromRemote (Read from remote replica)。

我们还可以通过 ClickHouse Server 执行日志来分析分布式查询背后的详细过程。使用 Query id 搜索查询相关执行日志，如下：

```
2022.07.24 02:46:02.376647 [ 48 ] {} <Debug> TCP-Session: 9e3f5022-700a-4eaf-
    8837-98641c4e3935 Creating query context from session context, user_id:
    94309d50-4f52-5250-31bd-74fecac179db, parent context user: default
2022.07.24 02:46:02.378556 [ 48 ] {ce04c848-7fcc-4002-b2b1-b614a790dfcf} <Debug>
    executeQuery: (from 127.0.0.1:40456) select * from my_distributed_db.t1_all
    (stage: Complete)
2022.07.24 02:46:02.379640 [ 48 ] {ce04c848-7fcc-4002-b2b1-b614a790dfcf} <Trace>
    ContextAccess (default): Access granted: SELECT(ID, EventName, EventTime) ON
    my_distributed_db.t1_all
...
2022.07.24 02:46:02.382673 [ 48 ] {ce04c848-7fcc-4002-b2b1-b614a790dfcf} <Trace>
    ContextAccess (default): Access granted: SELECT(ID, EventName, EventTime) ON
    my_distributed_db.t1_local
...
2022.07.24 02:46:02.425548 [ 111 ] {} <Trace> system.asynchronous_metric_
    log (8502806b-1727-4f3f-af03-4005bfc96aa4): Renaming temporary part tmp_
    insert_202207_178_178_0 to 202207_1856_1856_0.
2022.07.24 02:46:02.432061 [ 111 ] {} <Trace> SystemLog (system.asynchronous_
    metric_log): Flushed system log up to offset 920561
```

可以看到在 ch1 发起一次分布式查询，过程中还与 ch6:9000，ch4:9000 进行了数据通信传输：

```
Connection (ch6:9000): Sent data for 2 scalars, total 2 rows in 0.000115793 sec.
Connection (ch4:9000): Sent data for 2 scalars, total 2 rows in 0.000148302 sec.
```

9.6.3 分布式子查询

带子查询的 IN/JOIN 子句有两个选项：普通 IN / JOIN 和 GLOBAL IN / GLOBAL JOIN。它们在分布式查询处理的运行方式上有所不同。

1）当使用普通 IN/JOIN 时，查询被发送到远程服务器，并且它们中的每个服务器都在运行子查询 IN/JOIN 条件。对于非分布式查询，请使用普通 IN / JOIN。

2）使用 GLOBAL IN / GLOBAL JOIN 时，首先将 GLOBAL IN 子句单独提出，发起一次分布式查询，并将结果存储在临时内存表中；然后将临时内存表发送到每个远程服务器，每个远程节点都使用此临时内存表数据进行查询。通过临时内存表方式，达到了数据共享的目的，从而避免了查询放大的问题。需要注意的是，IN 或者 JOIN 子句返回的数据不宜过大，如果内存表存在重复数据，可以在子句中增加 distinct 实现去重。同时，也不能一味地追求查询效率，将分布式子查询都改成 GLOBAL IN，一定要结合实际的业务逻辑来使用。

9.7 集群副本与分片

ClickHouse 通过副本和分片实现了大数据 OLAP 分析的高可用和高性能。副本的主要目的是防止数据丢失，增加数据存储的冗余。分片的主要目的是实现数据的水平切分。ReplicatedMergeTree 是 ClickHouse 数据副本的主要实现载体。

在实际生产环境中，为了最大化提升性能与稳定性，ClickHouse 集群副本和分片几乎总是一同使用。本节介绍 ClickHouse 集群副本和分片的相关内容。

9.7.1 简介

副本，是指两个相同数据的表或表的一部分，作用是数据备份，避免单节点故障的问题，同时，也起到负载均衡的作用。可以通过 RelicatedMergeTree 引擎 +ZooKeeper 集群来实现副本。

分片，是指集群中不同的服务器节点，分别存储同一张表的不同部分，作用是水平切分表，缓解单一服务的压力，解决单节点瓶颈的问题，类似于 MySQL 的分库分表和 MongoDB 的分片。同时，多个分片节点可以并行计算，以最大程度利用整个集群的 CPU 计算资源和磁盘 I/O 资源。

ClickHouse 的副本与分片都是通过 ZooKeeper 来进行协调的，如果 ZooKeeper 节点异常了，则会出现：

```
Code: 242. DB::Exception: Received from xxxx DB::Exception: Table is in readonly
    mode (zookeeper path: /xxx/xxx/xxx).
```

此时，表不能进行修改，只能查询，变成了只读表。所以，ZooKeeper 生产环境中都使用集群模式。

9.7.2 副本离线

当 ClickHouse 集群分片节点的副本离线时，通常存在两种情况：

1）如果一个单副本的分片的其中一个主节点（相对副本节点而言）宕机，副本节点还在正常工作，则数据写入分布式表时会直接写入其副本节点，不影响数据库的可用性。当宕机的主节点恢复之后，该节点会自动同步该数据。

2）如果一个分片的节点出现异常宕机，且分片所有副本节点都宕机，即没有正常工作的副本，则数据读取和写入分布式表只会对未异常的分片节点进行正常操作，异常分片节点报错。如果异常节点恢复正常，会把报错期间的数据重新写入，以保证数据的最终写入成功。

9.7.3 副本扩缩容

副本扩容比较简单，主要步骤如下。

1）修改集群配置文件，添加新的副本节点。

2）在副本节点上创建好对应的分布式表和本地表即可。

完成这些步骤后，副本之间会通过 ZooKeeper 进行同步协调数据信息，新的副本实例会与其他副本进行数据同步。

缩容与此类似，副本节点作为一个独立的节点，直接下线缩容即可。

9.7.4　分片扩缩容

分片扩容比较复杂，涉及数据的迁移。主要步骤如下。

1）创建新的分片集群。

2）在各个分片节点上创建好分布式表和本地表。

3）进行数据迁移。比如，通过查询旧的分布式表把旧集群的所有数据迁移到新的集群中。SQL 示例：

```
insert into default.new_distribute_table as select * from default.old_distribute_
    table
```

4）修改 metrika.xml 文件，添加新分片的信息，将扩容配置持久化。

分片缩容的过程也比较复杂，需要把下线分片的数据迁移到目标分片上，过程大致为准备数据→导出数据→导入数据→验证数据→删除源表 & 修改集群配置。

9.8　本章小结

本章全面介绍了如何从 0 到 1 使用 Docker 搭建一个完整的 ClickHouse 分布式集群（集成 ZooKeeper 集群）的方法。同时，详细介绍了在 ClickHouse 集群上创建分布式数据库、分布式表和本地表，以及数据的读写方法和原理。接着，又重点介绍了副本与分片的工作原理，分布式查询原理等内容。

下一章我们将介绍 ClickHouse 集群监控的相关内容。

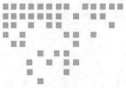

Chapter 10 第 10 章

基于 Grafana 搭建 ClickHouse 集群监控平台

本章介绍如何集成 clickhouse-exporter + Prometheus + Grafana 实现一个 ClickHouse 集群监控平台，主要内容包括如何从 0 到 1 使用 Docker 安装配置 Grafana、clickhouse-exporter 和 Prometheus，并搭建一个 ClickHouse 集群监控平台，以及如何自定义指标面板。

10.1 方案简介

在 ClickHouse 集群部署到生产环境之前，我们就要制定好相关的监控方案，包括对指标采集、报警策略、图形化报表等的监控方案，以便及时感知异常并人工介入处理，及时止损，避免线上故障。

对于 ClickHouse 集群的监控方案，业界一般基于 Prometheus + Grafana 生态制订。ClickHouse 集群监控方案如图 10-1 所示。

- ❏ clickhouse-server 中有 4 个系统表会记录进程内部的指标，分别是 system.metrics、system.asynchronous_metrics、system.events、system.parts。
- ❏ clickhuse-exporter 是一个用于采集 ClickHouse 指标的开源组件（https://github.com/ClickHouse/clickhouse_exporter），它会定时查询 clickhouse-server 中的系统表数据，并转化成监控指标数据结构，然后通过 HTTP 接口暴露给 Prometheus。
- ❏ Prometheus 定时抓取 clickhouse-exporter 暴露的指标，并存储到 TSDB 中。Grafana 看板实时刷新数据，查看当前 ClickHouse 集群的运行状态。

❑ Grafana 是可视化平台。

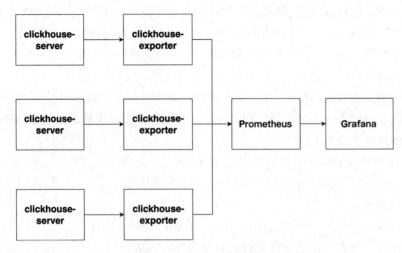

图 10-1　ClickHouse 集群监控方案

10.2　环境准备

本节介绍 ClickHouse 集群监控平台依赖的相关环境，并给出安装相应环境的详细步骤。

10.2.1　Grafana 简介

Grafana 是一款用 Go 语言开发的开源数据可视化工具（https://github.com/grafana/grafana），可以做数据监控和数据统计，带有告警功能。

Grafana 是一款开放且可组合的可观察性和数据可视化平台。可视化来自多个来源的指标、日志和监控，如 Prometheus、Loki、Elasticsearch、PopxDB、PostgreSQL 等。目前使用 Grafana 的公司有很多，如字节跳动、PayPal、eBay、Intel 等。

Grafana 是一款非常流行的工具，可用于根据时间序列数据创建交互式的仪表盘，也能为数据库提供分析和监控的解决方案。Grafana 允许用户对指标进行查询和可视化，发出警报或进行了解，无论指标存储在何处。Grafana 允许团队创建、探索和共享仪表板，并培养数据驱动的文化。Grafana 优点很多。

❑ 可视化。Grafana 的可视化仪表盘可以快速、灵活地搭建监控大盘。面板插件允许以多种不同的方式将指标和日志进行可视化。

❑ 组件库丰富。Grafana 生态中有丰富的 UI 组件，从热图到直方图，从常见图形到地理地图等，不一而足。

❑ 自定义能力。Grafana 提供了大量的可视化选择，可以使用模板变量创建动态和可重用的仪表板，可以自定义过滤器，将动态创建的新的键/值过滤器应用于使用该数据源的所有查询。

- 日志搜索。Grafana 通过即席查询和动态深入研究来探索数据，通过拆分视图来比较不同的时间范围、查询和数据源，还可以通过指标切换到日志，快速搜索日志。
- 混合数据源。Grafana 支持混合数据源。你可以在同一图表中混合不同的数据源，也可以在每个查询的基础上指定数据源，还可以自定义数据源。
- 监控报警。在接入数据时，Grafana 会根据业务需求定义阈值和报警，定义指标的报警规则和通知方式，之后会应用这些规则，在触发报警阈值时发送通知。Grafana 还可以配置邮件通知。
- 整合度强。Grafana 可与众多项目进行整合，比如我们熟悉且常用的 Graphite、Elasticsearch、InfluxDB 和 Prometheus 等。将数据整合在一起之后我们能获得更完美的解决方案。
- 开源。Grafana 是完全开源的，并有一个充满活力的社区。
- 扩展插件。官方库提供数百个仪表盘和插件。本文介绍的就是 Vertamedia 公司开发的 Grafana ClickHouse 插件，现已由 Altinity 团队维护。
- 协作。将每个人聚集在一起，并在团队之间共享数据和仪表盘。Grafana 增强了用户能力，并帮助建立了数据驱动的文化。

10.2.2 安装 Grafana

本节介绍如何使用 Docker 安装 Grafana。

1. 安装 Grafana

Grafana 的 Docker Hub 地址为：https://hub.docker.com/r/grafana/grafana。

首先，使用 Docker 拉取 Grafana 镜像，执行如下指令：

```
$docker pull grafana/grafana
```

执行日志：

```
Using default tag: latest
latest: Pulling from grafana/grafana
ab6db1bc80d0: Pull complete
ae97cf61a993: Pull complete
3cdf1610ea9a: Pull complete
4c449d4b5982: Pull complete
5afbac101c13: Pull complete
8c10b181c7ac: Pull complete
6e819c7a6bad: Pull complete
1b7e4f37d00f: Pull complete
069d748ea1ea: Pull complete
Digest: sha256:d677948c6e9ab36e1f128e4372f716b8e2cf9f50790429e63aaea48fbdfc7dfb
Status: Downloaded newer image for grafana/grafana:latest
docker.io/grafana/grafana:latest
```

2. 启动 Grafana 容器

通过将 Grafana 绑定到外部端口 23000 来启动 Docker 容器。

```
$docker run --name=grafana -p 23000:3000 grafana/grafana
```

启动日志如下：

```
docker run --name=grafana -p 23000:3000 grafana/grafana
logger=settings t=2022-07-24T06:28:54.186812371Z level=info msg="Starting
    Grafana" version=9.0.4 commit=c256012971 branch=HEAD compiled=2022-07-
    20T14:23:57Z
logger=settings t=2022-07-24T06:28:54.187120688Z level=info msg="Config loaded
    from" file=/usr/share/grafana/conf/defaults.ini
logger=settings t=2022-07-24T06:28:54.187244971Z level=info msg="Config loaded
    from" file=/etc/grafana/grafana.ini
logger=settings t=2022-07-24T06:28:54.187264599Z level=info msg="Config
    overridden from command line" arg="default.paths.data=/var/lib/grafana"
logger=settings t=2022-07-24T06:28:54.187329112Z level=info msg="Config
    overridden from command line" arg="default.paths.logs=/var/log/grafana"
logger=settings t=2022-07-24T06:28:54.187340295Z level=info msg="Config
    overridden from command line" arg="default.paths.plugins=/var/lib/grafana/
    plugins"
logger=settings t=2022-07-24T06:28:54.187345695Z level=info msg="Config
    overridden from command line" arg="default.paths.provisioning=/etc/grafana/
    provisioning"
...
logger=sqlstore t=2022-07-24T06:28:54.185575972Z level=info msg="Connecting to
    DB" dbtype=sqlite3
logger=sqlstore t=2022-07-24T06:28:54.186602426Z level=info msg="Creating SQLite
    database file" path=/var/lib/grafana/grafana.db
logger=migrator t=2022-07-24T06:28:54.189793909Z level=info msg="Starting DB
    migrations"
logger=migrator t=2022-07-24T06:28:54.190035877Z level=info msg="Executing
    migration"id="create migration_log table"
logger=migrator t=2022-07-24T06:28:54.195064934Z level=info msg="Executing
    migration" id="create user table"
logger=migrator t=2022-07-24T06:28:54.199454212Z level=info msg="Executing
    migration" id="add unique index user.login"
logger=migrator t=2022-07-24T06:28:54.20407675Z level=info msg="Executing
    migration" id="add unique index user.email"
logger=migrator t=2022-07-24T06:28:54.209168744Z level=info msg="Executing
    migration"
...
logger=http.server t=2022-07-24T06:28:58.44966749Z level=info msg="HTTP Server
    Listen" address=[::]:3000 protocol=http subUrl= socket=
logger=ngalert.multiorg.alertmanager t=2022-07-24T06:28:58.471219267Z level=info
    msg="starting MultiOrg Alertmanager"
```

通过启动日志，我们可以看到 Grafana 底层使用了 SQLite3 数据库，以及启动过程中系统创建的内部的一系列表，例如 migration_log、user、org、org_user、dashboard、dashboard_tag 等。

10.2.3 安装 Grafana ClickHouse 插件

Grafana ClickHouse 数据源插件支持 ClickHouse 作为后端数据库。该插件最初由 Vertamedia 开发，自 2020 年起由 Altinity 维护。Grafana ClickHouse 数据源插件官网地址为 https://grafana.com/grafana/plugins/vertamedia-clickhouse-datasource/。GitHub 地址为 https://github.com/Altinity/clickhouse-grafana。

安装 Grafana ClickHouse 数据源插件的详细步骤介绍如下。

1. 登录 Grafana 容器

首先，登录 Grafana Docker 容器：

```
$docker exec -it 9b862e1b484a176d23f3a3b027cd6f8ef1f4d6db7bf1c0baad94a12930f0
    cf91 /bin/sh
/usr/share/grafana $
```

2. 在 Grafana 容器上安装插件

然后，在 sh 命令行安装 vertamedia-clickhouse-datasource 插件：

```
/usr/share/grafana $ grafana-cli plugins install vertamedia-clickhouse-datasource
✓Downloaded vertamedia-clickhouse-datasource v2.5.0 zip successfully
Please restart Grafana after installing plugins. Refer to Grafana documentation
    for instructions if necessary.
```

3. 提交新镜像

提交安装插件后的容器为一个新镜像，以保证持久化。执行如下指令：

```
$docker commit 9b862e1b484a176d23f3a3b027cd6f8ef1f4d6db7bf1c0baad94a12930f0cf91
    grafana-clickhouse
sha256:e86dcf4c7767d8a68a48c473afb33659c2f6ecd913e968eb429495a1cf72f718
```

4. 运行安装插件后的容器

```
docker run -p 23000:3000 grafana-clickhouse
[root@kubesphere3 ~]# docker run -d -p 23000:3000  grafana-clickhouse
b19d8b0f109600a683bdfeb4135dfa5d2b4af5274bd67b997b13d04277f3c270
```

5. 访问 Grafana

访问 http://localhost:33000，输入账号 admin，密码 admin，如图 10-2 所示。

单击 Log in 按钮，首页界面如图 10-3 所示。

图 10-2　Grafana 登录界面

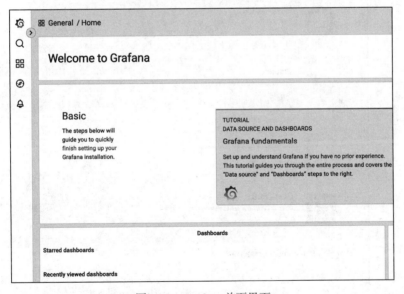

图 10-3　Grafana 首页界面

10.2.4　配置 ClickHouse 数据源

通过在 Grafana 中添加 ClickHouse Server 数据源，可以方便地统计集群的查询状况、慢查询、大表、Top 查询等监控指标。ClickHouse Server 数据源中有 4 个系统表会记录进程内部的指标，分别是 system.metrics、system.asynchronous_metrics、system.events 和 system.parts。

1）首先，访问首页 http://localhost:33000 ，然后进入数据源添加模块，如图 10-4 所示。

2）单击 Add data source，进入数据源添加页面，如图 10-5 所示。

3）在搜索框输入 ClickHouse，搜索 ClickHouse 数据源插件，结果如图 10-6 所示。

4）单击 Altinity plugin for ClickHouse，进入添加 ClickHouse 数据源页面，如图 10-7 所示。

图 10-4　数据源添加模块

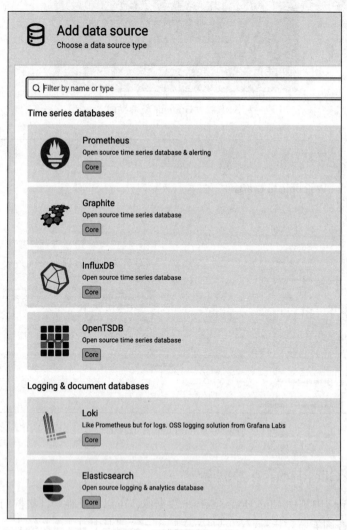

图 10-5　数据源添加页面

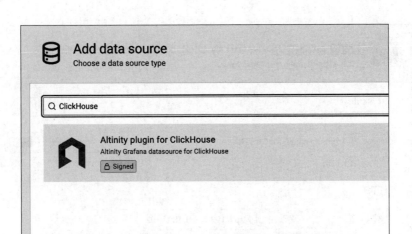

图 10-6　搜索 ClickHouse 数据源插件

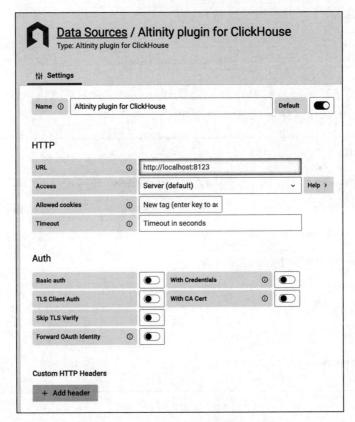

图 10-7　添加 ClickHouse 数据源页面

5）配置 URL 为 http://192.168.3.48:19102。（注意，要填本机的 IP，不要用 http://
localhost:19102，否则会报 Bad Gateway 错误。）如图 10-8 所示。

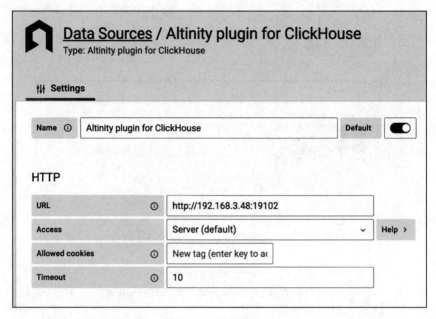

图 10-8　配置 URL

6）配置用户名、密码，在 Auth 下面选择 Basic auth，然后填入用户名、密码（User 为 default，Password 为 123456），如图 10-9 所示。

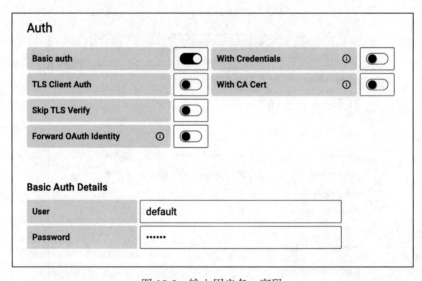

图 10-9　输入用户名、密码

7）单击 Save & test，即可验证连接情况，提示 Data source is working，即表明数据源添加成功，如图 10-10 所示。

8）然后，我们可以添加默认数据库 my_distributed_db，如图 10-11 所示。

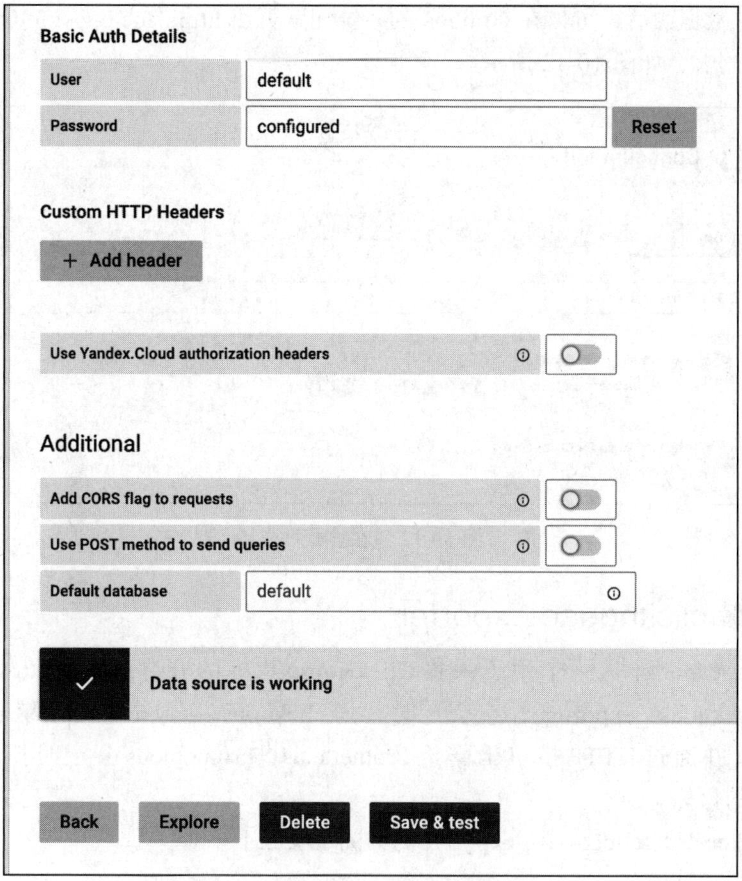

Basic Auth Details

User	default

Password	configured	Reset

Custom HTTP Headers

+ Add header

Use Yandex.Cloud authorization headers ⓘ ⬤

Additional

Add CORS flag to requests ⓘ ⬤

Use POST method to send queries ⓘ ⬤

Default database	default	ⓘ

✓　Data source is working

Back　Explore　Delete　Save & test

图 10-10　连接成功

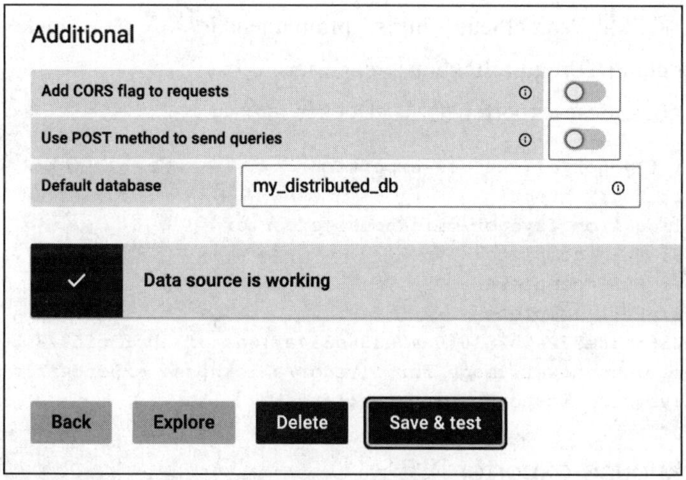

Additional

Add CORS flag to requests ⓘ ⬤

Use POST method to send queries ⓘ ⬤

Default database	my_distributed_db	ⓘ

✓　Data source is working

Back　Explore　Delete　Save & test

图 10-11　添加默认数据库

9）配置好数据源后，可以在 Grafana 的系统配置页面 http://localhost:33000/datasources 中看到数据源列表，如图 10-12 所示。

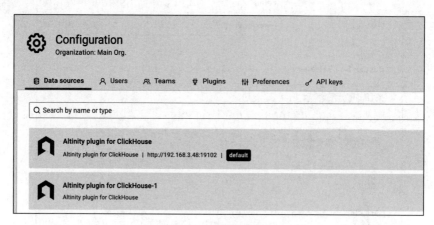

图 10-12　数据源列表

10.2.5　安装 clickhouse-exporter

clickhouse-exporter 是一个用于采集 ClickHouse 指标的开源组件（https://github.com/ClickHouse/clickhouse_exporter），它会定时查询 clickhouse-server 中的系统表，将其转化成监控指标，并通过 HTTP 接口暴露给 Prometheus。Prometheus 会定时抓取 clickhouse-exporter 暴露的指标。

使用 Docker 安装 clickhouse-exporter 的详细步骤如下。

1. 拉取镜像

clickhouse-exporter 是一个简单的服务器，它定期抓取 ClickHouse 统计数据，并通过 HTTP 导出它们以供 Prometheus（https://prometheus.io/）使用。Docker Hub 的地址是 https://hub.docker.com/r/f1yegor/clickhouse-exporter。

首先，拉取 clickhouse-exporter 镜像，Docker 指令如下：

```
$docker pull f1yegor/clickhouse-exporter
Using default tag: latest
latest: Pulling from f1yegor/clickhouse-exporter
540db60ca938: Pull complete
2cf6782fdab7: Pull complete
db1da414ec18: Pull complete
Digest: sha256:c58e572e5b2516f0a40e338d354ef16aaa5f31b4f3c15978bbd7e6c06887c4c6
Status: Downloaded newer image for f1yegor/clickhouse-exporter:latest
docker.io/f1yegor/clickhouse-exporter:latest
```

2. 启动 clickhouse-exporter 服务

使用如下 Docker 指令启动 clickhouse-exporter 服务，暴露端口号为 19116，这个端口号会被 Prometheus 监听并拉取 clickhouse-exporter 提供的服务器指标数据服务。

```
docker run -e CLICKHOUSE_USER=default -e CLICKHOUSE_PASSWORD=123456 -p
    19116:9116 --name=clickhouse_exporter f1yegor/clickhouse-exporter -scrape_
    uri=http://192.168.3.48:19102/
```

其中，-e 表示通过指定环境变量传递 ClickHouse 服务器的用户名及密码。scrape_uri 指定拉取 ClickHouse Server 端口地址为 http://192.168.3.48:19102/。

执行输出：

```
time="2022-07-24T15:32:11Z" level=info msg="Scraping http://192.168.3.48:19102/"
    file="clickhouse_exporter.go" line=32
```

3. 访问 Exporter 服务端口

访问 http://192.168.3.48:19116/，可以看到 clickhouse-exporter 服务界面，如图 10-13 所示。

clickhouse-exporter

Metrics

图 10-13　clickhouse-exporter 服备界面

单击 Metrics，会访问 http://192.168.3.48:19116/metrics，响应输出：

```
# HELP clickhouse_active_async_drained_connections Number of
    ActiveAsyncDrainedConnections currently processed
# TYPE clickhouse_active_async_drained_connections gauge
clickhouse_active_async_drained_connections 0
# HELP clickhouse_active_sync_drained_connections Number of
...
go_memstats_sys_bytes 7.4793992e+07
# HELP process_cpu_seconds_total Total user and system CPU time spent in seconds.
# TYPE process_cpu_seconds_total counter
process_cpu_seconds_total 2.94
# HELP process_max_fds Maximum number of open file descriptors.
# TYPE process_max_fds gauge
process_max_fds 1.048576e+06
# HELP process_open_fds Number of open file descriptors.
# TYPE process_open_fds gauge
process_open_fds 11
# HELP process_resident_memory_bytes Resident memory size in bytes.
# TYPE process_resident_memory_bytes gauge
process_resident_memory_bytes 1.0653696e+07
# HELP process_start_time_seconds Start time of the process since unix epoch in
    seconds.
```

```
# TYPE process_start_time_seconds gauge
process_start_time_seconds 1.65867672844e+09
# HELP process_virtual_memory_bytes Virtual memory size in bytes.
# TYPE process_virtual_memory_bytes gauge
process_virtual_memory_bytes 1.48549632e+09
```

10.2.6　安装 Prometheus

Prometheus（普罗米修斯，官网为 https://prometheus.io，GitHub 地址为 https://github.com/prometheus/prometheus）是由 SoundCloud 使用 Go 语言开发的开源监控报警系统和时序列数据库（Time Series DataBase，TSDB）。

Prometheus 是一个云原生计算基金会（Cloud Native Computing Foundation）项目。它的基本原理是通过 HTTP 周期性抓取被监控组件的状态，任意组件只要提供对应的 HTTP 接口就可以接入监控，不需要任何 SDK 或者其他的集成过程。输出被监控组件信息的 HTTP 接口叫作 exporter，目前常用的开发组件大部分都有 exporter 可以直接使用，比如 Nginx、MySQL、Linux 系统信息、MongoDB、Elasticsearch 等。

Prometheus 架构如图 10-14 所示。

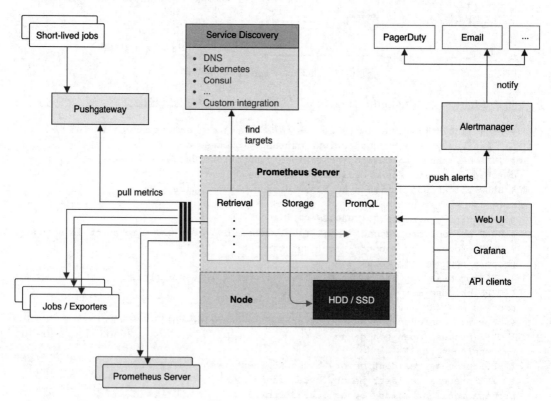

图 10-14　Prometheus 架构

Prometheus 以给定的间隔从配置的目标收集指标，评估规则表达式，显示结果，并可以在观察到指定条件时触发警报。Prometheus 与其他指标及监控系统的区别是：

❑ 支持多维数据模型（由度量名称和一组键 / 值维度定义的时间序列组成）；

❑ 提供 PromQL，一种利用这种维度的强大且灵活的查询语言；

❑ 不依赖集中式存储，单个服务器节点是自治的；

❑ 用于时间序列收集的 HTTP 拉取模型；

❑ 通过批处理作业的中间网关支持推送时间序列；

❑ 通过服务发现或静态配置发现目标；

❑ 多种图形和仪表板支持模式；

❑ 支持分层和水平联邦（Horizontal Federation）。

使用 Docker 安装 Prometheus 的详细步骤如下。

1. 新建挂载目录

首先，新建 Prometheus Docker 挂载目录：

```
mkdir /Users/data/prometheus
```

2. 添加 prometheus.yml 配置文件

进入 Prometheus 目录：

```
/Users/data/prometheus
```

添加 prometheus.yml 配置文件：

```
global:
    scrape_interval:    60s
    evaluation_interval: 60s


# 以下是 Prometheus 的配置内容
scrape_configs:
    # 任务名称被作为 `job=<job_name>` 标签添加到从这个配置中拉取的任意时间序列中
    - job_name: 'clickhouse'
    # metrics_path 默认为 '/metrics'
    # scheme 默认为 'http'
static_configs:
    # clickhouse_exporter 端口:19116
    - targets: ['192.168.3.48:19116']
labels:
instance: prometheus
```

其中，targets: ['192.168.3.48:19116'] 即 clickhouse-exporter 暴露的指标服务。Prometheus 将会定期拉取数据写到 TSDB 中。

3. 拉取 Prometheus 镜像

Prometheus 官方 Docker Hub 镜像地址是 https://hub.docker.com/r/prom/prometheus。使用下面的 Docker 指令拉取镜像：

```
$docker pull prom/prometheus
```

执行日志输出：

```
$docker pull prom/prometheus
Using default tag: latest
latest: Pulling from prom/prometheus
19d511225f94: Pull complete
7fe869475116: Pull complete
88ec36e096ed: Downloading
[================================================>   ]
43.64MB/45.34MB
88ec36e096ed: Download complete
88ec36e096ed: Pull complete
7a4aeda17239: Pull complete
af1d3a52da4e: Pull complete
4d08c466a1d1: Pull complete
9c6d6afbec8e: Pull complete
019f81b64579: Pull complete
efec518336ea: Pull complete
4a028982dd68: Pull complete
20e1e75ff0e2: Pull complete
f69724d873f8: Pull complete
Digest: sha256:56e7f18e05dd567f96c05046519760b356f52450c33f6e0055a110a493a41dc4
Status: Downloaded newer image for prom/prometheus:latest
docker.io/prom/prometheus:latest
```

10.2.7 启动 Prometheus 服务

Prometheus 安装完毕之后，使用 Docker 指令启动 Prometheus 服务：

```
docker run -d -p 19090:9090 -v /Users/data/prometheus/prometheus.yml:/etc/
    prometheus/prometheus.yml --name prometheus prom/prometheus
```

输出日志：

```
ts=2022-07-24T15:33:31.578Z caller=main.go:491 level=info msg="No time or size
    retention was set so using the default time retention" duration=15d

ts=2022-07-24T15:33:31.578Z caller=main.go:535 level=info msg="Starting
    Prometheus Server" mode=server version="(version=2.37.0, branch=HEAD, revisi
    on=b41e0750abf5cc18d8233161560731de05199330)"
...
ts=2022-07-24T15:33:31.600Z caller=main.go:1177 level=info msg="Loading
    configuration file" filename=/etc/prometheus/prometheus.yml
```

```
ts=2022-07-24T15:33:31.604Z caller=main.go:1214 level=info msg="Completed
    loading of configuration file" filename=/etc/prometheus/prometheus.yml
    totalDuration=4.220589ms db_storage=1.058µs remote_storage=1.302µs web_
    handler=626ns query_engine=1.04µs scrape=1.80651ms scrape_sd=24.265µs
    notify=929ns notify_sd=1.82µs rules=1.393µs tracing=92.477µs

ts=2022-07-24T15:33:31.604Z caller=main.go:957 level=info msg="Server is ready
    to receive web requests."

ts=2022-07-24T15:33:31.604Z caller=manager.go:941 level=info component="rule
    manager" msg=" Starting rule manager..."
```

10.2.8 查看容器实例状态

查看 Docker 容器是否启动成功:

```
$docker ps
```

执行输出:

```
$docker ps
CONTAINER ID    IMAGE              COMMAND              CREATED         STATUS
    PORTS                   NAMES
79e7089c5ec6    prom/prometheus         "/bin/prometheus --c..."    3 minutes ago
    Up 2 minutes    0.0.0.0:19090->9090/tcp         prometheus
9d4852d466fb    zookeeper               "/docker-entrypoint...."    23 hours
    ago    Up 3 minutes    2888/tcp, 3888/tcp, 0.0.0.0:2181->2181/tcp, 8080/tcp
    zookeeper_zoo1_1
8159b5acc994    clickhouse/clickhouse-server   "/entrypoint.sh"         37 hours
    ago    Up 3 minutes    0.0.0.0:19602->8123/tcp, 0.0.0.0:19601->9000/tcp,
    0.0.0.0:19603->9009/tcp    ch6
...
c2de2dc1f646    zookeeper         "/docker-entrypoint...."    2 days ago
    Up 3 minutes    2888/tcp, 3888/tcp, 8080/tcp, 0.0.0.0:2182->2181/tcp
    zookeeper_zoo2_1
```

10.2.9 查看 Prometheus 容器详情

使用 docker inspect 指令查看 Prometheus 容器详情:

```
$docker inspect 79e7089c5ec6
[
    {
        "Id": "79e7089c5ec6cf6de3736e88d29e6660362e9079275fb40c96eca6056444c76e",
        "Created": "2022-07-24T08:39:28.95841459Z",
        "Path": "/bin/prometheus",
        "Args": [
            "--config.file=/etc/prometheus/prometheus.yml",
            "--storage.tsdb.path=/prometheus",
```

```
            "--web.console.libraries=/usr/share/prometheus/console_libraries",
            "--web.console.templates=/usr/share/prometheus/consoles"
        ],
        "State": {
            ...
        },
        ...
        "HostConfig": {
            "Binds": [
                "/Users/data/prometheus/prometheus.yml:/etc/prometheus/
                    prometheus.yml"
            ],
            "ContainerIDFile": "",
            "LogConfig": {
                "Type": "json-file",
                "Config": {}
            },
            "NetworkMode": "default",
            "PortBindings": {
                "9090/tcp": [
                    {
                        "HostIp": "",
                        "HostPort": "19090"
                    }
                ]
            },
            "RestartPolicy": {
                "Name": "no",
                "MaximumRetryCount": 0
            },
            ...
        "Mounts": [
            ...
            {
                "Type": "bind",
                "Source": "/Users/data/prometheus/prometheus.yml",
                "Destination": "/etc/prometheus/prometheus.yml",
                "Mode": "",
                "RW": true,
                "Propagation": "rprivate"
            }
        ],
        "Config": {
            ...
            "Cmd": [
                "--config.file=/etc/prometheus/prometheus.yml",
```

```
            "--storage.tsdb.path=/prometheus",
            "--web.console.libraries=/usr/share/prometheus/console_
                libraries",
            "--web.console.templates=/usr/share/prometheus/consoles"
        ],
        "Image": "prom/prometheus",
        "Volumes": {
            "/prometheus": {}
        },
        "WorkingDir": "/prometheus",
        "Entrypoint": [
            "/bin/prometheus"
        ],
        "OnBuild": null,
        "Labels": {
            "maintainer": "The Prometheus Authors \u003cprometheus-
                developers@googlegroups.com\u003e"
        }
    },
    "NetworkSettings": {
        ...
    }
  }
]
```

10.2.10　访问 Prometheus 服务

访问 http://192.168.3.48:19090/graph，可以看到系统 Prometheus 首页界面，如图 10-15 所示。

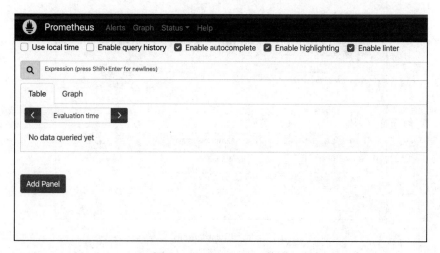

图 10-15　Prometheus 首页

访问 http://192.168.3.48:19090/tsdb-status，可以看到 TSDB Status，如图 10-16 所示。

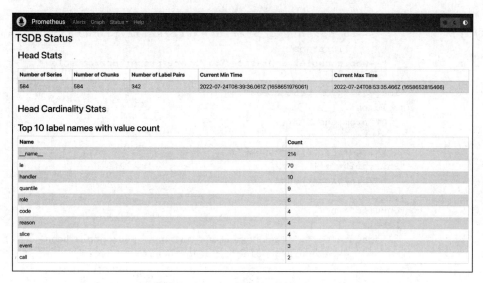

图 10-16　Prometheus TSDB Status

10.2.11　添加 Prometheus 数据源

访问 http://localhost:33000/datasources，添加 Prometheus 数据源，如图 10-17 所示。

图 10-17　添加 Prometheus 数据源

在 URL 处输入 http://192.168.3.48:19090，然后，直接单击 Save & test 按钮进行保存，如图 10-18 所示。

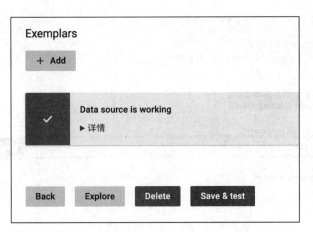

图 10-18　保存 Prometheus 数据源

10.3　常用监控

本节介绍如何创建 ClickHouse 集群的常用监控看板。

10.3.1　仪表盘模板

访问 http://localhost:33000/dashboards，如图 10-19 所示。

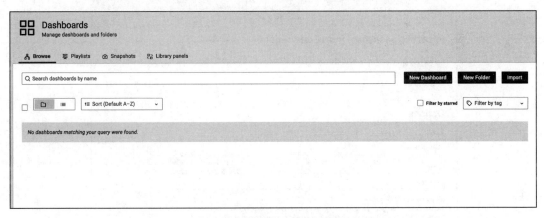

图 10-19　Grafana 仪表盘界面

单击 Import 按钮，导入仪表盘模板，如图 10-20 所示。

输入 https://grafana.com/grafana/dashboards/882，或者直接输入 882，单击 Load 按钮，结果如图 10-21 所示。

选择 Prometheus 数据源，如图 10-22 所示。

单击 Import 按钮，即可看到 ClickHouse 仪表盘模板效果，如图 10-23 所示。

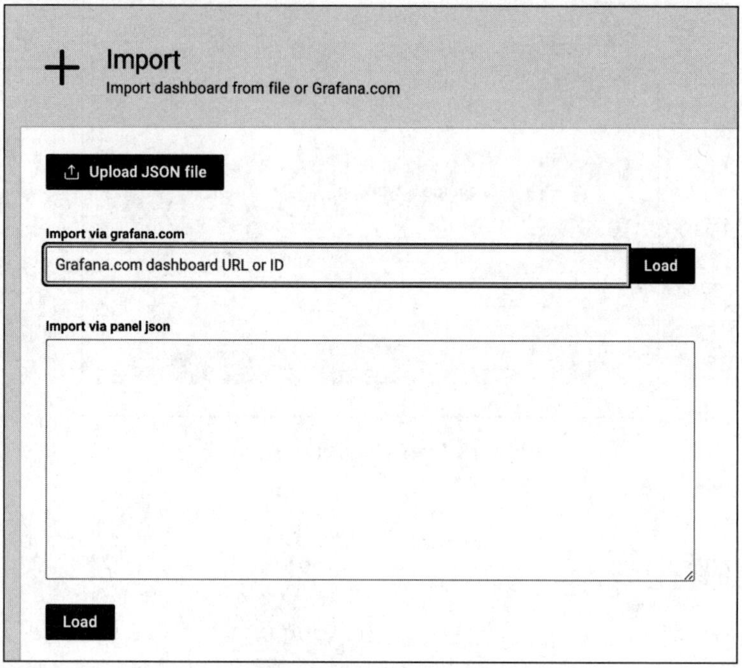

图 10-20　导入仪表盘模板

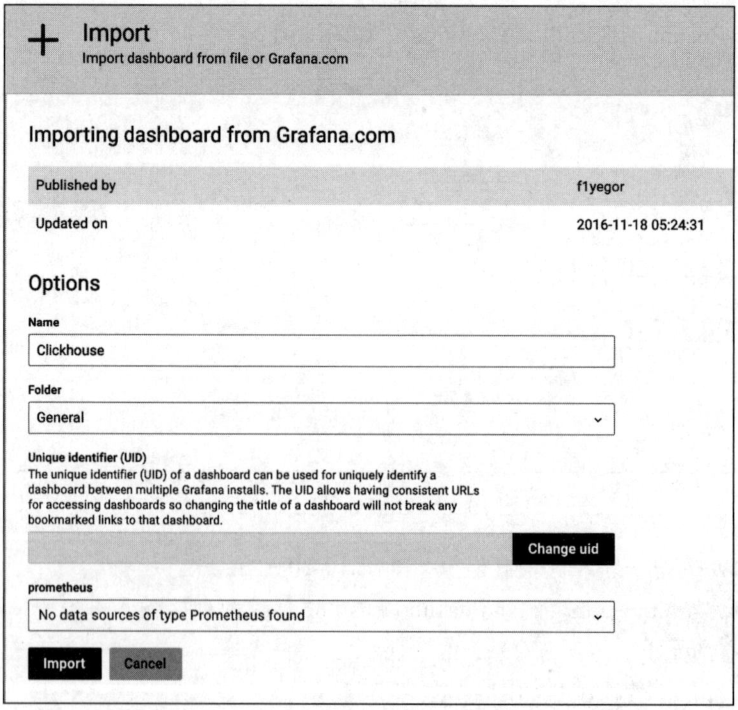

图 10-21　Load ClickHouse 仪表盘模板

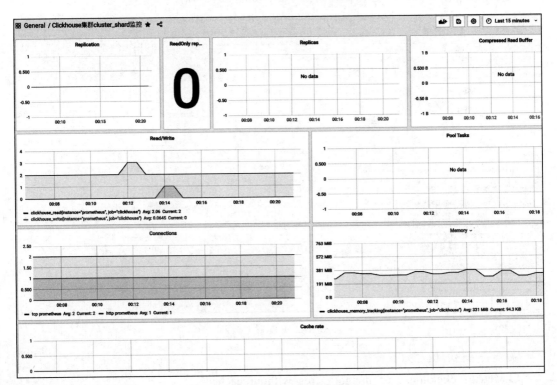

图 10-22 选择 Prometheus 数据源

图 10-23 ClickHouse 仪表盘模板效果

10.3.2 创建可用内存看板

本节介绍如何使用 clickhouse-exporter 搭建一个 ClickHouse Server 可用内存看板。

1. 添加新面板

单击 Add panel（添加面板）按钮，如图 10-24 所示。

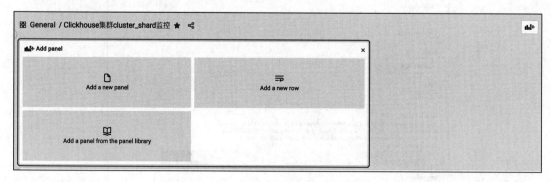

图 10-24　单击 Add panel 按钮添加面板

2. 定义面板指标

选择 Add a new panel，进入配置面板界面，如图 10-25 所示。

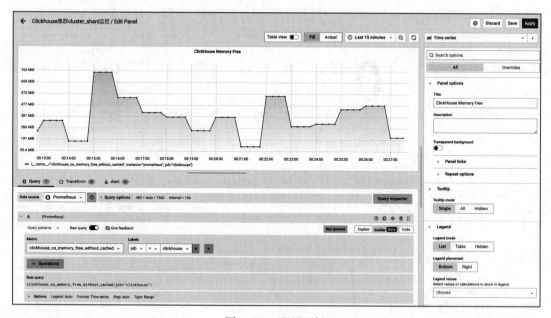

图 10-25　配置面板

关键表单内容填写如下。

❑ Metric：clickhouse_os_memory_free_without_cached。

❑ Labels：job = clickhouse。
❑ Title：ClickHouse Memory Free。

3. Graph 样式设置

设置 Graph 样式，如图 10-26 所示。

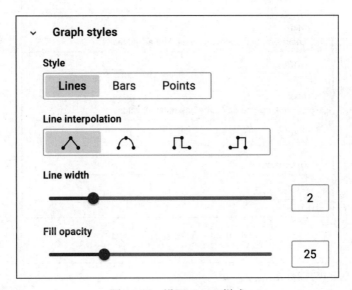

图 10-26　设置 Graph 样式

如果觉得展示"点"不好看，可以把 Points 下面的 Point size 调到 1，这样面积图的效果更美观，如图 10-27 所示。

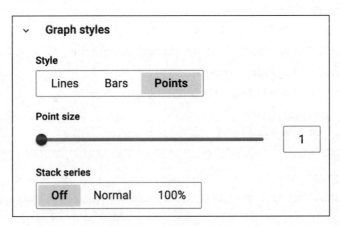

图 10-27　设置 Point size

4. 配置 Y 轴坐标单位

Y 轴坐标单位选择 bytes(IEC)，如图 10-28 所示。

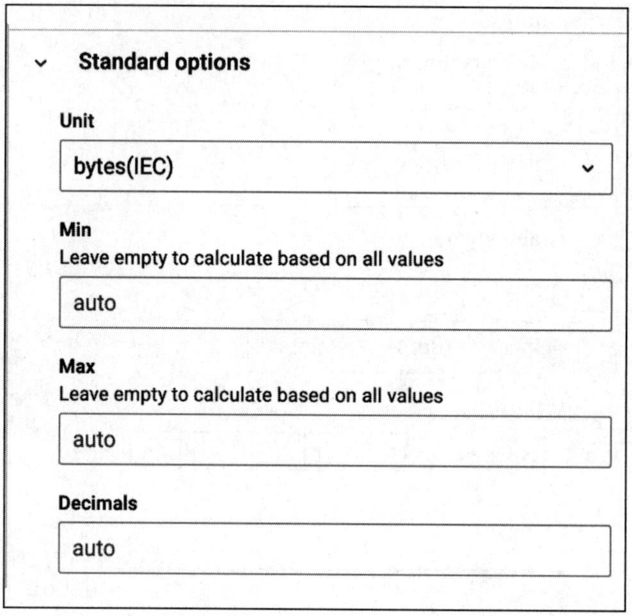

图 10-28 配置 Y 轴坐标单位

小贴士：数据单位的两种标准

关于数据单位，目前有两种比较流行的单位。

一种为 SI（International System of Unit，国际单位制）标准，采用十进制换算。例如：

$1 \text{ MB} = 10^6 \text{ byte} = 1000000 \text{ byte} = 1000 \text{ kilobyte}$

$1024 \text{ MB} = 1 \text{ gigabyte (GB)}$

其中 kilo、giga 等称为十进制前缀，通常简写为 KB、GB 等。

另一种则为 IEC（International Electrotechnical Commission，国际电工委员会）于 1998 年制定的标准，采用二进制换算。例如：

$1 \text{ MiB} = 2^{20} \text{ byte} = 1048576 \text{ byte} = 1024 \text{ kibibyte}$

$1024 \text{ MiB} = 1 \text{ gibibyte (GiB)}$

其中 kibi、gibi 等称为二进制前缀，通常简写为 KiB、GiB 等。

---

5. 查看面板效果

完成上面的操作，就完成了 ClickHouse 服务器可用内存趋势图看板的创建，效果如图 10-29 所示。

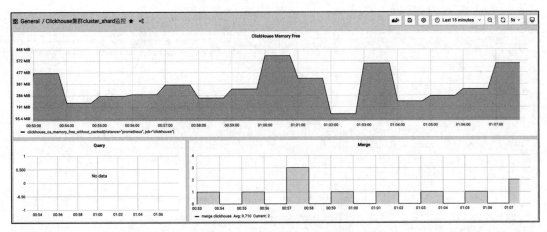

图 10-29　ClickHouse 可用内存趋势图

10.3.3　自定义最近查询

本节介绍如何使用 ClickHouse 数据源定义 ClickHouse "最近查询" Grafana 看板。

1. 添加面板

单击 Add panel 按钮，如图 10-30 所示。

弹出添加面板选择界面，如图 10-31 所示。

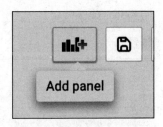

图 10-30　单击 Add panel 按钮

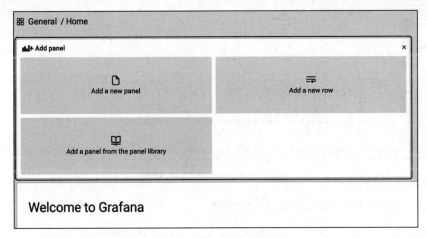

图 10-31　添加面板选择界面

选择 Add a new panel，进入添加新面板界面，如图 10-32 所示。

2. 编写指标计算 SQL

单击小铅笔图标，编写指标计算 SQL，如图 10-33 所示。

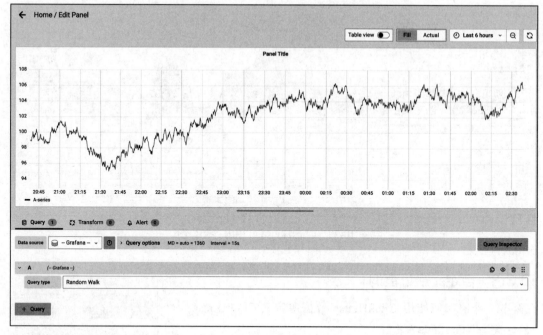

图 10-32　添加新面板界面

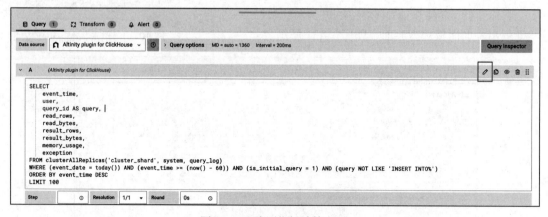

图 10-33　编写指标计算 SQL

输入统计 ClickHouse 集群最近查询的 SQL：

```
SELECT
    event_time,
    user,
    query_id AS query,
    read_rows,
    read_bytes,
```

```
    result_rows,
    result_bytes,
    memory_usage,
    exception
FROM clusterAllReplicas('cluster_shard', system, query_log)
WHERE (event_date = today()) AND (event_time >= (now() - 60)) AND (is_initial_
    query = 1) AND (query NOT LIKE 'INSERT INTO%')
ORDER BY event_time DESC
LIMIT 100
```

3. 预览效果

预览效果如图 10-34 所示。

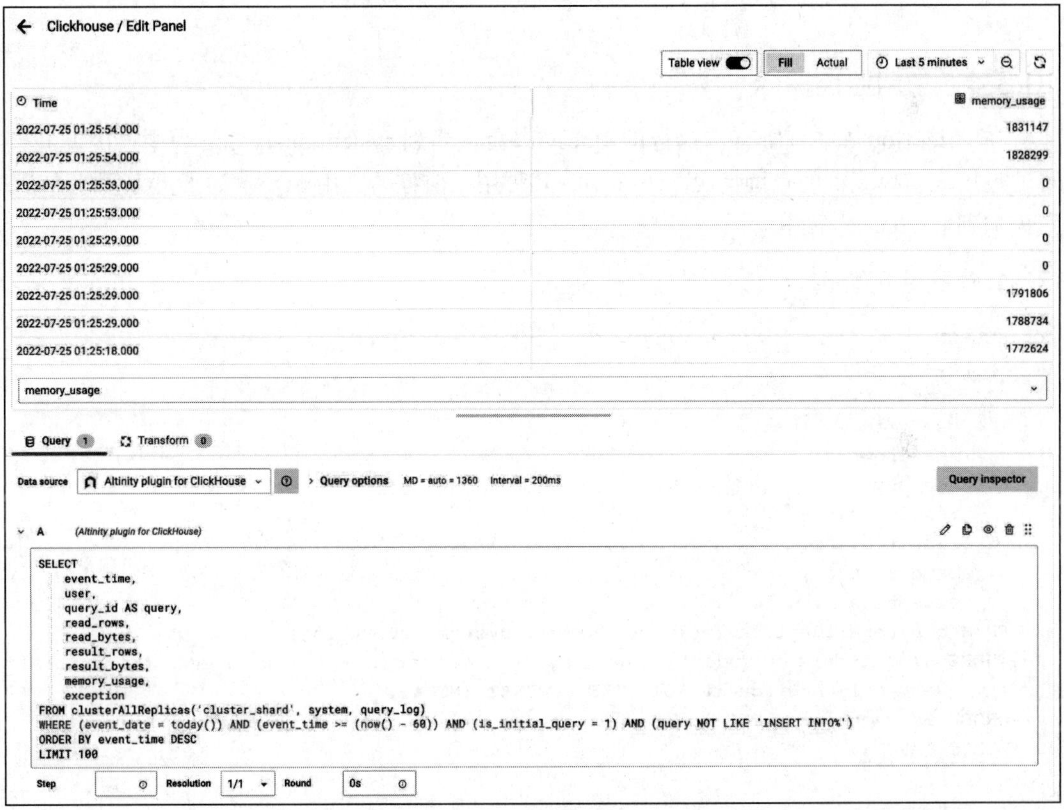

图 10-34　最近查询面板预览

4. 保存面板

单击右上角的 Save、Apply 按钮，就完成了一个简单的 ClickHouse 集群最近查询面板，如图 10-35 所示。

图 10-35　ClickHouse 集群最近查询面板效果

10.3.4　常用监控指标

在 ClickHouse 中，所有被执行的 Query 都会记录到 system.query_log 表中。因此我们可通过该表监控集群的查询情况。下面列举几种用于监控的常用 SQL。为了更方便地查看，可添加到 Grafana 看板中。

1. 集群最近查询

```sql
SELECT
    event_time,
    user,
    query_id AS query,
    read_rows,
    read_bytes,
    result_rows,
    result_bytes,
    memory_usage,
    exception
FROM clusterAllReplicas('cluster_name', system, query_log)
WHERE (event_date = today()) AND (event_time >= (now() - 60)) AND (is_initial_
    query = 1) AND (query NOT LIKE 'INSERT INTO%')
ORDER BY event_time DESC
LIMIT 100
```

2. 集群慢查询

```sql
SELECT
    event_time,
    user,
    query_id AS query,
    read_rows,
    read_bytes,
```

```
    result_rows,
    result_bytes,
    memory_usage,
    exception
FROM clusterAllReplicas('cluster_name', system, query_log)
WHERE (event_date = yesterday()) AND query_duration_ms > 30000 AND (is_initial_
    query = 1) AND (query NOT LIKE 'INSERT INTO%')
ORDER BY query_duration_ms desc
LIMIT 100
```

3. 集群 Top10 数据量的表

```
SELECT
    database,
    table,
    sum(bytes_on_disk) AS bytes_on_disk
FROM clusterAllReplicas('cluster_name', system, parts)
WHERE active AND (database != 'system')
GROUP BY
    database,
    table
ORDER BY bytes_on_disk DESC
LIMIT 10
```

4. 集群 Top10 查询用户

```
SELECT
    user,
    count(1) AS query_times,
    sum(read_bytes) AS query_bytes,
    sum(read_rows) AS query_rows
FROM clusterAllReplicas('cluster_name', system, query_log)
WHERE (event_date = yesterday()) AND (is_initial_query = 1) AND (query NOT LIKE
    'INSERT INTO%')
GROUP BY user
ORDER BY query_times DESC
LIMIT 10
```

10.4 本章小结

本章主要介绍了如何使用 clickhouse-exporter + Prometheus + Grafana 搭建一套完整的 ClickHouse 集群监控平台。通过本章知识的学习，相信你已经可以在实际生产环境中进行 ClickHouse 集群监控实战了。

推荐阅读